高等学校工程管理系列教材

工程招投标与合同管理

（修订本）

金国辉　主编

清华大学出版社
北京交通大学出版社
·北京·

内 容 简 介

　　本书结合工程案例，介绍了我国现行的工程合同管理法律制度、工程招投标法律法规的主要内容。全书共分 10 章，主要内容包括工程合同法律基础、工程招投标相关法律基础、工程招投标管理与实务、建设工程勘察设计合同、建设工程委托监理合同、建设工程施工合同、FIDIC 土木工程施工合同条件、工程合同风险与履约管理、建设工程索赔管理与实务、工程合同的争议处理与实务。

　　本书适合作为土木工程专业和工程管理专业及相近专业"工程合同管理"课程的教材，也可供从事工程建设和工程管理的专业人员和管理人员学习、参考。

图书在版编目（CIP）数据

　　工程招投标与合同管理/金国辉主编. —北京：清华大学出版社；北京交通大学出版社，2012.12(2020.8 重印)

　　（高等学校工程管理系列教材）

　　ISBN 978－7－5121－1272－8

　　Ⅰ.①工⋯　Ⅱ.①金⋯　Ⅲ.①建筑工程-招标-高等学校-教材　②建筑工程-投标-高等学校-教材　③建筑工程-经济合同-管理-高等学校-教材　Ⅳ.①TU723

　　中国版本图书馆 CIP 数据核字（2012）第 273710 号

工程招投标与合同管理
GONGCHENG ZHAOTOUBIAO YU HETONG GUANLI

责任编辑：吴嫦娥
出版发行：清华大学出版社　　　　邮编：100084　　　电话：010-62776969　　http://www.tup.com.cn
　　　　　北京交通大学出版社　　邮编：100044　　　电话：010-51686414　　http://www.bjtup.com.cn
地　　址：北京市海淀区高粱桥斜街 44 号
印 刷 者：三河市华骏印务包装有限公司
经　　销：全国新华书店
开　　本：185 mm×260 mm　　印张：21.75　　　字数：557 千字
版 印 次：2020 年 8 月第 1 版第 1 次修订　　2020 年 8 月第 4 次印刷
定　　价：59.00 元

本书如有质量问题，请向北京交通大学出版社质监组反映。对您的意见和批评，我们表示欢迎和感谢。
投诉电话：010－51686043，51686008；传真：010－62225406；E-mail：press@bjtu.edu.cn。

✧ 修订前言 ✧

本书全面介绍了工程招投标与合同管理的基本理论与方法。全书内容包括：工程项目招投标、合同管理、索赔等基本概念、规则和程序，招标文件、资格预审文件和投标文件的编制，投标策略和投标决策的内容和方法，合同的法律基础，建设工程合同的内容分析，合同实施控制、变更与索赔的管理方法和实务操作，国际工程项目常用合同条件，网络招标，招投标和合同管理软件的操作运用等。

本书依据国家最新颁布的《标准施工招标资格预审文件》、《标准施工招标文件》和《建设工程工程量清单计价规范》（CD 50500—2008）等招投标及合同管理方面的文件与规范进行编写，全面反映了招投标及合同管理的国际惯例和国内新变化。本书依据国家有关法律法规的变化对部分章节内容进行了修订与完善。

本书立足国情、接轨国际，注重实务性、可操作性和理论的系统性，反映学科的新进展。为了方便理解，各章有引导案例和穿插案例。

本书可作为本科工程管理专业、工程造价管理专业、项目管理专业的教材及项目管理工程硕士研究生的参考书，同时还可作为咨询工程师、监理工程师、建造师、造价工程师以及工程造价从业人员及项目管理人员的培训教材及参考书。

本书由内蒙古科技大学金国辉教授主编。本书第 1 章、第 6 章、第 8 章和第 9 章由内蒙古科技大学金国辉编写，第 2 章、第 3 章由内蒙古科技大学张爱琳编写，第 4 章、第 10 章由内蒙古科技大学田包文编写，第 5 章、第 7 章由河北劳动关系职业学院张涛编写。

本书获得 2011 年度内蒙古科技大学教材基金资助，在编写过程中，得到了内蒙古科技大学李斌教授、赵根田教授、刘香教授的大力帮助和热心指导，在此，对几位老师表示诚挚的谢意！

本书的成书时间较短，加上本人学识水平有限，书中的错漏之处一定不少，其他不足之处也在所难免，欢迎广大读者批评指正。

编者

2012 年 12 月

✧ 目 录 ✧

第1章 工程合同法律基础

本章导读

本章主要介绍合同概念和特征、合同法基本原则、合同法律关系、合同效力、合同履行等相关内容。1.1节介绍合同法概论，1.2节介绍合同主要条款，1.3节介绍合同订立，1.4节介绍合同效力，1.5节介绍合同履行。

1.1 合同法概论

1.1.1 合同概念和特征

1. 合同概念

合同是指平等主体的自然人、法人、其他组织之间设立、变更、终止民事权利义务关系的协议。合同的含义非常广泛。广义上的合同是指以确定权利、义务为内容的协议，除了包括民事合同外，还包括行政合同、劳动合同等。民法中的合同即民事合同是指设立、变更、终止民事权利义务关系的协议，它包括债权合同、身份合同等。

债权合同是指设立、变更、终止债权债务关系的合同。法律上的债是指特定当事人之间请求对方作特定行为的法律关系，就权利而言，为债权关系；从义务方面来看，为债务关系。

身份合同是指以设立、变更、终止身份关系为目的，不包含财产内容或者不以财产内容为主要调整对象的合同，如结婚、离婚、收养、监护等协议。身份合同为我国《民法通则》及《婚姻法》等法律中的相关内容所规范；行政合同、劳动合同分别为《行政法》、《劳动法》所规范。除了身份合同以外的所有民事合同均为《合同法》调整的对象。

2. 合同法律特征

（1）合同是一种民事法律行为。民事法律行为是指民事主体实施的能够设立、变更、终止民事权利义务关系的合法行为。民事法律行为以意思表示为核心，并且按照意思表示的内容产生法律后果。作为民事法律行为，合同应当是合法的，即只有在合同当事人所作出的意思表示符合法律要求，才能产生法律约束力，受到法律保护。如果当事人的意思表示违法，即使双方已经达成协议，也不能产生当事人预期的法律效果。

（2）合同是两个以上当事人意思表示一致的协议。合同的成立必须有两个以上的当事人相互之间作出意思表示，并达成共识。因此，只有当事人在平等自愿的基础上意思表示完全一致时，合同才能成立。

（3）合同以设立、变更、终止民事权利义务关系为目的。当事人订立合同都有一定的目的，即设立、变更、终止民事权利义务关系。无论当事人订立合同是为了什么目的，只有当事人达成的协议生效以后，才能对当事人产生法律上的约束力。

3. 合同分类

在市场经济活动中，交易的形式千差万别，合同的种类也各不相同。根据性质不同，合同有以下几种分类方法。

（1）按照合同表现形式，合同可以分为书面合同、口头合同及默示合同。

① 书面合同是指当事人以书面文字有形地表现内容的合同。传统的书面合同的形式为合同书和信件，随着科技的进步和发展，书面合同的形式也越来越多，如电报、电传、传真、电子数据交换及电子邮件等已成为高效快速的书面合同的形式。书面合同有以下优点：一是它可以作为双方行为的证据，便于检查、管理和监督，有利于双方当事人按约执行，当发生合同纠纷时，有凭有据，举证方便；二是可以使合同内容更加详细、周密，当事人在将其意思表示通过文字表现出来时，往往会更加审慎，对合同内容的约定也更加全面、具体。

② 口头合同是指当事人以口头语言的方式（如当面对话、电话联系等）达成协议而订立的合同。口头合同简便易行，迅速及时，但缺乏证据，当发生合同纠纷时，难以举证。因此，口头合同一般只适用于即时清结的情况。

③ 默示合同是指当事人并不直接用口头或者书面形式进行意思表示，而是通过实施某种行为或者以不作为的沉默方式进行意思表示而达成的合同。如房屋租赁合同约定的租赁期满后，双方并未通过口头或者书面形式延长租赁期限，但承租人继续交付租金，出租人依然接受租金，从双方的行为可以推断双方的合同仍然有效。

建设工程合同所涉及的内容特别复杂，合同履行期较长，为便于明确各自的权利和义务，减少履行困难和争议，《合同法》第270条规定："建设工程合同应当采用书面形式"。

（2）按照给付内容和性质的不同，合同可以分为转移财产合同、完成工作合同和提供服务合同。

① 转移财产合同是指以转移财产权利，包括所有权、使用权和收益权为内容的合同。此合同标的为物质。《合同法》规定的买卖合同，供电、水、气、热合同，赠予合同，借款合同，租赁合同和部分技术合同等均属于转移财产合同。

② 完成工作合同是指当事人一方按照约定完成一定的工作并将工作成果交付给对方，另一方接受成果并给付报酬的合同。《合同法》规定的承揽合同、建筑工程合同均属于此类合同。

③ 提供服务合同是指依照约定，当事人一方提供一定方式的服务，另一方给付报酬的合同。《合同法》中规定的运输合同、行纪合同、居间合同和部分技术合同均属于此类合同。

（3）按照当事人是否相互负有义务，合同可以分为双务合同和单务合同。

① 双务合同是指当事人双方相互承担对待给付义务的合同。双方的义务具有对等关系，一方的义务即另一方的权利，一方承担义务的目的是为了获取对应的权利。《合同法》中规定的绝大多数合同如买卖合同、建筑工程合同、承揽合同和运输合同等均属于此类合同。

② 单务合同是指只有一方当事人承担给付义务的合同。即双方当事人的权利义务关系并不对等，而是一方享有权利而另一方承担义务，不存在具有对待给付性质的权利义务关系。

（4）按照当事人之间权利义务关系是否存在对价关系，合同可以分为有偿和无偿合同。

① 有偿合同是指当事人一方享有合同约定的权利必须向对方当事人支付相应对价的合

同。如买卖合同、保险合同等。

②无偿合同是指当事人一方享有合同约定的权利无须向对方当事人支付相应对价的合同。如赠予合同等。

（5）按照合同的成立是否以递交标的物为必要条件，合同可分为诺成合同和要物合同。

①诺成合同是指只要当事人双方意思表示达成一致即可成立的合同，它不以标的物的交付为成立的要件。我国《合同法》中规定的绝大多数合同都属于诺成合同。

②要物合同是指除了要求当事人双方意思表示达成一致外，还必须实际交付标的物以后才能成立的合同。如承揽合同中的来料加工合同在双方达成协议后，还需要由供料方交付原材料或者半成品，合同才能成立。

（6）按照相互之间的从属关系，合同可以分为主合同和从合同。

①主合同是指不以其他合同的存在为前提而独立存在和独立发生效力的合同，如买卖合同、借贷合同等。

②从合同又称附属合同，是指不具备独立性，以其他合同的存在为前提而成立并发生效力的合同。如在借贷合同与担保合同中，借贷合同属于主合同，因为它能够单独存在，并不因为担保合同不存在而失去法律效力；而担保合同则属于从合同，它仅仅是为了担保借贷合同的正常履行而存在的，如果借贷合同因为借贷双方履行完合同义务而宣告合同效力解除后，担保合同就因为失去存在条件而失去法律效力。主合同和从合同的关系为：主合同和从合同并存时，两者发生互补作用；主合同无效或者被撤销时，从合同也将失去法律效力；而从合同无效或者被撤销时一般不影响主合同的法律效力。

（7）按照法律对合同形式是否有特别要求，合同可分为要式合同和不要式合同

①要式合同是指法律规定必须采取特定形式的合同。《合同法》中规定："法律、行政法规规定采用书面形式的，应当采用书面形式。"

②不要式合同是指法律对形式未作出特别规定的合同。合同究竟采用何种形式，完全由双方当事人自己决定，可以采用口头形式，也可以采用书面形式、默示形式。

（8）按照法律是否为某种合同确定一个特定名称，合同可分为有名合同和无名合同。

①有名合同又称为典型合同，是指法律确定了特定名称和规则的合同。如《合同法》分则中所规定的 15 种基本合同即为有名合同。

②无名合同又称非典型合同，是指法律没有确定一定的名称和相应规则的合同。

1.1.2　《合同法》简介

1.《合同法》概念和特点

合同法有两层含义：广义上的合同法是指根据法律的实质内容，调整合同关系的所有的法律法规的总称；另外一种是基于法律的表现形式，即由立法机关制定的，以"合同法"命名的法律，比如，我国 1999 年 3 月 15 日通过的《中华人民共和国合同法》。本书所提及的《合同法》，特指《中华人民共和国合同法》。《合同法》作为我国至今为止条文最多、内容最丰富的民事合同法律，它具有以下特点。

（1）统一性。《合同法》的颁布和施行，结束了我国过去《经济合同法》、《涉外经济合同法》和《技术合同法》三足鼎立的多元合同立法的模式，克服了 3 个合同法各自规范不

同的关系和领域而引起的不一致和不协调的缺陷，形成了统一的合同法律规则。

（2）任意性。合同的本质就是当事人通过自由协商，决定其相互之间的权利义务关系，并根据其意志调整他们之间的关系。《合同法》以调整市场交易关系为其主要内容，而交易习惯则需要尊重当事人的自由选择，因此，《合同法》规范多为任意性规范，即允许当事人对其内容予以变更的法律规范。如当事人可以自由决定是否订立合同，同谁订立合同，订立什么样的合同，合同的内容包括哪些，合同是否需要变更或者解除等。

（3）强制性。为了维护社会主义市场经济秩序，必须对当事人各方的行为进行规范。对于某些严重影响到国家、社会、市场秩序和当事人利益的内容，《合同法》则采用强制性规范或者禁止性规范。比如，《合同法》中规定："当事人订立、履行合同，应当遵守法律、行政法规，尊重社会公德，不得扰乱社会经济秩序，损害社会公共利益。"

2. 合同法结构

《合同法》分为两大部分共 428 条内容。其中总则分别阐述包括一般规定、合同的订立、合同的效力、合同的履行、合同的变更和转让、合同的权利义务终止、违约责任和其他规定等共计 8 章 129 条规定，主要叙述《合同法》的基本原理和基本原则。分则部分则对各种不同类型的合同作出专门的规定，分别阐述买卖合同、供用电水气热力合同、赠予合同、借款合同、租赁合同、融资租赁合同、承揽合同、建设工程合同、运输合同、技术合同、保管合同、仓储合同、委托合同、行纪合同、居间合同等 15 种包括经济、技术和其他民事等列名合同共计 15 章 298 条规定。

3. 合同法基本原则

（1）平等原则。在合同法律关系中，当事人之间的法律地位平等，任何一方都有权独立作出决定，一方不得将自己的意愿强加给另一方。

（2）合同自由原则。只有在双方当事人经过协商，意思表示完全一致，合同才能成立。合同自由包括缔结合同自由、选择合同相对人自由、确定合同内容自由、选择合同形式自由、变更和解除合同自由。

（3）公平原则。在合同的订立和履行过程中，公平、合理地调整合同当事人之间的权利义务关系。

（4）诚实信用原则。指在合同的订立和履行过程中，合同当事人应当诚实守信，以善意的方式履行其义务，不得滥用权力及规避法律或合同规定的义务。同时，还应当维护当事人之间的利益及当事人利益与社会利益之间的平衡。诚实信用是我国社会主义核心价值观中个人层面的核心价值观之一。党的十八大以来，国家在社会信用体系建设方面出台了一系列举措。通过对个人诚信体系建设和企业诚信信息系统的建立，全方面促进了我国诚信社会的发展。

（5）遵守法律、尊重社会公德原则。当事人订立、履行合同应当遵守法律、行政法规及尊重社会公认的道德规范。

（6）合同严守原则。依法成立的合同在当事人之间具有相当于法律的效力，当事人必须严格遵守，不得擅自变更和解除合同，不得随意违反合同规定。

（7）鼓励交易原则。鼓励合法正当的交易。如果当事人之间的合同订立和履行符合法律及行政法规的规定，则当事人各方的行为应当受到鼓励和法律的保护。

1.1.3　合同法律关系

　　法律关系是指人与人之间的社会关系为法律规范调整时所形成的权利和义务关系，即法律上的社会关系。合同法律关系又称为合同关系，指当事人相互之间在合同中形成的权利义务关系。合同法律关系由主体、内容和客体三个基本要素构成，主体是客体的占有者、支配者和行为的实施者，客体是主体合同债权和合同债务指向的目标，内容是主体和客体之间的连接纽带，三者缺一不可，共同构成合同法律关系。

1. 合同法律关系主体

　　合同法律关系主体又称为合同当事人，是指在合同关系中享有权利或者承担义务的人，包括债权人和债务人。在合同关系中，债权人有权要求债务人根据法律规定和合同的约定履行义务，而债务人则负有实施一定行为的义务。在实际工作中，债权人和债务人的地位往往是相对的，因为大多数合同都是双务合同，当事人双方互相享有权利、承担义务。因此，双方互为债权人和债务人。合同法律关系主体主要是指以下几部分。

　　1）自然人

　　自然人是指基于出生而成为民事法律关系主体的人。自然人包括具有中华人民共和国国籍的自然人、具有其他国家国籍的自然人和无国籍自然人。但是，作为合同主体，自然人必须具备相应的民事权利能力和民事行为能力。

　　民事权利能力是指法律赋予民事法律关系主体享有民事权利和承担民事义务的资格。它是民事主体取得具体的民事权利和承担具体民事义务的前提条件，只有具有民事权利能力，才能成为独立的民事主体，参加民事活动。根据我国宪法和民法通则的规定，公民的民事权利能力一律平等，民事权利能力始于出生、终于死亡。

　　民事行为能力是指民事法律关系主体能够以自己的行为取得民事权利和承担民事义务的能力或资格。它既包括合法的民事行为能力，也包括民事主体对其行为应承担责任的能力，如民事主体因侵权行为而应承担损失赔偿责任等。

　　民事行为能力是民事权利能力得以实现的保证，民事权利能力必须依赖具有民事行为能力的行为，才能得以实现。公民具有民事行为能力，必须具备两个条件：第一，必须达到法定年龄；第二，必须智力正常，可以理智地辨认自己的行为。我国《民法通则》规定，年满18周岁的公民为完全民事行为能力人；16周岁以上不满18周岁的公民，以自己的劳动收入为主要生活来源的，视为具有完全民事行为能力；10周岁以上的未成年人或不能完全辨认自己行为的精神病人是限制民事行为能力人；不满10周岁的未成年人或不能辨认自己行为的精神病人为无民事行为能力人。

　　2）法人

　　法人是指具有民事权利能力和民事行为能力，依法独立享有民事权利和承担民事义务的组织。我国的法人可分为以下几类。

　　（1）企业法人。指以盈利为目的，独立从事商品生产和经营活动的法人。

　　（2）机关法人。指国家机关，包括立法机关、行政机关、审判机关和检察机关。这些法人不以盈利为目的。

　　（3）事业单位和社会团体法人。一般不以盈利为目的，但按照企业法人登记法规登记后可从事盈利活动。

作为法人，应具备以下 4 个法定条件。

（1）依法成立。法人必须按照法定程序，向国家主管机关提出申请，经审查合格后，才能取得法人资格。

（2）有必要的财产和经费。法人必须具有独立的财产或独立经营管理的财产和活动经费。

（3）有自己的名称、组织机构和场所。

（4）能够独立承担民事责任。

3）其他组织

其他组织是指具有有限的民事权利能力和民事行为能力，在一定程度上能够享有民事权利和承担民事义务，但不能独立承担民事责任的不具备法人资格的组织。主要包括以下几种类型。

（1）企业法人的分支机构。由企业法人进行登记并领取营业执照的组织，如分公司、企业派出机构等。

（2）依法登记并领取营业执照的私营独资企业、合伙企业。

（3）依法登记并领取营业执照的合伙型联营企业。

（4）依法登记并领取营业执照但无法人资格的中外合作经营企业、外商独资企业。

（5）经核准登记并领取营业执照的乡镇、街道、村办企业。

（6）符合上述非法人组织特征的其他经济组织。

2. 合同法律关系客体

合同法律关系客体又称为合同的标的，是指在合同法律关系中，合同法律关系的主体的权利义务关系所指向的对象。在合同交往过程中，由于当事人的交易目的和合同内容千差万别，合同客体也各不相同。根据标的物的特点，客体可分为以下几种。

（1）行为，是指合同法律关系主体为达到一定的目的而进行的活动，如完成一定的工作或提供一定劳务的行为，如工程监理等。

（2）物，是指民事权利主体能够支配的具有一定经济价值的物质财富，包括自然物和劳动创造物以及充当一般等价物的货币和有价证券等。物是应用最为广泛的合同法律关系客体。

（3）智力成果，也称为无形财产，是指脑力劳动的成果，它可以适用于生产，转化为生产力，主要包括商标权、专利权、著作权等。

3. 合同法律关系内容

合同法律关系内容是指债权人的权利和债务人的义务，即合同债权和合同债务。合同债权又称为合同权利，是债权人依据法律规定和合同约定而享有的要求债务人为一定给付的权利。合同债务又称为合同义务，是指债务人根据法律规定和合同约定向债权人履行给付及与给付相关的其他行为的义务。合同债权具有以下特点。

（1）合同债权是请求权，即债权人请求对方为一定行为的权利。在债务人给付前，债权人不能直接支配标的，更不允许直接支配债务人的人身，只能通过请求债务人为给付行为，以达到自己的目的。

（2）合同债权是给付受领权，即有效地接受债务人的给付并予以保护。

（3）合同债权是相对权。因为合同只在债权人和债务人之间产生法律约束力，除了在由第三者履行的合同中，合同债权人可有权要求第三人履行合同义务外，债权人只能向合同债务人请求给付，无权向其他人提出要求。

（4）合同债权主要有以下几方面的权利：①请求债务人履行的权利，即债权人有权要求债务人按照法律的规定和合同的约定履行其义务；②接受履行的权利，当债务人履行债务时，债权人有权接受并永久保持因履行所得的利益；③请求权，又称为请求保护债权的权利，即当债务人不履行或未正确履行债务时，债权人有权请求法院予以保护，强制债务人履行债务或承担违约责任；④处分债权的权利，即债权人具备决定债权命运的权利。

1.2　合同主要条款

《合同法》遵循合同自由原则，仅仅列出合同的主要条款，具体合同的内容由当事人约定。主要条款一般包括以下内容。

1. 当事人的名称（或姓名）和住所

合同中记载的当事人的姓名或者名称是确定合同当事人的标志，而住所则在确定合同债务履行地、法院对案件的管辖等方面具有重要的法律意义。

2. 标的

标的即合同法律关系的客体，是指合同当事人权利义务指向的对象。合同中的标的条款应当标明标的的名称，以使其特定化，并能够确定权利义务的范围。合同的标的因合同类型的不同而变化，总体来说，合同标的包括有形财物、行为和智力成果。

3. 数量

合同标的的数量是衡量合同当事人权利义务大小的尺度。因此，合同标的的数量一定要确切，应当采用国家标准或者行业标准中确定的或者当事人共同接受的计量方法和计量单位。

4. 质量

合同标的质量是指检验标的内在素质和外观形态优劣的标准。它和标的数量一样是确定合同标的的具体条件，是这一标的区别于同类另一标的的具体特征。因此，在确定合同标的的质量标准时，应当采用国家标准或者行业标准。如果当事人对合同标的的质量有特别约定时，在不违反国家标准和行业标准的前提下，可双方约定标的的质量要求。合同中的质量条款包括标的的规格、性能、物理和化学成分、款式和质感。

5. 价款和报酬

价款和报酬是指以物、行为和智力成果为标的的有偿合同中，取得利益的一方当事人作为取得利益的代价而应向对方支付的金钱。价款是取得有形标的物应支付的代价；报酬是获得服务应支付的代价。

6. 履行的期限、地点和方式

履行的期限是指合同当事人履行合同和接受履行的时间。它直接关系到合同义务的完成时间，涉及当事人的期限利益，也是确定违约与否的因素之一。履行地点是指合同当事人履行合同和接受履行的地点。履行地点是确定交付与验收标的地点的依据有时是确定风险由谁承担的依据及标的物所有权是否转移的依据。履行方式是合同当事人履行合同和接受履行的方式，包括交货方式、实施行为方式、验收方式、付款方式、结算方式、运输方式等。

7. 违约责任

违约责任是指当事人不履行合同义务或者履行合同义务不符合约定时应当承担的民事责任。违约责任是促使合同当事人履行债务，使守约方免受或者少受损失的法律救济手段，对合同当事人的利益关系重大，合同对此应予明确。

8. 解决争议的方法

解决争议的方法是指合同当事人解决合同纠纷的手段、地点。合同订立、履行中一旦产生争执，合同双方是通过协商、仲裁还是通过诉讼解决其争议，有利于合同争议的管辖和尽快解决，并最终从程序上保障了当事人的实质性权益。

1.3 合同订立

1.3.1 合同订立和成立

合同订立是指缔约人作出意思表示并达成合意的行为和过程。合同成立是指合同订立过程的完成，即合同当事人经过平等协商对合同基本内容达成一致意见，合同订立阶段宣告结束，它是合同当事人合意的结果。合同作为当事人从建立到终止权利义务关系的一个动态过程，始于合同的订立，终结于适当履行或者承担责任。任何一个合同的签订都需要当事人双方进行一次或者多次的协商，最终达成一致意见，而签订合同则意味着合同的成立。合同成立是合同订立的重要组成部分。合同的成立必须具备以下条件。

1. 订约主体存在双方或者多方当事人

所谓订约主体即缔约人，是指参与合同谈判并且订立合同的人。作为缔约人，他必须具有相应的民事权利能力和民事行为能力，有下列几种情况。

（1）自然人的缔约能力。自然人能否成为缔约人，要根据其民事行为能力来确定。具有完全行为能力的自然人可以订立一切法律允许自然人作为合同当事人的合同。限制行为能力的自然人只能订立一些与自己的年龄、智力、精神状态相适应的合同，其他合同只能由其法定代理人代为订立或者经法定代理人同意后订立。无行为能力的自然人通常不能成为合同当事人，如果要订立合同，一般只能由其法定代理人代为订立。

（2）法人和其他组织的缔约能力。法人和其他组织一般都具有行为能力，但是他们的行为能力是有限制的，因为法律往往对法人和其他组织规定了各自的经营和活动范围。因此，法人和其他组织在订立合同时要考虑到自身的行为能力。超越经营或者活动范围订立的合同，有可能不能产生法律效力。

（3）代理人的缔约能力。当事人除了自己订立合同外，还可以委托他人代订合同。在委托他人代理时，应当向代理人进行委托授权，即出具授权委托书。在委托书中注明代理人的姓名（或名称）、代理事项、代理的权限范围、代理权的有效期限、被代理人的签名盖章等内容。如果代理人超越代理权限或者无权代理，则所订立的合同可能不能产生法律效力。

2. 对主要条款达成合意

合同成立的根本标志在于合同当事人的意思表示一致。但是在实际交易活动中常常因为相距遥远，时间紧迫，不可能就合同的每一项具体条款进行仔细磋商；或者因为当事人缺乏合同知识而造成合同规定的某些条款不明确或者缺少某些具体条款。《合同法》规定，当事人就合同的标的、数量、质量等主要条款协商一致，合同就可以成立。

1.3.2　要约

1. 要约概念

要约也称为发价、发盘、出盘、报价等，是希望和他人订立合同的意思表示。即一方当事人以缔结合同为目的，向对方当事人提出合同条件，希望对方当事人接受的意思表示。构成要约必须具备以下条件。

（1）要约必须是特定人所为的意思表示。要约是要约人向相对人（受约人）所作出的含有合同条件的意思表示，旨在得到对方的承诺并订立合同。只有要约人是具备民事权利能力和民事行为能力的特定的人，受约人才能对他作出承诺。

（2）要约必须向相对人发出。要约必须经过受约人的承诺，合同才能成立，因此，要约必须是要约人向受约人发出的意思表示。受约人一般为特定人，但是，在特殊情况下，对不确定的人作出无碍要约时，受约人可以为不特定人。

（3）要约的内容应当具体确定。要约的内容必须明确，而不应该含糊不清，否则，受约人便不能了解要约的真实含义，难以承诺。同时，要约的内容必须完整，必须具备合同的主要条件或者全部条件，受约人一旦承诺后，合同就能成立。

（4）要约必须具有缔约目的。要约人发出要约的目的是为了订立合同，即在受约人承诺时，要约人即受该意思表示的约束。凡是不是以缔结合同为目的而进行的行为，尽管表达了当事人的真实意愿，但不是要约。是否以缔结合同为目的，是区别要约与要约邀请的主要标志。

2. 要约法律效力

要约法律效力是指要约的生效及对要约人、受约人的约束力。它包括以下几部分。

（1）对要约人的拘束力，是指要约一经生效，要约人即受到要约的拘束，不得随意撤回、撤销或者对要约加以限制、变更和扩张，从而保护受约人的合法权益，维护交易安全。不过，为了适应市场交易的实际需要，法律允许要约人在一定条件下，即在受约人承诺前有限度地撤回、撤销要约或者变更要约的内容。

（2）对受约人的拘束力，是指受约人在要约生效时即取得承诺的权利，取得依其承诺而成立合同的法律地位。正是因为这种权利，所以受约人可以承诺，也可以不予承诺。这种权利只能由受约人行使，不能随意转让，否则承诺对要约人不产生法律效力。如果要约人在要约中明确规定受约人可以将承诺的资格转让，或者受约人的转让得到要约人的许可，这种转让是有效的。

（3）要约的生效时间，即要约产生法律约束力的时间。《合同法》规定，要约的生效时间为要约到达受约人时开始。

（4）要约的存续期间。是指要约发生法律效力的期限，也即受约人得以承诺的期间。一般而言，要约的存续期间由要约人确定，受约人必须在此期间内作出承诺，要约才能对要约人产生拘束力。如果要约人没有确定，则根据要约的具体情况，考虑受约人能够收到要约所必需的时间、受约人作出承诺所必需的时间和承诺到达要约人所必需的时间而确定一个合理的期间。

3. 要约邀请

要约邀请又称为要约引诱，是指希望他人向自己发出要约的意思表示，其目的在于邀请对方向自己发出要约。如寄送的价目表、拍卖公告、招标公告、商业广告等为要约邀请。在工程建设中，工程招标即要约邀请，投标报价属于要约，中标函则是承诺。要约邀请是当事人订立合同的预备行为，它既不能因相对人的承诺而成立合同，也不能因自己作出某种承诺而约束要约人。要约与要约邀请两者之间主要有以下区别。

（1）要约是当事人自己主动愿意订立合同的意思表示；而要约邀请则是当事人希望对方向自己提出订立合同的意思表示。

（2）要约中含有当事人表示愿意接受要约约束的意旨，要约人将自己置于一旦对方承诺，合同即宣告成立的无可选择的地位；而要约邀请则不含有当事人表示愿意承担约束的意旨，要约邀请人希望将自己置于一种可以选择是否接受对方要约的地位。

4. 要约撤回与撤销

1）要约撤回

要约撤回是指在要约发生法律效力之前，要约人取消要约的行为。根据要约的形式拘束力，任何一项要约都可以撤回，只要撤回的通知先于或者与要约同时到达受约人，都能产生撤回的法律效力。允许要约人撤回要约，是尊重要约人的意志和利益。由于撤回是在要约到达受约人之前作出的，所以此时要约并未生效，撤回要约也不会影响到受约人的利益。

2）要约撤销

要约撤销是指在要约生效后，要约人取消要约，使其丧失法律效力的行为。在要约到达后、受约人作出承诺之前，可能会因为各种原因如要约本身存在缺陷和错误、发生了不可抗力、外部环境发生变化等，促使要约人撤销其要约。允许撤销要约是为了保护要约人的利益，减少不必要的损失和浪费。但是，《合同法》中规定，有下列情况之一的，要约不得撤销。

① 要约中确定了承诺期限或者以其他形式明示要约不可撤销。

② 受约人有理由认为要约是不可撤销的，并且已经为履行合同做了准备工作。

3）要约消灭

要约消灭又称为要约失效，即要约丧失了法律拘束力，不再对要约人和受约人产生约束。要约消灭后，受约人也丧失了承诺的效力，即使向要约人发出承诺，合同也不能成立。《合同法》规定，有下列情况之一的，要约失效。

① 受约人拒绝要约。

② 要约人撤回或者撤销要约。

③ 承诺期限届满，承诺人未作出承诺。

④ 承诺对要约的内容作出实质性变更。

1.3.3 承诺

1. 承诺概念

承诺是指受约人同意接受要约的全部条件的意思表示。承诺的法律效力在于要约一经受约人承诺并送达要约人，合同便宣告成立。承诺必须具备以下条件，才能产生法律效力。

（1）承诺必须是受约人发出根据要约所具有的法律效力，只有受约人才能取得承诺的资格，因此，承诺只能由受约人发出。如果要约是向一个或者数个特定人发出时，则该特定人具有承诺的资格。受约人以外的任何人向要约人发出的都不是承诺而只能视为要约。如果要约是向不特定人发出时，则该不特定人中的任何人都具有承诺的资格。

（2）承诺必须向要约人发出。承诺是指受约人向要约人表示同意接受要约的全部条件的意思表示，在合同成立后，要约人是合同当事人之一，因此，承诺必须是向特定人即要约人发出的，这样才能达到订立合同的目的。

（3）承诺应当在确定的或者合理的期限内到达要约人。如果要约规定了承诺的期限，则承诺应当在规定的期限内作出；如果要约中没有规定期限，则承诺应当在合理的期限内作出。如果承诺人超过了规定的期限作出承诺，则视为承诺迟到，或者称为逾期承诺。一般来说，逾期承诺被视为新的要约，而不是承诺。

（4）承诺的内容应当与要约的内容一致。因为承诺是受约人愿意按照要约的全部内容与要约人订立合同的意思表示，即承诺是对要约的同意，其同意内容必须与要约内容完全一致，合同才能成立。

（5）承诺必须表明受约人的缔约意图。同要约一样，承诺必须明确表明与要约人订立合同，此时合同才能成立。这就要求受约人作出的承诺必须清楚明确，不能含糊。

（6）承诺的传递方式应当符合要约的要求。如果要约要求承诺采取某种方式作出，则不能采取其他方式。如果要约未对此作出规定，承诺应当以合理的方式作出。

2. 承诺方式

承诺方式是指受约人通过何种形式将承诺的意思送达给要约人。如果要约中明确规定承诺必须采取何种形式作出，则承诺人必须按照规定发出承诺。如果要约没有对承诺方式作出特别规定，受约人可以采用以下方式作出承诺。

（1）通知。在一般情况下，承诺应当以通知的方式作出，即以口头或者书面的形式将承诺明确告知要约人。要约中有明确规定的，则按照要约的规定作出承诺；如果要约没有作出明确规定，通常采用与要约相同的方式作出承诺。

（2）行为。如果根据交易习惯或者要约明确规定可以通过行为作出承诺的，则可以通过行为进行承诺，即以默示方式作出承诺，包括作为与不作为两种方式。

3. 承诺生效时间

承诺生效时间是指承诺何时产生法律效力。根据《合同法》规定，承诺在承诺通知到达要约人时生效。但是，承诺必须在承诺期限内作出。分为以下几种情况。

（1）承诺必须在要约确定的期限内作出。

（2）如果要约没有确定承诺期限，承诺应当按照下列规定到达：要约以对话方式作出的，应当及时做出承诺的意思表示；要约以非对话方式作出的，承诺应当在合理期限内到达要约人。

4. 对要约内容变更的处理

按照承诺成立的条件，承诺的内容必须与要约的内容保持一致，即承诺必须是无条件的承诺，不得限制、扩张或者变更要约的内容。如果对要约内容进行变更，就有可能不能成为承诺。变更分为以下两种情况。

（1）承诺如果对要约的内容进行实质性变更，此时，不能构成承诺而应该视为新的要约。有关合同的标的、数量、质量、价款和酬金、履行期限、履行地点和方式、违约责任和争议解决方法的变更，是对要约内容的实质性变更。因为这些条款是未来合同内容所必须具备的条款，如果缺少这些条款，未来的合同便不能成立。因此，当这些变更后的承诺到达要约人时，合同并不能成立，必须等到原要约人无条件同意这些经变更后而形成的新要约，再向新要约人发出承诺时，合同方可成立。

（2）承诺对要约的内容作出非实质性变更时，承诺一般有效。《合同法》规定，如果承诺对要约的内容作出非实质性变更的，除了要约人及时表示反对或者要约明确表示承诺不得对要约的内容作出任何变更的以外，该承诺有效，合同的内容以承诺的内容为准。对要约的非实质性内容的更改包括以下几项。

① 对非主要条款作出了改变。

② 承诺人对要约的主要条款未表示异议，然而在对这些主要条款承诺后，又添加了一些建议或者表达了一些愿望。如果在这些建议和意见中并没有提出新的合同成立条件，则认为承诺有效。

③ 如果承诺中添加了法律规定的义务，承诺仍然有效。

1.3.4　缔约过失责任

1. 概念

缔约过失责任是一种合同前的责任，是指在合同订立过程中，一方当事人违反诚实信用原则的要求，因自己的过失而引起合同不成立、无效或者被撤销而给对方造成损失时所应当承担的损害赔偿责任。

2. 特点

缔约过失责任具有以下特点。

（1）缔约过失责任是指发生在订立合同过程中的法律责任。缔约过失责任与违约责任最重要的区别在于发生的时间不同。违约责任是发生在合同成立以后，合同履行过程中的法律责任；而缔约过失责任则是发生在缔约过程中当事人一方因其过失行为而应承担的法律责任。只有在合同还未成立，或者虽然成立，但不能产生法律效力而被确定无效或者被撤销时，有过错的一方才能承担缔约过失责任。

（2）承担缔约过失责任的基础是违背了诚实信用原则。诚实信用原则是《合同法》的基本原则。根据诚实信用原则的要求，在合同订立过程中，应当承担先合同义务，包括使用方法的告知义务、瑕疵告知义务、重要事实告知义务、协作与照顾义务等。我国《合同法》规定，假借订立合同，恶意进行磋商，故意隐瞒与订立合同有关的重要事实或者提供虚假情况，都属于违背诚实信用原则的行为，应承担缔约过失责任。

（3）责任人的过失导致他人信赖利益的损害。缔约过失行为直接破坏了与他人的缔约关系，损害的是他人因为信赖合同的成立和有效，但实际上合同是不成立和无效的而遭受的损失。

3. 缔约过失责任的类型

缔约过失责任的类型包括：

- 擅自撤回要约时的缔约过失责任；
- 缔约之际未尽通知等项义务给对方造成损失时的缔约过失责任；
- 缔约之际未尽保护义务侵害对方权利时的缔约过失责任；
- 合同不成立时的缔约过失责任；
- 合同无效时的缔约过失责任；
- 合同被变更或者撤销时的缔约过失责任；
- 无权代理情况下的缔约过失责任。

1.4　合同效力

1.4.1　合同生效

1. 合同生效概念

合同的成立只是意味着当事人之间已经就合同的内容达成了意思表示一致，但是合同能否产生法律效力还要看它是否符合法律规定。合同生效是指已经成立的合同因符合法律规定而受到法律保护，并能够产生当事人所预想的法律后果。《合同法》规定，依法成立的合同，自成立时生效。如果合同违反法律规定，即使合同已经成立，而且可能当事人之间还进行了合同的履行，该合同及当事人的履行行为也不会受到法律保护，甚至还可能受到法律的制裁。

2. 合同生效与合同成立的区别

合同生效与合同成立是两个完全不同的概念。合同成立制度主要表现了当事人的意志，体现了合同自由的原则；而合同生效制度则体现了国家对合同关系的认可与否，它反映了国家对合同关系的干预。二者区别如下。

（1）合同不具备成立或生效要件承担的责任不同。即在合同订立过程中，一方当事人违反诚实信用原则的要求，因自己的过失给对方造成损失时所应当承担的损害赔偿责任，其后果仅仅表现为当事人之间的民事赔偿责任；而合同不具备生效要件而产生合同无效的法律后果，除了要承担民事赔偿责任以外，往往还要承担行政责任和刑事责任。

（2）在合同形式方面的不同要求。在法律、行政法规或者当事人约定采用书面形式订立合同而没有采用，而且也没有出现当事人一方已经履行主要义务、对方接受的情况，则合同不能成立；但是，如果法律、行政法规规定合同只有在办理批准、登记等手续才能生效，当事人未办理相关手续则会导致合同不能生效，但并不影响合同的成立。

（3）国家的干预与否不同。有些合同往往由于其具有非法性，违反了国家的强制性规定或者社会公共利益而成为无效合同，此时，即使当事人不主张合同无效，国家也有权干预；合同不成立仅仅涉及当事人内部的合意问题，国家往往不能直接干预，而应当由当事人自己解决。

3. 合同生效时间

根据《合同法》规定，依法成立的合同，自成立时起生效。即依法成立的合同，其生效时间一般与合同的成立时间相同。如果法律、行政法规规定应当办理批准、登记等手续生效的，则在当事人办理了相关手续后合同生效。未办理手续的合同尽管合同成立，但是不能生效。如果当事人约定应当办理公证、鉴证或者登记手续生效的，当事人未办理，并不影响合同的生效，合同仍然自成立时起生效。

1.4.2　无效合同

1. 无效合同概念和特征

无效合同是指合同虽然已经成立，但因违反法律、行政法规的强制性规定或者社会公共利益，自始不能产生法律约束力的合同。无效合同具有以下法律特征。

（1）合同已经成立，这是无效合同产生的前提。

（2）合同不能产生法律约束力，即当事人不受合同条款的约束。

（3）合同自始无效。

2. 无效合同类型

按照《合同法》规定，以下几种情况，合同无效。

（1）一方以欺诈、胁迫的手段订立合同，损害国家利益。欺诈是指一方当事人故意告之对方虚假情况，或者故意隐瞒真实情况，诱使对方当事人作出错误的意思表示的行为。欺诈行为具有以下构成要件：欺诈方有欺诈的故意；欺诈方实施欺诈的行为；相对人因受到欺诈而作出错误的意思表示。胁迫是指以将来发生的损害或以直接加以损害相威胁，使对方产生恐惧并因此而订立合同。胁迫行为具有以下构成要件：胁迫人具有胁迫的故意；胁迫人实施了胁迫行为；受胁迫人产生了恐惧而作出了不真实的意思表示。

（2）恶意串通，损害国家、集体或者第三人利益。恶意串通的合同是指明知合同违反了法律规定，或者会损害国家、集体或他人利益，合同当事人还是非法串通在一起，共同订立某种合同，造成国家、集体或者第三者利益的损害。

（3）以合法的形式掩盖非法的目的。即采用法律允许的合同类型，掩盖其非法的合同目的。如签订赠予合同以转移非法财产等。这种行为必然导致市场经济秩序混乱，因此是无效合同。

（4）损害社会公共利益。《合同法》规定，当事人订立的合同，不得损害社会公共利益，因此，当事人订立的合同首先必须符合社会公共利益。否则，只能是无效合同。

（5）违反法律、行政法规的强制性规定。所谓法律的强制性规定，是指规范义务性要求十分明确，而且行为人必须履行，不允许以任何方式加以变更或者违反的法律规定。

3.《司法解释》关于合同无效的规定

在工程实践中，由于工程标的大，履行时间长，涉及面广，工程合同是否无效界定较为困难。针对此情况，最高人民法院于 2004 年 10 月 25 日出台了《最高人民法院关于审理建设工程施工合同纠纷案件适用法律问题的解释》（以下简称《司法解释》），并于 2005 年 1 月 1 日起正式施行。《司法解释》对建设工程施工合同的效力、合同的解除及工程质量的责任等法律问题作出了详细的规定。

（1）《司法解释》第一条规定，"建设工程施工合同具有下列情形之一的，应当根据合同法第五十二条第（五）项的规定，认定无效：承包人未取得建筑施工企业资质或者超越资质等级的；没有资质的实际施工人借用有资质的建筑施工企业名义的；建设工程必须进行招标而未招标或者中标无效的"。

（2）《司法解释》第四条规定，"承包人非法转包、违法分包建设工程或者没有资质的实际施工人借用有资质的建筑施工企业名义与他人签订建设工程施工合同的行为无效。人民法院可以根据民法通则第一百三十四条规定，收缴当事人已经取得的非法所得"。

（3）《司法解释》第五条规定，"承包人超越资质等级许可的业务范围签订建设工程施工合同，在建设工程竣工前取得相应资质等级，当事人请求按照无效合同处理的，不予支持"。

（4）《司法解释》第七条规定，"具有劳务作业法定资质的承包人与总承包人、分包人签订的劳务分包合同，当事人以转包建设工程违反法律规定为由请求确认无效的，不予支持"，以保护劳务分包人的合法权益。

4. 免责条款无效的法律规定

免责条款是指合同当事人在合同中预先约定的，旨在限制或免除其未来责任的条款。《合同法》规定，合同中下列免责条款无效。

（1）造成对方人身伤害的。

（2）因故意或者重大过失造成对方财产损失的。

法律之所以规定以上两种情况的免责条款无效，是因为：一是这两种行为都具有一定的社会危害性和法律的谴责性；二是这两种行为都可以构成侵权行为，即使当事人之间没有合同关系，当事人也可以追究对方当事人的侵权行为责任，如果当事人约定这种侵权行为免责，等于以合同的方式剥夺了当事人的合同以外的法定权利，违反了民法的公平原则。

5. 无效合同的法律后果

无效合同一经确认，即可决定合同的处置方式。但并不说明合同当事人的权利义务关系全部结束。其处置原则如下。

（1）制裁有过错方。对合同无效负有责任的一方或者双方应当承担相应的法律责任。过错方所应当承担的损失赔偿责任必须符合以下条件：被损害人有损害事实；赔偿义务人有过错；接受损失赔偿的一方当事人必须无故意违法而使合同无效的情况；损失与过错之间有因果关系。

（2）无效合同自始没有法律效力。无论确认合同无效的时间是在合同履行前，还是履行过程中，或者是在履行完毕，该合同一律从合同成立之时就不具备法律效力，当事人即使进行了履行行为，也不能取得履行结果。

（3）合同部分无效并不影响其他部分效力，其他部分仍然有效。合同部分无效时会产生两种不同的法律后果：因无效部分具有独立性，没有影响其他部分的法律效力，此时，其他部分仍然有效；无效部分内容在合同中处于至关重要的地位，从而导致整个合同无效。

（4）合同无效并不影响合同中解决争议条款的法律效力。

（5）以返还财产为原则，折价补偿为例外。无效合同自始就没有法律效力，因此，当事人根据合同取得的财产就应当返还给对方；如果所取得的财产不能返还或者没有必要返还的，则应当折价补偿。

（6）对无效合同，有过错的当事人除了要承担民事责任以外，还可能承担行政责任甚至刑事责任。

6.《司法解释》对无效合同的处理

《司法解释》对于无效合同的处理同样也做出了明确的规定。《司法解释》第三条规定，"建设工程施工合同无效，且建设工程经竣工验收不合格的，按照以下情形分别处理：修复后的建设工程经竣工验收合格，发包人请求承包人承担修复费用的，应予支持；修复后的建设工程经竣工验收不合格，承包人请求支付工程价款的，不予支持。因建设工程不合格造成的损失，发包人有过错的，也应承担相应的民事责任。"

为了防止业主、转包人、违法分包人以合同无效为由拖欠实际施工人工程款，《司法解释》第二条规定："建设工程施工合同无效，但建设工程经竣工验收合格，承包人请求参照合同约定支付工程价款的，应予支持。"第二十六条规定："实际施工人以转包人、违法分包人为被告起诉的，人民法院应当依法受理。实际施工人以发包人为被告主张权利的，人民法院可以追加转包人或者违法分包人为本案当事人。发包人只在欠付工程价款范围内对实际施工人承担责任。"可以看出，《司法解释》还是依据合同法的立法原意，认定价格条款有效，并不会与合同无效发生矛盾。业主、转包人或违法分包人与实际施工人订立合同的初衷即由实际施工人代为建造一个合格的工程，工程经竣工验收合格即意味其合同目的已经实现，拒付工程款无法律依据而构成不当得利。

1.4.3　可撤销合同

1. 可撤销合同概念和特征

可撤销合同是指因当事人在订立合同的过程中意思表示不真实，经过撤销人请求，由人民法院或者仲裁机构变更合同的内容，或者撤销合同，从而使合同自始消灭的合同。可撤销合同具有以下特点。

（1）可撤销合同是当事人意思表示不真实的合同。

（2）可撤销合同在未被撤销之前，仍然是有效合同。

（3）对可撤销合同的撤销，必须由撤销人请求人民法院或者仲裁机构作出。

（4）当事人可以撤销合同，也可以变更合同的内容，甚至可以维持原合同保持不变。

2. 可撤销合同的法律规定

《合同法》规定，下列合同，当事人一方有权请求人民法院或者仲裁机构变更或者撤销。

（1）因重大误解订立的。

（2）在订立合同时显失公平的。

一方以欺诈、胁迫的手段或者乘人之危，使对方在违背真实意思的情况下订立的合同，受损害方有权请求人民法院或者仲裁机构变更或者撤销。当事人请求变更的，人民法院或者仲裁机构不得撤销。

3. 可撤销合同与无效合同的区别

可撤销合同与无效合同的相同之处在于合同都会因被确认无效或者被撤销后而使合同自始不具备法律效力。可撤销合同与无效合同的区别如下。

（1）合同内容的不法性程度不同。可撤销合同是由于当事人意思表示不真实造成的，法律将合同的处置权交给受损害方，由受损害方行使撤销权；而无效合同的内容明显违法，不能由合同当事人决定合同的效力，而应当有法院或者仲裁机构作出，即使合同当事人未主张合同无效，法院也可以主动干预，认定合同无效。

（2）当事人权限不同。可撤销合同在合同未被撤销之前仍然有效，撤销权人享有撤销权和变更权，当事人可以向法院或者仲裁机构申请行使撤销权和变更权，也可以放弃该权利，法律把决定这些合同的权利给了当事人；而无效合同始终不能产生法律效力，合同当事人无权选择处置合同的方式。

（3）期限不同。对于可撤销合同，撤销权人必须在法定期限内行使撤销权，超过法定期限未行使撤销权的，合同即为有效合同，当事人不得再主张撤销合同；无效合同属于法定无效，不会因为超过期限而使合同变为有效合同。

4. 撤销权消灭

合同法规定，有下列情况之一的，撤销权消灭。

（1）具有撤销权的当事人自知道或者应当知道撤销事由之日起一年内未行使撤销权。

（2）具有撤销权的当事人知道撤销事由后明确表示或者以自己的行为放弃撤销权。

1.4.4　效力待定合同

1. 效力待定合同概念

效力待定合同是指合同虽然已经成立，但因其不完全符合合同的生效要件，因此其效力能否发生还不能确定，一般须经权利人确认才能生效的合同。

2. 效力待定合同类型

1）限制民事行为能力人依法不能独立订立的合同

根据《民法通则》规定，限制民事行为能力人只能实施某些与其年龄、智力、精神健康状况相适应的民事行为，其他民事活动应当由其法定代理人代理或者在征得其法定代理人同意后实施。《合同法》将其订立的合同分为两种类型：第一，纯利益合同或者与其年龄、智力、精神健康状况相适应的合同，如获得报酬、奖励、赠予等。这些合同不必经法定代理人同意。第二，未经法定代理人同意而订立的其他合同。这些合同只能是效力待定合同，必须经过其法定代理人的追认，合同才能产生法律效力。

2）无民事行为能力人订立的合同

一般来讲，无民事行为能力人只能由其法定代理人代理签订合同，他们不能自己订立合同，否则合同无效。如果他们订立合同，该合同必须经过其法定代理人的追认，合同才能产生法律效力。

3）无权代理订立的合同

无权代理分为狭义无权代理、表见代理两种情况。狭义无权代理是指行为人没有代理权或超越代理权限而以他人的名义进行民事、经济活动。其表现形式如下。

（1）无合法授权的代理行为。代理权是代理人进行代理活动的法律依据，未经当事人的授权而以他人的名义进行的代理活动是最主要的无权代理的表现形式。

（2）代理人超越代理权限而为的代理行为。在代理关系形成过程中，关于代理人代理权的范围均有所界定，特别是在委托代理中，代理权的权限范围必须明确规定，代理人应依据代理权限进行代理活动，超越此权限的活动即越权代理，这也属于无权代理。

（3）代理权终止后的代理行为。代理权终止后，代理人的身份随之消灭，从而无权再以被代理人的名义进行代理活动。

《合同法》明确规定："行为人没有代理权、超越代理权或者代理权终止后，以被代理人名义订立的合同，未经被代理人追认，对被代理人不发生效力，由行为人承担。"由此可见，无权代理将产生下列法律后果。

（1）被代理人的追认权。根据《合同法》规定，无权代理一般对被代理人不发生法律效力，但是，在无权代理行为发生后，如果被代理人认为无权代理行为对自己有利，或者出于某种考虑而同意这种行为，则有权作出追认的意思表示。无权代理行为一经被代理人追认，则对被代理人发生法律效力。

（2）被代理人的拒绝权。在无权代理行为发生后，被代理人为了维护自身的合法权益，对此行为及由此而产生的法律后果享有拒绝的权利。被代理人没有进行追认或拒绝追认的义务。但是，如果被代理人知道他人以自己的名义实施代理行为而不作出否认表示的，则视为同意。

（3）无权代理人的催告权。在无权代理行为发生后，无权代理人可向被代理人催告，要求被代理人对此行为是否有效进行追认，如果被代理人在规定期限内未作出答复，则视为拒绝。

无权代理人的撤回权。即向被代理人提出撤回已作出的代理表示的法律行为。但是，如果被代理人已经追认了其无权代理行为，则代理人就不得撤回。如果无权代理人已经行使撤回权，则被代理人就不能行使追认权。

（4）相对人的催告权。在无权代理行为发生后，相对人有权催告被代理人在合理的期限内对行为人的无权代理行为予以追认，被代理人在规定期限内未作出追认，视为拒绝追认。

（5）善意相对人的撤销权。善意相对人是指不知道或者不应当知道无权代理人没有代理权的相对人。善意相对人在被代理人追认前，享有撤销的权利。

表见代理是指善意相对人有理由相信无权代理人具有代理权，且据此而与无权代理人订立合同。对于表见代理，《合同法》规定，该代理行为有效，即合同订立后，应由被代理人对善意相对人承担合同责任。如果是因为无权代理给被代理人造成损失的，他可以向行为人追偿。构成表见代理的情形包括：

- 被代理人知道他人以自己的名义订立合同而不作否认表示；
- 本人以直接或者间接的意思表示，声明授予他人代理权，但事实上并未授权；
- 将具有代理权证明意义的文件或者印鉴交给他人，或者允许他人作为自己的分支机构以其代理人名义活动；
- 代理权授权不明，相对人有理由相信行为人有代理权；
- 代理权虽然已经消灭，但未告知相对人；
- 行为人与被代理人之间存在某种特定关系。

4）法定代表人、负责人超越权限订立的合同

《合同法》规定，法人或者其他组织的法定代表人、负责人超越权限订立的合同，除了相对人知道或者应当知道其超越权限的以外，该代表行为有效。

5）无权处分财产人订立的合同

所谓无权处分财产人订立的合同，是指不享有处分财产权利的人处分他人财产权利而订

立的合同。因无权处分行为而订立的合同，如果经权利人追认或者无权处分人在订立合同后取得处分权，则合同有效；否则，该合同无效。如果合同相对人善意且有偿取得财产，则合同相对人能够享有财产所有权，原财产所有权人的损失，由擅自处分人承担赔偿责任。在实践中，无权处分财产的情形主要包括：

- 因其他合同关系占有财产的人擅自处分他人财产；
- 某一共有人未经其他共有人同意擅自处分共有财产；
- 将通过非法手段获得的他人财产进行处分；
- 采用欺诈手段处分他人财产。

1.5　合同履行

1.5.1　合同履行原则

合同订立并生效后，合同便成为约束和规范当事人行为的法律依据。合同当事人必须按照合同约定的条款全面、适当地完成合同义务，如交付标的物、提供服务、支付报酬或者价款、完成工作等。合同的履行是合同当事人订立合同的根本目的，也是实现合同目的的最重要和最关键的环节，直接关系到合同当事人的利益，而履行问题往往最容易出现争议和纠纷。因此，合同的履行成为合同法中的核心内容。

1. 合同履行基本原则

为了保证合同当事人依约履行合同义务，必须规定一些基本原则，以指导当事人具体地去履行合同，处理合同履行过程中发生的各种情况。合同履行的基本原则构成了履行合同过程中总的和基本的行为准则，成为合同当事人是否履行合同及履行是否符合约定的基本判断标准。《合同法》中规定，在合同履行过程中必须遵循两个基本原则。

（1）全面履行原则，是指合同当事人应当按照合同的约定全面履行自己的义务，不能以单方面的意思改变合同义务或者解除合同。全面履行原则要求当事人保质、保量、按期履行合同义务，否则即应承担相应的责任。根据全面履行原则可以确定当事人在履行合同中是否有违约行为及违约的程度，对合同当事人应当履行的合同义务予以全面制约，充分保护合同当事人的合法权益。

（2）诚实信用原则，是指在合同履行过程中，合同当事人讲究信用，恪守信用，以善意的方式履行其合同义务，不得滥用权力及规避法律或者合同规定的义务。合同的履行应当严格遵循诚实信用原则。一方面，要求当事人除了应履行法律和合同规定的义务外，还应当履行依据诚实信用原则所产生的各种附随义务，包括相互协作和照顾义务、瑕疵的告知义务、使用方法的告知义务、重要情事的告知义务、忠实的义务等。另一方面，在法律和合同规定的内容不明确或者欠缺规定的情况下，当事人应当依据诚实信用原则履行义务。

2. 与合同履行有关的其他原则

（1）协作履行原则，是指要求合同当事人在合同履行过程中相互协作，积极配合，完成合同的履行。当事人适用协作履行原则不仅有利于全面、实际地履行合同，也有利于增强当事人之间彼此相互信赖、相互协作的关系。

（2）效益履行原则，是指履行合同时应当讲求经济效益，尽量以最小的成本，获得最大的效益，以及合同当事人为了谋求更大的效益或者为了避免不必要的损失，变更或解除合同。

（3）情事变更原则，是指在合同订立后，如果发生了订立合同时当事人不能预见并且不能克服的情况，改变了订立合同时的基础，使合同的履行失去意义或者履行合同将使当事人之间的利益发生重大失衡，应当允许当事人变更合同或者解除合同。

1.5.2　合同履行中的义务

（1）通知义务，是指合同当事人负有将与合同有关的事项通知给对方当事人的义务。包括有关履行标的物到达对方的时间、地点、交货方式的通知，合同提存的有关事项的通知，后履行抗辩权行使时要求对方提供充分担保的通知，情事变更的通知，不可抗力的通知等。

（2）协助义务，是指合同当事人在履行合同过程中应当相互给予对方必要的和能够的协助和帮助的义务。

（3）保密义务，是指合同当事人负有为对方的秘密进行保守，使其不为外人知道的义务。如果因为未能为对方保守秘密，使外人知道对方的秘密，给对方造成损害的，应当对此承担责任。

1.5.3　合同履行中约定不明情况的处置

（1）合同生效后，合同的主要内容包括质量、价款或者报酬、履行地点等没有约定或者约定不明确的，当事人可以通过协商确定合同的内容。不能达成补充协议的，按照合同有关条款或者交易习惯确定。

（2）如果合同当事人双方不能达成一致意见，又不能按照合同的有关条款或者交易习惯确定，可以适用下列规定。

① 质量要求不明确的，按照国家标准、行业标准履行；没有国家标准、行业标准的，按照通常标准或者符合合同目的的特定标准履行。所谓的通常标准，是指在同类的交易中，产品应当达到的质量标准；符合合同目的的特定标准是指根据合同的目的、产品的性能、产品的用途等因素确定质量标准。

② 价款或者报酬不明确的，按照订立合同时履行地市场价格履行；依法执行政府定价或者政府指导价的，按照规定执行。此处所指的市场价格是指市场中的同类交易的平均价格。对于一些特殊的物品，由国家确定价格的，应当按照国家的定价来确定合同的价款或者报酬。

③ 履行地点不明确，给付货币的，在接受货币一方所在地履行；交付不动产的，在不动产所在地履行；其他标的，在履行义务一方所在地履行。

④ 履行期限不明确，债务人可以随时履行，债权人也可以随时要求履行，但应当给对方必要的准备时间。

⑤ 履行方式不明确的，按照有利于实现合同目的的方式履行。

⑥ 履行费用的负担不明确的，由履行义务一方负担。

1.5.4　合同中执行政府定价或者指导价的法律规定

在发展社会主义市场经济过程中，政府对经济活动的宏观调控和价格管理十分必要。《合同法》规定：执行政府定价或者政府指导价的，在合同约定的交付期限内政府价格调整时，按照交付时的价格计价。逾期交付标的物的，遇价格上涨时，按照原价格执行；价格下降时，按照新价格执行。逾期提取标的物或者逾期付款的，遇价格上涨时，按照新价格执行；价格下降时，按照原来的价格执行。

从《合同法》中可以看到，执行国家定价的合同当事人，由于逾期不履行合同遇到国家调整物价时，在原价格和新价格中，执行对违约方不利的那种价格，这是对不按期履行合同的一方从价格结算上给予的一种惩罚。这样规定，有利于促进双方按规定履行合同。需要注意的是，这种价格制裁只适用于当事人因主观过错而违约，不适用因不可抗力所造成的情况。

1.5.5　《司法解释》关于垫资的规定

垫资承包是指建设单位未全额支付工程预付款或未按工程进度按月支付工程款（不含合同约定的质量保证金），由建筑业企业垫款施工。建设部、国家发展和改革委员会、财政部、中国人民银行于 2006 年 1 月 4 日联合发出《关于严禁政府投资项目使用带资承包方式进行建设的通知》（建市 [2006] 6 号），通知规定，政府投资项目一律不得以建筑业企业带资承包的方式进行建设，不得将建筑业企业带资承包作为招投标条件；严禁将此类内容写入工程承包合同及补充条款，同时要对政府投资项目实行告知性合同备案制度。

对于非政府投资工程，《司法解释》第六条规定，"当事人对垫资和垫资利息有约定，承包人请求按照约定返还垫资及其利息的，应予支持，但是约定的利息计算标准高于中国人民银行发布的同期同类贷款利率的部分除外。当事人对垫资没有约定的，按照工程欠款处理。当事人对垫资利息没有约定，承包人请求支付利息的，不予支持"。

1.5.6　合同履行规则

1. 向第三人履行债务的规则

合同履行过程中，由于客观情况变化，有可能会引起合同中债权人和债务人之间债权债务履行的变更。法律规定债权人和债务人可以变更债务履行，这并不会影响当事人的合法权益。从一定意义上来讲，债权人与债务人依法约定变更债务履行，有利于债权人实现其债权以及债务人履行其债务。

《合同法》规定，当事人约定由债务人向第三人履行债务的，债务人未向第三人履行债务或履行债务不符合约定，应当向债权人承担违约责任。从《合同法》中可以看出，三方的权利义务关系如下。

（1）债权人。合同的债权人有权按照合同约定要求债务人向第三人履行合同，如果债务人未履行或者未正确履行合同义务，债权人有权追究债务人的违约责任，包括债权人和第三人的损失。

（2）债务人。债务人应当按照约定向第三人履行合同义务。如果合同本身已经因为某种原因无效或者被撤销，债务人可以依此解除自己的义务。如果债务人未经第三人同意或者违反合同约定，直接向债权人履行债务，并不能解除自己的义务。需要说明的是，一般来说，向第三人履行债务原则上不能增加履行的难度及履行费用。

（3）第三人。第三人是合同的受益人，他有以自己的名义直接要求债务人履行合同的权力。但是，如果债务人不履行义务或者履行义务不符合约定，第三人不能请求损害赔偿或者申请法院强制执行，因为债务人只对债权人承担责任。此外，合同的撤销权或解除权只能由合同当事人行使。

2. 由第三人履行债务的规则

《合同法》规定：当事人约定由第三人向债权人履行债务的，第三人不履行债务或履行债务不符合约定，债务人应当向债权人承担违约责任。从中可以看出三者的权利义务关系如下。

（1）第三人。合同约定由第三人代为履行债务，除了必须经债权人同意外，还必须事先征得第三人的同意。同时，在没有事先征得债务人同意的情况下，第三人一般也不能代为履行合同义务，否则，债务人对其行为将不负责任。

（2）债务人。第三人向债权人履行债务，并不等于债务人解除了合同的义务，而只是免除了债务人亲自履行的义务。如果第三人不履行债务或履行债务不符合约定，债务人应当向债权人承担违约责任。

（3）债权人。当合同约定由第三人履行债务后，债权人应当接受第三人的履行而无权要求债务人自己履行。但是，如果第三人不履行债务或履行债务不符合约定，债权人有权向债务人主张自己的权利。

3. 提前履行规则

《合同法》规定，债权人可以拒绝债务人提前履行债务，但提前履行不损害债权人利益的除外。债务人提前履行债务给债权人增加的费用，由债务人负担。

4. 部分履行规则

《合同法》规定，债权人可以拒绝债务人部分履行债务，但部分履行不损害债权人利益的除外。债务人部分履行债务给债权人增加的费用，由债务人负担。部分履行规则是针对可分标的的履行而言，如果部分履行并不损害债权人的利益，债权人有义务接受债务人的部分履行。债务人部分履行必须遵循诚实信用原则，不能增加债权人的负担，如果因部分履行而增加了债权人的费用，应当由债务人承担。

5. 中止履行规则

《合同法》规定，债权人分立、合并或者变更住所没有通知债务人，致使履行发生困难的，债务人可以中止履行或者将标的物提存。本条规定指明了债权人不明时的履行规则。债权人因自身的情况发生变化，可能对债务履行产生影响的，债权人应负有通知债务人的附随义务。如果债权人分立、合并或者变更住所时没有履行该义务，债务人可以采取中止履行的措施，当阻碍履行的原因消灭以后再继续履行。

6. 债务人同一性规则

《合同法》规定，合同生效后，当事人不得因姓名、名称的变更或者法定代表人、负责人、承办人的变动而不履行合同义务。合同生效后，债务人的情况往往会发生变化，有的债务人以变动为理由拒绝履行原合同，这是错误的，因为这些变化仅仅是合同的外在表现形式的变更而非履行主体的变更，债务人与名称变动前相比具有同一性，不构成合同变更和解除的理由，新的代表人应当代表原债务人履行合同义务，拒绝履行的，应承担违约责任。

1.5.7　合同履行中的抗辩权

1. 抗辩权概念和特点

合同法中的抗辩权是指在合同履行过程中，债务人对债权人的履行请求权加以拒绝或者反驳的权利。抗辩权是为了维护合同当事人双方在合同履行过程中的利益平衡而设立的一项权利。作为对债务人的一种有效的保护手段，合同履行中的抗辩权要求对方承担及时履行和提供担保等义务，可以避免自己在履行合同义务后得不到对方履行的风险，从而维护了债务人的合法权益。抗辩权具有以下特点。

（1）抗辩权的被动性。抗辩权是合同债务人针对债权人根据合同约定提出的要求债务人履行合同的请求而作出拒绝或者反驳的权利，如果这种权利经过法律认可，抗辩权便宣告成立。由此可见，抗辩权属于一种被动防护的权利，如果没有请求权，便没有抗辩权。

（2）抗辩权仅仅产生于双务合同中。双务合同双方的权利义务是对等的，双方当事人既是债权人，又是债务人，既享有债权又承担债务，享有债权是以承担债务为条件的，为了实现债权不得不履行各自的债务。造成合同履行的关联性，即要求合同当事人双方履行债务。一方不履行债务或者对方有证据证明他将不能履行债务，另一方原则上也可以停止履行。一方当事人在请求对方履行债务时，如果自己未履行债务或者将不能履行债务，则对方享有抗辩权。

2. 同时履行抗辩权

1）同时履行抗辩权的概念

同时履行抗辩权是针对合同当事人双方的债务履行没有先后顺序的情况下的一种抗辩制度。同时履行抗辩权即指双务合同的当事人一方在对方未为对待给付之前，有权拒绝对方请求自己履行合同要求的权利。如果双方当事人的债务关系没有先后顺序，双方当事人应当同时履行合同义务，一方当事人在请求对方履行合同债务时，如果自己没有履行合同义务，则对方享有暂时不履行自己的债务的抗辩权。同时履行抗辩权的目的不在于完全消除或者改变自己的债务，只是延期履行自己的债务。

《合同法》规定，当事人互有债务，没有先后履行顺序的，应当同时履行。一方在对方履行之前有权拒绝其履行要求。一方在对方履行债务不符合约定时，有权拒绝其相应的履行要求。

2）同时履行抗辩权的构成条件

（1）双方当事人互负对待给付。同时履行抗辩权只适用于双务合同，而且必须是双方当事人基于同一个双务合同互负债务，承担对待给付的义务。如果双方的债务是因两个或者两个以上的合同产生的，则不能适用同时履行抗辩权。

（2）双方当事人负有的对待债务没有约定履行顺序。如果合同中明确约定了当事人的履行顺序，就必须按照约定履行，应当先履行债务的一方不能对后履行一方行使同时履行抗辩权。只有在合同中未对双方当事人的履行顺序进行约定的情况下，才发生合同的履行顺序问题。正是由于当事人对合同的履行顺序产生了歧义，所以才应按照一定的方式来确定当事人谁先履行谁后履行，以维护双方当事人的合法权益。

（3）须对方未履行债务或未完全履行债务。这是一方能行使其同时履行抗辩权的关键条件之一。其适用的前提就是双方当事人均没有履行各自的到期债务。其中一方已经履行其债务的，则不再出现同时履行抗辩权适用的情况，另一方也应当及时对其债务作出履行，对方向其请求履行债务时，不得拒绝。

（4）双方当事人的债务已届清偿期。合同的履行以合同履行期已经届满为前提，如果合同的履行期还未到期，则不会产生履行合同义务问题，自然就不会涉及同时履行抗辩权适用问题。

3）同时履行抗辩权的效力

同时履行抗辩权具有以下效力。

（1）阻却违法的效力。阻却违法是指因其存在，使本不属于合法的行为失去其违法的根据，而变为一种合理的为法律所肯定的行为。同时履行抗辩权是法律赋予双务合同的当事人在同时履行合同债务时，保护自己利益的权利。如果对方未履行或者未完全履行债务而拒绝向对方履行债务，该行为不构成违约，而是一种正当行为。

（2）对抗效力。同时履行抗辩权是一种延期的抗辩权，可以对抗对方的履行请求，而不必为自己的拒绝履行承担法律责任。因此，它不具有消灭对方请求权的效力，在被拒绝后，不影响对方再次提出履行请求。同时，履行抗辩权的目的不在于完全消除或者改变自己的债务，只是延期履行自己的债务。

3. 后履行抗辩权

1）后履行抗辩权的概念

后履行抗辩权是指按照合同约定或者法律规定负有先履行债务的一方当事人，届期未履行债务或履行债务严重不符合约定条件时，相对人为保护自己的到期利益或为保证自己履行债务的条件而中止履行合同的权利。《合同法》规定，当事人互负债务，有先后履行顺序的，先履行一方未履行的，后履行一方有权拒绝其履行要求。先履行一方履行债务不符合约定的，后履行一方有权拒绝其相应的履行要求。

后履行抗辩权属于负有后履行债务一方享有的抗辩权，它的本质是对先期违约的对抗，因此，后履行抗辩权可以称为违约救济权。如果先履行债务方是出于属于免责条款范围内（如发生了不可抗力）的原因而无法履行债务的，该行为不属于先期违约，因此，后履行债务方不能行使后履行抗辩权。

2）后履行抗辩权构成条件

后履行抗辩权的适用范围与同时履行抗辩权相似，只是在履行顺序上有所不同，具体包括：

● 由同一双务合同互负债务，互负的债务之间具有相关性；

● 债务的履行有先后顺序，当事人可以约定履行顺序，也可以由合同的性质或交易习惯决定；

● 先履行一方不履行或者不完全履行债务。

4. 不安抗辩权

1）不安抗辩权的概念

不安抗辩权，又称保证履约抗辩权，是指按照合同约定或者法律规定负有先履行债务的一方当事人，在合同订立之后，履行债务之前或者履行过程中，有充分的证据证明后履行一方将不会履行债务或者不能履行债务时，先履行债务方可以暂时中止履行，通知对方当事人在合理的期限内提供适当担保，如果对方当事人在合理的期限内提供担保，中止方应当恢复履行；如果对方当事人未能在合理期限内提供适当的担保，中止履行一方可以解除合同。

《合同法》规定，应当先履行债务的当事人有确切证据证明对方有下列情况之一的，可以中止履行：经营状况严重恶化；转移财产、抽逃资金以逃避债务；丧失商业信誉；有丧失或者可能丧失履行债务能力的其他情形。

2）不安抗辩权的适用条件

（1）由同一双务合同互负债务并具有先后履行顺序。不安抗辩权同样也产生于双务合同中，与双务合同履行上的关联性有关。互负债务并具有先后履行顺序是不安抗辩权的前提条件。

（2）后履行一方有不履行债务或者可能丧失履行债务能力的情形。不安抗辩权设立的目的就是在于保证先履行的一方当事人在履行其债务后，不会因为对方不履行或者不能履行合同债务而受到损失。《合同法》中规定了 4 种情形，可概括为不履行或者丧失履行能力的情形。如果这些情形出现，就可能危及先履行一方的债权。

（3）先履行一方有确切的证据。作为享有的权利，先履行一方在主张不安抗辩时，必须有充分的证据证明对方当事人确实存在不履行或者不能履行其债务的情形。这主要是防止先履行一方滥用不安抗辩权。如果先履行一方无法举出充分证据来证明对方丧失履行能力，则不能行使不安抗辩权，其拒绝履行合同义务的行为即为违约行为，应当承担违约责任。

3）不安抗辩权的效力

（1）中止履行。不安抗辩权能够适用的原因在于由于可归责于对方当事人的事由，可能给先履行的一方造成不能得到对待给付的危险，先履行债务一方最可能的就是暂时不向对方履行债务。所以，中止履行是权利人首先能够采取的手段，而且，这种行为是一种正当行为，不构成违约。

（2）要求对方提供适当的担保。不安抗辩权的适用并不消灭先履行一方的债务，只是因特定的情况，暂时中止履行其债务，双方当事人的债权债务关系并未解除。因此，先履行一方可要求对方在合理的期限内提供担保来消除可能给先履行债务一方造成损失的威胁，并以此决定是继续维持还是中止债权债务关系。

（3）恢复履行或者解除合同。中止履行只是暂时性的保护措施，并不能彻底保护先履行债务一方的利益。所以，为及早解除双方当事人之间的不确定的法律状态，有两种处理结果：如果对方在合理期限内提供担保，则中止履行一方继续履行其债务；否则，可以解除合同关系。

4）不安抗辩权的附随义务

（1）通知义务。先履行债务一方主张不安抗辩时，应当及时通知对方当事人，以避免对方因此而遭受损失，同时也便于对方获知后及时提供充分保证来消灭抗辩权。

（2）举证义务。先履行债务一方主张不安抗辩时，负有举证义务，即必须能够提出充分证据来证明对方将不履行或者丧失履行债务能力的事实。如果提供不出证据或者证据不充分而中止履行的，该行为构成违约，应当承担违约责任。如果后履行一方本可以履行债务，而因对方未举证或者证据错误而导致合同被解除，由此造成的损失由先履行债务一方承担。

1.5.8　合同的保全制度

1. 代位权

1）代位权的概念

代位权是相对于债权人而言，它是指当债务人怠于行使其权利而危害债权人的债权时，债权人可以取代债务人的地位，行使债务人的权利。代位权的核心是以自己的名义行使债务人对第三人的债权。

2）代位权的成立条件

（1）债务人对第三人享有债权。债务人对第三人享有的债权是代位权的标的，它应当是合法有效的债权。

（2）债务人怠于行使其到期债权。怠于行使债权是指债务人在债权可能行使并且应该行使的情况下消极地不行使。债务人消极地不行使权利，就可能产生债权因时效届满而丧失诉权等不利后果，可能会给债权人的债权造成损害，所以，才有行使代位权的必要。

（3）债务人不行使债权，有造成债权消灭或者丧失的危险。债务人如果暂时消极地不行使债权，对其债权的存在的法律效力没有任何影响的，因而没有构成对债务人的债权消灭或者丧失的危险，就没有由债权人代为行使债权的必要，债权人的代位权也就没有适用的余地。

（4）债务人的行为对债权人造成损害。债务人怠于行使债权的行为已经对债权人的债权造成现实的损害，是指因为债务人不行使其债权，造成债务人应当增加的财产没有增加，导致债权人的债权到期时，会因此而不能全部清偿。

2. 代位权的效力

代位权的效力包括对债权人、债务人和第三人三方的效力。

（1）债权人。债权人行使代位权胜诉时，可以代位受领债务人的债权，因而可以抵消自己对债务人的债权，让自己的债权受偿。

（2）债务人。代位权的行使结果由债务人自己承担，债权人行使代位权的费用应当由债务人承担。

（3）第三人。对第三人来说，无论是债务人亲自行使其债权，还是债权人代位行使债务人的债权，均不影响其利益。如果由于债权人行使代位权而造成第三人履行费用增加的，第三人有权要求债务人承担增加的费用。

3. 撤销权

1）撤销权的概念

撤销权是相对于债权人而言，它是指债权人在债务人实施减少其财产而危及债权人的债权的积极行为时，请求法院予以撤销的权利。

2）撤销权的成立条件

（1）债务人实施了处分财产的法定行为。包括放弃到期债权、无偿转让财产的行为或者以明显不合理的低价转让财产的行为。这些会对债权人的债权产生不利的影响，因此，债权人可以行使撤销权以保护自己的债权。如果债务人没有产生上述行为，对债权人的债权未造成不利影响，债权人无权行使撤销权。

（2）债务人的行为已经产生法律效力。对于没有产生法律效力的行为，因为在法律上不产生任何意义，对债权人的债权不产生现实影响，所以债权人不能对此行使撤销权。

（3）债务人的行为是法律行为，具有可撤销性。债务人的行为必须是可以撤销的，否则，如果财产的消灭是不可以回转的，债权人行使撤销权也于事无补，此时就没有必要行使撤销权。

（4）债务人的行为已经或者将要严重危害到债权人的债权。只有在债务人的行为对债权人的债权的实现产生现实的危害时，债权人才能行使撤销权，以消除因债务人的行为带来的危害。

3）撤销权的法律效力

（1）债权人。债权人有权代债务人要求第三人向债务人履行或者返还财产，并在符合条件的情况下将受领的履行或财产与对债务人的债权作抵消。如果不符合抵消条件，则应当将收取的利益加入债务人的责任财产，作为全体债权的一般担保。

（2）债务人。债务人的行为被撤销后，行为将自始无效，不发生行为的效果，意图免除的债务或转移的财产仍为债务人的责任财产，应当以此清偿债权。同时，应当承担债权人行使撤销权的必要费用和向第三人返还因有偿行为获得的利益。

（3）第三人。如果第三人对债务人负有债务，则免除债务的行为不产生法律效力，第三人应当继续履行。如果第三人已经受领了债务人转让的财产，应当返还财产。原物不能返还的，应折价赔偿。但第三人有权要求债务人偿还因有偿行为而得到的利益。

4）撤销权的行使期限

《合同法》规定，债权人自知撤销事由之日起 1 年内或者债务人的行为发生之日起 5 年内没有行使撤销权的，该撤销权消灭。债权人在知道有撤销事由时起，应当在 1 年内行使撤销权，否则，撤销权消灭。如果在 5 年内，撤销权人未行使其撤销权，5 年期满后，撤销权消灭。此处的 5 年期限起始点是从撤销事由产生之日起开始计算，无论撤销权人是否知道其撤销权都将在 5 年后消灭。

1.6　合同变更、转让和终止

1.6.1　合同变更

1. 合同变更概念

合同变更有两层含义，广义的合同变更包括合同三个构成要素的变更：合同主体的变更、合同客体的变更及合同内容的变更。但是，考虑到合同的连贯性，合同的主体不能与合同的客体及内容同时变更，否则，变化前后的合同就没有联系的基础，就不能称之为合同的变更，而是一个旧合同的消灭与一个新合同的订立。

根据《合同法》规定，合同当事人的变化为合同的转让。因此，狭义的合同变更专指合同成立以后履行之前或者在合同履行开始之后尚未履行完之前，当事人不变而合同的内容、客体发生变化的情形。合同的变更通常分为协议变更和法定变更两种。协议变更又称为合意变更，是指合同双方当事人以协议的方式对合同进行变更。我国《合同法》中所指的合同变更即指协议变更合同。

2. 合同变更的条件

（1）当事人之间原已经存在合同关系。合同的变更是新合同对旧合同的替代，所以必然在变更前就存在合同关系。如果没有这一作为变更基础的现存合同，就不存在合同变更，只是单纯订立了新合同，发生新的债务。另外，原合同必须是有效合同，如果原合同无效或者被撤销，则合同自始就没有法律效力，不发生变更问题。

（2）合同变更必须有当事人的变更协议。当事人达成的变更合同的协议也是一种民事合同，因此也应符合《合同法》有关合同的订立与生效的一般规定。合同变更应当是双方当事人的自愿与真实的意思表示。

（3）原合同内容发生变化。合同变更按照《合同法》的规定仅为合同内容的变更，所以合同的变更应当能起到使合同的内容发生改变的效果，否则不能认为是合同的变更。合同的变更包括：合同性质的变更、合同标的物的变更、履行条款的变更、合同担保的变更、合同所附条件的变更等。

（4）合同变更必须按照法定的方式。合同当事人协议变更合同，应当遵循自愿互利原则，给合同当事人以充分的合同自由。国家对合同当事人协议变更合同应当加以保护，但也必须从法律上实行有条件的约束，以保证当事人对合同的变更不至于危及他人、国家和社会利益。

3. 合同变更的效力

双方当事人应当按照变更后的合同履行。合同变更后有下列效力。

（1）变更后的合同部分，原有的合同失去效力，当事人应当按照变更后的合同履行。合同的变更就是在保持原合同的统一性的前提下，使合同有所变化。合同变更的实质是以变更后的合同取代原有的合同关系。

（2）合同的变更只对合同未履行部分有效，不对合同中已经履行部分产生效力，除了当事人约定以外，已经履行部分不因合同的变更而失去法律依据。即合同的变更不产生追溯力，合同当事人不得以合同发生变更而要求已经履行的部分归于无效。

（3）合同的变更不影响当事人请求损害赔偿的权利。合同变更以前，一方因可归责于自己的原因而给对方造成损害的，另一方有权要求责任方承担赔偿责任，并不因合同变更而受到影响。但是合同的变更协议已经对受害人的损害给予处理的除外。合同的变更本身给一方当事人造成损害的，另一方当事人也应当对此承担赔偿责任，不得以合同的变更是双方当事人协商一致的结果为由而不承担赔偿责任。

4. 合同变更内容约定不明的法律规定

合同变更内容约定不明是指当事人对合同变更的内容约定含义不清，令人难以判断约定的新内容与原合同的内容的本质区别。《合同法》规定，当事人对合同变更的内容约定不明确的，推定为未变更。有效的合同变更，必须有明确的合同内容的变更，即在保持原合同的基础上，通过对原合同作出明显的改变，而成为一个与原合同有明显区别的合同。否则，就不能认为原合同进行了变更。

1.6.2　合同转让

1. 合同转让概念

合同转让是指合同成立后，当事人依法可以将合同中的全部或部分权利（或者义务）转让或者转移给第三人的法律行为。也就是说合同的主体发生了变化，由新的合同当事人代替了原合同当事人，而合同的内容没有改变。合同转让有两种基本形式：债权让与和债务承担。

2. 债权让与

1）债权让与的概念及法律特征

债权让与即合同权利转让，是指合同的债权人通过协议将其债权全部或者部分转移给第三人的行为。债权的转让是合同主体变更的一种形式，它是在不改变合同内容的情况下，合同债权人的变更。债权转让的法律特征如下。

（1）合同权利的转让是在不改变合同权利内容的基础上，由原合同的债权人将合同权利转移给第三人。

（2）合同债权的转让只能是合同权利，不应包括合同义务。

（3）合同债权的转让可以是全部转让也可以是部分转让。

（4）转让的合同债权必须是依法可以转让的债权，否则不得进行转让，转让不得进行转让的合同债权协议无效。

2）债权让与的构成条件

根据《合同法》规定，债权让与的成立与生效的条件如下。

（1）让与人与受让人达成协议。债权让与实际上就是让与人与受让人之间订立了一个合同，让与人按照约定将债权转让给受让人。合同当事人包括债权人与第三人，不包括债务人。该合同的成立、履行及法律效力必须符合法律规定，否则不能产生法律效力，转让合同无效。合同一旦生效，债权即转移给受让人，债务人对债权让与同意与否，并不影响债权让与的成立与生效。

（2）原债权有效存在。转让的债权必须具有法律上的效力，任何人都不能将不存在的权利让与他人。所以，转让的债权应当是为法律所认可的具有法律约束力的债权。对于不存在或者无效的合同债权的转让协议是无效的，如果因此而造成受让人利益损失，让与人应当承担赔偿责任。

（3）让与的债权具有可转让性。并非所有的债权都可以转让，必须根据合同的性质，遵循诚实信用原则及具体情况判断是否可以转让。其标准为是否改变了合同的性质、是否改变了合同的内容、增加了债务人的负担等。

（4）履行必须的程序。《合同法》规定，法律、行政法规规定转让权利或者转移义务应当办理批准、登记等手续的，依照其规定办理。

3）债权让与的限制

不得进行转让的合同债权主要包括以下几项。

（1）根据合同性质不得转让的合同债权。主要有：合同的标的与当事人的人身关系相关的合同债权；不作为的合同债权以及与第三人利益有关的合同债权。

（2）按照当事人的约定不得转让的债权。即债权人与债务人对债权的转让作出了禁止性约定，只要不违反法律的强制性规定或者公共利益，这种约定都是有效的，债权人不得将债权进行转让。

（3）依照法律规定不得转让的债权。是指法律明文规定不得让与或者必须经合同债务人同意才能让与的债权。如《担保法》中规定，最高额抵押的主合同债权不得转让。

4）债权让与的效力

（1）债权让与的内部效力。合同债权转让协议一旦达成，债权就发生了转移。如果合同债权进行了全部转让，则受让人取代了让与人而成为新的债权人；如果是部分转让，则受让人加入了债的关系，按照债的份额或者连带地与让与人共同享有债权。同时，受让人还享有与债权有关的从权利。所谓合同的从权利，是指与合同的主债权相联系，但自身并不能独立存在的合同权利。大部分是由主合同的从合同所规定的，也有本身就是主合同内容的一部分。如被担保的权利就是主权利，担保权则为从权利。常见的从权利除了保证债权、抵押权、质押权、留置权、定金债权等外，还有违约金债权、损害赔偿请求权、合同的解除权、债权人的撤销权及代位权等属于主合同的规定或者依照法律规定所产生的债权人的从权利。《合同法》规定，债权人转让债权的，受让人取得与债权有关的从权利，但该从权利专属于债权人自身的除外。

（2）债权让与的外部效力。债权让与通知债务人后即对债务人产生效力，包括让与人与债务人之间及受让人与债务人之间的效力。对让与人与债务人来说，就债权转让部分，债务人不再对让与人负有任何债务，如果债务人向让与人履行债务，债务人并不能因债权清偿而解除对受让人的债务；让与人也无权要求债务人向自己履行债务，如果让与人接受了债务人的债务履行，应负返还义务。对受让人与债务人来说，就债权转让部分，债务人应当承担让与人转让给受让人的债务，如果债务人不履行其债务，应当承担违约责任。

5）债权让与时让与人的义务

让与人必须对受让人承担下列义务。

（1）将债权证明文件交付受让人，让与人对债权凭证保有利益的，由受让人自付费用取得与原债权证明文件有同等证据效力的副本。

（2）将占有的质物交付受让人。

（3）告知受让人行使债权的一切必要情况。

（4）应受让人的请求作成让与证书，其费用由受让人承担。

（5）承担因债权让与而增加的债务人履行费用。

（6）提供其他为受让人行使债权所必需的合作。

同时，让与人应当将债权让与情况及时通知债务人，从而使债权让与对债务人产生法律效力。如果让与人未将其转让行为通知债务人，该转让对债务人不发生法律效力。债权让与的通知应当以到达债务人时产生法律效力，产生法律效力后，让与人不得再行撤销，只有在受让人同意撤销转让以后，债权让与的协议才失去效力。

6）债权抵消

债权抵消是指当双方互负债务时，各以其债权以充当债务的清偿，而使其债务与对方的债务在相同数额内相互消灭，不再履行。《合同法》规定，债务人接到债权转让通知时，债务人对让与人享有债权，并且债务人的债权先于转让的债权到期或者同时到期的，债务人可以向受让人主张抵消。由此可见，债务人对受让人主张抵消必须符合以下条件。

（1）债务人在接到债权让与通知之前对让与人享有债权。

（2）该债权已经到期。

（3）接到了债权让与通知。

（4）符合债权抵消的其他条件。

1.6.3　合同终止

1. 合同终止的基本内容

1）合同终止的概念

合同终止，又称为合同的消灭，是指合同关系不再存在，合同当事人之间的债权债务关系终止，当事人不再受合同关系的约束。合同的终止也就是合同效力的完全终结。

2）合同终止的条件

根据《合同法》规定，有下列情形之一的，合同终止。

（1）债务已经按照约定履行。

（2）合同被解除。

（3）债务相互抵消。

（4）债务人依法将标的物提存。

（5）债权人免除债务。

（6）债权债务归于一人。

（7）法律规定或者当事人约定终止的其他情形。

3）合同终止的效力

合同终止因终止原因的不同而发生不同的效力。根据《合同法》规定，除上述的第（2）项和第（7）项终止条件以外，在消灭因合同而产生的债权债务的同时，也产生了下列效力。

（1）消灭从权利。债权的担保及其他从属的权利，随合同终止而同时消灭，如为担保债权而设定的保证、抵押权或者质权，事先在合同中约定的利息或者违约金因此而消灭。

（2）返还负债字据。负债字据又称为债权证书，是债务人负债的书面凭证。合同终止后，债权人应当将负债字据返还给债务人。如果因遗失、毁损等原因不能返还的，债权人应当向债务人出具债务消灭的字据，以证明债务的了结。

根据《合同法》规定，因上述的第（2）项和第（7）项规定的情形合同终止的，将消灭当事人之间的合同关系及合同规定的权利义务，但并不完全消灭相互间的债务关系，对此，将适用下列条款。

（1）结算与清理。《合同法》第九十八条规定，合同的权利义务终止，不影响合同中结算与清理条款的效力。由此可见，合同终止后，尽管消灭了合同，如果当事人在事前对合同中所涉及的金钱或者其他财产约定了清理或结算的方法，则应当以此方法作为合同终止后的处理依据，以彻底解决当事人之间的债务关系。

（2）争议的解决。《合同法》第57条规定，合同无效、被撤销或者终止的，不影响合同中独立存在的有关解决争议方法的条款的效力。这表明了争议条款的相对独立性，即使合同的其他条款因无效、被撤销或者终止而失去法律效力，但是争议条款的效力仍然存在。这充分尊重了当事人在争议解决问题上的自主权，有利于争议的解决。

4）合同终止后的义务

后合同义务又称后契约义务，是指在合同关系因一定的事由终止以后，出于对当事人利益保护的需要，合同双方当事人依据诚实信用原则所负有的通知、协助、保密等义务。后契约义务产生于合同关系终止以后，它是与合同的履行中所规定的附随义务一样，也是一种附随义务。

2. 合同的解除

1）合同解除的概念

合同解除是指合同的一方当事人按照法律规定或者双方当事人约定的解除条件使合同不再对双方当事人具有法律约束力的行为或者合同各方当事人经协商消灭合同的行为。合同的解除是合同终止的一种特殊的方式。

合同解除有两种方式：一种称为约定解除，是双方当事人协议解除，即合同双方当事人通过达成协议，约定原有的合同不再对双方当事人产生约束力，使合同归于终止；另一种方式称为法定解除，即在合同有效成立以后，由于产生法定事由，当事人依据法律规定行使解除权而解除合同。

2）合同解除的要件

（1）存在有效合同并且尚未完全履行。合同解除是合同终止的一种异常情况，即在合同有效成立以后、履行完毕之前的期间内发生了异常情况，或者因一方当事人违约，以及发生了影响合同履行的客观情况，致使合同当事人可以提前终止合同。

（2）具备合同解除的条件。合同有效成立后，如果出现了符合法律规定或者合同当事人之间约定的解除条件的事由，则当事人可以行使解除权而解除合同。

（3）有解除合同的行为。解除合同需要一方当事人行使解除权，合同才能解除。

（4）解除产生消灭合同关系的效果。合同解除将使合同效力消灭。如果合同并不消灭，则不是合同解除而是合同变更或者合同中止。

3）约定解除

按照达成协议的时间的不同，约定解除可以分为两种形式。

（1）约定解除。即在合同订立时，当事人在合同中约定合同解除的条件，在合同生效后履行完毕之前，一旦这些条件成立，当事人则享有合同解除权，从而可以以自己的意思表示通知对方而终止合同关系。

（2）协议解除。即在合同订立以后，且在合同未履行或者尚未完全履行之前，合同双方当事人在原合同之外，又订立了一个以解除原合同为内容的协议，使原合同被解除。这不是单方行使解除权而是双方都同意解除合同。

4）法定解除

法定解除就是直接根据法律规定的解除权解除合同，它是合同解除制度中最核心、最重要的问题。《合同法》第94条规定，有下列情形之一的，当事人可以解除合同：因不可抗力致使不能实现合同目的；在履行期限届满之前，当事人一方明确表示或者以自己的行为表明不履行主要债务；当事人一方迟延履行主要债务，经催告后在合理期限内仍未履行；当事人一方迟延履行债务或者有其他违约行为致使不能实现合同目的；法律规定的其他情况。由此可见，法定解除可以分为三种情况。

（1）不可抗力解除权。不可抗力是指不能预见、不可避免并不能克服的客观情况。发生不可抗力，就可能造成合同不能履行。这可以分为三种情况：①如果不可抗力造成全部义务不能履行，发生解除权；②如果造成部分义务不能履行，且部分义务履行对债权人无意义的，发生解除权；③如果造成履行迟延，且迟延履行对债权人无意义的，发生解除权。对不可抗力造成全部义务不能履行的，合同双方当事人均具有解除权；其他情况，只有相对人拥有解除权。

（2）违约解除权。当一方当事人违约，相对人在自己的债权得不到履行的情况下，依照《合同法》第94条规定，可以行使解除权而单方解除合同，同时对因对方当事人未履行其债务而给自身造成的损失由违约方承担违约责任。所以，解除合同常常作为违约的一种救济方法。

（3）其他解除权。其他解除权是指除上述情形以外，法律规定的其他解除权。如在合同履行时，一方当事人行使不安抗辩权，而对方未在合理期限内提供保证的，抗辩方可以行使解除权而将合同归于无效。在《合同法》分则中就具体合同对合同解除也作出了特别规定。对于有特别规定的解除权，应当适用特别规定而不适用上述规定。

5）解除权的行使

（1）解除权行使的方式。解除合同原则上只要符合合同解除条件，一方当事人只需向对方当事人发出解除合同的通知，通知到达对方时即发生解除合同的效力。如果法律、行政法规规定解除合同应当办理批准、登记手续的，还必须按照规定办理。如果使用通知的方式解除合同而对方有异议的，应当通过法院或者仲裁机构确认解除的效力。

（2）解除权行使的期限。《合同法》规定，法律规定或者当事人约定解除权行使期限，期限届满当事人不行使的，该权利消灭；法律没有规定或者当事人没有约定解除权行使期限，经对方催告后在合理期限内不行使的，该权利消灭。这条规定主要是为了维护债务人的合法权益。解除权人迟迟不行使解除权对债务人十分不利，因为债务人的义务此时处于不确定的状态，如果继续履行，一旦对方解除合同，就会给自己造成损失；如果不履行，可合同又没有解除，他此时仍然有履行的义务。所以，解除权要尽快行使，尽量缩短合同的不确定状态。

6）合同解除后的法律后果

合同解除后，将产生终止合同的权利义务、消灭合同的效力。效力消灭分为以下三种情况。

（1）合同尚未履行的，中止履行。尚未履行合同的状态与合同订立前的状态基本相同，因而解除合同仅仅只是终止了合同的权利义务。但是，除非合同解除是因不可归责于双方当事人的事由或者不可抗力所造成的，否则，对合同解除有过错的一方，应当对另一方承担相应的损害赔偿责任。

（2）合同已经履行的，要求恢复原状。恢复原状是指恢复到订立合同以前的状态，它是合同解除具有追溯力的标志和后果。恢复原状一般包括如下内容：返还原物；受领的标的物为金钱的，应当同时返还自受领时起的利息；受领的标的物生有利息的，应当一并返还；就应当返还之物支出了必要的或者有益的费用，可以在对方得到返还时和所得利益限度内，请求返还；应当返还之物因毁损、灭失或者其他原因不能返还的，应当按照该物的价值以金钱返还。

（3）合同已经履行的，采取其他补救措施。这种情形的发生，可能有三方面原因：合同的性质决定了不可能恢复原状、合同的履行情况不适合恢复原状（如建筑工程合同）及当事人对清理问题经协商达成协议。这里所说的补救措施主要是指要求对方付款、减少价款的支付或者请求返还不当得利等。

7）合同解除后的损失赔偿

如果合同解除是由于一方当事人违反规定或者构成违约而造成的，对方在解除合同的同时，可以要求损害赔偿，赔偿范围包括以下几项。

（1）债务不履行的损害赔偿。包括履行利益和信赖利益。

（2）因合同解除而产生的损害赔偿。包括：债权人订立合同所支出的必要的费用；债权人因相信合同能够履行而作准备所支出的必要费用；债权人因失去同他人订立合同的机会所造成的损失；债权人已经履行合同义务，债务人因拒不履行返还给付物的义务而给债权人造成的损失；债权人已经受领债务人的给付物时，因返还该物而支出的必要的费用。

8）《司法解释》关于合同解除的规定

（1）《司法解释》第8条规定，"承包人具有下列情形之一，发包人请求解除建设工程施工合同的，应予支持：明确表示或者以行为表明不履行合同主要义务的；合同约定的期限内没有完工，且在发包人催告的合理期限内仍未完工的；已经完成的建设工程质量不合格，并拒绝修复的；将承包的建设工程非法转包、违法分包的。"

（2）《司法解释》第9条规定，"发包人具有下列情形之一，致使承包人无法施工，且在催告的合理期限内仍未履行相应义务，承包人请求解除建设工程施工合同的，应予支持：未按约定支付工程价款的；提供的主要建筑材料、建筑构配件和设备不符合强制性标准的；不履行合同约定的协助义务的。"

（3）《司法解释》第10条规定，"建设工程施工合同解除后，已经完成的建设工程质量合格的，发包人应当按照约定支付相应的工程价款；已经完成的建设工程质量不合格的，参照本解释第3条规定处理。因一方违约导致合同解除的，违约方应当赔偿因此而给对方造成的损失。"

3. 抵消

1）法定抵消的概念

法定抵消是指合同双方当事人互为债权人和债务人时，按照法律规定，各自以自己的债权充抵对方债权的清偿，而在对方的债权范围内相互消灭。

2）法定抵消的要件

（1）双方当事人互享债权互负债务。这是抵消的首要条件。

（2）互负的债权的种类要相同。即合同的给付在性质上及品质上是相同的。

（3）互负债权必须为到期债权。即双方当事人的各自的债权均已经到了清偿期，只有这样，双方才负有清偿债务的义务。

（4）不属于不能抵消的债权。

不能抵消的债权包括：

① 按照法律规定不得抵消，又分为禁止强制执行的债务、因故意侵权行为所发生的债务、约定应当向第三人给付的债务、为第三人利益的债务；

② 依合同的性质不得抵消；

③ 当事人特别约定不得抵消的。

3）法定抵消的行使与效力

《合同法》规定，当事人主张抵消的，应当通知对方，通知自到达对方时生效。抵消不得附条件或者附期限。

4. 提存

1）提存的概念

提存是指由于债权人的原因而使得债务人无法向其交付合同的标的物时，债务人将该标的物提交提存机关而消灭债务的制度。

2）提存的条件

（1）提存人具有行为能力，意思表示真实。

（2）提存的债务真实、合法。

（3）存在提存的原因，包括债权人无正当理由拒绝受领、债权人下落不明、债权人失踪或死亡未确定继承人或者丧失民事行为能力未确定监护人，以及法律规定的其他情形。

（4）存在适宜提存的标的物。

（5）提存标的物与债的标的物相符。

3）提存的方法与效力

提存人应当首先向提存机关申请提存，提存机关收到申请以后，需要按照法定条件对申请进行审查，符合条件的，提存机关应当接受提存标的物并采取必要的措施加以保管。标的物提存后，除了债权人下落不明外，债务人应当及时通知债权人或者债权人的继承人、监护人。无论债权人是否受领提存物，提存都将消灭债务，解除担保人的责任，债权人只能向提存机关收取提存物，不能再向债务人请求清偿。在提存期间，发生一切的提存物的毁损、灭失的风险由债权人承担。同时，提存的费用也由债权人承担。

5. 债权人免除债务

1）免除债务的概念

免除债务是指债权人以消灭债务人的债务为目的而抛弃或者放弃债权的行为。

2）免除债务的条件

（1）免除人应当对免除的债权拥有处分权并且不损害第三人的利益。

（2）免除应当由债权人向债务人作出抛弃债权的意思表示。

（3）免除应当是无偿的。

3）免除的效力

免除债务发生后，债权债务关系消灭。免除部分债务的，部分债务消灭；免除全部债务的，全部债务消灭，与债务相对应的债权也消灭。因债务消灭的结果，债务的从债务也同时归于消灭。

1.7 违反合同的责任

1.7.1 合同违约责任的特点

1. 违约责任的概念

违约责任是指合同当事人因违反合同约定而不履行债务所应当承担的责任。违约责任和其他民事责任相比较，有以下一些特点。

2. 合同违约责任的特点

1）是一种单纯的民事责任

民事责任分为侵权责任和违约责任两种。尽管违约行为可能导致当事人必须承担一定的行政责任或者刑事责任，但违约责任仅仅限于民事责任。违约责任的后果承担形式有继续履行、采取补救措施、赔偿损失、支付违约金、定金罚则等。

2）是当事人违反合同义务产生的责任

违约责任是合同当事人不履行合同义务或者履行合同义务不符合约定而产生的法律责任，它以合同的存在为基础。这就要求合同本身必须有效，这样合同的权利义务才能受到法律的保护。对合同不成立、无效合同、被撤销合同都不可能产生违约责任。

3）具有相对性

违约责任的相对性体现在以下几方面。

（1）违约责任仅仅产生于合同当事人之间，一方违约的，由违约方向另一方承担违约责任；双方都违约，各自就违约部分向对方承担违约责任。违约方不得将责任推卸给他人。

（2）在因第三人的原因造成债务人不能履行合同义务或者履行合同义务不符合约定的情况下，债务人仍然应当向债权人承担违约责任，而不是由第三人直接承担违约责任。

（3）违约责任不涉及合同以外的第三人，违约方只向债权人承担违约责任，而不向国家或者第三人承担责任。

4）具有法定性和任意性双重特征

违约责任的任意性体现在合同当事人可以在法律规定的范围内，通过协议对双方当事人的违约责任事先作出规定，其他人对此不得进行干预。违约责任的法定性表现在以下几方面。

（1）在合同当事人事先没有在合同中约定违约责任条款的情况下，在合同履行过程中，如果当事人不履行或者履行不符合约定时，违约方并不能因合同中没有违约责任条款而免除责任。《合同法》规定，当事人一方不履行合同义务或者履行合同义务不符合约定的，应当承担继续履行、采取补救措施或者赔偿损失等违约责任。

（2）当事人约定的违约责任条款作为合同内容的一部分，也必须符合法律关于合同的成立与生效要件的规定，如果事先约定的违约责任条款不符合法律规定，则这些条款将被认定为无效或者被撤销。

5）具有补偿性和惩罚性双重属性

（1）违约责任的补偿性是指违约责任的主要目的在于弥补或者补偿非违约方因对方违约行为而遭受的损失，违约方通过承担损失的赔偿责任，弥补违约行为给对方当事人造成的损害后果。

（2）违约责任的惩罚性体现在如果合同中约定了违约金或者法律直接规定了违约金的，当合同当事人一方违约时，即使并没有给相对方造成实际损失，或者造成的损失没有超过违约金的，违约方也应当按照约定或者法律规定支付违约金，这完全体现了违约金的惩罚性；如果造成的损失超过违约金的，违约方还应当对超过的部分进行补偿，这体现了补偿性。

1.7.2 违约责任的构成要件

违约责任的构成要件是确定合同当事人是否应当承担违约责任、承担何种违约责任的依据，这对于保护合同双方当事人的合法权益有着重要意义。违约责任的构成要件如下。

1. 一般构成要件

合同当事人必须有违约行为。违约责任实行严格责任制度，违约行为是违约责任的首要条件，只要合同当事人有不履行合同义务或者履行合同义务不符合约定的事实存在，除了发生符合法定的免责条件的情形外，无论他主观是否有过错，都应当承担违约责任。

2. 特殊构成要件

除了一般构成要件以外，对于不同的违约责任形式还必须具备一定的特定条件。违约责任的特殊构成要件因违约责任形式的不同而不同。

1）损害赔偿责任的特殊构成要件

（1）有因违约行为而导致损害的事实。一方面，损害必须是实际发生的损害，对于尚未发生的损害，不能赔偿；另一方面，损害是可以确定的，受损方可以通过举证加以确定。

（2）违约行为与损害事实之间必须有因果关系。违约方在实施违约行为时必然会引起某些事实结果发生，如果这些结果中包括对方当事人因违约方的违约行为而遭受损失，则违约方必须对此承担损失赔偿责任以补偿对方的损失。如果违约行为与损害事实之间并没有因果关系，则违约方不需要对该损害承担赔偿责任。

2）违约金责任形式的特殊构成要件

（1）当事人在合同中事先约定了违约金，或者法律对违约金作出了规定。

（2）当事人对违约金的约定符合法律规定，违约金是有效的。

3）强制实际履行的特殊构成要件

（1）非违约方在合理的期限内要求违约方继续履行合同义务。非违约方必须在合理的期限内通知对方，要求对方继续履行。否则超过了期限规定，违约方不能以继续履行来承担违约责任。

（2）违约方有继续履行的能力。如果违约方因客观原因而失去了继续履行能力，非违约方也不得强迫违约方实际履行。

（3）合同债务可以继续履行。《合同法》规定，如果法律上或者事实上不能继续履行的，或者债务的标的不适于强制履行或者履行费用过高的，违约方可以不以继续履行来承担违约责任。

1.7.3　违约行为的种类

违约行为是违约责任产生的根本原因，没有违约行为，合同当事人一方就不应当承担违约责任。而不同的违约行为所产生的后果又各不相同，从而导致违约责任的形式也有所不同。按照我国《合同法》规定，违约行为可分为预期违约和实际违约两种形式。预期违约又可分为明示毁约和默示毁约；实际违约可分为不履行合同义务和履行合同义务不符合约定。

1. 预期违约

1）预期违约的概念

预期违约又称为先期违约，是指在合同履行期限届满之前，一方当事人无正当理由而明确地向对方表示，或者以自己的行为表明将来不履行合同义务的行为。预期违约可分为明示毁约和默示毁约两种形式，明确地向对方表示不履行的为明示毁约，以自己的行为表明不履行的为默示毁约。

2）预期违约的构成要件

（1）在合同履行期限届满之前有将不履行合同义务的行为。在明示毁约的情况下，违约方必须明确作出将不履行合同义务的意思表示。在默示毁约情况下，违约方的行为必须能够使对方当事人预料到在合同履行期限届满时违约方将不履行合同义务。

（2）毁约行为必须发生在合同生效后履行期限届满之前。预期违约是针对违约方在合同履行期限届满之前的毁约行为，如果在合同有效成立之前发生，则合同不会成立；如果是在合同履行期限届满之后发生，则为实际违约。

（3）毁约必须是对合同中实质性义务的违反。如果当事人预期违约的行为仅仅是不履行合同中的非实质性义务，则该行为不会造成合同的根本目的不能实现，而仅仅是实现的目标出现了偏差，这样的行为不属于预期违约。

（4）违约方不履行合同义务无正当理由。如果债务人有正当理由拒绝履行合同义务的，如诉讼时效届满、发生不可抗力等，则他的行为不属于预期违约。

3）预期违约的法律后果

（1）解除合同。当合同一方当事人以明示或者默示的方式表明他将在合同的履行期限届满时不履行或者不能履行合同义务，另一方当事人即享有法定的解除权，他可以单方面解除合同同时要求对方承担违约责任。但是，解除合同的意思表示必须以明示的方式作出，在该意思表示到达违约方时即产生合同解除的效力。

（2）债权人有权在合同的履行期限届满之前要求预期违约责任方承担违约责任。在预期违约情况下，为了使自己尽快从已经不能履行的合同中解脱出来，债权人有权要求违约方承担违约责任。《合同法》规定，当事人一方明确表示或者以自己的行为表明不履行合同义务的，对方可以在履行期限届满之前要求其承担违约责任。

（3）履行期限届满后要求对方承担违约责任。预期违约是在合同履行期限届满之前的行为，这并不代表违约方在履行期限届满时就一定不会履行合同义务，他仍然有履行合同义务的可能性。所以，债权人也可以出于某种考虑，等到履行期限届满后，对方的预期违约行为变为实际违约时再要求违约方承担违约责任。

2. 不履行合同义务

不履行合同义务是指在合同生效后，当事人根本不按照约定履行合同义务。可分为履行不能、拒绝履行两种情况。履行不能是指合同当事人一方出于某些特定的事由而不履行或者不能履行合同义务。这些事由分为客观事由与主观事由。如果不履行或者不能履行是由于不可归责于债务人的事由产生的，则可以就履行不能的范围免除债务人的违约责任。拒绝履行是指在履行期限届满后，债务人能够履行却在无抗辩事由的情形下拒不履行合同义务的行为。这是一种比较严重的违约行为，是对债权的积极损害。

1）拒绝履行的构成要件

（1）存在合法有效的债权债务关系。

（2）债务人向债权人拒不履行合同义务。

（3）拒绝履行合同义务无正当理由。

（4）拒绝履行是在履行期限届满后作出。

2）拒绝履行的法律后果

如果违约方拒绝履行合同义务，则他必须承担以下法律后果。

（1）实际履行。如果违约方不履行合同义务，无论他是否已经承担损害赔偿责任或者违约金责任，都必须根据相对方的要求，并在能够履行的情况下，按照约定继续履行合同义务。

（2）解除合同。违约方拒绝履行合同义务，表明了他不愿意继续受合同的约束，此时，相对方也有权选择解除合同的方式，同时可以向违约方主张要求其承担损失赔偿责任或者违约金责任。

（3）赔偿损失或者支付违约金、承担定金罚则。违约方拒绝履行合同义务，相对人根据实际情况可以选择强制实际履行或者解除合同后，相对人仍然有因违约方违约而遭受损害时，相对人有权要求违约方继续履行损失赔偿责任。也可以根据约定要求违约方按照约定，向相对人支付违约金或者定金罚则。

3. 履行合同义务不符合约定

履行合同义务不符合约定又称不适当履行或者不完全履行，是指虽然当事人一方有履行合同义务的行为，但是其履行违反了合同约定或者法律规定。按照其特点，不适当履行又分为以下几种。

（1）迟延履行。即违约方在履行期限届满之后才作出的履行行为，或者履行未能在约定的履行期限内完成。

（2）瑕疵给付。指债务人没有完全按照合同的约定履行合同义务。

（3）提前履行。指债务人在约定的履行期限尚未届满时就履行完合同义务。

对于以上这些不适当履行，债务人都应当承担违约责任，但对提前履行，法律另有规定或者当事人另有约定的除外。

1.7.4　违约责任的承担形式

当合同当事人一方在合同履行过程中出现违约行为，在一般情况下他必须承担违约责任。违约责任的承担形式有以下几种。

1. 继续履行

1）继续履行的概念

如果违约方不履行合同义务，无论他是否已经承担损害赔偿责任或者违约金责任，都必须根据相对方的要求，并在能够履行的情况下，按照约定继续履行合同义务。继续履行又称强制继续履行，即如果违约方出现违约行为，非违约方可以借助于国家的强制力使其继续按照约定履行合同义务。要求违约方继续履行是合同法赋予债权人的一种权利，其目的主要是为了维护债权人的合法权益，保证债权人在违约方违约的情况下，还可以实现订立合同的目的。

2）继续履行的构成要件

（1）违约方在履行合同义务过程中有违约行为。

（2）非违约方在合理期限内要求违约方继续履行合同义务。

（3）违约方能够继续履行合同义务，一方面违约方有履行合同义务的能力；另一方面合同义务是可以继续履行的。

3）继续履行的例外

由于合同的性质等原因，有些债务主要是非金钱债务，当违约方出现违约行为后，该债务不适合继续履行。对此，合同法作出了以下专门的规定。

（1）法律上或者事实上不能履行。

（2）债务的标的不适于强制履行或者履行费用过高。

（3）债权人未在合理期限内要求违约方继续履行合同义务。

2. 采取补救措施

1）采取补救措施的含义

补救措施是指在发生违约行为后，为防止损失的发生或者进一步扩大，违约方按照法律规定或者约定及双方当事人的协商，采取修理、更换、重作、退货、减少价款或者报酬、补充数量、物资处置等手段，弥补或者减少非违约方的损失的一种违约责任形式。

采取补救措施有两层含义：一是违约方通过对已经作出的履行予以补救，如修理、更换、维修标的物等使履行符合约定；二是采取措施避免或者减少债权人的违约损失。

2）采取补救措施的条件

（1）违约方已经完成履行行为但履行质量不符合约定。

（2）采取补救措施必须具有可能性。

（3）补救对于债权人来讲是可行的，即采取补救措施并不影响债权人订立合同的根本目的。

（4）补救行为必须符合法律规定、约定或者经债权人同意。

3. 赔偿损失

1）赔偿损失的含义

赔偿损失是指违约方不履行合同义务或者履行合同义务不符合约定而给对方造成损失时，按照法律规定或者合同约定，违约方应当承担受损害方的违约损失的一种违约责任形式。

2）损害赔偿的适用条件

（1）违约方在履行合同义务过程中发生违约行为。

（2）债权人有损害的事实。

（3）违约行为与损害事实之间必须有因果关系。

3）损害赔偿的基本原则

（1）完全赔偿原则。它是指违约方应当对其违约行为所造成的全部损失承担赔偿责任。设置完全赔偿原则的目的是补偿债权人因债务人违约所造成的损失。所以，损害的赔偿范围除了包括该违约行为给债权人所造成的直接损害外，还包括该违约行为给债权人的可得利益的损害。

（2）合理限制原则。完全赔偿原则是为了保护债权人免于遭受违约损失，因此是完全站在债权人的立场上，根据公平合理原则，债权人也不能擅自夸大损害事实而给违约方造成额外损失。对此，《合同法》也对债权人要求赔偿的范围进行了以下限制性规定。①应当预见规则。《合同法》规定，当事人一方不履行合同义务或者履行合同义务不符合约定给对方造成损失的，损失赔偿额应当相当于因违约造成的损失，包括合同履行后可以获得的利益，但不得超过违反合同一方订立合同时预见到或者应当预见到的因违反合同可能造成的损失。②减轻损害规则。《合同法》规定，当事人一方违约后，对方应当采取适当措施防止损失的扩大；没有采取适当措施致使损失扩大的，不得就扩大的部分要求赔偿。当事人因防止扩大而支出的合理费用，由违约方承担。③损益相抵规则。它是指受违约损失方基于违约行为而发生违约损失的同时，又由于违约行为而获得一定的利益或者减少了一定的支出，受损方应当在其应得的损害赔偿额中，扣除其所得的利益部分。

4）损害赔偿的计算

（1）法定损害赔偿。即法律直接规定违约方应当向受损方赔偿损失时损害赔偿额的计算方法。如上文中所说的应当预见规则、减轻损害规则及损益相抵规则都属于《合同法》对于损害赔偿的直接规定。

（2）约定损害赔偿。即合同当事人双方在订立合同时预先约定违约金或者损害赔偿金额的计算方法。《合同法》规定，当事人可以约定一方违约时应当根据违约情况向对方支付一定数额的违约金，也可以约定因违约产生的损失赔偿额的计算方法。

4. 违约金

1）违约金的概念

违约金是指当事人在合同中或订立合同后约定的，或者法律直接规定的，违约方发生违约行为时向另一方当事人支付一定数额的货币。

2）违约金的特点

（1）违约金具有约定性。对于约定违约金来说，是双方当事人协商一致的结果，是否约定违约金、违约金的具体数额都是由当事人双方协商确定的。对于法定违约金来说，法律仅仅规定了违约金的支付条件及违约金的大小范围，至于违约金的具体数额还是由双方当事人另行商定。

（2）违约金具有预定性。约定违约金的数额是合同当事人预先在订立合同时确定的，法定违约金也是由法律直接规定了违约金的上下浮动的范围。一方面，由于当事人知道违约金的情况，这样在合同履行过程中，违约金可以对当事人起着督促作用；另一方面，一旦违约行为发生，双方对违约责任的处理明确简单。

（3）违约金是独立于履行行为以外的给付。违约金是违约方不履行合同义务或者履行合同义务不符合约定时向债权人支付的一定数额的货币，它并不是主债务，而是一种独立于合同义务以外的从债务。如果违约行为发生后，债权人仍然要求违约方履行合同义务而且违约方具有继续履行的可能性，违约方不得以支付违约金为由而免除继续履行合同义务的责任。

（4）违约金具有补偿性和担保性双重作用。违约金可以分为赔偿性违约金和惩罚性违约金。赔偿性违约金的目的是为了补偿债权人因债务人违约而造成的损失，这表现了违约金的补偿性；惩罚性违约金的目的是为了对违约行为进行惩罚和制裁，与违约造成的实际损失没有必然联系，违约金的支付是以当事人有违约行为为前提，而不必证明债权人的实际损失究竟有多大，这体现了违约金具有明显的惩罚性。这是违约金不同于一般的损失赔偿金的最显著的地方，也正是违约金担保作用的具体体现。

3）约定违约金的构成要件

（1）违约方存在违约行为。

（2）有违约金的约定。

（3）约定的违约金条款或者补充协议必须有效。

（4）约定违约金的数额不得与违约造成的实际损失有着悬殊的差别。

《合同法》规定，约定的违约金低于造成的损失时，当事人可以请求人民法院或者仲裁机构予以增加；约定的违约金过分高于造成的损失的，当事人可以请求人民法院或者仲裁机构予以适当减少。

5. 定金

1）定金的概念

定金是指合同双方当事人约定的，为担保合同的顺利履行，在订立合同时，或者订立后履行前，按照合同标的的一定比例，由一方当事人向对方给付一定数额的货币或者其他替代物。

2）定金的特点

（1）定金属于金钱担保。

（2）定金的标的物为金钱或其他替代物。

（3）定金是预先交付的。

（4）定金同时也是违约责任的一种形式。

3）定金与工程预付款的区别

定金与预付款都是当事人双方约定的，在合同履行期限届满之前由一方当事人向对方给付的一定数额的金钱，合同履行结束后可以抵作合同价款。两者的本质区别如下。

（1）定金的作用是担保，而预付款的主要作用是为对方顺利履行合同义务在资金上提供帮助。

（2）交付定金的合同是从合同，而预付款的协议是合同内容的组成部分。

（3）定金合同只有在交付定金时才能成立，预付款主要在合同中约定合同生效时即可成立。

（4）定金合同的双方当事人在不履行合同义务时适用定金罚则，预付款交付后，不履行合同不会发生被没收或者双倍返还的效力。

（5）定金适用于以金钱或者其他替代物履行义务的合同，预付款只适用于以金钱履行合同义务的合同。

（6）定金一般为一次性给付，预付款可以分期支付。

（7）定金有最高限额，《担保法》规定，定金不得超过主合同标的额20%，而预付款除了不得超过合同标的总额以外，没有最高限额的规定。

4）定金的构成要件

（1）相应的主合同及定金合同有效存在。定金合同是担保合同，其目的在于保证主债合同能够实现。所以定金合同是一种从合同，是以主债合同的存在为存在的前提，并随着主合同的消灭而消灭。同时，定金必须是当事人双方完全一致的意思表示，并且定金合同必须采用书面形式。

（2）有定金的支付。定金具有先行支付性，定金的支付一定早于合同的履行期限，这是定金能够具备担保作用的前提条件。

（3）一方当事人有违约行为。当违约方的违约行为构成拒绝履行或者预期违约的，适用定金罚则。对于履行不符合约定的，只有在违约行为构成根本违约的情况下，才能适用定金罚则。

（4）不履行合同一方不存在不可归责的事由。如果不履行合同义务是由于不可抗力或者其他法定的免责事由而造成的，不履行一方不承担定金责任。

（5）定金数额不得超过规定。《担保法》中规定，定金的数额不得超过主合同标的的 20%。

5）定金的效力

（1）所有权的转移。定金一旦给付，即发生所有权的转移。收受定金一方取得定金的所有权是定金给付的首要效力，也是定金具备预付款性质的前提。

（2）抵作权。在合同完全履行以后，定金可以抵作价款或者收回。

（3）没收权。如果支付定金一方因发生可归责于其的事由而不履行合同义务时，则适用定金罚则，收受定金一方不再负返还义务。

（4）双倍返还权。如果收受定金一方因发生可归责于其的事由而不履行合同义务时，则适用定金罚则，收受定金一方必须承担双倍返还定金的义务。

6. 价格制裁

价格制裁是指执行政府定价或者政府指导价的合同当事人，由于逾期履行合同义务而遇到价格调整时，在原价格和新价格中执行对违约方不利的价格。《合同法》规定，逾期交付标的物的，遇价格上涨时，按照原价格执行；价格下降时，按照新价格执行。逾期提取标的物或者逾期付款的，遇价格上涨时，按照新价格执行；遇价格下降时，按照原价格执行。由此可见，价格制裁对违约方来说，是一种惩罚，对债权人来说，是一种补偿其因违约所遭受损失的措施。

7. 违约责任各种形式相互之间的适用情况

1）继续履行与采取补救措施

继续履行与采取补救措施是两种相互独立的违约责任承担方式，在实际操作中，一般不被同时适用。强制继续履行是以最终保证合同的全部权利得到实现、全部义务得到履行为目的的，适用于债务人不履行合同义务的情形。

采取补救措施主要是通过补救措施，使被履行而不符合约定的合同义务能够完全得到或者基本得到履行。采取补救措施主要适用于债务人履行合同义务不符合约定的情形，尤其是质量达不到约定的情况。

2）继续履行、采取补救措施与解除合同

无论是继续履行还是采取补救措施，其目的都是要使合同的权利义务最终得到实现，它们都属于积极的承担违约责任的形式。而解除合同是属于一种消极的违约责任承担方式，一般适用于违约方的违约行为导致合同的权利义务已经不可能实现或者实现合同目的已经没有实际意义的情况。因此，继续履行及采取补救措施与解除合同之间属于两种相矛盾的违约责任形式，两者不能被同时适用。

3）继续履行（或采取补救措施）与赔偿损失（违约金或定金）

违约金的基本特征与赔偿损失一样，体现在它的补偿性，主要适用于当违约方的违约行为给非违约方造成损害时而提供的一种救济手段，这与继续履行（或采取补救措施）并不矛盾。所以，在承担违约责任时，赔偿损失（或违约金）可以与继续履行（或采取补救措施）同时采用。

违约金在特殊情况下与定金一样，体现在它的惩罚性，这是对违约方违约行为的一种制裁手段。但无论是继续履行还是采取补救措施都不具备这一功能，而且两者之间并不矛盾。所以，在承担违约责任时，定金（或违约金）可以与继续履行（或采取补救措施）同时采用。需要说明的是，如果违约金是可以替代履行的，即当违约方按照约定交付违约金后即可以免除违约方的合同履行责任，则违约金与继续履行或者采取补救措施不能同时并存；同样，如果定金是解约定金，则定金同样与继续履行或者采取补救措施不能同时并存。

4）赔偿损失与违约金

在违约金的性质体现赔偿性的情况下，违约金被视为是损害赔偿额的预定标准，其目的在于补偿债权人因债务人的违约行为所造成的损失。因此，违约金可以替代损失赔偿金，当债务人支付违约金以后，债权人不得要求债务人再承担支付损失赔偿金的责任。所以，违约金与损害赔偿不能同时并用。

5）定金与违约金

当定金属于违约定金时，其性质与违约金相同。因此，两者不能同时并用。当定金属于解约定金时，其目的是解除合同，而违约金不具备此功能。因此，解约定金与违约金可以同时使用。当定金属于证约定金或成约定金时，与违约金的目的、性质和功能上俱不相同，所以两者可以同时使用。

6）定金与损害赔偿

定金可以与损害赔偿同时使用，并可以独立计算。但在实际操作中可能会出现定金与损害赔偿的并用超过合同总价的情况，因此必须对定金的数额进行适当限制。

8.《合同法》关于工程承包违约行为的责任承担

《合同法》第二百八十条规定，"勘察、设计的质量不符合要求或者未按照期限提交勘察、设计文件拖延工期，造成发包人损失的，勘察人、设计人应当继续完善勘察、设计，减收或者免收勘察、设计费并赔偿损失。"

《合同法》第二百八十一条规定，"因施工人的原因致使建设工程质量不符合约定的，发包人有权要求施工人在合理期限内无偿修理或者返工、改建。经过修理或者返工、改建后，造成逾期交付的，施工人应当承担违约责任。"

《合同法》第二百八十二条规定，"因承包人的原因致使建设工程在合理使用期限内造成人身和财产损害的，承包人应当承担损害赔偿责任。"

《合同法》第二百八十三条规定，"发包人未按照约定的时间和要求提供原材料、设备、场地、资金、技术资料的，承包人可以顺延工程日期，并有权要求赔偿停工、窝工等损失。"

《合同法》第二百八十四条规定，"因发包人的原因致使工程中途停建、缓建的，发包人应当采取措施弥补或者减少损失，赔偿承包人因此造成的停工、窝工、倒运、机械设备调迁、材料和构件积压等损失和实际费用。"

《合同法》第二百八十五条规定，"因发包人变更计划，提供的资料不准确，或者未按照期限提供必需的勘察、设计工作条件而造成勘察、设计的返工、停工或者修改设计，发包人应当按照勘察人、设计人实际消耗的工作量增付费用。"

《合同法》第二百八十六条规定，"发包人未按照约定支付价款的，承包人可以催告发包人在合理期限内支付价款。发包人逾期不支付的，除按照建设工程的性质不宜折价、拍卖的以外，承包人可以与发包人协议将该工程折价，也可以申请人民法院将该工程依法拍卖。建设工程的价款就该工程折价或者拍卖的价款优先受偿。"

9.《司法解释》关于工程承包违约行为的责任承担

《司法解释》第十一条规定，"因承包人的过错造成建设工程质量不符合约定，承包人拒绝修理、返工或者改建，发包人请求减少支付工程价款的，应予支持。"

《司法解释》第十二条规定，"发包人具有下列情形之一，造成建设工程质量缺陷，应当承担过错责任：提供的设计有缺陷；提供或者指定购买的建筑材料、建筑构配件、设备不符合强制性标准；直接指定分包人分包专业工程。承包人有过错的，也应当承担相应的过错责任。"

《司法解释》第二十七条规定，"因保修人未及时履行保修义务，导致建筑物毁损或者造成人身、财产损害的，保修人应当承担赔偿责任。保修人与建筑物所有人或者发包人对建筑物毁损均有过错的，各自承担相应的责任。"

需要注意的是，对《合同法》第二百八十六条的规定，最高人民法院于 2002 年 6 月作出司法解释，认定建设工程的承包人的优先受偿权优于抵押权和其他债权。但是，对于商品房，如果消费者交付购买商品房的全部或者大部分款项后，承包人就该商品房享有的工程价款优先受偿权不得对抗买受人。同时，建设工程承包人行使优先权的期限为 6 个月，自建设工程竣工之日或者建设工程合同约定的竣工之日起计算。

同时《合同法》及《司法解释》对建设工程竣工验收及交付使用也作出相应的规定。《合同法》第二百八十九条规定："建设工程竣工后，发包人应当根据施工图纸及说明书、国家颁发的施工验收规范和质量检验标准及时进行验收。验收合格的，发包人应当按照约定支付价款，并接收该建设工程。建设工程竣工经验收合格后，方可交付使用；未经验收或者验收不合格的，不得交付使用。"《司法解释》第十三条规定："建设工程未经竣工验收，发包人擅自使用后，又以使用部分质量不符合约定为由主张权利的，不予支持；但是承包人应当在建设工程的合理使用寿命内对地基基础工程和主体结构质量承担民事责任。"

📑 本章小结

本章主要介绍合同概念和特征、合同法基本原则、合同法律关系、合同效力、合同履行等相关内容。

本章的重点是《合同法》的基本原则，合同订立过程中的要约和承诺，效力待定合同、无效合同和可撤销合同的基本概念。

本章的难点是合同履行中的抗辩权。

😀 思考题

(1)《合同法》的适用范围和基本原则有哪些？

(2) 订立合同可以采用哪些形式？合同有哪些主要条款？

(3) 什么是要约和承诺？其构成要件有哪些？

(4) 试用合同要约、承诺理论分析工程施工招标投标过程。

(5) 什么是效力待定合同、无效合同和可撤销合同？相互之间有哪些区别？

(6) 试述合同无效的种类和法律后果。

（7）合同的履行原则有哪些？

（8）合同履行中有哪些抗辩权？其构成要件及效力有哪些？在施工合同中如何应用？

（9）合同内容约定不明时应当如何处理？

（10）当事人变更合同应当注意哪些问题？施工合同变更主要有哪些？

（11）合同转让有哪些形式？其构成要件和效力有哪些？

（12）合同终止和解除的条件与法律后果如何？

（13）代位权、撤销权成立的条件和法律效力有哪些？

（14）什么是违约行为？违约责任承担形式有哪些？并分析在施工合同中的具体应用。

（15）违约责任与缔约过失责任有哪些区别？

（16）试述定金与预付款的异同。

（17）合同争议条款的解释原则有哪些？

（18）发生了合同争议应通过哪些途径加以解决？

第2章 工程招投标相关法律基础

本章导读

本章主要内容包括招标投标的法律性质，招标投标制度的基本原则、招标的条件、强制招标项目的范围和规模标准；招投投标的方式、基本特点及招投标的一般程序；招投标活动的行政监督和法律责任等。通过本章的学习，可以熟悉招投标的相关法律法规，掌握招标的基本原则、招标的主要形式、招投标的基本程序，了解招投标的行政监督和相关法律责任。

2.1 概述

2.1.1 工程项目招标投标的基本概念

招标投标是在市场经济条件下进行工程建设、货物买卖、财产出租、中介服务等经济活动的一种竞争形式和交易方式，是引入竞争机制订立合同的一种法律形式。它是指招标人对工程建设、货物买卖、劳务承担等交易业务，事先公布选择采购的条件和要求，招引他人承接，若干或众多投标人作出愿意参加业务承接竞争的意思表示，招标人按照规定的程序和办法择优选定中标人的活动。

建设工程招标投标是指建设单位或个人（即业主或项目法人）通过招标的方式，将工程建设项目的勘察、设计、施工、材料设备供应、监理等业务一次或分次发包，由具有相应资质的承包单位通过投标竞争的方式承接的活动。

从法律意义上讲，建设工程招标一般是建设单位（或业主）就拟建的工程发布通告，用法定方式吸引建设项目的承包单位参加竞争，进而通过法定程序从中选择条件优越者来完成工程建设任务的法律行为。建设工程投标一般是经过特定审查而获得投标资格的建设项目承包单位，按照招标文件的要求，在规定的时间内向招标单位填报投标书，并争取中标的法律行为。

2.1.2 招标投标的法律性质

招标投标的目的在于选择中标人，并与之签订合同。因此，招标投标是签订合同的具体行为，是要约与承诺的特殊表现形式。招标投标中主要的具体法律行为有招标行为、投标行为和确定中标人行为。

1. 招标行为的法律性质是要约邀请

我国法学界一般认为，建设工程招标是要约邀请，而投标是要约，中标通知书是承诺。依据合同订立的一般原理，招标人发布招标公告或投标邀请书的直接目的于邀请投标人投标，投标人投标之后并不一定能订立合同，因此，招标行为仅仅是要约邀请，一般没有法律约束力。招标人可以修改招标公告和招标文件。实际上，各国政府采购规则都允许对招标文件进行澄清和修改。但是由于招标行为的特殊性，采购机构为了实现采购的效率及公平性等原则，在对招标文件进行修改时也往往要遵循一些基本原则，比如各国政府采购规则都规定，招标文件的修改应在投标截止日期前进行，应向所有的投标人提供相同的修改信息，并不得在此过程中对投标人造成歧视。

2. 投标行为的法律性质是要约行为

投标文件中包含有将来订立合同的具体条款，只要招标人承诺（宣布中标）就可签订合同。作为要约的投标行为具有法律约束力，表现在投标是一次性的、同一投标人不能就同一投标项目进行一次以上的投标；各个投标人对自己的报价负责；在投标有效期内，投标人不得随意修改投标文件的内容和撤回投标文件。

3. 确定中标人行为的法律性质是承诺行为

招标人一旦宣布确定中标人，就是对中标人的承诺。招标人和中标人各自都有权利要求对方签订合同，也有义务与对方签订合同。另外，在确定中标结果和签订合同前，双方不能就合同的内容进行谈判。

2.1.3 我国招标投标的法律、法规框架

我国从 20 世纪 80 年代初开始在建设工程领域引入招标投标制度。1984 年，原国家计委、城乡建设环境保护部联合下发了《建设工程招标投标暂行规定》，倡导实行建设工程招投标，我国由此开始推行招投标制度。为了推行和规范招标投标活动，我国政府有关部委先后发布多项相关法规。1999 年 3 月 15 日全国人大通过了《中华人民共和国合同法》，并于同年 10 月 1 日起生效实施，由于招标投标是合同订立过程中的两个阶段，因此，该法对招标投标制度产生了重要的影响。为了规范招标投标活动，保护国家利益、社会公共利益和招标投标活动当事人的合法权益，提高经济效益，保证项目质量，全国人大于 1999 年 8 月 30 日颁布了《中华人民共和国招标投标法》（以下简称《招标投标法》）。《招标投标法》的实施，标志着我国正式以法律形式确立了招标投标制度。

另外，国务院及其有关部门陆续颁布了一系列招标投标方面的规定，地方人大及其常委会、人民政府及其有关部门也结合本地区的特点和需要，相继制定了招标投标方面的地方性法规、规章和规范性文件。其中，工程项目招标投标的主要规定如下。

（1）2000 年 4 月 4 日国务院批准，2000 年 5 月 1 日原国家发展计划委员会发布的《工程建设项目招标范围和规模标准规定》。此规定随国务院批复的《必须招标的工程项目规定》的实施而废止。

（2）2001 年 7 月 5 日起施行的原国家发展计划委员会、原国家经济贸易委员会、建设部、铁道部、交通部、信息产业部、水利部联合发布的《评标委员会和评标办法暂行规定》。

（3）2003 年 5 月 1 日起施行的原国家发展计划委员会、建设部、铁道部、交通部、信息产业部、水利部、中国民用航空总局联合发布的《工程建设项目施工招标投标办法》。2013 年对此办法进行了修正，并于 2013 年 5 月 1 日起实施。

（4）2003 年 8 月 1 日起施行的国家发展和改革委员会、建设部、铁道部、交通部、信

息产业部、水利部、中国民用航空总局联合发布的《工程建设项目勘察设计招标投标办法》。2013 年对此办法进行了修正，并于 2013 年 5 月 1 日起实施。

（5）2005 年 3 月 1 日起施行的国家发展和改革委员会、建设部、铁道部、交通部、信息产业部、水利部、中国民用航空总局联合发布的《工程建设项目货物招标投标办法》。2013 年对此办法进行了修正，并于 2013 年 5 月 1 日起实施。

（6）2008 年 5 月 1 日起施行的国家发展和改革委员会、财政部、建设部、铁道部、交通部、信息产业部、水利部、民用航空总局、广播电影电视总局等国务院有关部委发布的《〈标准施工招标资格预审文件〉和〈标准施工招标文件〉试行规定》。2013 年对此规定进行了修正，并于 2013 年 5 月 1 日起实施。

（7）2011 年 12 月 20 日，国家发展改革委员会联合工业和信息化部、财政部、住房和城乡建设部、交通运输部、铁道部、水利部、广电总局、中国民用航空局共九部委共同颁布的《简明标准施工招标文件》和《标准设计施工总承包招标文件》。

（8）2012 年 4 月 14 日，国务院办公厅转发发展改革委、法制办、监察部《关于做好招标投标法实施条例贯彻实施工作意见的通知》。

（9）2018 年 6 月 1 日起实施国家发展和改革委员会（含原国家发展计划委员会、原国家计划委员会）发布的《必须招标的工程项目规定》。

随着社会主义市场经济的发展，现在不仅在工程建设的勘察、设计、施工、监理、重要设备和材料采购等领域实行了必须招标制度，而且在政府采购、机电设备进口及医疗器械药品采购、科研项目服务采购、国有土地使用权出让等方面也广泛采用了招标方式。2012 年 2 月 1 日《中华人民共和国招标投标法实施条例》（国务院令第 613 号，以下简称《招标投标法实施条例》）施行，以配套行政法规形式进一步完善了招标投标制度。这标志着我国招标投标制度从此走上法制化的轨道，进入了全面实施的新阶段。为推进"放管服"改革的部署，根据 2017 年 3 月 1 日国务院令第 676 号、2018 年 3 月 19 日国务院令第 698 号、2019 年 3 月 2 日国务院令第 709 号对《招标投标法实施条例》先后进行了三次修订。

2.1.4　工程项目招标投标的意义

推行工程招投标制度是我国建筑市场趋向规范化、完善化的重要举措，对于择优选择承包单位、全面降低工程造价，进而使工程造价得到合理有效的控制，具有十分重要的意义。

1. 形成了由市场定价的价格机制

建设工程的招标投标已基本形成了由市场定价的价格机制，使工程价格更加趋于合理。若干投标人之间出现激烈竞争，这种市场竞争最直接、最集中的表现就是在价格上的竞争。通过竞争确定出工程价格，使其趋于合理或下降，这将有利于节约投资、提高投资效益。

2. 不断降低社会平均劳动消耗水平

在建筑市场中，不同投标人的个别劳动消耗水平是有差异的。通过招标投标活动的筛选，最终将是那些个别劳动消耗水平最低或接近最低的投标人获胜，这样便实现了对社会资源的优化配置，也对不同投标人实行了优胜劣汰。面对激烈竞争的压力，为了自身的生存与发展，每个投标人都必须切实在降低自己个别劳动消耗水平下功夫，这样将逐步而全面地降低社会平均劳动消耗水平，使工程价格更为合理。

3. 工程价格更加符合价值基础

实行建设工程招标投标制度，便于供求双方更好地相互选择，使工程价格更加符合价值基础，进而更好地控制工程造价。采用招投标方式为供求双方在较大范围内进行相互选择创造了条件，为需求者（如建设单位、业主）与供给者（如勘察设计单位、施工企业）在最佳点上结合提供了可能。需求者对供给者选择（即建设单位、业主对勘察设计单位和施工单位的选择）的基本出发点是"择优选择"，即选择那些报价较低、工期较短、具有良好业绩和管理水平的供给者，为合理控制工程造价奠定了基础。

4. 能够减少交易费用

我国目前从招标、投标、开标、评标直至定标，均在统一的建筑市场中进行，并有较完善的一些法律、法规规定，已进入制度化操作。招投标中，若干投标人在同一时间、地点报价竞争，在专家支持系统的评估下，以群体决策方式确定中标人，必然减少交易过程的费用，这本身就意味着招标人收益的增加，对降低工程造价必然产生积极的影响。

建设工程招标投标活动包含的内容十分广泛，具体包括建设工程强制招标的范围、建设工程招标的种类与方式、建设工程招标的程序、建设工程招标投标文件的编制、标底编制与审查、投标报价以及开标、评标、定标等。所有这些环节的工作均应按照国家有关法律、法规规定认真执行并落实。

2.2 《招标投标法》的基本规定

2.2.1 招标投标活动遵循的原则

招标投标制度是市场经济的产物，并随着市场经济的发展而逐步推广，必然要遵循市场经济活动的基本原则。《招标投标法》第五条明确规定："招标投标活动应当遵循公开、公平、公正和诚实信用的原则。"

1. 公开原则

公开原则即"信息透明"，就是要求招标投标活动具有较高的透明度，招标程序、投标人的资格条件、评标标准和办法及中标结果等信息都要公开，使每一个投标人能够及时获得同等的信息，从而平等地参与投标竞争，依法维护自身的合法权益。同时将招标投标活动置于公开透明的环境中，也为当事人和社会各界的监督提供了重要条件。从这个意义上讲，公开是公平、公正的基础和前提。

2. 公平原则

公平原则即"机会均等"，就是要求给予所有投标人平筹的机会，使其享有同等的权利并履行相应的义务，不歧视或者排斥任何一个投标人。招投标属于民事法律行为，公平是指民事主体的平等。按照这个原则，招标人不得在招标文件中要求或者标明特定的生产供应者以及含有倾向或者排斥潜在投标人的内容，不得以不合理的条件限制或者排斥潜在投标人，不得对潜在投标人实行歧视待遇。否则，将承担相应的法律责任。

3. 公正原则

公正原则即"程序规范，标准统一"，就是要求所有招标投标活动必须按照规定的时间和程序进行，以尽可能保障招投标各方的合法权益，做到程序公正；招标评标标准应当具有唯一性，对所有投标人实行同一标准，确保标准公正。按照这个原则，招标投标法及其配套规定对招标、投标、开标、评标、中标、签订合同等都规定了具体程序和法定时限，明确了废标和否决投标的情形，评标委员会必须按照招标文件事先确定并公布的评标标准和方法评审、打分、推荐中标候选人，招标文件中没有规定的标准和方法不得作为评标和中标的依据。

4. 诚实信用原则

"诚实信用"，是所有民事活动都应遵循的基本原则之一。它要求招标投标当事人应以诚实、守信的态度行使权利、履行义务，保证彼此都能得到自己应得的利益，同时不得损害第三人和社会的利益，不得规避招标、串通投标、泄露标底、骗取中标、转包合同等。

中国自古就有人无信不立，事无信不成，商无信不兴。中华民族一向重视诚实信用这一伦理标准，"不宝金玉，而忠信以为宝"。诚实信用原则是中国人民自古以来沿袭下来的一个道德信条。作为新一代大学生，应该为以诚信为本，诚信做事，踏实做人，才能更好地为祖国建设添砖加瓦。作为社会中的一员，每个大学生都应该为营造诚信的社会环境而献出一份力量。

2.2.2　招标采购应具备的条件

1. 招标人应具备的条件

《招标投标法》规定，招标人是提出招标项目，进行招标的法人或者其他组织。法人或者其他组织必须具备依法提出招标项目和依法进行招标两个条件后，才能成为招标人。

（1）依法提出招标项目。招标人依法提出招标项目，是指招标人提出的招标项目必须符合《招标投标法》第九条规定的两个基本条件：一是招标项目按照国家有关规定需要履行项目审批手续的，应当先履行审批手续，取得批准；二是招标人应当有进行招标项目的相应资金或者资金来源已经落实，并应当在招标文件中如实载明。

（2）依法进行招标。《招标投标法》及《招标投标法实施条例》对招标、投标、开标、评标、中标和签订合同等程序作出了明确的规定，法人或者其他组织只有按照法定程序进行招标才能称为招标人。

2. 招标代理机构应具备的条件

依据《招标投标法》第十三条规定：招标代理机构是依法设立、从事招标代理业务并提供相关服务的社会中介组织。招标代理机构应当具备下列条件。

（1）有从事招标代理业务的营业场所和相应资金。

（2）有能够编制招标文件和组织评标的相应专业力量。

《招标投标法实施条例》第十二条还规定：招标代理机构应当拥有一定数量的具备编制招标文件、组织评标等相应能力的专业人员。

3. 招标项目应具备的条件

按照《招标投标法》第九条规定，招标项目按照国家有关规定需要履行项目审批手续的，应当先履行审批手续，取得批准。招标人应当有进行招标项目的相应资金或资金来源已经落实。即履行项目审批手续和落实资金来源是招标项目进行招标前必须具备的两项基本条件。

按照《工程建设项目施工招标投标办法》第八条规定，依法必须招标的工程建设项目，应当具备下列条件才能进行施工招标。

（1）招标人已经依法成立。

（2）初步设计及概算应当履行审批手续的，已经批准。

（3）有相应资金或资金来源已经落实。

（4）有招标所需的设计图纸及技术资料。

施工招标可以采用项目的全部工程招标、单位工程招标、特殊专业工程招标等办法，但不得对单位工程的分部、分项工程进行招标。

4. 投标人应具备的条件

投标人分为三类：一是法人；二是其他组织；三是具有完全民事行为能力的个人，亦称自然人。法人、其他组织和个人必须具备响应招标和参与投标竞争两个条件后，才能成为投标人。

法人或其他组织对特定招标项目有兴趣，愿意参加竞争，并按合法途径获取招标文件，但这时法人或其他组织还不是投标人，只是潜在投标人。所谓响应招标，是指潜在投标人获得招标信息或投标邀请书后，购买招标文件，并编制投标文件，按照招标人的要求参加投标的活动。参与投标竞争是指潜在投标人按照招标文件约定，在规定时间和地点递交投标文件，对订立合同正式提出要约。潜在投标人一旦正式递交了投标文件，就成为投标人。

法人或其他组织响应招标、参加投标竞争，是成为投标人的一般条件。要成为合格投标人，还必须满足两项资格条件，一是国家有关规定对不同行业及不同主体的投标人资格条件；二是招标人根据项目本身要求，在招标文件或资格预审文件中规定的投标人资格条件。

依据《工程建设项目施工招标投标办法》第二十条规定，投标人参加工程建设项目施工投标应当具备以下五个条件。

（1）具有独立订立合同的权利。

（2）具有履行合同的能力，包括专业、技术资格和能力，资金、设备和其他物质设施状况，管理能力，经验、信誉和相应的从业人员。

（3）没有处于被责令停业，投标资格被取消，财产被接管、冻结，破产状态。

（4）在最近三年内没有骗取中标和严重违约及重大工程质量问题。

（5）国家规定的其他资格条件。

2.2.3　工程招标的适用范围和规模标准

世界各国和主要国际组织都规定对某些工程建设项目必须实行招标投标。我国有关的法律、法规和部门规章依据工程建设项目的投资性质、工程规模等因素，也对工程建设项目招标范围和规模进行了具体规定，在此范围内的项目，必须通过招标进行发包，而在此范围之外的项目，业主可自愿选择是否进行招标。

1. 强制招标的范围

《招标投标法》第三条规定：在中华人民共和国境内进行下列工程建设项目的勘察、设计、施工、监理及与工程建设有关的重要设备、材料等的采购，必须进行招标：

（1）大型基础设施、公用事业等关系社会公共利益、公众安全的项目；

（2）全部或者部分使用国有资金投资或者国家融资的项目；

（3）使用国际组织或者外国政府贷款、援助资金的项目。

2. 强制招标的规模标准

《必须招标的工程项目规定》第五条规定，上述招标范围内的各类工程建设项目，包括项目的勘察、设计、施工、监理以及与工程建设有关的重要设备、材料等的采购，达到下列标准之一的，必须进行招标。

（1）施工单项合同估算价在 400 万元人民币以上。

（2）重要设备、材料等货物的采购，单项合同估算价在 200 万元人民币以上。

（3）勘察、设计、监理等服务的采购，单项合同估算价在 100 万元人民币以上。

同一项目中可以合并进行的勘察、设计、施工、监理以及与工程建设有关的重要设备、材料等的采购，合同估算价合计达到前款规定标准的，必须招标。

应当注意的是，在执行上述这些规模标准时，无论何种类型的招标项目，任何单位和个人不得将依法必须进行招标的项目化整为零或以其他任何方式规避招标。

3. 经审批可以不进行招标的情形

（1）依照《招标投标法》第六十六条规定，涉及国家安全、国家秘密、抢险救灾或者属于利用扶贫资金实行以工代赈、需要使用农民工等特殊情况，不适宜进行招标的项目，按照国家规定可不进行招标。

（2）按照《招标投标法实施条例》第九条规定，除《招标投标法》第六十六条规定的可以不进行招标的特殊情况外，有下列情形之一的，可以不进行招标。

① 需要采用不可替代的专利或者专有技术。

② 采购人依法能够自行建设、生产或者提供。

③ 已通过招标方式选定的特许经营项目投资人依法能够自行建设、生产或者提供。

④ 需要向原中标人采购工程、货物或者服务，否则将影响施工或者功能配套要求。

⑤ 国家规定的其他特殊情形。

（3）可以不进行招标的工程施工项目。按《工程建设项目施工招标投标办法》第十二条规定，依法必须进行施工招标的工程建设项目有下列情形之一的，可以不进行施工招标：

① 涉及国家安全、国家秘密、抢险救灾或者属于利用扶贫资金实行以工代赈需要使用农民工等特殊情况，不适宜进行招标。

② 施工主要技术采用不可替代的专利或者专有技术。

③ 已通过招标方式选定的特许经营项目投资人依法能够自行建设。

④ 采购人依法能够自行建设。

⑤ 在建工程追加的附属小型工程或者主体加层工程，原中标人仍具备承包能力，并且其他人承担将影响施工或者功能配套要求。

⑥ 国家规定的其他情形。

2.2.4　工程招标的方式

为了规范招标投标活动，保护国家利益和社会公共利益及招投标活动当事人的合法权益，《招标投标法》第十条规定招标方式有两种，即公开招标和邀请招标。

1. 公开招标

1）公开招标的概念

公开招标又称无限竞争性招标，是招标人按照法定程序，在指定的报刊、电子网络和其他媒介上发布招标公告，向社会公示其招标项目要求，吸引众多潜在投标人参加投标竞争，招标人按事先规定的程序和办法从中择优选择中标人的招标方式。

2）公开招标的优缺点

公开招标是工程招标通常适用的方式。其优点是：公开招标是最具竞争性的招标方式。由于公开招标参与竞争的投标人数量较多，招标人有较大选择余地，有利于降低工程造价，有利于保证工程质量和缩短工期。公开招标是程序最完整、最规范、最典型的招标方式。公开招标形式严密，步骤完整，运作环节环环相扣。在国际上，谈到招标通常都是指公开招标。在某种程度上，公开招标已成为招标的代名词。其缺点是：公开招标所需费用较高、花费时间较长。由于投标人较多，竞争激烈，程序复杂，组织招标和参加投标需要做的准备工作和需要处理的实际事务比较多，因而公开招标工作量大，组织工作复杂，需投入较多的人力、物力，招标过程需要耗费的时间较长。

2. 邀请招标

1）邀请招标的概念

邀请招标又称有限竞争性招标，是由招标人通过市场调查，根据承包商或供应商的资信、业绩等条件，选择一定数量法人或其他组织（不能少于3家），向其发出投标邀请书，邀请其参加投标竞争，招标人按事先规定的程序和办法从中择优选择中标人的招标方式。

2）邀请招标的优缺点

邀请招标的优点是：参加竞争的投标人数目可由招标人控制，目标集中，招标的组织工作较容易，工作量比较小。其缺点是：由于参加的投标人相对较少，竞争性范围较小，使招标人对投标人的选择余地较少，如果招标人在选择被邀请的投标人前所掌握信息资料不足，则有可能得不到最适合的承包商和获得最佳竞争效益。

3. 邀请招标和公开招标的区别

邀请招标和公开招标这两种方式的区别如下。

（1）发布信息的方式不同。公开招标采用公告的形式发布，邀请招标采用邀请书的形式发布。

（2）竞争的范围不同公开招标使所有符合条件的法人或者其他组织都有机会参加投标，竞争的范围较广，竞争性体现得也比较充分，招标人拥有绝对选择余地，容易获得最佳招标效果；邀请招标中投标人的数目有限，邀请招标参加人数是经过选择限定的，被邀请的承包商数目在3~10个，由于参加人数相对较少，易于控制，因此其竞争范围没有公开招标大，竞争程度也明显不如公开招标强。

（3）公开的程度不同。公开招标中，所有的活动都必须严格按照预先指定并为大家所知的程序和标准公开进行，大大减少了作弊的可能；相比而言，邀请招标的公开程度逊色一些，产生不法行为的机会也就多一些。

（4）时间和费用不同。公开招标的程序比较复杂，从发布公告，投标人做出反应，评标，到投标人签订合同，有许多时间上的要求，要准备许多文件，因而耗时较长，费用也比较高。邀请招标可以省去发布招标公告、资格审查和可能发生的更多的评标时间和费用。

4. 依法必须公开招标的项目

《招标投标法》第十一条以及《招标投标法实施条例》第八条规定以下项目应当公开招标：

（1）国务院发展计划部门确定的国家重点项目。

（2）省、自治区、直辖市人民政府确定的地方重点项目。

（3）国有资金占控股或者主导地位的依法必须进行招标的项目。

5. 经审批可进行邀请招标的条件

依法必须进行公开招标的项目，有下列情形之一的，可以邀请招标：

（1）项目技术复杂或有特殊要求，或者受自然地域环境限制，只有少量潜在投标人可供选择。

（2）涉及国家安全、国家秘密或者抢险救灾，适宜招标但不宜公开招标。

（3）采用公开招标方式的费用占项目合同金额的比例过大。

有前款第二项所列情形，由项目审批、核准部门在审批、核准项目时作出认定；其他项目由招标人申请有关行政监督部门作出认定；全部使用国有资金投资或者国有资金投资占控股或者主导地位的并需要审批的工程建设项目的邀请招标，应当经项目审批部门批准，但项目审批部门只审批立项的，由有关行政监督部门审批。

2.2.5　招标与投标的基本程序

招标投标最显著的特点就是招标投标活动具有严格规范的程序。按照《招标投标法》的规定，一个完整的招标投标程序，必须包括招标、投标、开标、评标、中标和签订书面合同六大环节。

1. 招标

招标是指招标人按照国家有关规定履行项目审批手续、落实资金来源后，依法发布招标公告或投标邀请书，编制并发售招标文件等具体环节。根据项目特点和实际需要，有些招标项目还要委托招标代理机构，组织现场踏勘、进行招标文件的澄清与修改等。由于这些是招标投标活动的起始程序，招标项目条件、投标人资格条件、评标标准和方法、合同主要条款等各项实质性条件和要求都是在招标环节得以确定，因此，对于整个招标投标过程是否合法、科学，能否实现招标目的，具有基础性影响。

2. 投标

投标是指投标人根据招标文件要求，编制并提交投标文件，响应招标活动。投标人参与竞争并进行一次性投标报价是在投标环节完成的，在投标截止时间结束后，再不能接受新的投标，投标人也不得再更改投标报价及其他实质性内容。因此，投标情况确定了竞争格局，是决定投标人能否中标、招标人能否取得预期招标效果的关键。

3. 开标

开标是招标人按照招标文件确定的时间和地点，邀请所有投标人到场，当众开启投标人提交的投标文件，宣布投标人名称、投标报价及投标文件中其他重要内容。开标最基本的要求和特点是公开，保障所有投标人的知情权，这也是维护各方合法权益的基本条件。

4. 评标

招标人依法组建评标委员会，依据招标文件中的规定和要求，对投标文件进行审查、评审和比较，确定中标候选人。评标是审查确定中标人的必经程序。对于依法必须招标的项目招标人必须根据评标委员会提出的书面评标报告和推荐的中标候选人确定中标人，因此，评标是否合法、规范、公平、公正，对于招标结果具有决定性作用。

5. 中标

中标，也称定标，即招标人从评标委员会推荐的中标候选人中确定中标人，并向中标人发出中标通知书，同时将中标结果通知所有未中标的投标人。中标既是竞争结果的确定环节，也是发生异议、投诉举报的环节，有关行政监督部门应当依法进行处理。

6. 签订书面合同

中标通知书发出后，招标人和中标人应当按照招标文件和中标人的投标文件在规定时间内订立书面合同，中标人按合同约定履行义务，完成中标项目。依法必须进行招标的项目，招标人应当从确定中标人之日起 15 日内，向有关行政监督部门提交招标投标情况的书面报告。

2.3 招标投标活动的行政监督

2.3.1 招标投标活动监督体系

《招标投标法》第七条规定："招标投标活动及其当事人应当接受依法实施的监督"。在招标投标法规体系中，对于行政监督、司法监督、当事人监督、社会监督都有具体规定，构成了招标投标活动的监督体系。

1. 当事人监督

当事人监督是指招标投标活动当事人的监督。招标投标活动当事人包括招标人、投标人、招标代理机构等，由于当事人直接参与，并且与招标投标活动有直接利害关系，因此，当事人监督往往最积极、最深切，是行政监督和司法监督的重要基础。国家发展改革委等七部委联合制定的《工程建设项目招标投标活动投诉处理办法》具体规定了投标人和其他利害关系人投诉及有关行政监督部门处理投诉的要求，这种投诉就是当事人监督的重要方式。

2. 行政监督

行政机关对招标投标活动的监督，是投标招标活动监督体系的重要组成部分。依法规范和监督市场行为，维护国家利益、社会公共利益和当事人的合法权益，是市场经济条件下政府的重要职能。《招标投标法》对有关行政监督部门依法监督招标投标活动、查处招标投标活动中的违法行为作了具体规定。如第七条规定有关行政监督部门依法对招标投标活动实施监督，依法查处招标投标活动中的违法行为。

3. 司法监督

司法监督是指国家司法机关对招标投标活动的监督。《招标投标法》具体规定了招标投标活动当事人的权利和义务，同时也规定了有关违法行为的法律责任。如招投标活动当事人认为招标投标活动存在违反法律、法规、规章规定的行为，可以起诉，由法院依法追究有关责任人的法律责任。

4. 社会监督

社会监督指除招标投标活动当事人以外的社会公众的监督。"公开、公平、公正"原则之一的公开原则就是要求招标投标活动必须向社会透明，以便社会公众监督。任何单位和个人认为招标投标活动违反招投标法律、法规、规章时，都可以向有关行政监督部门举报，由有关行政监督部门依法调查处理。因此，社会公众、社会舆论及新闻媒体对招标投标活动的监督是一种第三方监督，在现代信息公开的社会具有越来越重要作用。

2.3.2　行政监督的基本原则

政府对招标投标活动实施行政监督必须遵循依法行政的基本要求。其基本原则如下。

1. 职权法定原则

政府对招标投标活动实施行政监督，应当在法定职责范围内依法实行。任何政府部门、机构和个人都不能超越法定权限，直接参与或干预招标投标活动。

2. 合理行政原则

政府对招标投标活动实施行政监督，应当遵循公平、公正的原则。要平等对待招标投标活动当事人，不偏私、不歧视，所采取的措施和手段应当是必要、适当的。

3. 程序正当原则

政府对招标投标活动实施行政监督，应当严格遵循法定程序，依法保障当事人的知情权、参与权和救济权。

4. 高效便民原则

政府对招标投标活动实施行政监督，无论是核准招标事项，还是受理投诉举报案件，都应当遵守法定时限，积极履行法定职责，提高办事效率，切实维护当事人的合法权益。

2.3.3　行政监督的内容

从监督内容看，政府针对招标投标活动实施行政监督主要分为程序监督和实体监督两方面。程序监督，是指政府针对招标投标活动是否严格执行法定程序实施的监督；实体监督，是指政府针对招标投标活动是否符合《招标投标法》及有关配套规定的实体性要求实施的监督。具体内容主要包括以下几项。

（1）依法必须招标项目的招标方案（含招标范围、招标组织形式和招标方式）是否经过项目审批部门核准。

（2）依法必须招标项目是否存在以化整为零或其他任何方式规避招标等违法行为。

（3）公开招标项目的招标公告是否在国家指定媒体上发布。

（4）招标人是否存在以不合理的条件限制或者排斥潜在投标人，或者对潜在投标人实行歧视待遇，强制要求投标人组成联合体共同投标等违法行为。

（5）招标代理机构是否存在泄露应当保密的与招标投标活动有关情况和资料，或者与招标人、投标人串通损害国家利益、社会公共利益或者他人合法权益等违法行为。

（6）招标人是否存在向他人透露已获取招标文件的潜在投标人的名称、数量或可能影响公平竞争的有关招标投标的其他情况的，或泄露标底，或违法与投标人就投标价格、投标方案等实质性内容进行谈判等违法行为。

（7）投标人是否存在相互串通投标或与招标人串通投标，或以向招标人或评标委员会成员行贿的手段谋取中标，或者以他人名义投标或以其他方式弄虚作假骗取中标等违法行为。

（8）评标委员会的组成、产生程序是否符合法律规定。

（9）评标活动是否按照招标文件预先确定的评标方法和标准在保密的条件下进行的。

（10）招标人是否在评标委员会依法推荐的中标候选人以外确定中标人的违法行为。

（11）招标投标的程序、时限是否符合法律规定。

（12）中标合同签订是否及时、规范，合同内容是否与招标文件和投标文件相符，是否存在违法分包、违法转让。

（13）实际执行的合同是否与中标合同内容一致等。

2.3.4　违法行为与法律责任

法律责任是指法律关系中行为人因违反法律规定或合同约定义务而应当强制性承担的某种不利后果。法律责任是招标投标法律的重要组成部分，是对招标投标活动中当事人违反招标投标的法律法规行为的强制性处罚。

《招标投标法》规定的法律责任主体有招标人、投标人、招标代理机构、有关行政监督部门、评标委员会成员、有关单位对招标投标活动直接负责的主管人员和其他直接责任人员，以及任何干涉招标投标活动正常进行的单位或个人。其主要法律责任见表 2-1。

表 2-1　招标投标活动相关方的主要法律责任

主 体	违 法 行 为	处 罚	备 注
招标人	必须进行招标的项目不招标；将必须进行招标的项目化整为零或者以其他任何方式规避招标	责令限期改正；可以处以项目合同金额 5‰ 以上 10‰ 以下的罚款，对全部或者部分使用国有资金的项目，可以暂停项目执行或者暂停资金拨付；对单位责任人依法给予处分	（1）强制招标项目违反《招标投标法》规定，中标无效，应当依照规定的中标条件从其余投标人中重新确定中标人或者依照法律重新进行招标（2）任何单位违反法律规定，限制或者排斥本地区、本系统以外的法人或者其他组织参加投标的，为招标人指定招标代理机构，强制招标人委托招标代理机构办理招标事宜，或者以其他方式干涉招标投标活动的，责令改正；对单位责任人依法给予警告、记过、记大过的处分，情节较重的，依法给予降级、撤职、开除的处分（3）本表中的"单位责任人"指单位直接负责的主管人员和其他直接责任人
	以不合理的条件限制或者排斥潜在投标人；对潜在投标人实行歧视待遇；强制要求投标人组成联合体共同投标，或者限制投标人之间竞争	责令改正；可以处 1 万元以上 5 万元以下的罚款	
	强制招标项目，招标人向他人透露已获取招标文件的潜在投标人的名称、数量或者可能影响公平竞争的有关招标投标的其他情况，或者泄露标底	给与警告；可以并处 1 万元以上 10 万元以下的罚款；对单位责任人依法给予处分；构成犯罪的，依法追究刑事责任。影响中标结果的，中标无效	
	强制招标项目，招标人与投标人就投标价格、投标方案等实质性内容进行谈判	给与警告；对单位责任人依法给予处分；影响中标结果的，中标无效	

续表

主　体	违 法 行 为	处　罚	备　注
招标人	在依法推荐的中标候选人以外确定中标人的；强制招标项目在所有投标被否决后自行确定中标人	责令改正；可以处以中标项目金额 5‰以上 10‰以下的罚款；对单位责任人依法给予处分；影响中标结果的，中标无效	（1）强制招标项目违反《招标投标法》规定，中标无效，应当依照规定的中标条件从其余投标人中重新确定中标人或者依照法律重新进行招标 （2）任何单位违反法律规定，限制或者排斥本地区、本系统以外的法人或者其他组织参加投标的，为招标人指定招标代理机构的，强制招标人委托招标代理机构办理招标事宜的，或者以其他方式干涉招标投标活动的，责令改正；对单位责任人依法给予警告、记过、记大过的处分，情节较重的，依法给予降级、撤职、开除的处分 （3）本表中的"单位责任人"指单位直接负责的主管人员和其他直接责任人
	不按招标文件和中标人的投标文件订立合同的；与中标人订立背离合同实质性内容的协议	责令改正；可以处以中标项目金额 5‰以上 10‰以下的罚款	
	相互串通投标或者与招标人串通投标的；以向招标人或者评标委员会成员行贿的手段谋取中标；以他人名义投标或者以其他方式弄虚作假，骗取中标	中标无效；处中标项目金额 5‰以上 10‰以下的罚款；对单位责任人处单位罚款数额 5%以上 10%以下的罚款，并没收违法所得；情节严重的，取消其 1~3 年内参加强制招标项目的投标资格，直至吊销营业执照；构成犯罪的，依法追究刑事责任；给招标人造成损失的，负赔偿责任	
	将中标项目转让；将中标项目肢解后分别转让；将中标项目的部分主体、关键性工作分包；分包人再次分包	转让、分包无效；处转让、分包项目金额 5%以上 10%以下的罚款；并没收违法所得；可以责令停业整顿；情节严重的，吊销营业执照	
	不履行与招标人订立的合同	履约保证金不予退还，还应当对损失予以赔偿；情节严重的，取消其 2~6 年内参加强制招标项目的投标资格，直至吊销营业执照	
评标委员	收受投标人的好处；向他人透露对投标文件的评审和比较、中标候选人的推荐以及与评标有关的其他情况	给与警告；没收收受的财物，可以并处 3 000 元以上 5 万元以下的罚款；取消担任评标委员会成员的资格，不得再参加任何强制招标项目的评标；构成犯罪的，依法追究刑事责任	
招标代理人	泄露应当保密的与招标投标活动有关的情况和资料；与招标人、投标人串通损害国家利益、社会公共利益或者他人合法权益	处 5 万元以上 25 万元以下的罚款；对单位责任人处单位罚款数额 5%以上 10%以下的罚款；没收违法所得；情节严重的，暂停直至取消招标代理资格；构成犯罪的，依法追究刑事责任。给他人造成损失的，负赔偿责任。影响中标结果的，中标无效	
监督人	徇私舞弊、滥用职权或者玩忽职守	构成犯罪的，依法追究刑事责任；不构成犯罪的，依法给予行政处分	

案例分析

一、背景

某办公楼的招标人2000年10月11日向具备承担该项目能力的A、B、C、D、E五家承包商发出投标邀请书，其中说明，10月17—18日9：00—16：00在该招标人总工程师室领取招标文件，11月8日14：00为投标截止时间。在投标截止日期前10天，业主书面通知各投标单位，由于某种原因，决定将铝合金窗工程从原投标范围内删除。该5家承包商接受邀请，并按规定时间递交了投标文件。但承包商A在送出投标文件后发现报价估算有较严重的失误，遂赶在投标截止时间前10分钟递交了一份书面说明，撤回了已提交的投标文件。开标时，由招标人委托的市公证处人员检查投标文件的密封情况，确认无误后，由工作人员当众拆封。由于承包商A已撤回投标文件，故招标人宣布有B、C、D、E四家承包商投标，并宣读了该4家承包商的投标价格、工期和其他主要内容。

评标委员会委员由招标人直接确定，共由7人组成，其中招标人代表2人，本系统技术专家2人，经济专家2人，外系统技术专家1人。

在投标过程中，评标委员会要求B、D两投标人分别对其施工方案作详细说明，并对若干技术要点和难点提出问题，要求其提出具体、可靠的实施措施。作为评标委员会的招标人代表希望承包商B再适当考虑一下降低报价的可能性。

按照招标文件中确定的综合评标标准，4个投标人综合得分从高到低依次为B、D、C、E，故评标委员会确定B为中标人。由于承包商B为外地企业，招标人于11月10日将中标通知书以挂号方式寄出，承包商B于11月14日收到中标通知书。

由于从报价情况看，4家投标人的报价从低到高依次为D、C、B、E，因此，从11月16日—12月11日招标人又与承包商B就合同价格进行了多次谈判，结果承包商B将价格降到略低于承包商C的报价水平，最终双方于12月12日签订了书面合同。

二、分析要点

1. 从招标的性质来看，本例中的要约邀请、要约和承诺的具体表现是什么？

2. 从所介绍的背景资料看，该项目的招投标程序中在哪些方面不符合《招标投标法》的有关规定？

三、分析结果

1. 希望别人向自己发出要约的意思表示称之为要约邀请。如招标公告、拍卖公告、投标邀请书、招标文件等均属于要约邀请。要约是一方当事人希望和他人订立合同的意思表示。承诺是受要约人同意要约的意思表示。承诺应当以通知的方式作出。

因此本例中要约邀请是招标人投标邀请书，要约是投标人的投标文件，承诺是招标人发出的中标通知书。

2. 不符合相关规定如下。

（1）若招标人改变招标范围或变更招标文件，应当在投标截止日期至少15天（而不是10天）前以书面通知所有投标人。若迟于这一时限发出变更招标文件的通知，则应将原定投标截止日期适当延长，以便投标单位有足够的时间充分考虑这种变更对报价的影响，并在投标文件中反映出来。

（2）投标人不应仅宣布4家承包商参加投标。《招标投标法》规定：招标人在招标文件要求提交投标文件的截止时间前收到的所有投标文件，开标时都应当众拆封、宣读。虽然承包商 A 在投标截止时间前已撤回投投标文件，但仍应作为投标人宣读其名称，但不宣读其投标文件的内容。

（3）评标委员会不应全部由招标人直接确定。按规定，评标委员会中的技术、经济专家，一般应采取从专家库中随机抽取方式，特殊招标项目可以由招标人直接确定。本例显然属于一般招标项目。

（4）评标过程中不应要求承包商考虑降价问题。按规定，评标委员会可以要求投标人对投标文件中含义不明确的内容作必要的澄清或说明，但是澄清或说明不得超出投标文件的范围或改变投标文件的实质性内容。在确定中标人前，招标人不得与投标人就投标价格、投标方案的实质性内容进行谈判。

（5）中标通知书发出后，招标人不应与中标人就价格进行谈判。按规定，招标人和中标人应按照招标文件和投标文件订立书面合同，不得再订立背离合同实质性内容的其他协议。

（6）订立合同的时间过迟。按规定，招标人和中标人应当自中标通知书发出之日（不是中标人收到中标通知书之日）起 30 天内签订书面合同。本例为 32 天。

📖 本章小结

本章主要介绍了招标投标的法律性质、《招标投标法》的基本规定、招标投标活动的行政监督和法律责任。

工程招标投标是一种具有自身特色的市场交易形式，它具有以下基本特征：竞争的激烈性、组织的严密性、信息的公开性、报价的一次性、价格的合理性、管理的法治性、过程的公正性、程序的规范性。

招标投标过程必须严格按照《招标投标法》的有关规定进行操作，并遵循招标投标相关的各级法律法规的规定。招标投标的程序大致可以分为招标阶段、投标阶段、评标与中标阶段、签约阶段。《招标投标法》中还对工程招标的适用范围和规模标准进行了详细规定，明确了强制招标项目的范围、类型和规模。

工程招标的方式主要有公开招标、邀请招标。各级行政主管部门会对是否招标、采用哪种招标方式、招标投标过程中的每个环节进行监督管理。在招标投标过程中各方当事人都必须严格按照《招标投标法》的有关规定进行操作，否则将要承担行政处分或者追究刑事责任等相应的法律责任。

本章的重点是招标投标的法律性质，工程招标的原则、条件，工程招标、投标的要求及程序，工程招投标的行政监督和法律责任。

本章的难点是工程招投标的行政监督和法律责任。

🗨 思考题

1. 什么是建设工程招投标？它应遵循的原则是什么？
2. 招标人必须具备的条件有哪些？
3. 投标人应具备什么条件？
4. 我国强制性进行招标投标的建设工程项目有哪些？
5. 招标的方式有哪些？它们之间的主要区别是什么？

6. 招投投标活动的基本程序包括哪些步骤?

7. 在招标投标活动中，行政监督的主要内容有哪些?

8. 招标投标活动中的违法行为和法律责任有哪些?

第3章 工程招投标管理与实务

📖 **本章导读**

本章主要内容包括工程招标投标的基本概念、工程招投标全过程中各阶段的主要工作内容及具体要求。通过本章的学习，可以熟悉招标方案、招标文件的编制原则和内容，资格审查的要求和方法，掌握投标文件的内容构成、编制及递交要求，评标的原则、方法和程序，中标人确定的原则和步骤，签订合同的要求，了解招标投标过程中各类格式文件的编制。

3.1 工程招标投标概述

3.1.1 工程招标的基本概念

1. 工程招标的概念

工程建设项目，是指工程及与工程建设有关的货物、服务。其中工程是指各类建设工程，包括建筑工程、土木工程、设备和管道安装工程的新建、改建、扩建及其相关的装修、拆除修缮等。

工程招标是招标人用招标方式发包各类土木工程、建筑工程、议备和管道安装工程、装饰装修工程等，选择工程施工总承包或工程总承包企业的行为。

2. 工程招标的类型

1) 工程施工招标

建设工程施工招标是指招标人通过招标选择具有相应工程施工承包资质旳企业，按照招标要求对工程建设项目的施工、试运行、竣工等实行承包，并承担工程建设项目施工质量、进度、造价、安全等控制责任和相应的风险责任。

工程产品具有唯一性、一次性、产品固定性的特点。工程招标人通过对比施工企业，选择工程施工承包人，再按照合同的特定要求施工和验收工程，不可能"退货和更换"。而货物产品供应商通常先按标准批量生产，采购人通过对比现成货物选择供应商。这就决定了工程施工招标区别于货物采购招标的特点，主要是选择一个达到资格能力要求的中标承包人和合理、可行的承包价格及工程施工组织设计，而不是选择一个现成的产品。

因此，工程施工评标主要是考察投标人报价竞争的合理性，工程施工质量、造价、进度、安全等控制体系的完备性和施工方案与技术管理措施的可行性与合理性，组织机构的完善性及其实施能力、信誉的可靠性。小型简单工程则在施工组织设计可行的基础上，以投标价格作为选择中标人的主要因素。

2) 工程总承包招标

工程建设项目招标人通过招标选择具有相应资格能力的企业，在其资质等级许可的承包范围内，按照招标要求对工程建设项目的勘察、设计、招标采购、施工、试运行、竣工等实行全过程或若干阶段的总承包，全面负责工程建设项目建设总体协调、管理职责，并承担工程建设项目质量、进度、造价、环境、安全等控制责任和相应的风险责任。工程总承包招标主要以"投标报价竞争合理性、工程总承包技技术管理方案的可行性、工程技术经济和管理能力及信誉可靠性"作为选择中标人的综合评标因素。工程总承包的主要方式有设计采购施工（EPC）/交钥匙总承包、设计—施工一体化总承包（D+B）等。

3.1.2 工程招标投标的程序及工作要求

建设工程招投标一般要经历招标准备阶段，招标投标阶段，开标、评标和中标阶段，签订合同四个阶段，如图3-1所示。

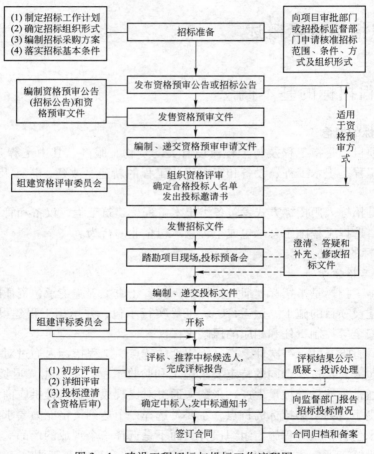

图3-1 建设工程招标与投标工作流程图

1. 招标准备阶段

招标准备工作主要包括：确定招标组织形式；选择招标方式、范围；落实招标条件；编制招标方案。

1）确定招标组织形式

根据招标人是否具有招标资质，可以将组织招标形式分为以下两种情况。

（1）自行组织招标。由于工程招标是一项经济性、技术性较强的专业民事活动，因此招标人自己组织招标，必须具备一定的条件，设立专门的招标组织，经招标投标管理机构审查合格，确认其具有编制招标文件和组织评标的能力，能够自己组织招标后，可自行组织招标、自行办理招标事宜。

（2）委托代理招标。招标人如不具备自行组织招标的能力，应当委托招标代理机构办理招标事宜。招标人应根据招标项目的行业和专业类型、规模标准，自主选择具有相应资格的招标代理机构，委托其代理招标采购业务。

招标人委托招标代理机构代理招标，必须与之签订招标代理合同，明确委托招标代理的内容范围、权限、义务和责任。招标代理机构不得无权代理、越权代理和违法代理，不得接受同一招标项目的投标咨询服务。

2）选择招标方式、范围

（1）根据工程特点和招标人的管理能力确定发包范围。

（2）依据工程建设总进度计划确定项目建设过程中的招标次数和每次招标的工作内容。如监理招标、设计招标、施工招标、设备供应招标等。

（3）按照每次招标前准备工作的完成情况，选择合同的计价方式。如施工招标时，已完成施工图设计的中小型工程，可采用总价合同；若为初步设计完成后的大型复杂工程，则应采用单价合同。

（4）依据工程项目的特点、招标前准备工作的完成情况、合同类型等因素的影响程度，最终确定招标方式。

3）落实招标的条件

工程施工招标需要落实的条件主要包括：工程建设项目初步设计或工程招标设计或工程施工图设计已经完成，并经有关政府部门对立项、规划、用地、环境评估等进行审批、核准或备案；工程建设项目具有满足招标投标和工程连续施工所必需的设计图纸及有关技术标准、规范和其他技术资料；工程建设项目用地拆迁、场地平整、道路交通、水电、排污、通信及其他外部条件已经落实。

工程总承包招标需要落实的条件主要包括按照工程总承包不同开始阶段和总承包方式，应分别具有工程可行性研究报告或实施性工程方案设计或工程初步设计已经完成等相应的条件。

4）编制招标方案

为有序、有效地组织实施招标工作，招标人应在上述准备工作的基础上，根据招标项目的特点和自身需求，依据有关规定编制招标方案，确定招标内容范围、招标组织形式、招标方式、标段划分、合同类型、投标人资格条件、安排招标工作目标、顺序和计划、分解落实招标工作任务和措施。需要的资源、技术与管理条件。其中，依法必须招标的工程建设项目的招标范围、招标方式与招标组织形式应报项目审批部门核准或招标投标监督部门备案。

2. 招标投标阶段

公开招标时，从发布招标公告（资格预审公告）开始，若为邀请招标，则从发出投标邀请函开始，到投标截止日期为止的期间称为招标投标阶段。在此阶段，招标人应做好招标的组织工作，投标人则应按照招标文件的规定程序和具体要求进行投标报价竞争。招标人应当合理确定投标人编制投标文件所需的时间，自招标文件开始发出之日起到投标截止日止，最短不得少于 20 日。这期间的主要工作包括以下几个方面。

1）发布招标公告或者发出投标邀请书

招标人要在指定的报刊，杂志、网络等媒体上发布招标公告。招标公告目的是让潜在投标人获得招标信息，确定是否参与竞争。招标公告（资格预审公告）或投标邀请函的具体格式可由招标人自定，内容一般包括：招标人的名称和地址、招标项目的性质、数量、实施地点和时间、投标截止日期及获取招标文件的办法等事项，做到内容真实、表达准确、完整不漏项。

2）资格预审

资格预审是指投标前对获取资格预审文件并提交资格预审申请文件的潜在投标人进行资格审查的一种方式。资格预审对于那些不具备竞标条件、将来肯定会被淘汰的投标人来说也是有好处的，这样可使他们节省不必要的投标报价的费用。同时，资格预审也能使有能力的投标人参加投标，确保投标具有竞争性。通过评审优选出综合实力较强的投标人，再请他们参加投标竞争，以减小评标的工作量。

资格预审文件是招标人公开告知潜在投标人参加招标项目投标竞争应具备的资格条件、标准和方法的重要文件，是对投标申请人进行资格评审和确定合格投标人的依据。按照《标准施工招标资格预审文件》的要求，工程施工招标项目资格预审文件的内容构成应包括资格预审公告、申请人须知、资格审查办法、资格预审申请文件格式、资格预审文件的澄清与修改、项目建设概况等。

3）发放招标文件

招标文件是招标人向潜在投标人发出的要约邀请文件，是向投标人发出的旨在向其提供为编写投标文件所需的资料，并向其通报招标投标将依据的规则、标准、方法和程序等内容的书面文件。

招标文件应当包括招标项目的技术要求、对投标人资格审查的标准、投标报价要求和评标标准等所有实质性要求和条件及拟签订合同的主要条款。国家对招标项目的技术、标准有规定的，招标人应当按照其规定在招标文件中提出相应要求。招标项目需要划分标段、确定工期的，招标人应当合理划分标段、确定工期，并在招标文件中载明。编制好招标文件，是招标人在组织整个招标投标过程中最重要和最关键的工作之一。

招标文件发出后，招标人不得擅自变更其内容。确需进行必要的澄清、修改或补充的，应当在招标文件要求提交投标文件截止时间至少 15 天前，以书面形式通知所有获得招标文件的投标人，以便于他们修改投标书。该澄清、修改或补充的内容是招标文件的组成部分，对招标人和投标人都有约束力。

4）现场踏勘

招标人在可以根据招标项目的特点和招标文件的约定，集体组织潜在投标人对项目实施现场的地形地质条件、周边和内部环境进行实地踏勘了解，并介绍有关情况，现场踏勘的主要目的是让潜在投标人了解工程现场和周围环境情况，获取必要的信息，潜在投标人应自行负责据此作出的判断和投标决策。

5）投标预备会

投标预备会是招标人为了澄清、解答潜在投标人在阅读招标文件和现场踏勘后提出的疑问，按照招标文件规定时间组织的投标预备会议。但所有的澄清、解答均应当以书面方式发给所有购买招标文件的潜在投标人，并属于招标文件的组成部分。招标人同时可以利用投标预备会对招标文件中有关重点、难点内容主动作出说明。

6）递交投标文件

投标人在阅读招标文件中产生的疑问和异议的可以按照招标文件约定的时间书面提出澄清要求，招标人应当及时书面答复澄清，对于投标文件编制有影响的，应该根据影响的时间延长相应的投标截止时间。投标人或其他利害人如果对招标文件的内容有异议，应当在投标截止时间 10 天前向招标人提出。

潜在投标人应严格依据招标文件要求的格式和内容，编制、签署、装订、密封、标识投标文件，按照规定的时间、地点、方式递交投标文件，并按照招标文件规定的方式和金额提交投标保证金。投标人在提交投标截止时间之前，可以撤回、补充或者修改已提交的投标文件。

3. 开标、评标和中标阶段

1）组建评标委员会

招标人应当在开标前依法组建评标委员会。依法必须进行招标的项目，评标委员会由招标人及其招标代理机构熟悉相关业务的代表和不少于成员总数 2/3 的技术、经济等方面的专家组成，成员人数为 5 人以上单数。依法必须进行招标的一般项目，评标专家可以从依法组建的评标专家库中随机抽取；特殊招标项目可以由招标人从评标专家库中或库外直接确定。

2）开标

公开招标和邀请招标均应举行开标会议，体现招标的公平、公正和公开原则。开标应当在招标文件确定的提交投标文件截止时间的同一时间公开进行，开标地点应当为招标文件中预先确定的地点。

参加开标会议的人员，包括招标人或其代表人、招标代理人、投标人法定代表人或其委托代理人、招标投标管理机构的监管人员和招标人自愿邀请的公证机构的人员，并可邀请项目有关主管部门、当地计划部门、经办银行等代表出席。

3）评标

评标由招标人依法组建的评标委员会负责。评标委员会应当在充分熟悉、掌握招标项目的主要特点和需求，认真阅读研究招标文件及其相关技术资料、评标方法、因素和标准、主要合同条款、技术规范等，并按照初步评审、详细评审的先后步骤对投标文件进行分析、比较和评审，评审完成后，评标委员会应当向招标人提交书面评标报告并推荐中标候选人。

4）中标

招标人按照评标委员会提交的评标报告和推荐的中标候选人及公示结果，根据法律法规和招标文件规定的定标原则确定中标人；中标人确定后，招标人向中标人发出中标通知书，同时将中标结果通知所有未中标的投标人并退还未中标投标人的投标保证金或保函。中标通知书对招标人和中标人具有法律效力，招标人改变中标结果或中标人拒绝签订合同均要承担相应的法律责任。

4. 签订合同阶段

中标人收到中标通知书后，招标人、中标人双方应具体协商谈判签订合同事宜，形成合同草案。合同草案一般需要先报招标投标管理机构审查。经审查后，招标人与中标人应当自中标通知书发出之日起 30 天内，依据中标通知书、招标文件、投标文件中的合同构成文件正式签订书面合同。招标人和中标人不得再另行订立背离合同实质性内容的其他协议。同时，双方要按照招标文件的约定相互提交履约保证金或者履约保函，招标人还要退还中标人的投标保证金。招标人如拒绝与中标人签订合同需赔偿有关损失。中标人如果拒绝在规定的时间内提交履约担保和签订合同，招标人报请招标投标管理机构批准同意后取消其中标资格，按规定不退还其投标保证金，并考虑在其余投标人中重新确定中标人，与之签订合同或重新招标。

依法必须进行招标的项目，招标人应当自确定中标人之日起 15 日内，向有关行政监督部门提交招标投标情况的书面报告。合同订立后，应将合同副本分送有关部门备案，以便合同受到保护和监督。至此，招投标工作全部结束。招投标工作结束后，应将有关文件资料整理归档，以备考查。

建设工程招标与投标工作流程如图 3-1 所示。

3.2 工程招标方案

工程招标要正确分析掌握工程建设项目的使用功能、规模、标准、节能、环保影响和质量、造价、工期等技术经济和管理特征及相应的采购需求目标，据此，编制科学、合理、可行的招标方案，选择确定招标的各项评审因素和标准，并通过招标选择合适的承包人及合理可行的工程施工组织设计，实现工程建设项目的需求目标。

招标方案是招标人为了规范、有序的实施招标工作，在实施招标工作之前，通过分析和掌握招标项目的技术特点、经济特性、管理特征及招标项目的功能、规模、质量、价格、进度、服务等需求目标，调查市场供应情况及竞争格局，依据有关法律政策、技术标准和规范，科学合理地设定、安排项目招标实施的条件、范围、目标、方式、组织形式、工作计划、措施等方卖的综合计划，是编制招标相关具体计划的指导文件。

3.2.1 工程建设项目招标方案内容

1. 工程建设项目背景概况

工程建设项目背景主要介绍工程建设项目的名称、用途、建设地址、项目业主、资金来源、规模、标准、主要功能等基本情况，工程建设项目投资审批、规划许可、勘察设计及其相关核准手续等有关依据，已经具备或正待落实的各项招标条件。

2. 工程招标范围、标段划分和投标资格

工程招标一般指工程施工招标或工程设计施工一体化总承包招标。本书主要介绍工程施工招标。

1）工程招标范围和标段划分

要依据法律、法规规定确定必须招标的工程施工内容和范围，并根据项目的特点合理划分标段。

工程招标内容有工程施工现场准备、土木建筑工程和设备安装工程等。

① 工程施工现场准备。它是指工程建设必须具备的现场施工条件，包括通路、通水、通电、通信，乃至通气、通热，以及施工场地平整，各种施工和生活设施的建设等。

② 土木建筑工程。它是指房屋、市政、交通、水利水电、铁路等永久性的土木建筑工程，包括土石方工程、基础工程、混凝土工程、金属结构工程，装饰工程、道路工程、构筑物工程等。

③ 设备安装工程。包括机械、化工、冶金、电气、自动化仪表、给排水等通用和专用设备和管线安装，计算机网络、通信、消防、声像系统以及检测、监控系统的安装等。

工程施工招标内容、范围应正确描述工程施工范围、数量、工作内容、施工边界条件等，其中，施工的边界条件包括地理边界条件及与周边工程承包人的工作分工、衔接、协调配合等内容。

2）工程施工招标标段划分

工程项目的招标可以是全部工作一次性发包，也可以把工作分解成几个独立的内容分别发包。如果招标人不擅管理，则招标人可将项目全部施工任务发包给一个招标人，仅与一个中标人签订合同，这样施工过程中管理工作比较简单，但有能力参与竞争的投标人较少。如果招标人有足够的管理能力，也可以将全部施工内容分解成若干个单位工程和特殊专业工程分别发包，一则可以发挥不同投标人的专业特长，增强投标的竞争性；二则每个独立合同比总承包合同更容易落实，即使出现问题也易于纠正或补救。但招标发包的数量多少要适当，标段太多会给招标工作和施工阶段的管理协调带来困难。因此，分标段招标的原则是有利于吸引更多的投标者来参加投标，以发挥各个承包商的特长，降低工程造价，保证工程质量，加快工程进度，同时又要考虑到便于工程管理，减少施工干扰，使工程能有条不紊地进行。

（1）招标标段划分考虑的因素。

① 工程特点。准备招标的工程如果场地比较集中，工程量不大，技术上不是特别复杂，一般不用分标。而当工作场面分散、工程量较大，或有特殊的工程技术要求时，则可以考虑分标，如高速公路、灌溉工程等大多是分段发包的。

② 对工程造价的影响。一般来说，一个工程由一家承包商施工，不但干扰少、便于管理，而且由于临时设施少，人力、机械设备可以统一调配使用，可以获得比较低的工程报价，但是，如果是一个大型的、复杂的工程项目，则对承包商的施工经验、施工能力、施工设备等方面都要求很高，在这种情况下，如果不分标就有可能使有能力参加此项目投标的承包商数大大减少，投标竞争对手的减少，很容易导致报价的上涨，不能获得合理的报价。

③ 专业化问题。分标时应尽可能按专业划分标段，以利于发挥承包商的特长，增加对承包商的吸引力。

④ 施工现场的施工管理问题。工程进度的衔接很重要，特别是关键线路上的项目一定要选择施工水平高、能力强、信誉好的承包商，以保证能按期或提前完成任务，防止影响其他承包的工程进度，以至于引起不必要的索赔。从现场布置角度看，则承包商越少越好。确定招标范围时一定要考虑施工现场的布置，彼此不能有过大的干扰。对各个承包商的料场分配、附属企业、生活区域、交通运输、甚至弃渣场地等都应事先有所考虑。

⑤ 其他因素。影响工程招标范围的因素还有很多，如资金问题，当资金筹措不足时，只有实行分标，先进行部分工程招标。

总之，确定招标范围时对上述因素要综合考虑，可以拟定几个招标方案，进行综合比较后确定，但不允许将单位工程肢解成分部、分项工程进行招标。

（2）投标资格要求。按照招标项目及其标段的专业、规模、范围、与承包方式，依据有关建筑业企业资质管理规定初步拟定投标人的资质、业绩标准。

3. 工程招标顺序

工程施工招标前应首先安排相应工程的项目管理、工程设计、监理或设备监造招标，为工程施工项目管理奠定组织条件。工程施工招标顺序应按工程设计、施工进度的先后次序和其他条件，以及各单项工程的技术管理关联度安排工程招标顺序。

根据工程施工总体进度顺序确定工程招标顺序。一般是：施工准备工程在前，主体工程在后；制约工期关键线路的工程在前，施工时间比较短的工程在后；土建工程在前，设备安装在后；结构工程在先，装饰工程在后；制约后续的工程在前，紧前的工程在后；工程施工在前，工程货物采购在后，但部分主要设备采购应在工程施工之前招标，以便据此确定工程设计或施工的技术参数。工程招标的实际顺序应根据工程施工的特点、条件和需要安排确定。

4. 工程质量、造价、进度需求目标

招标人员必须全面、正确地分析把握招标工程建设项目的功能、特点和条件，依据有关法规、标准、规范、项目审批和设计文件及实施计划等总体要求，科学合理设定工程建设项目的质量、造价、进度和安全、环境管理的需求目标。这是编制和实施招标方案的主要内容，也是设置和选择工程招标的投标资格条件、评标方法、评标因素和标准、合同条款等相关内容的主要依据。其中工程建设项目的质量、造价、进度三大控制目标之间具有相互依赖和相互制约的关系：工程进度加快，工程投资就要增加，但项目的提前投产可提前实现投资效益；同时，工程进度加快，也可能影响工程质量；提高工程质量标准和采取严格控制措施，又可能影响工程进度，增加工程投资。因此，招标人应根据工程特点和条件，合理处理好三大需求目标之间的关系，提高工程建设的综合效益。

（1）工程质量需求目标。招标工程建设项目质量必须依据招标人的使用功能要求，满足工程使用的适用性、安全性、经济性、可靠性、环境的协调性等要求设定工程质量等级目标和保证体系的要求；工程质量必须符合国家有关法规和设计、施工质量及验收标准、规范。

（2）工程造价控制目标。招标工程施工造价通常以工程建设投资限额为基础，编制确定工程建设项目的参考标底价格或招标控制价（投标报价的最高控制价格）作为控制目标。工程参考标底是依据招标工程建设项目一致的发包范围的工程量清单，一般参考工程定额的平均消耗量和人工、材料、机械的市场平均价格，结合常规施工组织设计编制。

（3）工程进度需求目标。招标人应根据工程建设项目的总体进度计划要求、工程发包范围和标段、工程设计的进度安排和相关条件及可能的变化因素，在招标文件中明确提出招标工程施工进度的目标要求，包括总工期、开工日期、阶段目标工期、竣工日期及各阶段工作计划。

5. 工程招标方式、方法

根据招标项目的特点和需求，依法选择公开招标或邀请招标方式；选择国内招标或国际招标；选择合适的招标方法和手段，包括：传统纸质招标或电子招标、一阶段一次招标或二阶段招标、框架协议招标等。

6. 工程发包模式与合同类型

（1）发包模式。根据招标工程的特点和招标人需要，按职承包人义务范围大小，可分别选择两类承包方式：施工承包方式和设计施工一体化承包方式。

（2）合同类型。根据招标工程的特点和招标人采纳的计价方式，合同类型一般有：固定总价合同、固定单价合同、可调价合同（包括可调单价和总价）、成本加酬金合同。

7. 工程招标方案实施的措施

为有效实施工程招标方案，实现工程招标工作目标、计划，应结合工程招标工作的特点和需要，研究采取相应的组织管理和技术保证措施。

工程总承包招标方案可以结合工程总承包的类型特点、内容范围，抓住设计施工紧密结合的根本要求，参照工程施工招标方案作相应调整。

3.2.2　编制招标方案应该注意的问题

招标的目的是在符合国家法律法规和政策的强制性规定的前提下，通过合理设定招标条件，吸引数量众多的投标人参与竞争，并借此以较低的成本采购到满足需求的工程、货物或服务。招标人应当通过制定招标方案，营造出有利于投标人充分竞争的环境。

在招标投标过程中，潜在投标人或投标人越多，则投标人之间的竞争会越激烈。在激烈竞争的条件下，投标人为了在投标中胜出，被迫以提供更低的价格、更好的质量、更完善的服务为目标，编制投标文件响应招标，使得招标人有可能以最有利的条件采购到满意的工程、货物或服务。一般情况下，当满足招标要求的投标人数量达到或超过三家时，可以满足最低限度的竞争；当满足招标要求的投标人数量越多时，投标人之间的竞争会越发充分。

因此，招标人在编制招标方案时，应当正确分析掌握招标项目的特征、需求，合理设定招标条件，选择适当的招标方式和招标组织形式，尽可能让足够多的潜在投标人参与投标竞争。招标人（招标代理机构）在编制招标方案时，应注意以下一些问题。

1. 选择适当的招标组织形式

招标组织形式有自行组织招标和委托代理招标两种。组织招标投标活动是一项专业知识非常强的技术工作，选择合适的招标组织形式是开展招标投标活动的前提。招标人具有与招标项目规模和复杂程度相适应的技术、经济等方面的专业人员的，经行政监督部门备案，可以自行办理招标事宜。

自行组织招标便于协调管理，但容易受招标人认识水平和法律、技术专业水平的限制而影响投标竞争的成效。因此即使招标人具有自行组织招标的能力条件，也可优先考虑选择委托代理招标。

对于没有设立专门招标机构或没有足够数量具备专业知识和职业资格的专职招标人员的招标人，应当委托专业招标代理机构办理招标事宜。

2. 尽可能选择公开招标采购方式

招标方式有公开招标和邀请招标两种。采用公开招标，可以为投标人提供公开、公平的竞争条件，同时招标人借助市场竞争这个经济杠杆取得节约项目资金的效果。公开招标的各个环节是在各方面监督之下进行的，可以最大限度地减少招标投标争议。除了法律法规规定的客观特殊情形，只能采用邀请招标外，国有资金控股或占主导地位的依法必须招标项目应当采用公开招标，禁止利用邀请招标进行虚假招标。但是，邀请招标也具有节约社会成本、投标竞争可比性强、投标人重视及投标方案针对性强的特点，关键要合法和正确运用。

依法必须招标的项目，招标人应当按核准的招标方式进行招标。核准的招标方式为公开招标的，必须采用公开招标方式；核准的招标方式为邀请招标的，可以采用邀请招标方式，也可以采用公开招标方式，但涉及国家安全和国家秘密的项目除外。对于其他项目，适合于公开招标的应尽量选择公开招标方式。

3. 制定科学合理的招标工作计划

招标是一项程序要求和时间要求很强的工作，每个招标环节都有其自身的工作内容和程序。招标人（招标代理机构）应当根据项目工期和采购进度，合理安排招标计划，科学制定招标方案。在招标程序和项目进度出现矛盾时，应当以招标程序符合法律法规为原则，绝不能为了满足项目进度的要求而牺牲招标程序的合法性。

4. 科学和合理确定标段或标包划分

在确定标段或标包划分时，应当遵守招标投标法的有关规定，坚持不肢解工程的原则，保持工程的整体性和专业性，禁止利用划分标段限制或者排斥潜在投标人或者化整为零规避招标。对于一般工业和民用建筑工程施工项目，各项工程内容的技术关联性较强，应采用施工总承包的方式进行招标，将施工项目交给一家总承包单位承包，禁止肢解单位工程施工；对于公路、铁路等施工项目，由于各个单位工程涉及的专业类别不同，为了缩短工期，可以将一条公路或铁路的施工划分为若干标段，由不同专业优势的施工单位承包。

5. 注意招标的经济性和效率

相对于谈判采购而言，招标过程程序复杂，采购人往往需要额外付出组织招标的经济成本和时间成本。但是，与通过招标节约的采购成本相比，这种付出是值得的。根据统计，我国实行招标投标制度以来，招标节约的采购成本平均达到采购金额的18%，远远高于组织招标支出的费用。

但是，并不是所有项目通过招标节约的开支都是值得的。对于金额较小的项目，招标付出的费用成本往往会大于招标节约的资金。因此，对于依法必须招标的项目，国家相关法规都规定了实行招标的最低限额标准。对于低于招标的最低限额标准的采购项目，由于招标付出的程序费用成本可能超过招标节约的资金，可以采用其他更加简单的采购方式进行采购，也可以通过合并组包，把具有相关性的采购内容合并成为一个较大的标包进行招标。

某些特殊项目，供应商数量有限不能形成有效竞争，招标不能起到节约资金的目的，只能浪费采购费用和时间。国家法规规定这类项目经核准可以采用竞争性谈判、询价、单一来源采购等方式进行采购。

3.3　资格审查

资格审查是指招标人对申请人或潜在投标人的经营资格、专业资质、财务状况、技术能力、管理能力、业绩、信誉等方面评估审查，以判定其是否具有投标、订立和履行合同的资格及能力。资格审查既是招标人的权利，也是大多数招标项目的必要程序，它对于保障招标人和投标人的利益具有重要作用。

3.3.1　资格审查的原则方法

1. 资格审查的原则

资格审查在坚持"公开、公平、公正和诚实信用"的基础上，应遵守科学、合法和择优原则。

（1）科学原则。为了保证申请人或潜在投标人具有合法的投标资格和相应的履约能力，招标人应根据招标采购项目的规模、技术管理特性要求，结合国家企业资质等级标准和市场竞争及其投标人状况，科学、合理地设立资格评审方法、条件和标准。招标人务必慎重对待投标资格的条件和标准，这将直接影响合格投标人的质量和数量，进而影响到投标的竞争程度和项目招标的期望目标的实现。

（2）合法原则。资格审查的标准、方法、程序应当符合法律规定。

（3）择优原则。通过资格审查，选择资格能力、业绩、信誉优秀的潜在投标人参加投标。

2. 资格审查的方法

资格审查分为资格预审和资格后审两种方法。

1）资格预审

资格预审是招标人通过发布资格预审公告，向不特定的潜在投标人发出投标邀请，由招标人或者由其组织的资格审查委员会按照资格预审文件确定的资格预审条件、标准和方法，对申请人的经营资格、专业资质、财务状况、类似项目业绩、履约信誉、企业认证体系等条件进行评审，确定合格的申请人。未通过资格预审的申请人，不具有参加投标的资格。资格预审的办法包括合格制和有限数量制，一般情况下应采用合格制，潜在投标人过多的，可采用有限数量制。

资格预审可以减少评标阶段的工作量、缩短评标时间、避免不合格的申请人进入投标阶段，从而节约投标成本。同时，可以提高投标人投标的针对性、竞争性，提高评标的科学性、可比性，但因设置了资格预审环节，延长了招标投标的过程，增加了招标人组织资格预审和潜在投标人进行资格预审申请的费用。资格预审比较适合于技术难度较大，或投标文件编制费用较高，或潜在投标人数量较多的招标项目。

2）资格后审

资格后审是在开标后对投标人进行的资格审查。采用资格后审方式时，招标人应当在开标后由评标委员会按照招标文件规定的标准和方法对投标人的资格进行审查。资格后审是评标工作的一个重要内容。对资格后审不合格的投标人，评标委员会应否决其投标。

采用资格后审可以省去招标人组织资格预审和潜在投标人进行资格预审申请的工作环节，从而节约相关费用，缩短招标投标过程，有利于增加投标人数量，加大串标围标的难度，但会降低投标人投标的针对性和积极性，在投标人过多时会增加社会成本和评标工作量。资格后审方法比较适合于潜在投标人数量不多的通用性、标准化招标项目。

3.3.2　资格预审

1. 资格预审程序

根据国务院有关部门对资格预审的要求和《标准施工招标资格预审文件》范本的规定，资格预审一般按以下程序进行。

（1）编制资格预审文件。对依法必须进行招标的项目，招标人应使用相关部门制定的标准文本，根据招标项目的特点和需要编制资格预审文件。

（2）发布资格预审公告。公开招标项目，应当发布资格预审公告。对于依法必须进行招标的项目的资格预审公告应当在国务院发展改革部门依法制定的媒介发布。

（3）出售资格预审文件。招标人应当按照资格预审公告规定的时间、地点发售资格预审文件。资格预审文件的发售期不得少于 5 日。

（4）资格预审文件的澄清、修改。招标人可以对已发出的资格预审文件进行必要的澄清与修改。澄清和修改的内容可能影响资格预审申请文件的，招标人应当在提交资格预审申请文件截止时间至少 3 日前，以书面形式通知所有获取资格预审文件的潜在投标人；不足 3 日的，招标人应当顺延提交资格预审申请文件的截止时间。

（5）潜在投标人编制并提交资格预审申请文件。潜在投标人应严格依据资格预审文件要求的格式和内容，编制、签署、装订、密封、标识资格预审文件，按照规定的时间、地点、方式递交。依法必须进行招标的项目，提交资格预审申请文件的截止时间，自资格预审文件停止发售之日起不得少于 5 日。

（6）组建资格审查委员会。国有资金控股或者占主导地位的依法必须进行招标的项目，招标人应当组建资格审查委员会评审资格预审申请文件。资格审查委员会及其成员的组成应当依照《招标投标法》有关评标委员会及其成员的规定进行。即资格审查委员会由招标人（招标代理机构）熟悉相关业务的代表和不少于成员总数 2/3 的技术、经济等专家组成，成员人数为 5 人以上单数。其他项目由招标人自行组织资格审查。

（7）由资格审查委员会对资格预审申请文件进行评审并编写资格预审评审报告。资格审查委员会应当按照资格预审文件载明的标准和方法，对资格预审申请文件进行审查，确定通过资格预审的申请人名单，并向招标人提交书面资格审查报告。资格审查报告一般包括以下内容：基本情况和数据表；资格审查委员会名单；澄清、说明、补正事项纪要等；审查程序和时间、未通过资格审查的情况说明、通过评审的申请人名单；评分比较一览表和排序；其他需要说明的问题。

（8）招标人审核资格预审评审报告、确定资格预审合格申请人；招标人根据资格审查报告确认通过资格预审的申请人，向其发出资格预审结果通知书（或发出投标邀请书代资格预审合格通知书），并向未通过资格预审的申请人发出资格预审结果通知书。其中，编制资格预审文件和进行资格预审申请文件的评审，是完成整个资格预审工作的两项关键程序。

2. 资格预审文件的内容与编制

资格预审文件是招标人公开告知潜在投标人参加招标项目投标竞争应具备资格条件、标准和方法的重要文件，是对投标申请人进行资格评审和确定合格投标人的依据。

按照《标准施工招标资格预审文件》的要求，工程施工招标项目资格预审文件的内容构成应包括资格预审公告、申请人须知、资格审查办法、资格预审申请文件格式、资格预审文件的澄清与修改、项目建设概况等。

1）资格预审公告

公开招标项目应当发布资格预审公告或者招标公告，其中工程招标资格预审公告适用于采用资格预审方法的公开招标，招标公告适用于采用资格后审方法的公开招标。资格预审公告主要包括以下内容。

（1）招标条件。

（2）工程建设项目概况与招标范围。

（3）投标人资格要求。

（4）资格预审文件获取的时间、方式、地点、价格。

（5）资格预审申请文件递交的截止时间、地点。

（6）公告发布媒体。

（7）联系方式。

工程招标资格预审公告格式见附录 A。

2）申请人须知

申请人预审须知包括申请人须知前附表、总则、申请人预审文件、资格预审申请文件的编制、资格预审申请文件的递交、资格预审申请文件的审查、通知和确认、纪律与监督、需要补充的其他内容等 9 部分。其中"总则"应说明项目概况、资金来源和落实情况、招标范围、计划工期和质量要求、申请人资格要求、语言文字、费用承担等"前附表"中已注明的相关重要内容。

3）资格审查办法

资格预审方法有合格制和有限数量制两种，分别适用于不同的条件。一般情况下，应当采用合格制，凡符合资格预审文件规定的资格审查标准的申请人均通过资格预审，取得相应投标资格；当潜在投标人数量过多时，可采用有限数量制，招标人在资格预审文件中既要规定资格审查标准，又要明确通过资格预审的申请人数量。

资格审查的程序，包括资格预审申请文件的初步审查、详细审查、申请文件的澄清及有限数量制的评分等内容和规则。资格审查委员会完成资格预审申请文件的审查后，确定通过资格预审的申请人名单，并向招标人提交书面审查报告。

4）资格预审申请文件

资格预审申请文件格式包括资格预审申请函、法定代表人身份证明、授权委托书、联合体协议书、申请人基本情况表、近年财务状况表、近年完成的类似项目情况表、正在施工的和新承接的项目情况表、近年发生的诉讼及仲裁情况、其他材料等格式。

5）工程项目建设概况

工程建设项目概况的内容应包括项目说明、建设条件、建设要求及其他需要说明的情况。

（1）项目说明。首先应概要介绍工程建设项目的建设任务、工程规模标准和预期效益；其次说明项目的批准或核准情况；再次介绍该工程的项目业主，项目投资人出资比例，以及资金来源；最后概要介绍项目的建设地点、计划工期、招标范围和标段划分情况。

（2）建设条件。主要是描述建设项目所处位置的水文气象条件、卫程地质条件、地理位置及交通条件等。

（3）建设要求。概要介绍工程施工技术规范、标准要求，工程建设质量、进度、安全和环境管理等要求。

（4）其他需要说明的情况。需结合项目的工程特点和项目业主的具体管理要求提出。

3.3.3　资格后审

资格后审，是指在开标后对投标人进行的资格审查。按照《招标投标法实施条例》第二十条的规定，资格后审应当在开标后由评标委员会按照招标文件规定的标准和方法对投标人的资格进行审查。

招标人采用资格后审的，应当注意，资格后审一般在评标过程中的初步评审开始时进行，招标人应当在招标文件中载明对投标人资格要求的条件、标准和方法。资格后审由评标委员会负责完成，评标委员会应按照招标文件规定的评审标准和方法进行评审，对资格后审不合格的投标人，评标委员会应当否决其投标。

3.4　工程招标文件

招标人应当根据招标项目的特点和需要编制招标文件。招标文件应当包括招标项目的技术要求、对投标人资格审查的标准、投标报价要求和评标标准等所有实质性要求和条件及拟签订合同的主要条款。国家对招标项目的技术、标准有规定的，招标人应当按照其规定在招标文件中提出相应要求。招标项目需要划分标段、确定工期的，招标人应当合理划分标段、确定工期，并在招标文件中载明。编制好招标文件，是招标人在组织整个招标投标过程中最重要和最关键的工作之一。

3.4.1　工程招标文件的构成

1. 工程招标文件的概念

建设工程施工招标文件是建设工程招标单位单方面阐述自己的招标条件和具体要求的意思表示，是招标单位确定、修改和解释有关招标事项的书面表达形式的统称。从合同订立过程来分析，建设工程施工招标文件在性质上属于一种要约邀请，其目的在于引起投标人的注意，希望投标人能按照招标人的要求向招标人发出要约。

我国《招标投标法》规定，招标人应当根据招标项目的特点和需要编制招标文件。招标文件应当包括招标项目的技术要求、对投标人资格审查的标准、投标报价要求和评标标准等所有实质性要求和条件及拟签订合同的主要条款。国家对招标项目的技术、标准有规定的，招标人应当按照其规定在招标文件中提出相应要求。

建设工程施工招标文件是由招标单位或其委托的咨询机构编制并发布的。它既是投标单位编制投标文件的依据，也是招标单位与将来中标单位签订施工合同的基础，招标文件中提出的各项要求，对整个招标工作乃至承发包双方都有约束力。由此可见，建设工程施工招标文件的编制实质上是施工合同的前期准备工作，即合同的策划工作。

2. 工程招标文件的主要内容

一般情况下，各类工程施工招标文件的内容大致相同，但组卷方式可能有所区别。此处以《标准施工招标文件》（以下简称《标准文件》）为范本介绍工程施工招标文件的内容和编写要求。

《标准文件》包含封面格式和四卷八章的内容，第一卷包括第一章至第五章，涉及招标公告（投标邀请书）、投标人须知、评标办法、合同条款及格式、工程量清单等内容。其中，第一章和第三章并列给出了不同情况，由招标人根据招标项目特点和需要分别选择；第二卷由第六章图纸组成；第三卷由第七章技术标准和要求组成；第四卷由第八章投标文件格式组成。具体内容如下。

1）招标公告与投标邀请书

招标公告与投标邀请书是《标准文件》的第一章。对于未进行资格预审项目的公开招标项目，招标文件应包括招标公告；对于邀请招标项目，招标文件应包括投标邀请书；对于已经进行资格预审的项目，招标文件也应包括投标邀请书（代资格预审通过通知书）。

工程施工招标公告格式见附录 A1。

工程施工投标邀请书格式见附录 A2。

工程施工投标邀请书（代资格预审通过通知书）格式见附录 A3。

2）投标须知

投标人须知是招标投标活动应遵循的程序规则和对投标的要求。但投标人须知不是合同文件的组成部分，希望有合同约束力的内容应在构成合同文件组成部分的合同条款、技术标准与要求等文件中界定。

投标须知中主要包括总则、招标文件、投标报价说明、投标文件的编制、投标文件的递交、开标、评标、授予合同。

3）评标办法

招标文件中"评标办法"主要包括选择评标方法、确定评审因素和标准及确定评标程序三方面主要内容。

（1）选择评标方法：一般包括经评审的最低投标价法、综合评估法和法律、行政法规允许的其他评标方法。

（2）确定评审因素和标准：应针对初步评审和详细评审分别制定相应的评审因素和标准。

（3）确定评标程序：一般包括初步评审、详细评审、投标文件的澄清、说明及评标结果等具体程序。

采用不同的评标办法时，评标结果的确定有所不同。经评审的最低投标价法，评标委员会按照经评审的评标价格由低到高的顺序推荐中标候选人；对于综合评估法，评标委员会按照得分由高到低的顺序推荐中标候选人。评标委员会按照招标人授权，可以直接确定中标人。评标委员会完成评标后，应当向招标人提交书面评标报告。

4）合同条款及格式

为了提高效率，招标人可以采用《标准文件》，或者结合行业合同示范文本的合同条款编制招标项目的合同条款。合同条款包括"通用条款"和"专用条款"，其中合同通用条款可以采用国家工商行政管理总局和建设部最新颁发的《建设工程施工合同（示范文本）》中的"通用条款"。

5）工程量清单

工程量清单是表现拟建工程实体性项目和非实体性项目名称和相应数量的明细清单，以满足工程建设项目具体量化和计量支付的需要。工程量清单是投标人投标报价和签订合同协议书和确定合同价格的统一基础。

实践中常见的有单价合同和总价合同两种主要合同形式，均可以采用工程量清单计价，区别仅在于工程量清单中所填写的工程量的合同约束力。采用单价合同形式的工程量清单是合同文件必不可少的组成内容，其中清单工程量一般具备合同约束力，招标时的工程量是暂估的，工程款结算时按照实际计量的工程量进行调整。总价合同形式中，已标价工程量清单中的工程量不具备合同约束力，实际施工和计算工程变更的工程量均以合同文件的设计图纸所标示的内容为准。

《标准文件》中"工程量清单"包括四部分内容：工程量清单说明、投标报价说明、其他说明和工程量清单。

6）设计图纸

设计图纸是合同文件的重要组成部分，是编制工程量清单及投标报价的主要依据。通常招标时的图纸并不是工程所需的全部图纸，在投标人中标后还会陆续颁发新的图纸及对招标时图纸的修改。因此，在招标文件中，除了附上招标图纸外，还应该列明图纸目录。

7）技术标准和要求

技术标准和要求也是构成合同文件的组成部分。如果没有现成的标准可以引用，有些大型项目还有必要将其作为专门的科研项目来研究。

8）投标文件格式

投标文件格式的主要作用是为投标人编制投标文件提供固定的格式和编排顺序，以规范投标文件的编制，同时便于评标委员会评标。

3.4.2 工程招标文件的编制

1. 工程招标文件的编制原则

（1）遵守国家的法律和法规，符合有关贷款组织的合法要求。保证招标文件的合法性，是编制招标文件必须遵循的一个根本原则。招标文件是中标者签订合同的基础，不合法的招标文件是无效的，不受法律保护。

（2）公正、合理地处理业主与承包商的关系，保护双方的利益。如果在招标文件中不恰当地将业主风险转移给承包商一方，承包商势必要加大风险费用，提高投标报价，最终还是令业主一方增加支出。

（3）正确、详尽地反映工程项目的客观、真实情况。招标文件必须真实可靠，诚实信用，不能欺骗或误导投标单位。在这一基础上建立起来的合同关系，才能减少签约和履约过程中的争议。

（4）内容要具体明确，完整统一，避免各文件之间的矛盾。招标文件涉及的内容很多，编写形式要规范，不能杂乱无章，各部分规定和要求必须一致。

2. 工程招标文件编制应注意的问题

1）招标文件应体现工程建设项目的特点和要求

招标文件涉及的专业内容比较广泛，具有明显的多样性和差异性，编写一套适用于工程建设项目的招标文件，需要具有较强的专业知识和一定的实践经验，还要准确把握项目专业特点。

2）招标文件必须明确投标人实质性响应的内容

投标人必须完全按照招标文件的要求编写投标文件，如果投标人没有对招标文件的实质性要求和条件作出响应，或者响应不完全，都可能导致投标人投标失败。所以，招标文件中需要投标人作出实质性响应的所有内容，如招标范围、工期、投标有效期、质量要求、技术标准和要求等应具体、清晰、无争议，且宜以醒目的方式提示，避免使用原则性的、模糊的或者容易引起歧义的词句。招标文件中非实质性要求的内容、格式等不能作为否决投标的依据。

3）防范招标文件中的违法、歧视性条款

编制招标文件必须熟悉和遵守招标投标的法律法规，并及时掌握最新规定和有关技术标准，坚持公平、公正、遵纪守法的要求。严格防范招标文件中出现违法、歧视、倾向条款限制、排斥或保护潜在投标人，并要公平合理划分招标人和投标人的风险责任。只有招标文件客观与公正才能保证整个招投标活动的客观与公正。

4）保证招标文件格式、合同条款的规范一致

编制招标文件应保证格式文件、合同条款规范一致，从而保证招标文件逻辑清晰、表达准确，避免产生歧义和争议。招标文件合同条款部分如采用通用合同条款和专用合同条款形式编写的，正确的合同条款编写方式为："通用合同条款"应全文引用，不得删改；"专用合同条款"则应按其条款编号和内容，根据工程实际情况进行修改和补充。

5）招标文件语言要规范、简练

编制、审核招标文件应一丝不苟、认真细致。招标文件语言文字要规范、严谨、准确、精练、通顺，要认真推敲，避免使用含义模糊或容易产生歧义的词语。

3.4.3 工程标底的作用及编制依据

1. 工程标底的参考作用

投标竞争的实质是价格竞争。工程标底是招标人通过客观、科学计算，期望控制的招标工程施工造价。工程施工招标标底主要用于评标时分析投标价格合理性、平衡性、偏离性，分析各投标报价差异情况，作为发现和防止投标人恶意竞争报价及其串标投标的参考性依据。但是，标底不能作为评定投标报价有效性和合理性的直接依据。招标文件中不得规定投标报价最接近标底的投标人为中标人，也不得规定超出标底价格上下允许浮动范围的投标报价直接作废处理。招标人自主决定是否编制标底价格，标底应当严格保密。

2. 编制标底的原则

（1）遵守招标文件的规定，充分研究招标文件相关技术和商务条款、设计图纸及有关计价规范的要求。标底应该客观反映工程建设项目实际情况和施工技术管理要求。

（2）标底应结合市场状况，客观反映工程建设项目的合理成本和利润。

3. 工程标底编制依据

工程标底价格一般依据工程招标文件的发包内容范围和工程量清单，参照现行有关工程消耗定额和人工、材料、机械等要素的市场平均价格，结合常规施工组织设计方案编写。

各类工程建设项目标底编制的主要强制性、指导性或参考性依据如下。

（1）各行业建设工程工程量清单计价规范。

（2）国家或省级行业建设主管部门颁发的计价定额和计价办法。

（3）建设工程设计文件及相关资料。

（4）招标文件的工程量清单及有关要求。

（5）工程建设项目相关标准、规范、技术资料。

（6）工程造价管理机构或物价部门发布的工程造价信息或市场价格信息。

（7）其他相关资料。

标底主要是评标分析的参考依据，编制标底的依据和方法没有统一的规定，一般根据招标项目的技术管理特点、工程发包模式、合同计价方式等选择标底编制的方法和依据，凡不具备编制工程量清单的招标项目，也可以使用工序分析法、经验估算法、工程设计概算分解法等方法编制参考标底，但使用这些方法编制的标底，其准确性相对较差，故不宜作为招标控制价使用。

4. 编制工程标底的几个重要问题

（1）注重工程现场调查研究。应主动收集、掌握大量的第一手相关资料，分析确定恰当的、切合实际的各种基础价格和工程单价，以确保编制合理的标底。

（2）注重施工组织设计。保证施工组织设计安全可靠、科学合理是编制出科学合理的标底的前提，否则将直接导致工程消耗定额选择和单价组价的偏差。

（3）招标人如设置最高投标限价（又称招标控制价、拦标价），是用于投标竞争不充分时防止投标人抬高投标报价。招标控制价是指招标人或其委托的具有相应资质工程造价咨询人依据计价规定、招标文件、市场行情信息并根据拟建工程具体条件、水平差异调整编制的对招标工程限定的最高工程造价。工程标底应当保密，而招标控制价（投标最高限价）应当在招标文件中公布，这是两者的主要区别。

3.4.4 工程评标办法

评标办法包括选择评标因素、标准和评标方法、步骤，是评标委员会评标的直接依据，是招标文件中投标人最为关注的核心内容。评标委员会将依据评标办法和标准评审投标文件，作出评审结论并推荐中标候选人，或者根据招标人的授权直接确定中标人。

评标方法一般包括经评审的最低投标价法、综合评估法或者法律、行政法规允许的其他评标方法。招标人应选择适宜招标项目特点的评标方法。

1. 经评审的最低投标价法

经评审的最低投标价法是以价格为主导考量因素，对投标文件进行评价时，应首先审查投标文件在商务和技术上对招标文件的满足程度；对于满足招标文件各项实质性要求的投标，则按照招标文件中规定的方法，对投标文件的价格要素作必要的调整，以便使所有投标文件的价格要素按统一的口径进行比较。价格要素可能调整的内容包括投标范围偏差、投标缺漏项（或多项）内容的加价（或减价）、付款条件偏差引起的资金时间价值差异、工期偏差给招标人带来的直接损益、国外货币汇率转换损失，以及虽未计入报价但评标中应当考虑的税费、运输保险费及其他费用的增减。应区分是招标文件的原因还是投标人的原因，分别按规定办法增减。经过以上价格要素调整后的价格即为经评审的投标价。经评审的最低投标价法应该推荐能够满足招标文件的实质性要求，并且经评审的投标价格最低的投标人为中标候选人；但是投标价格低于其成本的除外。

经评审的最低投标价法一般适用于具有通用技术、性能标准或者招标人对其技术、性能没有特殊要求，工程施工技术管理方案的选择性较小，且工程质量、工期、成本受施工技术管理方案影响较小，工程管理要求简单的施工招标项目的评标。

2. 综合评估法

综合评估法是综合衡量价格、商务、技术等各项因素对招标文件的满足程度，按照统一的标准（分值或货币）量化后进行比较的评标方法。采用综合评估法评标时，可以把以上各项因素折算为货币、分数或比例系数等，再做比较。能够最大限度地满足招标文件中规定的各项综合评价因素的投标被确定为最优投标，其投标人被推荐为中标候选人，但是投标价格低于其成本的除外。

相对于经评审的最低投标价法，综合评估法综合考虑了各项投标因素，可以适用于所有招标项目。一般情况下，不宜采用经评审的最低投标价法的招标项目，尤其是除价格因素外，技术、商务因素影响较大的招标项目，都可以采用综合评估法。

3. 评标程序

评标程序包括初步评审、详细评审、澄清、推荐中标候选人、编写评标报告等在评标过程中应当由评标委员会完成的各项工作。

1）初步评审、详细评审和澄清

初步评审（或称为初步审查）一般是审查明显的和重要的内容，如投标文件的完整性、投标文件的签署、投标人资格和对招标文件规定的关键条款的响应等内容。详细评审（或称为详细审查）是对照招标文件规定的各项要求对投标文件进行全面、一细致的审查，确保投标文件实质性响应招标文件要求。同时，在详细审查中还要按照招标文件规定的评标方法对投标进行比较和排序。

在初步审查和详细审查中，必要时可以要求投标人对投标文件中不明确、不清晰的内容进行澄清。

2）推荐中标候选人和编写评标报告

评标办法应明确要求评标委员会推荐中标候选人的数量。推荐中标候选人的数量最多为3名。招标人也可在评标办法中授权评标委员会完成评审后直接确定中标人。

评标委员会完成评标后，应编写评标报告。

4. 评审因素和标准

1）初步评审因素和标准

初步评审时考虑的评审因素和标准主要包括：

① 形式评审因素和标准；

② 资格评审因素和标准（适用于资格后审）；

③ 响应性评审因素和标准，包括投标内容范围，工期，工程质量，投标有效期，投标保证金，工程量清单报价范围、数量及算术错误，合同权利义务，技术标准和要求。

采用经评审的最低投标价法的初步评审因素和标准还应包括工程施工组织设计和项目管理人员。

2）详细评审因素和标准

经评审的最低投标价法主要考虑投标报价的总价和分项单价的竞争合理性、平衡性，以及报价内容范围是否存在遗漏、偏离，是否低于其成本价格等，并就招标文件允许和约定的报价内容范围差异、遗漏、工程单价不平衡、工程款支付进度差异等可以量化的价格因素，按标准折现计算评标价。最后按评标价由低到高排序，依次推荐 1~3 名中标候选人，或者根据招标人的授权直接确定中标人。

采用综合评估法时，要科学设置评审内容及因素，并结合招标工程的技术管理特点和投标竞争情况合理设置评审因素的权重和标准。最后，采用评分或货币量化的方法对投标人及其投标文件进行综合评审。评标委员会依据综合评估价从低到高或综合评估分从高到低的排名次序推荐 1~3 名中标候选人，或者根据招标人的授权直接确定中标人。

采用综合评估法进行工程施工招标项目的详细评标时，通常从以下几个方面进行详细评审和量化评价：投标报价；项目管理机构；施工组织设计；其他因素。

3.5 工程投标文件

工程施工投标是指施工企业根据业主或招标单位发出的招标文件的各项要求，提出满足这些要求的报价及各种与报价相关的条件。工程施工投标除指报价外，还包括一系列建议和要求。投标是获取工程施工承包权的主要手段，施工企业一旦提交投标文件后，就必须在规定的时限内信守自己的承诺，不得随意反悔或拒不认账。这是一种法律行为，投标人必须承担反悔可能产生的经济、法律责任。

3.5.1 工程投标文件的组成

投标文件是投标人根据招标文件的要求所编制的，向招标人发出的要约文件。工程投标文件一般由下列内容组成。

（1）投标函及投标函附录。

（2）法定代表人身份证明或授权委托书。

（3）联合体协议书（如有）。

（4）投标保证金。

（5）已标价的工程量清单。

（6）施工组织设计。

（7）资格后审证明文件或资格预审更新资料。

3.5.2 工程投标文件格式

1. 投标函及其附录

投标函及其附录是指投标人按照招标文件的条件和要求，向招标人提交的有关报价、质量目标等承诺和说明的函件，是投标人为响应招标文件相关要求所做的概括性函件，一般位于投标文件的首要部分，其内容、格式必须符合招标文件的规定。

1）投标函

工程投标函内容及特点如下。

① 投标有效期。投标函中，投标人应当填报投标有限期和在有效期内相关的承诺。

② 投标保证金。投标函中，投标人应该承诺为本次投标所提交的投标保证金的具体金额。

③ 中标后的承诺。从理论上讲，每个投标人都存在中标的可能性，所以应当在投标函中要求每个投标人对中标后的一些责任和义务进行承诺。

④ 投标函的签署。投标人承诺的执行性和可操作性都基于投标人的书面签署，因此在投标函格式部分均应要求投标人盖法人印章、法定代表人或其委托代理人签字、投标人的联

系方式（包括地址、网址、电话、传真、邮政编码）等，作为对投标函内容的确认和承诺。

投标函应参照相关法规的规定及招投标惯例，根据招标项目特点及招标人的具体需求确定具体内容，投标人提交的投标函内容、格式需严格按照招标文件提供的统一格式编写，不得随意增减内容。

工程投标函格式见附录 A4。

2）工程投标函附录

投标函附录一般附于投标函之后，共同构成合同文件的重要组成部分，主要内容是对投标文件中涉及关键性或实质性的内容条款进行说明或强调。

投标人填报投标函附录时，在满足招标文件实质性要求的基础上，可以提出比招标文件要求更有利于招标人的承诺。一般以表格形式摘录列举。

投标函附录除对合同重点条款摘录外，也可以根据项目的特点、需要，并结合合同执行者重视的内容进行摘录。

工程投标函附录格式见附录 A5。

2. 法定代表人身份证明或其授权委托书

（1）法定代表人身份证明。法定代表人身份证明十分重要，是用以证明投标文件签字的有效性和真实性，因此，法定代表人身份证明应加盖投标人的法人印章。

（2）授权委托书。若投标人的法定代表不能直接签署投标文件进行投标，则法定代表人需授权代理人全权代笔其在投标过程和签订合同中执行一切与此有关的事项。授权委托书中应写明投标人名称、法定代表人姓名、代理人姓名、授权权限和期限等，授权委托书一般规定代理人不能再次委托，即代理人无转委托权。法定代表人应在授权委托书上亲笔签名。

3. 联合体协议书

凡联合体参与投标的，均应签署并提交联合体协议书。投标文件需要提交联合体协议书时，须着重考虑以下几点。

（1）采用资格预审，且接受联合体投标的招标项目，投标人应在资格预审申请文件中提交联合体协议书正本。当通过资格预审后递交投标文件时，只需提交原联合体协议书副本或正本复印件，可不再要求投标人提交联合体协议书正本，以防止前后提交两个正本可能出现差异而导致投标人资格失效。

（2）项目招标采用资格后审时，如接受联合体投标，则投标文件中应提交联合体协议书正本。

（3）联合体协议书的内容：

- 联合体成员的数量，联合体协议书中首先必须明确联合体成员的数量，其数量必须符合招标文件的规定，否则将视为不响应招标文件规定，而作为废标；
- 牵头人和成员单位名称；
- 联合体协议中牵头人的职责、权利及义务约定；
- 联合体内部分工；
- 签署，联合体协议书应按招标文件规定进行签署和盖章。

4. 投标保证金

在招标投标活动中，招标人为了防止因投标人撤销或者反悔投标的不当行为而使其蒙受损失，约束投标人履行其投标义务的一种担保。投标人要按照招标文件中规定的形式和金额提交投标保证金，并作为投标文件的组成部分。投标人不按招标文件要求提交投标保证金的，其投标文件作废标处理。

投标保证金的形式主要有银行电汇、银行汇票、银行保函、信用证、支票、第三方担保、现金或招标文件中规定的其他形式。投标保证金采用银行保函形式的，银行保函有效期应长于投标有效期，一般应超出投标有效期 30 天。

5. 投标报价文件

投标人应该按照招标文件中提供的工程量清单或货物、服务清单及其投标报价表格式要求编制投标报价文件。投标人根据招标文件及其相关信息，计算出投标报价，并在此基础上研究投标策略，提出反映自身竞争能力的报价。可以说，投标报价对投标人竞争的成败和将来实施项目的盈亏具有决定性作用。

按招标文件规定格式填写工程量清单计价表、投标报价表及相关说明等投标报价文件是投标文件的核心内容，招标文件往往要求投标人的法定代表人或其委托代理人逐页亲笔签署姓名，并不得进行涂改或删减。

6. 施工组织设计

工程施工组织设计既是施工企业投标文件重要技术文件，又是编制工程量清单投标报价的基础，同时，也是反映投标企业技术和管理水平的重要标志。工程招标施工组织设计主要包括三方面的内容：项目的组织管理机构；施工组织设计；拟分包工程及分包人情况。

（1）项目管理组织管理机构包括施工企业为项目设立的管理机构和项目管理班子。

（2）施工组织设计包括：①施工部署；②分部分项工程的施工方法及技术措施；③进度计划及保证措施；④质量管理体系及保证措施；⑤安全管理体系及保证措施；⑥环境管理体系及保证措施；⑦文明施工、文物保护体系及保障措施；⑧冬雨季施工保证措施；⑨项目风险预测与防范，事故应急预案；⑩施工总平面图及其他应说明的事项。

（3）拟分包工程及分包人情况：如有分包工程，投标人应说明工程的内容、分包人的资质及以往类似工程业绩等。

7. 其他

投标文件除上述内容之外，有的招标文件还要求投标人提供其他方面资料以满足对投标人综合能力的评定。例如，有：

● 招标文件允许的备选方案及其报价；

● 资格审查更新资料，投标人应按通过资格预审后的新情况及招标文件的规定对资格预审材料进行更新或补充；

● 资格审查资料，适用于投标资格后审的项目和招标文件要求提交资格审查资料的其他项目，应按照招标文件规定的相关表格和要求，提供能满足资格审查条件的文件资料。

3.5.3　工程投标文件的编制与递交

1. 投标文件的编写，签署、装订、密封

1）投标文件编写

（1）投标文件应按招标文件规定的格式编写，如有必要，可增加附页，作为投标文件组成部分。

（2）投标文件应对招标文件有关工期、投标有效期、质量要求、技术标准和要求、招标范围等实质性内容作出全面具体的响应。

（3）投标文件正本应用不褪色墨水书写或打印。

2）投标文件签署

投标函及投标函附录、已标价工程量清单（或投标报价表、投标报价文件）、调价函及调价后报价明细目录等内容，应由投标人的法定代表人或其委托代理人逐页签署姓名（该页正文内容已由投标人的法定代表人或其委托代理人签署姓名的可不签署），并逐页加盖投标人单位印章或按招标文件签署规定执行。以联合体形式参与投标的，投标文件由联合体牵头人的法定代表人或其委托代理人按上述规定签署并加盖联合体牵头人单位印章。

3）投标文件装订

（1）投标文件正本与副本应分别装订成册，并编制目录，封面上应标记"正本"或"副本"，正本和副本份数应符合招标文件规定；

（2）投标文件正本与副本都不得采用活页夹，并要求逐页标注连续页码，否则，招标人对由于投标文件装订松散而造成的丢失或其他后果不承担任何责任。

4）投标文件的密封

包装投标文件应该按照招标文件规定密封、包装。对投标文件密封的规范要求如下。

（1）投标文件正本与副本应分别包装在内层封套里，投标文件电子文件（如需要）应放置于正本的同一内层封套里，然后统一密封在一个外层封套中，加密封条和盖投标人密封印章。国内招标的投标文件一般采用一层封套。

（2）投标文件内层封套上应清楚标记"正本"或"副本"字样。投标文件内层封套应写明：投标人邮政编码、投标人地址、投标人名称、所投项目名称和标段。投标文件外层封套应写明：招标人地址及名称、所投项目名称和标段、开启时间等。也有些项目对外层封套的标识有特殊要求，如规定外层封套上不应有任何识别标志。当采用一层封套时，内外层的标记均合并在一层封套上。

未按招标文件规定要求密封和加写标记的投标文件，招标人将拒绝接收。

2. 投标文件递交和有效期

1）投标文件递交

《招标投标法》规定："投标人应当在招标文件要求递交投标文件的截止时间前，将投标文件送达招标文件规定的地点。招标人收到投标文件后，应当签收保存，不得开启。在招标文件要求提交投标文件的截止时间后送达的投标文件，招标人应当拒收。"

投标人必须按照招标文件规定地点，在规定时间内送达投标文件。递交投标文件最佳方式是直接或委托代理人送达，以便获得招标代理机构已收到投标文件的回执。如果以邮寄方式送达，投标人必须留出邮寄的时间，保证投标文件能够在截止日之前送达招标人指定地点。

2）投标文件接收

招标人收到投标文件后应当签收，并在招标文件规定开标时间前不得开启。同时为了保护投标人的合法权益，招标人必须履行完备规范的签收手续。签收人要记录投标文件递交的日期和地点及密封状况，签收人签名后应将所有递交的投标文件妥善保存。

3）投标文件有效期

投标文件有效期是投标文件保持有效的期限，是招标人完成招标工作并对投标人发出要约作出承诺的期限，也是投标人对自己发出的投标文件承担法律责任的期限。投标有效期从提交投标文件的截止之日至招标文件所写明的时间期限内，在此期限内，所有投标文件均保持有效，招标人需在投标文件有效期截止前完成评标，向中标单位发出中标通知书及签订合同协议书。投标有效期的时间确定应满足完成开标、评标、定标及签订合同等工作所需要的时间。

特殊情况，招标人在原定投标文件有效期内可根据需要向投标人提出延长投标文件有效期的要求，投标人应立即以传真等书面形式对此要求向招标人作出答复，投标人可以拒绝招标人的要求，而不会因此被没收投标担保（保证金）。同意延期的投标人应相应的延长投标保证金的有效期，但不得因此而提出修改投标文件的要求。如果投标人在投标文件有效期内撤回投标文件，其投标担保（保证金）将被没收。

3.6　开标、评标和定标

3.6.1　开标

开标就是招标人依据招标文件规定的时间和地点开启投标人提交的投标文件，公开宣布投标人的名称、投标价格和投标文件中的其他主要内容。开标时间应当在招标文件确定的提交投标文件截止时间的同一时间公开进行。

开标由招标单位或其委托的招标代理机构主持，应邀请所有投标人的法定代表人或其委托代理人参加，并通知有关监督机构代表到场监督，如需要，也可邀请公证机构人员到场公证。

投标人应按招标文件约定参加开标，招标文件无约定时，可自行决定是否参加开标。投标人不参加开标，视为默认开标结果，事后不得对开标结果提出异议。

1. 开标准备工作

招标人应当安排专人，在招标文件指定地点接收投标人递交的投标文件（包括投标保证金），详细记录投标文件送达人、送达时间、份数、包装密封、标识等查验情况，经投标人确认后，出具投标文件和投标保证金的接收凭证。投标文件密封不符合招标文件要求的，招标人不予受理，在截标时间前，应当允许投标人在投标文件接收场地之外自行更正修补。在投标截止时间后递交的投标文件，招标人应当拒绝接收。至投标截止时间提交投标文件的投标人少于3家的，不得开标，招标人应将接收的投标文件原封退回投标人，并依法重新组织招标。

2. 开标的程序

招标人应按照招标文件规定的程序开标，一般开标程序如下。

（1）宣布开标纪律。

（2）确认投标人代表身份。

（3）公布在投标截止时间前接收投标文件的情况，并点名确认投标人是否派人到场。

（4）宣布开标人、唱标人、记录人、监标人等有关人员姓名。

（5）检查投标文件的密封情况。

（6）宣布投标文件开标顺序。

（7）设有标底的，公布标底。

（8）唱标，按照宣布的开标顺序当众开标，公布投标人名称、标段名称、投保保证金的提交情况、投标报价、质量目标、工期及其他内容，并记录在案。

（9）有关人员在开标记录签字。

（10）开标结束。

3. 开标应注意的事项

（1）在投标截止时间前，投标人书面通知招标人撤回其投标的，无须进入开标程序。

（2）依据投标函及投标函附录（正本）唱标，其中投标报价以大写金额为准。

（3）开标过程中，投标人对唱标记录提出异议，开标工作人员应立即核对投标函及投标函附录（正本）的内容与唱标记录，并决定是否应该调整唱标记录。

（4）开标时，开标工作人员应认真核验并如实记录投标文件的密封、标识及投标报价、投标保证金等开标、唱标情况，发现投标文件存在问题或投标人提出异议的，特别是涉及影响评标委员会对投标文件评审结论的，应如实记录在开标记录上。但招标人不应在开标现场对投标文件是否有效作出判断和决定，应递交评标委员会评定。

开标记录表见附录 A6。

3.6.2　评标

招标项目评标工作由招标人依法组建的评标委员会按照招标文件约定的评标方法、标准对符合要求的投标文件进行评比，最后选出中标候选人或中标人。评标是招标投标活动的重要环节，是招标能够成功的关键，是确定最佳中标人的必要前提。

1. 组建评标委员会

《招标投标法》规定，评标由招标人依法组建的评标委员会负责。评标委员会成员名单一般应于开标前确定且在中标结果确定前应当保密。依法必须进行招标的项目，其评标委员会由招标人的代表和有关的技术、经济等方面的专家成员组成，成员人数为 5 人以上的单数，其中技术、经济等方面的专家不得少于成员总数的 2/3。

为防止招标人在选定评标专家时的主观随意性，评标委员会的专家成员应当从省级以上人民政府有关部门提供的专家名册或者招标代理机构的专家库内的相关专家名单中确定。确定评标专家，可以采取随机抽取或者直接确定的方式。一般项目，可以采取随机抽取的方式；技术特别复杂、专业性要求特别高或者国家有特殊要求的招标项目，采取随机抽取方式确定的专家难以胜任的，可以由招标人直接确定。

评标专家应符合下列资格条件：从事相关领域工作满 8 年并具有高级职称或同等专业水平；熟悉有关招标投标的法律法规，并具有与招标项目相关的实践经验；能够认真、公正、诚实、廉洁地履行职责；身体健康，能够承担评标工作。

有下列情形之一的，不得担任评标委员会成员：

● 是投标人的雇员或投标人主要负责人的近亲属；

- 项目主管部门或者行政监督主管部门的人员；
- 与投标人有经济利益关系，可能影响对投标公正评审的；
- 曾因在招标、评标以及其他与招标有关的活动中从事违法行为而受过行政处罚或刑事处罚的。

评标专家从发生和知晓上述规定情形之一起，应当主动回避评标。招标人可以要求评标专家签署承诺书，确认其不存在上述法定回避的情形。评标中，如发现某个评标专家存在法定回避情形的，该评标专家已经完成的评标结果无效，招标人应重新确定满足要求的专家替代。

2. 评标的原则和纪律

1）评标的原则和工作要求

评标活动应当遵循公平、公正、科学、择优的原则。

评标委员会成员应当按上述原则履行职责，对所提出的评审意见承担个人责任。评标工作应符合以下基本要求。

（1）认真阅读招标文件，正确把握招标项目特点和需求。

（2）全面审查、分析投标文件。

（3）严格按照招标文件中规定的评标标准、评标方法和程序评价投标文件。

（4）按法律规定推荐中标候选人或依据招标人授权直接确定中标人，完成评标报告。

2）评标依据

评标委员会依据法律法规、招标文件及其规定的评标标准和方法，对投标文件进行系统的评审和比较，招标文件中没有规定的标准和方法，评标时不得采用。投标文件指进入了开标程序的所有投标文件，以及投标人依据评标委员会的要求对投标文件的澄清和说明。

3）评标纪律

（1）评标活动由评标委员会依法进行，任何单位和个人不得非法干预。无关人员不得参加评标会议。

（2）评标委员会成员不得与任何投标人或者招标项目有利害关系的人私下接触，不得收受投标人、中介人及其他利害关系人的财物或其他好处。

（3）招标人或其委托的招标代理机构应当采取有效措施，确保招标工作不受外界干扰，保证评标活动严格保密。

3. 评标程序

开标之后即进入评标阶段。评标分为初步评审和详细评审两个阶段。

1）评标准备工作

招标人及其招标代理机构应为评标委员会评标做好以下评标准备工作。

（1）准备评标需用的资料。如招标文件及其澄清与修改、标底文件、开标记录等。

（2）准备评标相关表格。

（3）选择评标地点和评标场所。

（4）布置评标现场，准备评标工作所需工具。

（5）妥善保管开标后的投标文件并运到评标现场。

（6）评标安全、保密和服务等有关工作。

2）初步评审

初步评审是评标委员会按照招标文件确定的评标标准和方法，对投标文件进行形式、资格、响应性评审，以判断投标文件是否存在重大偏离或保留，是否实质上响应了招标文件的要求。经评审认定投标文件没有重大偏离，实质上响应招标文件要求的，才能进入详细评审。

（1）形式评审。评审内容包括投标人名称、投标函签字盖章、投标文件格式、联合体投标人和投标报价是否唯一等。

（2）资格评审。适用于未进行资格预审程序的评标，主要包括营业执照、安全生产许可证、资质等级、财务状况、类似项目业绩、信誉、项目经理、联合体投标人和其他要求。

（3）响应性评审。主要包括投标内容范围、工期、工程质量要求、投标有效期、投标保证金、已标价的工程量清单、合同权利和义务、技术标准和要求等。工程施工评标采用经评审的最低投标价法时，还应对施工组织设计和项目管理机构的各种要素是否响应性进行初步评审。

投标报价有算术错误的，评标委员会一般按以下原则对投标报价进行修正，投标文件中的大写金额与小写金额不一致的，以大写金额为准；总价金额与依据单价计算出的结果不一致的，以单价金额为准修正总价，但单价金额小数点有明显错误的除外。修正的价格经投标人书面确认后具有约束力。投标人不接受修正价格的，其投标作废标处理。

目前，投标报价算术性修正的原则并没有形成统一的认识。实践中的一般做法是在投标总报价不变的前提下，修正投标报价单价和费用构成。

3）详细评审

详细评审是评标委员会根据招标文件确定的评标方法、因素和标准，对通过初步评审的投标文件作进一步的评审、比较。

（1）经评审的最低投标价法的详细评审。

采用经评审的最低投标价法，评标委员会应当将经过初步评审合格并进行算术性错误修正后的投标报价，按照招标文件中规定的方法、因素和标准进行量化折算，计算评标价，招标文件中没有明确规定的因素不得计入评标价。评标价计算通常包括工程招标文件引起的报价内容范围差异、投标人遗漏的费用、投标方案租用临时用地的数量（如果由发包人提供临时用地）、提前竣工的效益等直接反映价格的因素。

一般小型工程为了简化评标过程，往往忽略以上价格的评标量化因素，直接采用投标报价进行比较。

（2）综合评估法的详细评审。

采用综合评估法，评标委员会可使用打分方法或者其他方法，衡量投标文件最大限度地满足招标文件中规定的各项评价标准的响应程度。

① 投标报价。投标报价评审包括评标价计算和价格得分计算。评标价计算的办法和要求与经评审的最低投标价法相同。工程投标价格得分计算通常采用基准价得分法。常见的评标基准价的计算方式为：标段有效的投标报价去掉一个最高值和一个最低值后的算术平均值（在投标人数量较少时，也可以不去掉最高值和最低值），或该平均值再乘以一个合理下降系数，即可作为本标段的评标基准价。

有效投标报价定义为：符合招标文件规定、报价未超出招标控制价（如有）的投标报

价。评标基准价确定后在整个评标期间应保持不变，并且应特别阐明计算评标基准价的范围、条件。上述计算公式为

$$F_1 = F - \frac{|D_1 - D|}{D} \times 100 \times E$$

式中，F_1——价格得分；

F——价格分值权重；

D_1——投标价格；

D——评标基准价；

E——减分系数，即评标价格高于或低于评标基准价一个百分点应该扣除的分值。

② 施工组织设计。施工组织设计的各项评审因素通常为主观评审，由评标委员会成员独立评审判分。

③ 项目管理机构。由评标委员会成员按照评标办法的规定独立评审判分。

④ 其他因素。其他评审因素包括投标人的财务能力、业绩和信誉等

4）投标文件的澄清、说明和补正

澄清、说明和补正是指评标委员会在评审投标文件过程中，遇到投标文件中不明确或存在细微偏差的内容时，要求投标人作出书面澄清、说明或补正，但投标人不得借此改变投标文件的实质性内容。投标人不得主动提出澄清、说明或补正的要求。

若评标委员会发现投标人的投标价或主要单项工程报价明显低于同标段其他投标人报价或者在设有参考标底时明显低于参考标底价时，应要求该投标人做出书面说明并提供相关证明材料。如果投标人不能提供相关证明材料证明该报价能够按招标文件规定的质量标准和工期完成招标项目，评标委员会应当认定该投标人以低于成本价竞标，作废标处理。

如果投标人提供了证明材料，评标委员会也没有充分的证据证明投标人低于成本价竞标，评标委员会应当接受该投标人的投标报价。

4. 评标报告和中标候选人

1）评标报告

评标委员会完成评标后，应当向招标人提出书面评标报告，并抄送有关行政监督部门。评标报告应如实记载以下内容。

（1）基本情况和数据表。

（2）评标委员会成员名单。

（3）开标记录。

（4）符合要求的投标一览表。

（5）废标情况说明。

（6）评标标准、评标方法或者评标因素一览表。

（7）经评审的价格或者评分比较一览表。

（8）经评审的投标人排序。

（9）推荐的中标候选人名单与签订合同前要处理的事宜。

（10）澄清、说明、补正事项纪要。

评标报告由评标委员会全体成员签字。对评标结论持有异议的评标委员会成员可以书面

方式阐述其不同意见和理由。评标委员会成员拒绝在评标报告上签字且不陈述其不同意见和理由的，视为同意评标结论。

评标报告应按行政监督部门规定内容和格式填写。利用国际金融组织机构贷款项目的招标及机电产品国际竞争性招标采购，分别对评标报告的内容和格式作了相应规定。招标人及招标代理机构应根据具体规定填写。

2）中标候选人

评标委员会推荐的中标候选人应当限定在 1~3 名，并标明排列顺序。

招标人依法确定中标候选人后，应当根据招标文件明确的媒体和发布时间进行公布，接受社会监督。中标候选人的公示时间应当按有关规定执行。中标候选人公示期间内，投标人和其他利害相关人如对中标结果有异议，可以按照法律法规规定的程序提出异议、质疑或投诉。

5. 评标注意事项

1）评标无效

评标过程有下列情况之一的，评标无效，应当依法重新进行评标或者重新进行招标，有关行政监督部门可处以三万元以下的罚款。

（1）使用招标文件没有确定的评标标准和方法的。

（2）评标标准和方法含有倾向或者排斥投标人的内容，妨碍或者限制投标人之间竞争，且影响评标结果的。

（3）应当回避的评标委员会成员参与了评标。

（4）评标委员会的组建及人员组成不符合法定要求的。

（5）评标委员会及其成员在评标过程中有违法行为，且影响评标结果的。

2）否决投标、重新招标和不再招标

（1）否决投标。通常情况下，招标文件中规定招标人可以废除所有的投标，但必须经评标委员会评审。评标委员会经评审认为，所有投标都不符合招标文件要求的，可以否决所有的投标。

废除所有的投标一般有两种情况：①缺乏有效的竞争，如投标人不足 3 家；②大部分或全部投标文件不被接受。

判断投标符不符合招标文件的要求，有两个标准：①只有符合招标文件中全部条款、条件和规定的投标才是符合要求的投标；②投标文件有些小偏差，但并没有根本上或实质上偏离招标文件载明的特点、条款、条件和规定，即对招标文件提出的实质性要求和条件作出了响应，仍可被看做是符合要求的投标。

对于这两个标准，招标人在招标文件中应事先列明采用哪一个，并且对偏离尽量数量化，以便评标时加以考虑。

依法必须进行招标的项目所有投标被否决的，招标人应当依照《招标投标法》重新进行招标。如果废标是因为缺乏竞争性，应考虑扩大招标广告的范围。如果废标因为大部分或全部投标不符合招标文件的要求，则可以邀请原来通过资格预审的投标人提交新的投标文件。

（2）重新招标和不再招标，具体如下。

① 有下列情形之一的，招标人将重新招标：投标截止时间止，投标人少于 3 个的；经

评标委员会评审后否决所有投标的。

② 不再招标。重新招标后投标人仍少于 3 个或者所有投标被否决的，属于必须审批或核准的工程建设项目，经原审批或核准部门批准后不再进行招标。

3.6.3　中标和签约

1. 确定中标人的原则、步骤

1）确定中标人的原则

（1）采用综合评估法的，应能够最大限度满足招标文件中规定的各项综合评价标准。

（2）采用经评审的最低投标价法的，应能够满足招标文件的实质性要求，并且经评审的投标价格最低。但中标人的投标价格应不低于其成本价。

此外，使用国有资金投资或者国家融资的项目及其他依法必须招标的施工项目，招标人应当确定排名第一的中标候选人为中标人。排名第一的中标候选人放弃中标、因不可抗力提出不能履行合同，或者招标文件规定应当提交履约保证金而在规定期限内未能提交的，招标人可以确定排名第二的中标候选人为中标人。排名第二的中标候选人出现上述情况的，招标人可以确定排名第三的中标候选人为中标人。

招标人可以授权评标委员会直接确定中标人。

2）确定中标人的步骤

（1）确定中标人一般在评标结果已经公示，没有质疑、投诉或质疑、投诉均已处理完毕时。

（2）确定中标人前后，招标人不得与投标人就投标价格、投标方案等实质性内容进行谈判。

（3）如果招标人授权评标委员会直接确定中标人的，应在评标报告形成后确定中标人。

2. 中标通知书

中标通知书是指招标人在确定中标人后向中标人发出的书面文件。中标通知书的内容应当简明扼要，通常只需告知投标人招标项目已经中标，并确定签订合同的时间、地点即可。中标通知书发出后，对招标人和中标人均具有法律约束力，如果招标人改变中标结果的，或者中标人放弃中标项目的，应当依法承担相应的法律责任。

（1）中标人确定后，招标人应当向中标人发出中标通知书，并同时将中标结果通知所有未中标的投标人。

（2）中标通知书的发出时间不得超过投标有效期的时效范围。

（3）中标通知书需要载明签订合同的时间和地点。需要对合同细节进行谈判的，中标通知书上需要载明合同谈判的有关安排。

（4）中标通知书可以载明提交履约担保等投标人需注意或完善的事项。

中标通知书格式见附录 A7。

中标结果通知书格式见附录 A8。

3. 签订合同协议

1）工程施工合同协议

工程施工合同协议是依据招标人与中标人按照招标投标及中标结果形成的合同关系，为按约定完成招标工程建设项目，明确双方责任、权利、义务关系而签订的合同协议书。

签订协议时，双方在不改变招标投标实质性内容的条件下，对非实质性差异的内容可以通过协商取得一致意见。签约时，如果招标文件有规定，中标人应按招标文件约定向招标人提交工程施工合同履约担保。

合同协议书与下列文件一起构成合同文件：

- 中标通知书；
- 投标函及投标函附录；
- 专用合同条款；
- 通用合同条款；
- 技术标准和要求；
- 设计图纸；
- 已标价工程量清单；
- 其他合同文件。

上述合同文件应能互相补充和解释，如有不明确或不一致之处，以上述约定优先次序为准。

合同协议书格式见附录 A9。

案例分析

案例 1

一、背景

某房地产公司用自有资金开发一商品房项目，工程概算 5 500 万元，开发商委托某工程招标代理机构组织招投标事宜，于 3 月 15 日向三个具备总承包能力且资信良好的建筑企业 A、B、C 发出了招标邀请书，三家公司均接受邀请。

由于三家建筑企业均为知名企业，故招标代理公司未进行单独资格审查，仅通知在开标时，投标人应当提交相关资质、业绩证明等相关资审资料。招标代理公司分别于 3 月 18 日、19 日、20 日组织了三家企业进行了现场踏勘，并在踏勘后发售了招标文件，文件中写明了投标截止时间为 4 月 12 日上午 9 点，开标地点为某建设工程交易中心会议室，文件中还写明了评标的标准和评标专家的名单。

3 月 30 日，招标代理公司组织三家建筑企业召开了投标预备会，就项目概况和现场情况做了较详细的介绍，并对图纸进行了交底。最后，针对各投标人提出的书面和口头询问，以会议记录的形式对三家企业进行了分别的书面答疑。

B、C 两家建筑企业在 4 月 12 日前均递交了投标文件，A 于 4 月 12 日早上 8：30 向招标代理公司递交了投标文件。开标会议 9 点如期进行，到场的有房地产开发公司负责人、当地招标办工作人员、当地建设行政主管部门的负责人、公证处人员、招标代理公司负责人和工作人员，A、B、C 三家建筑企业均到场。开标会议由建设行政主管部门负责人主持，在招标代理机构负责人检查了投标文件的密封情况后，对三份投标文件开封、宣读，当场唱标。由公证处人员出席，整个开标过程没有记录，由公证处出具相关公证证明。

评标专家进行了详细的评审，由于招标人的授权，评标专家委员会直接确定得到了最高分的 B 为中标人。招标代理公司于 4 月 16 日向 B 公司发出了中标通知书，同时通知了未中标的 A、C。开发公司在与 B 签订合同过程中，要求 B 以其投标报价的 95% 为合同价款，在遭到 B 拒绝后，开发公司与 C 进行协商，按 B 的投标价的 95% 与 C 签订了合同。

二、分析要点

1. 本例涉及的项目是否可以不采取招标形式而直接发包？为什么？

2. 该商品房项目招标投标过程中哪些地方不符合《招标投标法》的有关规定？逐一列出并说明原因。

3. 中标通知书对谁具有法律效力？开发公司未与 B 签订合同，B 为此遭受的损失是否由开发公司和 C 共同承担？

三、分析结果

1. 本例中商品房项目是关系社会公共利益、公众安全的公用事业项目，属于必须招标的范围，概算 5 500 万元，达到了必须招标的标准，所以应当招标，不能直接发包。

2. 项目招标过程中涉及不符合的地方如下。

（1）分别组织 A、B、C 三家企业进行现场踏勘。招标人应当组织投标人踏勘现场，不得单独或分别组织任何一方进行现场踏勘，有违公平原则。

（2）在现场踏勘后发售招标文件。应先发售招标文件，让投标人熟悉招标文件内容的前提下，带着问题去踏勘现场。

（3）招标文件中写明了评标专家的名单。在评标结果公布前，评标专家有名单必须保密。

（4）开标会议由建设行政主管部门的负责人主持。开标会议应由招标人主持或由招标代理机构主持开标会议。

（5）招标代理机构负责人检查了投标文件的密封情况。在开标前，应由投标人或投标人推荐的代表或公证人员检查投标文件的密封情况。

（6）整个开标过程没有记录。所有有效的投标文件均应当从宣读，开标过程应记录，并存档备案。

（7）开发公司按 B 报价的 95% 与 C 签订合同。招标人和中标人在中标通知书发出之日起，30 日内按照招标文件和中标人的投标文件订立书面合同，招标人和中标人不得再行订立背离合同实质性内容的其他协议。

3. 中标通知书对招标人和中标人都有约束，招标人和中标人在中标通知书发出之日起，30 日内按照招标文件和中标人的投标文件订立书面合同，招标人无正当理由不与中标人签订合同，给中标人造成损失的，招标人应当予以赔偿。

案例 2

一、项目概况

某企业投资 3 000 万元人民币，兴建一座新办公楼，建筑面积为 8 620 m²，地下一层，地上六层。工程基础垫层面标高 -4.26 m，檐口底标高 21.18 m，为全现浇框架结构。招标人采用公开招标的方式确定工程施工承包人。

二、招标过程

招标公告于 2009 年 9 月 30 日在《中国采购与招标网》、《中国建设报》和项目所在地政府政务服务中心发布，在规定的时间内共有 8 家投标人购买了招标文件。

招标人于 2009 年 10 月 10 日上午 9：00—12：00 组织投标人对项目现场进行了踏勘，并随后召开了投标预备会。

招标文件规定的投标截止时间及开标标时间是 2009 年 10 月 28 日上午 10：00。在规定的投标截止时间前，有 8 家投标人按要求递交了投标文件，并参加了开标会议。

招标人依法组建了评标委员会，评标委员会由 5 人组成，其中招标人代表 1 人，从该省组建的综合性评标专家库中随机抽取的技术、经济专家 4 人，其中，施工技术 3 人，建筑造价 1 人。

评标委员会按照招标文件中的评标标准和方法，对各投标人的投标文件进行评审打分后，向招标人依次推荐前三名中标候选人。

2009 年 11 月 5 日，招标人向中标人发出中标通知书，同时告知所有未中标的投标人。

三、招标文件

1. 资格审查：采用资格后审方式组织本次招标投标活动。

2. 投标报价：项目投资 3 000 万元，工期 385 日历天，采用了固定总价合同。为此，招标文件提供了工程量清单。关于合同形式及风险，招标文件约定如下。

（1）投标价格采用固定总价方式，即投标人所填写的单价和合价在合同实施期间不因市场变化因素而变动，投标人在计算报价时可考虑一定的风险系数。

（2）计取包干费，其包干范围为材料、人工、设备在 10% 以内的价格波动，工程量误差在 3% 以内的子目，以及合同条款明示或暗示的其他风险。

（3）施工人员住宿问题自行解决，因场地狭小而发生的技术措施费在投标报价中应已充分考虑。

3. 评标标准与方法：采用综合评估法，评审标准分为初步评审和详细评审两部分。

（1）初步评审标准。

① 形式评审标准。形式评审标准见表 3－1。

② 资格评审标准。资格评审标准见表 3－2。

③响应性评审标准。响应性评审标准见表 3－3。

（2）详细评审标准。评审的对象为通过初步评审的有效投标文件。详细评审采用百分制打分的方法，小数点保留两位，第三位四舍五入。综合打分标准见表 3－4。

表 3－1　形式评审标准

评标因素	评 标 标 准
投标人名称	与营业执照、资质证书、安全生产许可证一致
投标函及投标函附录	有法定代表人或其委托代理人签字或加盖单位章，委托代理人签字的，其法定代表人授权委托书须由法定代表人签署
投标文件格式及签章	投标文件格式和签字、盖章符合招标文件要求
投标唯一性	只能提交一次有效投标，不接受联合体投标
报价唯一	只能有一个有效报价
其他	法律法规的其他要求

表 3-2　　资格评审标准

评标因素	评标标准
营业执照	具备有效的营业执照
安全生产许可证	具备有效的安全生产许可证
资质等级	具备房屋建筑工程施工总承包三级及以上资质
财务状况	财务状况良好，上一年度年资产负债率小于95%
项目经理	具有建筑工程专业二级建造师执业资格，近三年组织过同等建设规模项目的施工
技术负责人	具有建筑工程相关专业工程师资格，近三年组织过同等建设规模的项目施工的技术管理
项目经理部其他人员	岗位人员配备齐全，具备相应岗位从业人员职业/执业资格
主要施工机械	满足工程建设需要
投标资格	有效，没有被取消或暂停投标资格
企业经营权	有效，没有处于被责令停业、财产被接管、冻结，破产状态
投标行为	合法，近三年内没有骗取中标行为
合同履约行为	合法，没有严重违约事件发生
工程质量	近三年工程质量合格，没有因重大工程质量问题受到质量监督部门通报或公示
其他	法律法规规定的其他资格条件

表 3-3　　响应性评审标准

评标因素	评标标准
投标内容	与招标文件"投标人须知"中招标范围一致
投标报价	与已标价工程量清单汇总结果一致
工期	符合招标文件"投标人须知"中工期规定
工程质量	符合招标文件"投标人须知"中质量要求
投标有效期	符合招标文件"投标人须知"对投标有效期的规定
投标保证金	符合招标文件"投标人须知"对投标保证金的规定
权利义务	符合招标文件"合同条款及格式"对权利与义务的规定
已标价工程量清单	符合招标文件"工程量清单"中给出的范围及数量
技术标准和要求	符合招标文件"技术标准和要求"规定
施工组织设计	合格，满足工程组织需要
分包	满足招标文件许可的分包范围、资格等限制性条件
偏离	如果偏离，偏离满足招标文件许可的偏离范围和幅度
算术错误修正累计量	算术错误修正总额不超过投标报价的0.2%
其他	法律法规规定的其他要求

表 3 - 4 详细评审标准

评分因素	标准分		评标标准
工期	5		工期等于招标文件中计划工期为 0 分；在招标文件中计划工期基础上，每提前 1 天加 0.2 分，最高 5 分
投标报价	综合单价	25	每个子目综合单价最高者，扣 0.5 分，扣完为止。如无子目综合单价最高者，得 25 分
	投标总价	70	当偏差率<0 时：得分＝70-2× │偏差率│×100 当偏差率＝0 时：得分＝70 当偏差率>0 时：得分＝70-3× │偏差率│×100 这里： 偏差率＝100%×(投标人报价-评标基准价)/评标基准价 评标基准价为各有效投标报价的算术平均值（有效投标报价数量大于 5 时，去掉一个最高投标报价和一个最低投标报价后，计算算术平均值）

四、开标

开标情况见表 3-5。

表 3 - 5 开标记录表

投标人	投标报价（万元）	工期（日历天）	质量等级	投标保证金
A	2 680.00	360	合格	递交
B	2 672.00	360	合格	递交
C	2 664.00	365	合格	递交
D	2 653.00	360	优良	递交
E	2 652.00	370	合格	递交
F	2 650.00	360	合格	递交
G	2 630.00	365	合格	递交
H	2 624.00	370	合格	递交

五、评标、定标

（1）初步评审。评标委员会对 8 家投标人的投标文件首先进行了初步审查。经审查投标人 D 承诺质量标准为"优良"，为现行房屋建筑工程施工质量检验与评定标准中没有的质量等级。经评标委员会讨论，认为其没有响应招标文件要求的"合格"标准，按废标处理。其余投标人均通过了初步评审。

（2）详细评审。评标委员会对通过初步审查的投标人报价及已标价工程量清单进行了细致评审，其中投标人 A、B、C、E、F、G、H 分别有 45、20、5、4、7、13、2 项综合单价位于最高。评标委员会随后对投标总价得分进行了计算和汇总，结果见表 3-6。

表 3 - 6 详细评审汇总

投标人	工期	综合单价	投标总价	总分	排名
A	5	2.50	66.97	74.47	7
B	5	15.00	67.87	87.87	6

续表

投标人	工期	综合单价	投标总价	总分	排名
C	4	22.50	68.77	95.27	3
E	3	23.00	69.92	95.92	2
F	5	21.50	69.76	96.26	1
G	4	18.50	68.26	90.76	5
H	3	24.00	67.80	94.80	4

评标委员会依次推荐了投标人 F、E、C 为中标候选人。招标人对投标人 F 的合同履行能力进行了细致审查，认为其具有合同履约能力，于 2009 年 11 月 5 日向其发出了中标通知书，随后，按照招标文件和其投标文件签订了合同。

六、案例评析

上述案例为一个工程施工项目招标全过程。

通过上述案例可以看出，对于一些潜在投标人普遍掌握其施工技术且合同风险相对较低的项目，在制定评标标准时，应加强对投标人初步审查，包括对其资质、以往履约能力、人员及对招标文件的响应性评审，然后以投标价格，即经济标作为选择中标人的评标因素。类似做法在其他一些具有通用技术，如批量生产的货物采购中仍可以采用。

如果技术标准与条件清晰，管理细节明确，履约风险不大，还可以采用经评审的最低投标价法设置评标标准。此时，需要在初步评审合格标准的基础上，将招标文件许可的偏离项目及幅度设置成价格折算标准，对投标报价进行调增或调减计算出评标价，然后按评标价由低到高的次序确定中标人的方法。

📑 本章小结

本章主要从建设工程招标的角度，详细讲述了建设工程施工招标投标活动全过程及各个环节的具体要求。

工程招标过程的核心是招标文件和资格预审文件的编制，编制时要注意编制的原则、组成形式、内容和文件格式。资格审查分为资格预审和资格后审两种方式，资格评审的方法分为合格制和有限数量制。

投标文件的编制是工程投标的主要内容。编制投标文件应做到内容的完整性、符合性和对招标文件的响应性，还应注意编写技巧和编写要求，应符合标准投标格式文件的要求。投标文件的递交要严格遵循《招标投标法》及招标文件的要求。

开标、评标和定标是工程招标投标活动的最后一个阶段，开标、评标是决定中标人的关键环节。开标要按照我国招标投标法中规定的程序和要求进行，一般采用公开开标，要进行现场记录。开标之后进入评标阶段，为了保证评标的公平、公正，我国招标投标法对评标委员会的组建有明确的规定；评标方法主要有经评审的最低投标价法和综合评估法两种，不同的评标方法推荐（确定）的中标人（中标候选人）可能完全不同。对于中标人，我国招标投标法规定其投标应当符合下列两个条件之一：一是能够最大限度地满足招标文件中规定的各项综合评标标准；二是能够满足招标文件的实质性要求，并且经评审的投标报价最低；但是投标价格低于成本的除外。中标通知书对招标人和投标人同样具备法律约束力，中标人和招标人应在法律规定的时间内，按照招标文件和中标人的投标文件订立书面合同。

本章重点是投标文件的内容构成、编制及递交要求，评标的原则、方法和程序，中标人确定的原则和步骤，签订合同的要求。

本章难点是标投标过程中各类格式文件的编制。

思考题

1. 简述建设工程施工招标的概念。
2. 资格预审的内容是什么。
3. 简述施工招标文件编制的原则。
4. 简述编制标底的作用和依据。
5. 简述建设工程施工投标的概念。
6. 开标和评标的程序是怎样？
7. 评标委员会如何组成？有何具体要求？
8. 评标过程中应遵循哪些原则？
9. 评标常用的方法有哪几种？

第 4 章　建设工程勘察设计合同

本章导读

　　本章介绍了建设工程勘察设计合同的概念、合同订立及主要内容，4.1 节介绍建设工程勘察合同，4.2 节介绍建设工程设计合同。在合同的订立中，主要介绍了合同的订立条件、合同当事人的资信与能力审查、合同订立的程序。此外，还重点介绍了中华人民共和国住房和城乡建设部及国家工商行政管理局在 2000 年颁布的合同示范文本的主要内容。

4.1　建设工程勘察合同

　　建设工程勘察是指根据建设工程的要求，查明、分析、评价建设场地的地质地理环境特征和岩土工程条件，编制建设工程勘察文件的活动，具体包括工程测量、水文地质勘察和工程地质勘察。

　　建设工程勘察合同是为完成一定的项目勘察任务，发包人与勘察人之间签订的明确双方权利和义务的协议。

　　中华人民共和国住房和城乡建设部（原中华人民共和国建设部）及国家工商行政管理局在 2000 年颁布了《建设工程勘察合同（一）（示范文本）［岩土工程勘察、水文地质勘察（含凿井）、工程测量、工程物探］》（GF—2000—0203）和《建设工程勘察合同（二）（示范文本）［岩土工程设计、治理、监测］》（GF—2000—0204）两种示范文本，见附录 B1、附录 B2。

4.1.1　建设工程勘察合同的订立

1. 订立条件

1）勘察人条件

　　勘察人即承包人，是指持有国家规定部门颁发的工程勘察资格证书，从事工程项目勘察活动的单位。

　　工程勘察资质分综合类、专业类和劳务类三类。综合类包括工程勘察所有专业，其只设甲级；专业类是指岩土工程、水文地质勘察、工程测量等专业中的某一项，原则上设甲、乙两个级别；劳务类是指岩土工程治理、工程钻探、凿井等，其资质不分级别。

　　勘察人须在其工程勘察资质范围内从事工程勘察活动，详见《建设工程勘察设计资质管理规定》。

2）勘察任务委托方式的限定条件

　　建设工程勘察任务有招标委托和直接委托两种方式。依法必须进行招标的项目，必须按照《工程建设项目勘察设计招标投标办法》（国家发展和改革委员会等八部委令第 2 号，2003 年），通过招标投标的方式来委托，否则所签订的勘察合同无效。

2. 当事人的资信与能力审查

合同当事人的资信及履约能力是合同能否得到履行的保证。在签约前，双方都有必要审查对方的资信和能力。

（1）资格审查。审查当事人是否经国家规定的审批程序成立，其经营活动是否超过营业执照或勘察资质证书规定的范围。同时还要审查参加签订合同的人员是否是法定代表人或其委托的代理人，以及代理人的活动是否在授权代理范围内。

（2）资信审查。审查当事人的资信情况，可以了解当事人的财务状况和履约态度，以确保所签订的合同是基于诚实信用的。

（3）履约能力审查。对于勘察单位，主要审查其专业业务能力及其以往的工作业绩及正在履行的合同工程量。对于发包人，主要审查其财务状况和建设资金到位情况。

3. 合同签订的程序

（1）确定合同标的。主要是确定工程勘察任务的内容。

（2）选定勘察承包人。对于依法必须招标的工程建设项目，按照招标投标程序确定勘察承包人。对于小型项目及依法可以不招标的项目，发包人可以直接选定勘察承包人。

（3）签订勘察合同。对于通过招标方式确定承包人的项目，合同的主要条件在招标投标文件中都得到了确认，所以在签约阶段需要进一步协商的内容一般不会很多。而对于直接委托的勘察项目，其合同的谈判就要涉及几乎所有的合同条款，必须认真对待。在合同当事人双方就合同的各项条款取得一致意见之后，双方法定代表人或其代理人即可正式签署合同文件。

4.1.2　建设工程勘察合同的主要内容

1. 工程概况

工程包括工程名称、工程建设地点、工程规模、工程特征、工程勘察任务委托文号、委托日期、工程勘察任务、技术要求、承接方式、预计勘察工作量等。

2. 发包人的权利和义务

在建设工程勘察合同中发包人的义务即是承包人的权利，承包人的义务即是发包人的权利。

1）义务

（1）发包人应及时向勘察人提供下列文件资料，并对其准确性、可靠性负责。

① 提供本工程批准文件（复印件），以及用地（附红线范围）、施工、勘察许可等批件（复印件）。

② 提供工程勘察任务委托书、技术要求和工作范围的地形图、建筑总平面布置图。

③ 提供勘察工作范围已有的技术资料及工程所需的坐标与标高资料。

④ 提供勘察工作范围地下已有埋藏物的资料（如电力、电讯电缆、各种管道、人防设施、洞室等）及具体位置分布图。

⑤ 发包人不能提供上述资料，由勘察人收集的，发包人需向勘察人支付相应费用。

（2）向勘察人支付费用。

① 按合同约定的时间和标准支付勘察费。

② 为勘察人的工作人员提供必要的生产、生活条件，并承担费用；如不能提供时，应

一次性付给勘察人临时设施费。

③ 勘察过程中的任何变更，经办理正式变更手续后，发包人应按实际发生的工作量支付勘察费。

（3）若约定由发包人负责提供材料的，应根据勘察人提出的工程用料计划，按时运到现场，并派人与勘察人的人员一起验收，同时提供产品的合格证明，并承担所有费用。

2）权利

从勘查人处获得约定任务的准确、可靠的勘察成果。

3）责任

（1）在勘察工作范围内，没有资料、图纸的地区（段），发包人应负责查清地下埋藏物，若因未提供上述资料、图纸，或提供的资料图纸不可靠、地下埋藏物不清，致使勘察人在勘察工作过程中发生人身伤害或造成经济损失时，由发包人承担民事责任。

（2）发包人应及时为勘察人提供并解决勘察现场的工作条件和出现的问题（如落实土地征用、青苗树木赔偿、拆除地上地下障碍物、处理施工扰民及影响施工正常进行的有关问题、平整施工现场、修好通行道路、接通电源水源、挖好排水沟渠及水上作业用船等），并承担其费用。

（3）发包人应对工作现场周围建筑物、构筑物、古树名木和地下管道、线路的保护负责，对承包人提出书面具体保护要求（措施），并承担费用。

（4）若勘察现场需要看守，特别是在有毒、有害等危险现场作业时，发包人应派人负责安全保卫工作，按国家有关规定，对从事危险作业的现场人员进行保健防护，并承担费用。

（5）由于发包人原因造成勘察人停工、窝工，除工期顺延外，发包人应支付停工、窝工费；发包人当要求在合同规定时间内提前完工（或提交勘察成果资料）时，发包人应按约定的标准向勘察人支付赶工加班费。

（6）应保护勘察人的投标书、勘察方案、报告书、文件、资料图纸、数据、特殊工艺（方法）、专利技术和合理化建议，未经勘察人同意，发包人不得复制、不得泄露、不得擅自修改、传送或向第三人转让或用于本合同外的项目。

（7）由于发包人未给勘察人提供必要的工作生活条件而造成停、窝工或来回进出场地，发包人除应付给勘察人停工、窝工费，工期按实际工日顺延外，还应付给勘察人来回进出场费和调遣费。

（8）合同履行期间，由于工程停建而终止合同或发包人要求解除合同时，勘察人未进行勘察工作的，不退还发包人已付定金。已进行勘察工作的，完成的工作量在50%以内时，发包人应向勘察人支付预算额50%的勘察费；完成的工作量超过50%时，则应向勘察人支付预算额100%的勘察费。

3. 勘察人的权利和义务

1）义务

（1）按国家技术规范、标准、规程和发包人的任务委托书及技术要求进行工程勘察，按合同规定的时间提交质量合格的勘察成果资料，并对其负责。对于勘察工作中的漏项应当及时予以勘察，对于由此多支的费用应自行负担并承担由此造成的违约责任。

（2）在现场工作的勘察人的人员，应遵守发包人的安全保卫及其他有关的规章制度，承担其有关资料的保密义务。

2）权利

按合同的约定完成勘察任务，提交勘察成果，有权按合同约定的时间获得合同约定的勘察费。当发包人不履行或不恰当履行合同约定的义务，给勘察人造成损失的，勘查人有权向发包人索赔。

3）责任

（1）若提供的勘察成果资料质量不合格，勘察人应负责无偿给予补充完善使其达到质量合格；若勘察人无力补充完善，需另委托其他单位时，勘察人应承担全部勘察费用；或因勘察质量造成重大经济损失或工程事故时，勘察人除应负法律责任和免收直接受损失部分的勘察费外，并根据损失程度向发包人支付赔偿金，赔偿金由发包人、勘察人在合同中约定。

（2）在工程勘察前，提出勘察纲要或勘察组织设计，派人与发包人的人员一起验收发包人提供的材料。

（3）勘察过程中，根据工程的岩土工程条件（或工作现场地形地貌、地质和水文地质条件）及技术规范要求，向发包人提出增减工作量或修改勘察工作的意见，并办理变更手续。

（4）合同有关条款规定和补充协议中勘察人应负的其他责任。

4. 开工及提交勘察成果资料的时间

（1）要明确约定勘察开工及开工到提交勘察成果资料的时间，一般约定的是具体的日期。

（2）勘察工作有效期限以发包人下达的开工通知书或合同规定的时间为准，如遇特殊情况（设计变更、工作量变化、不可抗力影响以及非勘察人原因造成的停、窝工等）时，工期顺延。

5. 收费标准及付费方式

（1）取费标准：工程勘察费可以按国家规定的现行收费标准计取费用，也可以按"预算包干"、"中标价加签证"、"实际完成工作量结算"等方式计取收费；如果国家规定的收费标准中没有规定的收费项目，可以由发包人、勘察人另行议定。

（2）付费方式一般分定金、进度款、外业结束付款及尾款支付。

① 定金一般在勘察合同签订后 3 天内支付，比例大致为预算勘察费的20%。

② 勘察规模大、工期长的大型勘察工程在勘察过程中还要支付进度款，一般按约定完成一定的勘察工作量支付一定比例的勘察费。

③ 当外业完成，应再支付一部分勘察费。

④ 提交勘察成果资料后 10 天内，发包人应一次付清全部工程费用。

6. 违约责任

（1）发包人未按合同规定时间（日期）拨付勘察费，每超过一日，应偿付未支付勘察费的0.1%逾期违约金。

（2）由于勘察人原因未按合同规定时间（日期）提交勘察成果资料，每超过一日，应减收0.1%勘察费。

（3）本合同签订后，发包人不履行合同时，无权要求退还定金；勘察人不履行合同时，双倍返还定金。

7. 合同争议的解决

发包人、勘察人应本着友好合作的精神及时协商解决合同争议。但一般在合同中还是应该约定当双方达不成协议时，请谁调解；当协商或调解不成时，由哪个仲裁委员会仲裁或向哪个法院起诉。

8. 合同的生效与鉴证

合同自发包人、勘察人签字盖章后生效；但要按规定到省级建设行政主管部门指定的勘察合同审查部门备案；双方认为必要时，还可到项目所在地工商行政管理部门申请鉴证。

4.2 建设工程设计合同

4.2.1 建设工程设计

建设工程设计是指根据工程的建设要求，对建设工程所需的技术、经济、资源、环境等条件进行综合分析、论证，编制建设工程设计文件的活动。

建设工程设计应符合国家现行的工程建设标准和设计规范，遵守设计工作程序，以提高经济效益、社会效益、环境效益为核心，大力促进技术进步。

建设工程设计依据工作进程和深度不同，一般分为初步设计和施工图设计两个阶段，对于技术复杂的工程项目，可按初步设计、技术设计和施工图设计三个阶段进行。

4.2.2 建设工程设计合同

1. 建设工程设计合同的概念

建设工程设计合同是为完成一定的项目设计任务，发包人与设计人之间签订的明确双方权利和义务的协议。

中华人民共和国住房和城乡建设部（原中华人民共和国建设部）和国家工商行政管理局在 2000 年针对一般建设项目和专业工程项目，分别颁布了《建设工程设计合同（一）（示范文本）（民用建设工程设计合同）》（GF—2000—0209）和《建设工程设计合同（二）（专业建设工程设计合同）》（GF—2000—0210）两种设计合同的示范文本，见附录 B3、附录 B4。

2. 建设工程设计合同的法律特征

（1）具有建设工程合同的基本特征。

（2）合同当事人必须具有相应的民事权利能力和民事行为能力。

（3）必须符合国家规定的基本建设管理程序。

4.2.3 建设工程设计合同的订立

1. 订立条件

1）设计人条件

设计人即承包人，是指持有国家规定部门颁发的工程设计资格证书，从事工程项目设计活动的单位。

工程设计资质分为工程设计综合资质、工程设计行业资质和工程设计专项资质三类。工程设计综合资质只设甲级。工程设计行业资质设甲、乙、丙三个级别，除建筑工程、市政公用、水利和公路等行业设工程设计丙级外，其他行业工程设计丙级设置对象仅为企业内部所属的非独立法人单位。工程设计专项资质划分为建筑装饰、环境工程、建筑智能化、消防工程、建筑幕墙、轻型房屋钢结构等六个专项，其分级可根据专业发展的需要设置。

设计人须在其工程设计资质范围内从事工程设计活动，详见《建设工程勘察设计资质管理规定》。

2）设计项目必须具备的条件

- 建设工程项目可行性研究报告或项目建议书已获批准；
- 已办理了建设用地规划许可证等手续；
- 法律法规规定的其他条件。

3）设计任务委托方式的限定条件

建设工程设计任务有招标委托和直接委托两种方式。依法必须进行招标的项目，必须按照《工程建设项目勘察设计招标投标办法》（国家发展和改革委员会等八部委令第 2 号，2003 年），通过招标投标的方式来委托，否则所签订的设计合同无效。

2. 当事人的资信与能力审查

合同当事人的资信及履约能力是合同能否得到履行的保证。在签约前，双方都有必要审查对方的资信和能力。

（1）资格审查。审查当事人是否经国家规定的审批程序成立，其经营活动是否超过营业执照或设计资质证书规定的范围。同时还要审查参加签订合同的人员是否是法定代表人或其委托的代理人，以及代理人的活动是否在授权代理范围内。

（2）资信审查。审查当事人的资信情况，可以了解当事人的财务状况和履约态度，以确保所签订的合同是基于诚实信用的。

（3）履约能力审查。对于设计单位，主要审查其专业业务能力及其以往的工作业绩及正在履行的合同工程量。对于发包人，主要审查其财务状况和建设资金到位情况。

3. 合同签订的程序

（1）确定合同标的。主要是确定工程设计任务的内容。

（2）选定设计承包人。对于依法必须招标的工程建设项目，按照招标投标程序确定设计承包人。对于小型项目及依法可以不招标的项目，发包人可以直接选定设计承包人。

（3）签订设计合同。对于通过招标方式确定承包人的项目，合同的主要条件在招标投标文件中都得到了确认，所以在签约阶段需要进一步协商的内容一般不会很多。而对于直接委托的设计项目，其合同的谈判就要涉及几乎所有的合同条款，必须认真对待。在合同当事人双方就合同的各项条款取得一致意见之后，双方法定代表人或其代理人即可正式签署合同文件。

4.2.4　建设工程设计合同的主要内容

1. 设计项目的内容

应当详细描述建设工程的项目名称、建设规模、设计阶段及计划投资等内容，以使设计人合理组织建设工程的设计工作。

2. 发包人的权利与义务

1) 发包人义务

（1）向设计人提交设计工程项目的有关资料及文件，并对其完整性、正确性及时限负责。

（2）发包人应为派赴现场处理有关设计问题的工作人员，提供必要的工作生活及交通等方便条件。

（3）发包人应保护设计人的投标书、设计方案、文件、资料图纸、数据、计算软件和专利技术等的知识产权。

（4）按合同约定的数额和时间支付设计费用。

2) 发包人权利

（1）获得工程建设所需的设计文件。

（2）对设计人的违约行为提出索赔。

（3）如设计人将发包人提交的设计工程项目的有关资料及文件违约利用，而给发包人造成经济损失的，发包人有权向其索赔。

3) 发包人责任

（1）发包人不得要求设计人违反国家有关标准进行设计。

（2）发包人变更委托设计项目、规模、条件或因提交的资料错误，或所提交资料作较大修改，以致造成设计人的设计需返工时，双方除需另行协商签订补充协议（或另订合同）、重新明确有关条款外，发包人应按设计人所耗工作量向设计人增付设计费。

（3）在未签订合同前发包人已同意，设计人为发包人所做的各项设计工作，应按收费标准，支付相应的设计费。

（4）发包人要求设计人比合同规定时间提前交付设计资料及文件时，发包人应向设计人支付赶工费。

（5）未经设计人同意，发包人对设计人交付的设计资料及文件不得擅自修改、复制或向第三人转让或用于本合同外的项目，如发生以上情况，发包人应负法律责任，并给设计人以补偿。

3. 设计人的权利与义务

1) 设计人义务

（1）设计人应按国家技术规范、标准、规程及发包人提出的设计要求，进行工程设计，按合同规定的进度要求提交质量合格的设计资料，并对其负责。

（2）设计人应保护发包人的知识产权，不得向第三人泄露、转让发包人提交的产品图纸等技术经济资料。

2) 设计人权利

（1）获得合同约定的设计报酬。

（2）当发包人违约利用设计成果时，有权向其提出索赔或提起诉讼。

3) 设计人责任

（1）按合同约定的技术标准进行设计，并保证设计的工程具有合理的使用寿命。

（2）设计人交付设计资料及文件后，按规定参加有关的设计审查，并根据审查结论负责对不超出原定范围的内容做必要调整补充。设计人按合同规定时限交付设计资料及文件，本年内项目开始施工，负责向发包人及施工单位进行设计交底、处理有关设计问题和参加竣工验收。在一年内项目尚未开始施工，设计人仍负责上述工作，但应按所需工作量向发包人适当收取咨询服务费，收费额由双方商定。

4. 设计收费估算值及设计费支付进度

设计费的计算较多地采用按估算总投资乘以设计取费费率的方法，也有采用单位面积或单位生产能力为基础计算设计费的，也有采取设计总费用包干的。但无论采用何种方法，除了小型工程项目外，设计费一般都采取分期支付的办法。

（1）设计定金，一般在合同里约定在签约后的 3 天内支付，支付额常为总设计费的 20%。

（2）提交各阶段设计文件的同时支付各阶段设计费，支付比例由双方在合同中约定。

（3）在提交最后一部分施工图的同时结清全部设计费，不留尾款。

（4）实际设计费按初步设计概算（施工图设计概算）核定，实际设计费与估算设计费出现差额时，双方另行签订补充协议，多退少补。

（5）本合同履行后，定金抵作设计费。

5. 违约责任

1）发包人的违约责任

（1）在合同履行期间，发包人要求终止或解除合同，设计人未开始设计工作的，不退还发包人已付的定金；已开始设计工作的，发包人应根据设计人已进行的实际工作量，不足一半时，按该阶段设计费的一半支付；超过一半时，按该阶段设计费的全部支付。

（2）发包人应按本合同规定的金额和时间向设计人支付设计费，每逾期支付一天，应承担支付金额 0.2% 的逾期违约金。逾期超过 30 天以上时，设计人有权暂停进行下阶段工作，并书面通知发包人。发包人的上级或设计审批部门对设计文件不审批或本合同项目停缓建，发包人应按实际完成的设计工作量支付设计费，即：不足一半时，支付一半的设计费；工作超过一半时，支付全部的设计费。

2）设计人的违约责任

（1）设计人对设计资料及文件出现的遗漏或错误负责修改或补充。由于设计人员错误造成工程质量事故损失，设计人除负责采取补救措施外，应免收直接受损失部分的设计费。损失严重的根据损失的程度和设计人责任大小向发包人支付赔偿金，赔偿金占实际损失的比例由双方在合同中约定。

（2）由于设计人自身原因，延误了按本合同第四条规定的设计资料及设计文件的交付时间，每延误一天，应减收该项目应收设计费的 0.2%。

（3）合同生效后，设计人要求终止或解除合同，设计人应双倍返还定金。

6. 其他

（1）发包人提交合同约定的资料及文件超过规定期限 15 天以内，设计人按合同规定交付设计文件时间顺延；超过规定期限 15 天以上时，设计人员有权重新确定提交设计文件的时间。

（2）发包人要求设计人派专人留驻施工现场进行配合与解决有关问题时，双方应另行签订补充协议或技术咨询服务合同。

（3）如果合同约定设计人交付的设计资料及文件份数超过《工程设计收费标准》规定的份数，而在招标文件中又没有相应要求的，设计人可另收工本费。

（4）本工程设计资料及文件中，建筑材料、建筑构配件和设备应当注明其规格、型号、性能等技术指标，设计人不得指定生产厂、供应商。发包人需要设计人的设计人员配合加工订货时，所需要费用由发包人承担。

（5）发包人委托设计人配合引进项目的设计任务，从询价、对外谈判、国内外技术考察直至建成投产的各个阶段，应吸收承担有关设计任务的设计人员参加。出国费用，除制装费外，其他费用由发包人支付。

（6）发包人委托设计人承担本合同内容之外的工作服务，另行支付费用。

（7）由于不可抗力因素致使合同无法履行时，双方应及时协商解决。

7. 合同争议的解决

发包人、设计人应本着友好合作的精神及时协商解决一切合同争议，不过在合同中一般都应约定经协商乃至调解仍达不成协议时，是选择仲裁还是起诉，并约定具体的仲裁委员会仲裁或起诉法院。

8. 合同的生效与鉴证

合同自发包人、设计人签字盖章后成立，发包人支付设计定金后生效；设计合同还应按规定到省级建设行政主管部门指定的建设工程设计合同审查部门备案；当双方认为必要时，还可到项目所在地工商行政管理部门申请鉴证。

📖 本章小结

本章重点学习了建设工程勘察设计合同的订立及主要内容，在合同的订立中，应当熟悉合同的订立条件、合同当事人的资信与能力审查、合同订立的程序等内容。在合同的主要内容中，结合合同示范文本，应当掌握发包人和勘察设计人之间的责任与权利关系。

🐾 思考题

1. 建设工程勘察的含义是什么？
2. 建设工程设计的含义是什么？
3. 建设工程勘察合同的主要内容有哪些？
4. 建设工程设计合同的主要内容有哪些？
5. 建设工程勘察设计合同索赔的主要原因有哪些？

第 5 章　建设工程委托监理合同

✍ **本章导读**

本章介绍了建设工程监理合同的概念、特征，建设工程监理合同示范文本等相关内容。
5.1 节介绍建设工程监理合同概述，5.2 节介绍建设工程监理合同示范文本。

5.1　建设工程监理合同概述

5.1.1　建设工程监理合同的概念

建设工程委托监理合同简称监理合同，是指委托人与监理人就委托的工程项目管理内容签订的明确双方权利、义务的协议。

5.1.2　建设工程监理合同的特征

监理合同是委托合同的一种，除具有委托合同的共同特点外，还具有以下特点。

（1）监理合同的当事人双方应当是具有民事权力能力和民事行为能力、取得法人资格的企事业单位、其他社会组织，个人在法律允许的范围内也可以成为合同当事人。

委托人必须是具有国家批准的建设项目，落实投资计划的企事业单位、其他社会组织及个人，作为受托人必须是依法成立具有法人资格的监理企业，并且所承担的工程监理业务应与企业资质等级和业务范围相符合。

（2）监理合同委托的工作内容必须符合工程项目建设程序，遵守有关法律、行政法规。监理合同是以对建设工程项目实施控制和管理为主要内容，因此监理合同必须符合建设工程项目的程序，符合国家和建设行政主管部门颁发的有关建设工程的法律、行政法规、部门规章和各种标准、规范要求。

（3）委托监理合同的标的是服务。建设工程实施阶段所签订的其他合同，如勘察设计合同、施工承包合同、物资采购合同、加工承揽合同的标的物是产生新的物质成果或信息成果，而监理合同的标的是服务，即监理工程师凭据自己的知识、经验、技能受业主委托为其所签订其他合同的履行实施监督和管理。

5.2　建设工程监理合同示范文本

5.2.1　建设工程监理合同组成

1995 年 10 月 9 日，建设部和工商行政管理局颁发了《建设工程委托监理（合同示范文本）》，2000 年进行了修订，发布了新的《建设工程委托监理合同（示范文本）》（GF—95—0202），《建设工程委托监理合同（示范文本）》由"工程建设委托监理合同"（下称"合同"）、"建设工程委托监理合同标准条件"（下称"标准条件"）、"建设工程委托监理合同专用条件"（下称"专用条件"）组成。

5.2.2　工程建设委托监理合同

"合同"是一个总的协议，是纲领性的法律文件。其中明确了当事人双方确定的委托监理工程的概况（工程名称、地点、工程规模、总投资）；委托人向监理人支付报酬的期限和方式；合同签订、生效、完成时间；双方愿意履行约定的各项义务的表示。"合同"是一份标准的格式文件，经当事人双方在有限的空格内填写具体规定的内容并签字盖章后，即发生法律效力。

对委托人和监理人有约束力的合同，除双方签署的"合同"协议外，还包括以下文件：
- 监理委托函或中标函；
- 建设工程委托监理合同标准条件；
- 建设工程委托监理合同专用条件；
- 在实施过程中双方共同签署的补充与修正文件。

监理合同文本如下。

A10　建设工程监理合同协议书

委托人（全称）：

监理人（全称）：

依据《中华人民共和国合同法》、《中华人民共和国建筑法》及其他有关法律、行政法规，遵循平等、自愿、公平和诚实信用的原则，双方就本工程委托的监理服务和相关服务事项协商一致，订立本合同。

一、工程概况

委托人委托监理人服务的工程概况如下：

1. 工程名称：

2. 工程地点：

3. 工程规模：

4. 工程总投资：

二、词语限定

本合同协议书的相关词语含义与通用条件、专用条件中的定义相同。

三、合同文件组成

下列文件均为本合同的组成部分：

1. 协议书；

2. 中标函或委托书；

3. 监理投标函；

4. 通用条件；

5. 专用条件；

6. 附录，即：

附录 A——服务范围和内容；

附录 B——委托人提供的人员、设备和设施；

附录 C——收费金额和支付。

7. 在实施过程中双方共同签署的补充与修正文件。

四、双方承诺

1. 监理人向委托人承诺，按照本合同的规定，承担本合同附录 A 中约定范围内的服务。

2. 委托人向监理人承诺，按照本合同附录 B 中约定为监理人开展正常的监理工作提供相应的设备、设施和人员，并按附录 C 中注明的期限、方式、币种，向监理人支付监理服务费用。

五、服务期限

本合同附录 A 中约定的服务自＿＿＿＿年＿＿＿月＿＿＿日开始，至＿＿＿＿年＿＿＿月＿＿＿日完成。

六、合同的订立及生效

合同订立时间：＿＿＿＿年＿＿＿月＿＿＿日

合同订立地点：＿＿＿＿＿＿＿＿＿＿＿

本合同双方约定＿＿＿＿＿＿＿＿后生效。

本合同一式＿＿＿＿份，具有同等法律效力，双方各执＿＿＿＿份。

委托人：（签章）	委托人：（签章）
地址：	地址：
法定代表人：（签章）	法定代表人：（签章）
开户银行：	开户银行：
账号：	账号：
邮编：	邮编：
电话：	电话：

5.2.3　建设工程委托监理合同标准条件

建设工程委托监理合同标准条件，其内容涵盖了合同中所用词语定义，适用范围和法规，签约双方的责任、权利和义务，合同生效变更与终止，监理报酬，争议的解决，以及其他一些情况。它是委托监理合同的通用文件，适用于各类建设工程项目监理。各个委托人、监理人都应遵守。

1. 监理人应完成的监理工作

监理工作包括：正常工作（合同专用条款中约定）、附加工作和额外工作。

1）附加工作

"附加工作"是指与完成正常工作相关，在委托正常监理工作范围以外监理人应完成的工作。可能包括以下几种。

（1）由于委托人、第三方原因，使监理工作受到阻碍或延误，以致增加了工作量或延续时间。

（2）增加监理工作的范围和内容等。如由于委托人或承包人的原因，承包合同不能按期竣工而必须延长的监理工作时间。又如委托人要求监理人就施工中采用新工艺施工部分编制质量检测合格标准等都属于附加监理工作。

2）额外工作

"额外工作"是指正常工作和附加工作以外的工作，即非监理人自己的原因而暂停或终止监理业务，其善后工作及恢复监理业务前不超过 42 天的准备工作时间。

如合同履行过程中发生不可抗力，承包人的施工被迫中断，监理工程师应完成的确认灾害发生前承包人已完成工程的合格和不合格部分、指示承包人采取应急措施等，以及灾害消失后恢复施工前必要的监理准备工作。

由于附加工作和额外工作是委托正常工作之外要求监理人必须履行的义务，因此委托人在其完成工作后应另行支付附加监理工作报告酬金和额外监理工作酬金，但酬金的计算办法应在专用条款内予以约定。

2. 监理合同有效期

尽管双方签订《建设工程委托监理合同》中注明"本合同自×年×月×日开始实施，至×年×月×日完成"，但此期限仅指完成正常监理工作预定的时间，并不就一定是监理合同的有效期。监理合同的有效期即监理人的责任期，不是用约定的日历天数为准，而是以监理人是否完成了包括附加和额外工作的义务来判定。因此通用条款规定，监理合同的有效期为双方签订合同后，工程准备工作开始，到监理人向委托人办理完竣工验收或工程移交手续，承包人和委托人已签订工程保修责任书，监理收到监理报酬尾款，监理合同才终止。如果保修期间仍需监理人执行相应的监理工作，双方应在专用条款中另行约定。

3. 双方的义务

1）委托人义务

（1）委托人应负责建设工程的所有外部关系的协调工作，满足开展监理工作所需提供的外部条件。

（2）与监理人做好协调工作。委托人要授权一位熟悉建设工程情况，能迅速做出决定的常驻代表，负责与监理人联系。更换此人要提前通知监理人。

（3）为了不耽搁服务，委托人应在合理的时间内就监理人以书面形式提交并要求做出决定的一切事宜做出书面决定。即及时做出书面决定的义务。

（4）为监理人顺利履行合同义务，做好协助工作。协助工作包括以下几方面内容。

① 将授予监理人的监理权利，以及监理人监理机构主要成员的职能分工、监理权限及时书面通知已选定的第三方，并在第三方签订的合同中予以明确。

② 在双方议定的时间内，免费向监理人提供与工程有关的监理服务所需要的工程资料。

③ 为监理人驻工地监理机构开展正常工作提供协助服务。服务内容包括信息服务、物质服务和人员服务三个方面。

信息服务是指协助监理人获取工程使用的原材料、构配件、机构设备等生产厂家名录，以掌握产品质量信息，向监理人提供与本工程有关的协作单位、配合单位的名录，以方便监理工作的组织协调。

物质服务是指免费向监理人提供合同专用条件约定的设备、设施、生活条件等。这些属于委托人财产的设备和物品，在监理任务完成和终止时，监理人应将其交还委托人。如果双方议定某些本应由委托人提供的设备由监理人自备，则应给监理人合理的经济补偿。对于这种情况，要在专用条件的相应条款内明确经济补偿的计算方法，通常为

$$补偿金额 = 设施在工程使用时间占折旧年限的比例 \times 设施原值 + 管理费$$

人员服务是指如果双方议定，委托人应免费向监理人提供职员和服务人员，也应在专用条件中写明提供的人数和服务时间。当涉及监理服务工作时，委托人所提供的职员只应从监理工程师处接受指示。监理人应与这些提供服务人员密切合作，但不对他们的失职行为负责。如委托人选定某一科研机构的实验室负责对材料和工艺质量的检测试验，并与其签订委托合同。试验机构的人员应接受监理工程师的指示完成相应的试验工作，但监理人既不对检测试验数据的错误负责，也不对由此而导致的判断失误负责。

2）监理人义务

（1）监理人在履行合同的义务期间，应运用合理的技能认真勤奋地工作，公正地维护有关方面的合法权益。当委托人发现监理人员不按监理合同履行监理职责，或与承包人串通给委托人或工程造成损失时，委托人有权要求监理人更换监理人员，直到终止合同并要求监理人承担相应的赔偿责任或连带赔偿责任。

（2）合同履行期间应按合同约定派驻足够的人员从事监理工作。开始执行监理业务前向委托人报送派往该工程项目的总监理工程师及该项目监理机构的人员情况。合同履行过程中如果需要调换总监理工程师，必须首先经过委托人同意，并派出具有相应资质和能力的人员。

（3）在合同期内或合同终止后，未征得有关方同意，不得泄露与本工程、合同业务有关的保密资料。

（4）任何由委托人提供的供监理人使用的设施和物品都属于委托人的财产，监理工作完成或中止时，应将设施和剩余物品归还委托人。

（5）非经委托人书面同意，监理人及其职员不应接受委托监理合同约定以外的与监理工程有关的报酬，以保证监理行为的公正性。

（6）监理人不得参与可能与合同规定的与委托人利益相冲突的任何活动。

（7）在监理过程中，不得泄露委托人申明的秘密，亦不得泄露设计、承包等单位申明的秘密。

（8）负责合同的协调管理工作。在委托工程范围内，委托人或承包人对对方的任何意见和要求（包括索赔要求），均必须首先向监理机构提出，由监理机构研究处置意见，再同双方协商确定。当委托人和承包人发生争议时，监理机构应根据自己的职能，以独立的身份判断，公正地进行调解。当双方的争议由政府行政主管部门调解或仲裁机构仲裁时，应当提供作证的事实材料。

4. 违约责任的规定

（1）监理人应按照法律法规及本合同约定履行义务并承担相应的责任。

① 监理人应按照有关法律法规及本合同对工程施工的质量和安全实施监督管理，对工作失职造成损失的，承担相应的监理责任。

② 监理人未履行本合同约定的义务，对应当监督检查的项目不检查或不按规定检查或因工作过失，给委托人造成损失的，应当承担相应的赔偿责任并支付赔偿金。

$$赔偿金＝直接经济损失×受损失部分的相应收费金额比率$$

赔偿金累计数额不超过监理人的服务收费金额总额（扣除税金）。

③ 监理人向委托人的索赔不成立时，监理人应补偿委托人由该索赔引起的费用。

④ 因承包人违反承包合同约定或监理人的指令，发生工程质量安全事故、导致工期延误等造成损失，且监理人无过失的，监理人不承担赔偿责任。

⑤ 因不可抗力导致本合同不能全部或部分履行，监理人不承担相应的责任。

委托人责任如下。

（2）委托人应按照法律法规及本合同约定履行义务并承担相应的责任

① 委托人应按照法律法规对本工程的实施取得相应政府部门的许可，如果委托人违反有关规定未取得许可擅自实施工程，对监理人造成的损失，应承担相应的责任。

② 委托人违反本合同约定或因其他非监理人原因造成监理人的经济损失，委托人应予以赔偿或补偿。

③ 委托人向监理人的索赔不成立时，应补偿监理人由该索赔引起的费用。

④ 委托人未能按合同附录 C 的约定支付监理服务费用，应承担违约责任。

（3）委托人可要求监理人对监理人的过失责任进行保险，保险费用由委托人承担。

5. 合同生效、变更与终止

（1）按协议书中的约定生效。

（2）双方按协议书中约定的开始和完成时间作为本合同的服务期限，但根据双方补充协议调整服务期限的除外。

（3）任何一方提出变更请求时，经双方协商一致后可进行变更。

（4）由于非监理人原因导致服务时间延长、服务内容增加，经双方协商一致，所延长的服务时间、增加的服务内容视为附加服务。委托人应按专用条件的约定向监理人支付附加监理服务费用。

① 由于委托人或承包人的原因使监理人的服务受到阻碍或延误，监理人应当将此情况与可能产生的影响及时通知委托人。监理人完成的此项服务应视为附加服务。

② 如果委托人书面提出专用条件约定以外的相关服务要求，监理人完成此项服务应视为附加服务。

③ 如果委托人以书面形式提出要求，监理人应提交变更服务的建议方案，该建议方案的编写和提交应视为附加服务。

④ 本合同生效后，如果实际情况发生变化，使得监理人不能提供全部或部分服务时，监理人应立即通知委托人。其善后工作及恢复服务的准备工作，应视为附加服务。监理人用于恢复服务的准备时间不应超过 42 日。

⑤ 委托人将部分或全部外部协调工作委托监理人承担，则应视为附加工作，并在专用条件中明确委托的工作内容和相应的监理服务费用。

（5）满足以下全部条件，本合同即终止：

● 本工程已办理竣工验收或工程移交手续；

● 监理人完成本合同约定的工程监理及相关服务全部工作；

● 委托人与监理人结清并支付监理服务费用。

（6）在本合同有效期内，由于双方无法预见和控制的原因导致本合同全部或部分服务无法继续履行或继续履行已无意义，委托人可以提前要求解除本合同或解除监理人的部分义务。监理人应立即作出合理安排，停止全部或部分服务，并使开支减至最小。

委托人应在 28 日前向监理人发出解除合同或解除监理人部分义务的通知，因解除合同或监理人部分义务导致监理人的损失，除依法可以免除责任的情况外，应由委托人予以赔偿。

解除合同的协议必须采取书面形式，协议未达成之前，原合同仍然有效。

① 由于非监理人的原因导致工程建设全部或部分暂停，委托人可以书面形式通知监理人要求暂停全部或部分服务。

监理人应立即安排停止服务并将开支减至最小。委托人应将有关决定以书面形式通知监理人。由此导致监理人的损失应由委托人予以相应补偿。

监理人暂停部分工程监理及相关服务持续时间超过 182 日，监理人可发出解除合同约定该部分义务的通知；若全部暂停服务的持续时间超过 182 日，监理人可发出解除合同的通知。合同解除日为发出解除合同的通知之日起第 14 日。

② 如果因非监理人原因，导致监理人不能全部或部分履行合同约定服务时，监理人应立即通知委托人，要求暂停全部或部分合同约定的服务。

当暂停原因消除后，监理人应尽快恢复履行合同约定的服务。

③ 当监理人无正当理由而未履行其合同约定的义务时，委托人可以书面形式通知监理人要求限期改正。若委托人在发出通知后 14 日内没有收到监理人书面形式的合理解释，则可在 7 日内发出解除本合同的通知。发出解除合同通知后的第 14 日合同解除。

监理人应承担相应的违约责任，委托人按专用条件的约定将工程监理及相关服务费用支付至合同解除日。

④ 监理人在本合同约定的支付之日起 28 日后仍未收到服务费，则监理人可向委托人发出催付通知。通知发出后 14 日委托人仍未支付或提出监理人可以接受的延后支付安排，监理人可向委托人发出暂停服务的通知并自行暂停全部或部分服务。暂停服务后 14 日内监理人仍未获得服务费用或委托人的合理答复，监理人可向委托人发出解除合同的通知。合同解除日为应支付服务费用之日起第 56 日。

委托人通知暂停工程监理及相关服务且暂停期超过 182 日，监理人可发出解除合同的通知。合同解除日为发出解除合同的通知之日起第 14 日。

委托人应承担解除合同的违约责任。

(7) 本合同解除后，合同约定的有关的结算、清理、争议条款仍然有效。

5.2.4　建设工程委托监理合同的专用条件

由于标准条件适用于各种行业和专业项目的建设工程监理，因此其中的某些条款规定得比较笼统，需要在签订具体工程项目监理合同时，结合地域特点、专业特点和委托监理项目的工程特点，对标准条件中的某些条款进行补充、修正。

所谓"补充"是指标准条件中的条款明确规定，在该条款确定的原则下，专用条件的条款中进一步明确具体内容，使两个条件中相同序号的条款共同组成一条内容完备的条款。如标准条件中规定"建设工程委托监理合同适用的法律是国家法律、行政法规，以及专用条件中议定的部门规章或工程所在地的地方法规、地方章程。"就具体工程监理项目来说，要求在专用条件的相同序号条款内写入履行本合同必须遵循的部门规章和地方法规的名称，作为双方都必须遵守的条件。

所谓"修改"是指标准条件中规定的程序方面的内容，如果双方认为不合适，可以协议修改。如标准条件中规定"委托人对监理人提交的支付通知书中酬金或部分酬金项目提出异议，应在收到支付通知书24小时内向监理人发出异议的通知。"如果委托人认为这个时间太短，在与监理人协商达成一致意见后，可在专用条件的相同序号条款内另行写明具体的延长时间，如改为48小时。

专用条件主要内容有：

- 合同采用的语言；
- 适用的标准规范；
- 本合同委托服务范围；
- 总监及监理工程师人员名单；
- 监理工程师授权范围；
- 双方约定的报告的种类、提交的时间等；
- 双方的代表；
- 赔偿责任与计算方法；
- 工程保修期内监理的工作约定；
- 奖励的计算方法；
- 保密承诺；
- 争议解决方法；
- 双方的联系方式等。

案例分析

案例1

一、基本案情

某工程项目，建设单位通过招标选择了一具有相应资质的监理单位承担施工招标代理和施工阶段监理工作，并在监理中标通知书发出后第45天，与该监理单位签订了委托监理合同。之后双方又另行签订了一份监理酬金比监理中标价降低10%的协议。

在施工公开招标中，有A、B、C、D、E、F、C、H等施工单位报名投标，建设单位最终确定G施工单位中标，并按照《建设工程施工合同（示范文本）》与该施工单位签订了施工合同。

工程按期进入安装调试阶段后，由于雷电引发了一场火灾。火灾结束后48小时内，G施工单位向项目监理机构通报了火灾损失情况：工程本身损失150万元；总价值100万元的待安装设备彻底报废；G施工单位人员烧伤所需医疗费及补偿费预计15万元，租赁的施工设备损坏赔偿10万元；其他单位临时停放在现场的一辆价值25万元的汽车被烧毁。另外，大火扑灭后G施工单位停工5天，造成其他施工机械闲置损失2万元及必要的管理保卫人员费用支出1万元，并预计工程所需清理、修复费用200万元。损失情况经项目监理机构审核属实。

问题：

（1）指出建设单位在监理招标和委托监理合同签订过程中的不妥之处，并说明理由。

（2）在施工招标资格预审中，监理单位认为A施工单位有资格参加投标是否正确？说明理由。

（3）指出施工招标评标委员会组成的不妥之处，说明理由，并写出正确作法。

（4）判别B、D、F、H四家施工单位的投标是否为有效标？说明理由。

（5）安装调试阶段发生的这场火灾是否属于不可抗力？指出建设单位和G施工单位应各自承担哪些损失或费用（不考虑保险因素）？

二、案例评析

（1）在监理中标通知书发出后第45天签订委托监理合同不妥，依照招标投标法，应于30天内签订合同。

在签订委托监理合同后双方又另行签订了一份监理酬金比监理中标价降低10%的协议不妥。依照招投标法，招标人和中标人不得再行订立背离合同实质性内容的其他协议。

（2）安装调试阶段发生的火灾属于不可抗力。建设单位应承担的费用包括工程本身损失150万元，其他单位临时停放在现场的汽车损失25万元，待安装的设备的损失100万元，工程所需清理、修复费用200万元。施工单位应承担的费用包括C施工单位人员烧伤所需医疗费及补偿费预计15万元，租赁的施工设备损坏赔偿10万元，大火扑灭后C施工单位停工5天，造成其他施工机械闲置损失2万元及必要的管理保卫人员费用支出1万元。

📖 本章小结

监理合同是指委托人与监理人就委托的工程项目管理内容签订的明确双方权利、义务的协议。

本章重点是监理合同的签订、内容、双方的责任和义务、违约责任。

本章难点是监理合同的签订、责任划分、违约处理。

😊 思考题

1. 依据委托监理合同示范文本的规定，正常监理酬金由哪几部分构成？

2. 监理合同中除正常的监理工作外，还包括哪些附加监理工作和额外监理工作？

3. 与材料供应合同相比，工程委托监理合同的法律特征有什么？

4. 某工程项目的监理合同约定，监理人负责该工程自开工建设到竣工验收移交为止的全部监理任务，则哪些情况中，损失应由监理人承担赔偿责任？

5. 依据委托监理合同示范文本的规定，什么情况下监理人可以单方面提出终止合同？

第6章　建设工程施工合同

📖 **本章导读**

本章主要介绍建设施工合同的基本概念、特点和订立过程。介绍《建设工程施工合同示范文本》（GF-2017-0201）的主要内容及其通用条款，介绍《标准施工招标文件》（2007年版）的主要内容。

6.1　建设工程施工合同概述

6.1.1　工程施工合同的概念

工程施工合同是发包人（建设单位、业主或总包单位）与承包人（施工单位）之间为完成商定的建设工程项目，确定双方权利和义务的协议。建设工程施工合同也称为建筑安装承包合同，建筑是指对工程进行营造的行为，安装主要是指与工程有关的线路、管道、设备等设施的装配。依照施工合同，承包人应完成一定的建筑、安装工程任务，发包人应提供必要的施工条件并支付工程价款。

工程施工合同是建设工程的主要合同，是工程建设质量控制、进度控制、投资控制的主要依据。在市场经济条件下，建设市场主体之间相互的权利义务关系主要是通过合同确立的，因此，在建设领域加强对施工合同的管理具有十分重要的意义。国家立法机关、国务院、国家建设行政管理部门都十分重视施工合同的规范工作，1999年3月15日九届全国人大第二次会议通过、1999年10月1日生效实施的《中华人民共和国合同法》对建设工程合同做了专章规定，《中华人民共和国建筑法》、《中华人民共和国招标投标法》、《建设工程施工合同管理办法》等也有许多涉及建设工程施工合同的规定，这些法律法规是我国建设工程施工合同订立和管理的依据。

施工合同的当事人是发包人和承包人，双方是平等的民事主体，双方签订施工合同，必须具备相应资质条件和履行施工合同的能力。

发包人是指在协议书中约定具有工程发包主体资格和支付工程价款能力的当事人及取得该当事人资格的合法继承人。可以是具备法人资格的国家机关、事业单位、国有企业、集体企业、私营企业、经济联合体和社会团体，也可以是依法登记的个人合伙、个体经营户或个人，即一切以协议、法院判决或其他合法完备手续取得发包人的资格，承认全部合同条件，能够而且愿意履行合同规定义务的合同当事人。与发包人合并的单位、兼并发包人的单位、购买发包人合同和接受发包人出让的单位和人员（合法继承人），均可成为发包人，履行合同规定的义务，享有合同规定的权利。发包人必须具备组织协调能力或委托给具备相应资质的监理单位承担。

承包人是指在协议书中约定、被发包人接受的具有工程施工承包主体资格的当事人及取得该当事人资格的合法继承人。承包人必须具备有关部门核定的资质等级并持有营业执照等证明文件。《建筑法》第十三条规定：建筑施工企业按照其拥有的注册资本、专业技术人员、技术装备和已完成的建筑工程业绩等资质条件，划分为不同的资质等级，经资质审查合格，取得相应等级的资质证书后，方可在其资质等级许可的范围内从事建筑活动。在施工合同实施过程中，工程师受发包人委托对工程进行管理。施工合同中的工程师是指本工程监理单位委派的总监理工程师或发包人指定的履行本合同的代表，其具体身份和职权由发包人承包人在专用条款中约定。

6.1.2　工程施工合同的特点

1. 合同标的物的特殊性

施工合同的标的物是特定建筑产品，不同于其他一般商品。首先，建筑产品的固定性和施工生产的流动性是区别于其他商品的根本特点。建筑产品是不动产，其基础部分与大地相连，不能移动，这就决定了每个施工合同相互之间具有不可替代性，而且施工队伍、施工机械必须围绕建筑产品不断移动。其次，由于建筑产品各有其特定的功能要求，其实物形态千差万别，种类庞杂，其外观、结构、使用目的、使用人都各不相同，这就要求每一个建筑产品都需单独设计和施工，即使可重复利用的标准设计或重复使用图纸，也应采取必要的修改设计才能施工，造成建筑产品的单体性和生产的单件性。再次建筑产品体积庞大，消耗的人力、物力、财力多，一次性投资额大。所有这些特点，必然在施工合同中表现出来，使得施工合同在明确标的物时，需要将建筑产品的幢数、面积、层数或高度、结构特征、内外装饰标准和设备安装要求等一一规定清楚。

2. 合同内容的多样性和复杂性

施工合同实施过程中涉及的主体有多种，且其履行期限长、标的额大。涉及的法律关系，除承包人与发包人的合同关系外，还涉及与劳务人员的劳动关系、与保险公司的保险关系、与材料设备供应商的买卖关系、与运输企业的运输关系，还涉及监理单位、分包人、保证单位等。施工合同除了应当具备合同的一般内容外，还应对安全施工、专利技术使用、地下障碍和文物发现、工程分包、不可抗力、工程设计变更、材料设备供应、运输和验收等内容作出规定。所有这些，都决定了施工合同的内容具有多样性和复杂性的特点，要求合同条款必须具体明确和完整。

我国建设工程施工合同示范文本通用条款就有十一大部分共 47 个条款，173 个子款；我国现行建设工程施工合同示范文本通用条款就有 20 条款，121 个子款；国际 FIDIC 施工合同通用条件有 25 节共 72 条款，194 个子款。

3. 合同履行期限的长期性

由于建设工程结构复杂、体积大、材料类型多、工作量大，使得工程生产周期都较长。因为工程建设的施工应当在合同签订后才开始，且需加上合同签订后到正式开工前的施工准备时间和工程全部竣工验收后、办理竣工结算及保修期间。在工程的施工过程中，还可能因为不可抗力、工程变更、材料供应不及时、一方违约等原因而导致工期延误，因而施工合同的履行期限具有长期性，变更较频繁，合同争议和纠纷也比较多。

4. 合同监督的严格性

由于施工合同的履行对国家经济发展、公民的工作与生活都有重大的影响，因此，国家对施工合同的监督是十分严格的。具体表现在以下几个方面。

（1）合同主体监督的严格性。建设工程施工合同主体一般是法人。发包人一般是经过批准进行工程项目建设的法人，必须有国家批准的建设项目，落实投资计划，并且应当具备相应的协调能力；承包人则必须具备法人资格，而且应当具备相应的从事施工的资质。无营业执照或无承包资质的单位不能作为建设工程施工合同的主体，资质等级低的单位不能越级承包建设工程。

（2）合同订立监督的严格性。订立建设工程施工合同必须以国家批准的投资计划为前提，即使是国家投资以外的、以其他方式筹集的投资也要受到当年的贷款规模和批准限额的限制，纳入当年投资规模的平衡，并经过严格的审批程序。建设工程施工合同的订立，还必须符合国家关于建设程序的规定。考虑到建设工程的重要性和复杂性，在施工过程中经常会发生影响合同履行的各种纠纷，因此，《合同法》要求：建设工程施工合同应当采用书面形式。

（3）合同履行监督的严格性。在施工合同的履行过程中，除了合同当事人应当对合同进行严格的管理外，合同的主管机关（工商行政管理部门）、建设主管部门、合同双方的上级主管部门、金融机构、解决合同争议的仲裁机关或人民法院，还有税务部门、审计部门及合同公证机关或鉴证机关等机构和部门，都要对施工合同的履行进行严格的监督。

6.1.3 工程施工合同订立

1. 订立施工合同应具备的条件

（1）初步设计已经批准。

（2）工程项目已经列入年度建设计划。

（3）有能够满足施工需要的设计文件和有关技术资料。

（4）建设资金和主要建筑材料设备来源已经落实。

（5）对于招投标工程，中标通知书已经下达。

2. 订立施工合同应当遵守的原则

遵守国家法律、法规和国家计划原则。订立施工合同，必须遵守国家法律、法规，也应遵守国家的建设计划和其他计划（如贷款计划）。建设工程施工对经济发展、社会生活有多方面的影响，国家有许多强制性的管理规定，施工合同当事人都必须遵守。

（1）平等、自愿、公平的原则。签订施工合同当事人双方都具有平等的法律地位，任何一方都不得强迫对方接受不平等的合同条件。当事人有权决定是否订立合同和合同内容，合同内容应当是双方当事人真实意思的体现，合同内容还应当是公平的，不能单纯损害一方的利益。对于显失公平的施工合同，当事人一方有权申请人民法院或仲裁机构予以变更或撤销。

（2）诚实信用的原则。当事人订立施工合同应该诚实信用，不得有欺诈行为，双方应当如实将自身和工程的情况介绍给对方。在施工合同履行过程中，当事人也应守信用，严格履行合同。

3. 订立施工合同的程序

施工合同的订立同样包括要约和承诺两个阶段。其订立方式有直接发包和招标发包两种。对于必须进行招标的建设项目，工程建设的施工都应通过招标投标确定承包人。

中标通知书发出后，中标人应当与招标人及时签订合同。《招标投标法》规定：招标人和中标人应当自中标通知书发出之日起 30 天内，按照招标文件和中标人的投标文件订立书面合同。招标人和中标人不得再行订立背离合同实质性内容的其他协议。

6.1.4　建设工程施工合同示范文本简介

为了规范和指导合同当事人双方的行为，完善合同管理制度，解决施工合同中存在的合同文本不规范、条款不完备、合同纠纷多等问题。国家建设部和国家工商行政管理局于 1991 年 3 月 31 日发布了首个《建设工程合同示范文本》（GF-91-0201），并于 1999 年、2013 年依据建设领域有关法律法规的变化，对该示范文本进行了修订，发布了《建设工程施工合同示范文本》（GF-99-0201）和《建设工程施工合同（示范文本）》（GF-2013-0201）。此后，在不断总结施工合同示范文本推行的经验的基础上，结合我国建设工程施工的实际情况，并借鉴国际上通用的土木工程施工合同的成熟经验和有效做法，2017 年 9 月 22 日颁布了最新版的《建设工程施工合同示范文本》（GF-2017-0201）（以下简称《示范文本》）。《示范文本》由合同协议书、通用合同条款和专用合同条款三部分组成。

《示范文本》为非强制性使用文本。《示范文本》适用于房屋建筑工程、土木工程、线路管道和设备安装工程、装修工程等建设工程的施工承发包活动，合同当事人可结合建设工程具体情况，根据《示范文本》订立合同，并按照法律法规规定和合同约定承担相应的法律责任及合同权利义务。

1. 合同协议书

合同协议书是《示范文本》中总纲性文件，是发包人与承包人依据《合同法》《建筑法》及其他有关法律、法规，遵循平等、自愿、公平和诚实信用的原则，就建设工程施工中最基本、最重要的事项协商一致而订立的合同。它规定了合同当事人双方最主要的权利义务，规定了组成合同的文件及合同当事人对履行合同义务的承诺，并且合同当事人在这份文件上签字盖章，因此具有很高的法律效力，在所有施工合同文件组成中具有最优的解释效力。

《示范文本》合同协议书共计 13 条，主要包括：工程概况、合同工期、质量标准、签约合同价和合同价格形式、项目经理、合同文件构成、承诺以及合同生效条件等重要内容，集中约定了合同当事人基本的合同权利义务。

2. 通用合同条款

通用合同条款是合同当事人根据《中华人民共和国建筑法》《中华人民共和国合同法》等法律法规的规定，就工程建设的实施及相关事项，对合同当事人的权利义务作出的原则性约定。

通用合同条款共计 20 条，具体条款分别为：一般约定、发包人、承包人、监理人、工程质量、安全文明施工与环境保护、工期和进度、材料与设备、试验与检验、变更、价格调整、合同价格、计量与支付、验收和工程试车、竣工结算、缺陷责任与保修、违约、不可抗力、保险、索赔和争议解决。前述条款安排既考虑了现行法律法规对工程建设的有关要求，也考虑了建设工程施工管理的特殊需要。

3. 专用合同条款

考虑到建设工程的内容各不相同，工期、造价等也随之变动，承包人发包人各自的能力、施工现场的环境和条件也各不相同，需要"专用条款"对"通用条款"进行必要的修改和补充，使两者成为双方当事人统一意愿的体现。

专用条款也有 20 条，与通用条款相对应，除此之外，还具有一个重要部分就是附件。附件是对施工合同当事人权利义务的进一步明确，并且使当事人的有关工作一目了然，便于执行和管理。附件中内容如下。

（1）协议书附件。

附件 1：承包人承揽工程项目一览表

（2）专用合同条款附件。

附件 2：发包人供应材料设备一览表

附件 3：工程质量保修书

附件 4：主要建设工程文件目录

附件 5：承包人用于本工程施工的机械设备表

附件 6：承包人主要施工管理人员表

附件 7：分包人主要施工管理人员表

附件 8：履约担保格式

附件 9：预付款担保格式

附件 10：支付担保格式

附件 11：暂估价一览表

在使用专用合同条款时，应注意以下事项。

（1）专用合同条款的编号应与相应的通用合同条款的编号一致。

（2）合同当事人可以通过对专用合同条款的修改，满足具体建设工程的特殊要求，避免直接修改通用合同条款。

（3）在专用合同条款中有横道线的地方，合同当事人可针对相应的通用合同条款进行细化、完善、补充、修改或另行约定；如无细化、完善、补充、修改或另行约定，则填写"无"或划"/"。

6.1.5　工程施工合同示范文本修订

自 1999 年 12 月 24 日颁发了新版《建设工程施工合同示范文本》（GF—99—0201）后，建设部和国家工商行政管理局根据最新颁布和实施的工程建设有关法律、法规，总结近十年施工合同示范文本推行的经验，借鉴国际通用土木工程施工合同的成熟经验和有效作法，结合我国建设工程施工的实际情况，更好地反映业主和工程项目多样化和灵活性的要求，近年来又开始修订新的《建设工程施工合同示范文本》。新的建设工程施工合同示范文本（修订稿）借鉴英国土木工程师学会（ICE）于 1995 年出版的第二版"新工程合同"（New Engineering Contract，NEC）的指导思想和结构形式，对原有的《建设工程施工合同示范文本》（GF—99—0201）作了较大的修改，主要由四个部分构成。

1. 第一部分：合同协议书

合同协议书由工程概况、工程承包范围、合同工期、质量标准、合同价款、组成合同的文件、词语定义、承包人承诺、发包人承诺、合同生效等组成。

2. 第二部分：合同选项表

合同选项表由主要选项和次要选项构成。

1）主要选项

首先确定合同形式的选择策略，即在下列主要选项中必须选择一种。

选项 A：采用固定总价形式的合同。

选项 B：采用固定单价形式的合同。

选项 C：采用可调价格形式的合同。

选项 D：采用成本加酬金形式的合同。

2）次要选项

然后考虑下列次要选项，可以不选，也可以任意组合选用。

选项 H：支付担保。

选项 I：履约担保。

选项 J：保密承诺。

选项 K：裁决。

选项 L：廉政责任。

3. 第三部分：通用条款

通用条款由核心条款、主要选项条款和次要选项条款构成。

核心条款包括：一般规定、双方一般权利和义务、施工组织设计和工期、质量与检验、安全施工、合同价款与支付、材料设备供应、工程变更、竣工验收与结算、违约、索赔和争议、其他等 11 个方面，主要内容与《建设工程施工合同示范文本》（GF—99—0201）基本相同。

主要选项条款包括：选项 A，采用固定总价形式的合同；选项 B，采用固定单价形式的合同；选项 C，采用可调价格形式的合同；选项 D，采用成本加酬金形式的合同。

次要选项条款包括：选项 H，支付担保（含支付担保、担保形式、担保有效期）；选项 I，履行担保（含履行担保、担保形式、担保有效期）；选项 J，保密承诺（含发包人保密承诺、承包人保密承诺、图纸保密、合同终止后保密）；选项 K，廉正责任（含严禁贿赂、廉正责任书）。

4. 第四部分：专用条款

专用条款由核心条款、主要选项条款、次要选项条款和附件构成。核心条款、主要选项条款、次要选项条款由合同双方当事人根据项目具体情况对通用条款进行修改、补充和完善。附件共有 10 个，包括：附件 1，承包人揽接工程项目一览表；附件 2，发包人供应材料设备一览表；附件 3，发包人支付委托保证合同；附件 4，发包人支付保函；附件 5，承包人履约委托保证合同；附件 6，承包人履约保函；附件 7，房屋建筑工程缺陷责任书；附件 8，建设工程廉正责任书；附件 9，裁判协议；附件 10，仲裁协议。

具体的内容按照修订后正式颁发的《建设工程施工合同示范文本》执行。本章仍然按照《建设工程施工合同示范文本》（GF—99—0201）介绍。

6.2 建设工程施工合同的主要内容

本节按照《建设工程施工合同示范文本》（GF—99—0201）介绍其通用条款的主要内容。

6.2.1 合同文件及解释顺序

组成合同的各项文件应互相解释，互为说明。除专用合同条款另有约定外，解释合同文件的优先顺序如下。

（1）合同协议书。

（2）中标通知书（如果有）。

（3）投标函及其附录（如果有）。

（4）专用合同条款及其附件。

（5）通用合同条款。

（6）技术标准和要求。

工程中使用的标准和规范指的是适用于工程的国家标准、行业标准、工程所在地的地方性标准，以及相应的规范、规程等，合同当事人有特别要求的，应在专用合同条款中约定。

发包人要求使用国外标准、规范的，发包人负责提供原文版本和中文译本，并在专用合同条款中约定提供标准规范的名称、份数和时间。

发包人对工程的技术标准、功能要求高于或严于现行国家、行业或地方标准的，应当在专用合同条款中予以明确。除专用合同条款另有约定外，应视为承包人在签订合同前已充分预见前述技术标准和功能要求的复杂程度，签约合同价中已包含由此产生的费用。

（7）图纸。

发包人应按照专用合同条款约定的期限、数量和内容向承包人免费提供图纸，并组织承包人、监理人和设计人进行图纸会审和设计交底。发包人至迟不得晚于"开工通知"载明的开工日期前 14 天向承包人提供图纸。

因发包人未按合同约定提供图纸导致承包人费用增加和（或）工期延误的，按照"因发包人原因导致工期延误"约定办理。

（8）已标价工程量清单或预算书。

（9）其他合同文件。

上述各项合同文件包括合同当事人就该项合同文件所作出的补充和修改，属于同一类内容的文件，应以最新签署的为准。

在合同订立及履行过程中形成的与合同有关的文件均构成合同文件组成部分，并根据其性质确定优先解释顺序。

合同履行中，双方有关工程的洽商、变更等书面协议或文件视为本合同的组成部分。在不违反法律和行政法规的前提下，当事人可以通过协商变更合同的内容，这些变更的协议或文件的效力高于其他合同文件，且签署在后的协议或文件效力高于签署在先的协议或文件。当合同文件内容含糊不清或不相一致时，在不影响工程正常进行的情况下，由发包人承包人协商解决。双方也可以提请负责监理的工程师作出解释。双方协商不成或不同意负责监理的工程师的解释时，按有关争议的约定处理。

合同以中国的汉语简体文字编写、解释和说明。合同当事人在专用合同条款中约定使用两种以上语言时，汉语为优先解释、说明合同的语言。在少数民族地区，双方可以约定使用少数民族语言文字书写和解释、说明施工合同。

6.2.2　关于双方的一般性约定

1. 发包人

1）许可或批准

发包人应遵守法律，并办理法律规定由其办理的许可、批准或备案，包括但不限于建设用地规划许可证、建设工程规划许可证、建设工程施工许可证、施工所需临时用水、临时用电、中断道路交通、临时占用土地等许可和批准。发包人应协助承包人办理法律规定的有关施工证件和批件。

因发包人原因未能及时办理完毕前述许可、批准或备案，由发包人承担由此增加的费用和（或）延误的工期，并支付承包人合理的利润。

2）发包人代表

发包人应在专用合同条款中明确其派驻施工现场的发包人代表的姓名、职务、联系方式及授权范围等事项。发包人代表在发包人的授权范围内，负责处理合同履行过程中与发包人有关的具体事宜。发包人代表在授权范围内的行为由发包人承担法律责任。发包人更换发包人代表的，应提前 7 天书面通知承包人。

发包人代表不能按照合同约定履行其职责及义务，并导致合同无法继续正常履行的，承包人可以要求发包人撤换发包人代表。

不属于法定必须监理的工程，监理人的职权可以由发包人代表或发包人指定的其他人员行使。

3）发包人人员

发包人应要求在施工现场的发包人人员遵守法律及有关安全、质量、环境保护、文明施工等规定，并保障承包人免于承受因发包人人员未遵守上述要求给承包人造成的损失和责任。

发包人人员包括发包人代表及其他由发包人派驻施工现场的人员。

4）施工现场、施工条件和基础资料的提供

（1）提供施工现场。

除专用合同条款另有约定外，发包人应最迟于开工日期 7 天前向承包人移交施工现场。

（2）提供施工条件。

除专用合同条款另有约定外，发包人应负责提供施工所需要的条件，包括：

① 将施工用水、电力、通信线路等施工所必需的条件接至施工现场内；

② 保证向承包人提供正常施工所需要的进入施工现场的交通条件；

③ 协调处理施工现场周围地下管线和邻近建筑物、构筑物、古树名木的保护工作，并承担相关费用；

④ 按照专用合同条款约定应提供的其他设施和条件。

（3）提供基础资料。

发包人应当在移交施工现场前向承包人提供施工现场及工程施工所必需的毗邻区域内供水、排水、供电、供气、供热、通信、广播电视等地下管线资料，气象和水文观测资料，地质勘察资料，相邻建筑物、构筑物和地下工程等有关基础资料，并对所提供资料的真实性、准确性和完整性负责。

按照法律规定确需在开工后方能提供的基础资料，发包人应尽其努力及时地在相应工程施工前的合理期限内提供，合理期限应以不影响承包人的正常施工为限。

（4）逾期提供的责任。

因发包人原因未能按合同约定及时向承包人提供施工现场、施工条件、基础资料的，由发包人承担由此增加的费用和（或）延误的工期。

5）资金来源证明及支付担保

除专用合同条款另有约定外，发包人应在收到承包人要求提供资金来源证明的书面通知后 28 天内，向承包人提供能够按照合同约定支付合同价款的相应资金来源证明。

除专用合同条款另有约定外，发包人要求承包人提供履约担保的，发包人应当向承包人提供支付担保。支付担保可以采用银行保函或担保公司担保等形式，具体由合同当事人在专用合同条款中约定。

6）支付合同价款

发包人应按合同约定向承包人及时支付合同价款。

7）组织竣工验收

发包人应按合同约定及时组织竣工验收。

8）现场统一管理协议

发包人应与承包人、由发包人直接发包的专业工程的承包人签订施工现场统一管理协议，明确各方的权利义务。施工现场统一管理协议作为专用合同条款的附件。

2. 承包人

1）承包人的一般义务

承包人在履行合同过程中应遵守法律和工程建设标准规范，并履行以下义务。

（1）办理法律规定应由承包人办理的许可和批准，并将办理结果书面报送发包人留存。

（2）按法律规定和合同约定完成工程，并在保修期内承担保修义务。

（3）按法律规定和合同约定采取施工安全和环境保护措施，办理工伤保险，确保工程及人员、材料、设备和设施的安全。

（4）按合同约定的工作内容和施工进度要求，编制施工组织设计和施工措施计划，并对所有施工作业和施工方法的完备性和安全可靠性负责。

（5）在进行合同约定的各项工作时，不得侵害发包人与他人使用公用道路、水源、市政管网等公共设施的权利，避免对邻近的公共设施产生干扰。承包人占用或使用他人的施工场地，影响他人作业或生活的，应承担相应责任。

（6）按照第6.3款（环境保护）约定负责施工场地及其周边环境与生态的保护工作。

（7）按第6.1款（安全文明施工）约定采取施工安全措施，确保工程及其人员、材料、设备和设施的安全，防止因工程施工造成的人身伤害和财产损失。

（8）将发包人按合同约定支付的各项价款专用于合同工程，且应及时支付其雇用人员工资，并及时向分包人支付合同价款。

（9）按照法律规定和合同约定编制竣工资料，完成竣工资料立卷及归档，并按专用合同条款约定的竣工资料的套数、内容、时间等要求移交发包人。

（10）应履行的其他义务。

2）项目经理

项目经理应为合同当事人所确认的人选，并在专用合同条款中明确项目经理的姓名、职称、注册执业证书编号、联系方式及授权范围等事项，项目经理经承包人授权后代表承包人负责履行合同。项目经理应是承包人正式聘用的员工，承包人应向发包人提交项目经理与承包人之间的劳动合同，以及承包人为项目经理缴纳社会保险的有效证明。承包人不提交上述文件的，项目经理无权履行职责，发包人有权要求更换项目经理，由此增加的费用和（或）延误的工期由承包人承担。

项目经理应常驻施工现场，且每月在施工现场时间不得少于专用合同条款约定的天数。项目经理不得同时担任其他项目的项目经理。项目经理确需离开施工现场时，应事先通知监理人，并取得发包人的书面同意。项目经理的通知中应当载明临时代行其职责的人员的注册执业资格、管理经验等资料，该人员应具备履行相应职责的能力。

承包人违反上述约定的，应按照专用合同条款的约定，承担违约责任。

项目经理按合同约定组织工程实施。在紧急情况下为确保施工安全和人员安全，在无法与发包人代表和总监理工程师及时取得联系时，项目经理有权采取必要的措施保证与工程有关的人身、财产和工程的安全，但应在48小时内向发包人代表和总监理工程师提交书面报告。

承包人需要更换项目经理的，应提前14天书面通知发包人和监理人，并征得发包人书面同意。通知中应当载明继任项目经理的注册执业资格、管理经验等资料，继任项目经理继续履行合同约定的职责。未经发包人书面同意，承包人不得擅自更换项目经理。承包人擅自更换项目经理的，应按照专用合同条款的约定承担违约责任。

发包人有权书面通知承包人更换其认为不称职的项目经理，通知中应当载明要求更换的理由。承包人应在接到更换通知后14天内向发包人提出书面的改进报告。发包人收到改进报告后仍要求更换的，承包人应在接到第二次更换通知的28天内进行更换，并将新任命的项目经理的注册执业资格、管理经验等资料书面通知发包人。继任项目经理继续履行《示范文本》第3.2.1项约定的职责。承包人无正当理由拒绝更换项目经理的，应按照专用合同条款的约定承担违约责任。

项目经理因特殊情况授权其下属人员履行其某项工作职责的，该下属人员应具备履行相应职责的能力，并应提前7天将上述人员的姓名和授权范围书面通知监理人，并征得发包人书面同意。

3）承包人人员

除专用合同条款另有约定外，承包人应在接到开工通知后7天内，向监理人提交承包人项目管理机构及施工现场人员安排的报告，其内容应包括合同管理、施工、技术、材料、质量、安全、财务等主要施工管理人员名单及其岗位、注册执业资格等，以及各工种技术工人的安排情况，并同时提交主要施工管理人员与承包人之间的劳动关系证明和缴纳社会保险的有效证明。

承包人派驻到施工现场的主要施工管理人员应相对稳定。施工过程中如有变动，承包人应及时向监理人提交施工现场人员变动情况的报告。承包人更换主要施工管理人员时，应提前7天书面通知监理人，并征得发包人书面同意。通知中应当载明继任人员的注册执业资格、管理经验等资料。

特殊工种作业人员均应持有相应的资格证明，监理人可以随时检查。

发包人对于承包人主要施工管理人员的资格或能力有异议的，承包人应提供资料证明被质疑人员有能力完成其岗位工作或不存在发包人所质疑的情形。发包人要求撤换不能按照合同约定履行职责及义务的主要施工管理人员的，承包人应当撤换。承包人无正当理由拒绝撤换的，应按照专用合同条款的约定承担违约责任。

除专用合同条款另有约定外，承包人的主要施工管理人员离开施工现场每月累计不超过5天的，应报监理人同意；离开施工现场每月累计超过5天的，应通知监理人，并征得发包人书面同意。主要施工管理人员离开施工现场前应指定一名有经验的人员临时代行其职责，该人员应具备履行相应职责的资格和能力，且应征得监理人或发包人的同意。

承包人擅自更换主要施工管理人员，或前述人员未经监理人或发包人同意擅自离开施工现场的，应按照专用合同条款约定承担违约责任。

4）承包人现场查勘

承包人应对基于发包人提交的基础资料所做出的解释和推断负责，但因基础资料存在错误、遗漏导致承包人解释或推断失实的，由发包人承担责任。

承包人应对施工现场和施工条件进行查勘，并充分了解工程所在地的气象条件、交通条件、风俗习惯以及其他与完成合同工作有关的其他资料。因承包人未能充分查勘、了解前述情况或未能充分估计前述情况所可能产生后果的，承包人承担由此增加的费用和（或）延误的工期。

5）分包

（1）分包的一般约定。

承包人不得将其承包的全部工程转包给第三人，或将其承包的全部工程肢解后以分包的名义转包给第三人。承包人不得将工程主体结构、关键性工作及专用合同条款中禁止分包的专业工程分包给第三人，主体结构、关键性工作的范围由合同当事人按照法律规定在专用合同条款中予以明确。

承包人不得以劳务分包的名义转包或违法分包工程。

（2）分包的确定。

承包人应按专用合同条款的约定进行分包，确定分包人。已标价工程量清单或预算书中给定暂估价的专业工程，按照暂估价确定分包人。按照合同约定进行分包的，承包人应确保分包人具有相应的资质和能力。工程分包不减轻或免除承包人的责任和义务，承包人和分包人就分包工程向发包人承担连带责任。除合同另有约定外，承包人应在分包合同签订后7天内向发包人和监理人提交分包合同副本。

（3）分包管理。

承包人应向监理人提交分包人的主要施工管理人员表，并对分包人的施工人员进行实名制管理，包括但不限于进出场管理、登记造册以及各种证照的办理。

（4）分包合同价款。

① 除按本项第②条约定的情况或专用合同条款另有约定外，分包合同价款由承包人与分包人结算，未经承包人同意，发包人不得向分包人支付分包工程价款。

② 生效法律文书要求发包人向分包人支付分包合同价款的，发包人有权从应付承包人工程款中扣除该部分款项。

（5）分包合同权益的转让。

分包人在分包合同项下的义务持续到缺陷责任期届满以后的，发包人有权在缺陷责任期届满前，要求承包人将其在分包合同项下的权益转让给发包人，承包人应当转让。除转让合同另有约定外，转让合同生效后，由分包人向发包人履行义务。

6）工程照管与成品、半成品保护

（1）除专用合同条款另有约定外，自发包人向承包人移交施工现场之日起，承包人应负责照管工程及工程相关的材料、工程设备，直到颁发工程接收证书之日止。

（2）在承包人负责照管期间，因承包人原因造成工程、材料、工程设备损坏的，由承包人负责修复或更换，并承担由此增加的费用和（或）延误的工期。

（3）对合同内分期完成的成品和半成品，在工程接收证书颁发前，由承包人承担保护责任。因承包人原因造成成品或半成品损坏的，由承包人负责修复或更换，并承担由此增加的费用和（或）延误的工期。

7）履约担保

发包人需要承包人提供履约担保的，由合同当事人在专用合同条款中约定履约担保的方式、金额及期限等。履约担保可以采用银行保函或担保公司担保等形式，具体由合同当事人在专用合同条款中约定。

因承包人原因导致工期延长的，继续提供履约担保所增加的费用由承包人承担；非因承包人原因导致工期延长的，继续提供履约担保所增加的费用由发包人承担。

8）联合体

（1）联合体各方应共同与发包人签订合同协议书。联合体各方应为履行合同向发包人承担连带责任。

（2）联合体协议经发包人确认后作为合同附件。在履行合同过程中，未经发包人同意，不得修改联合体协议。

（3）联合体牵头人负责与发包人和监理人联系，并接受指示，负责组织联合体各成员全面履行合同。

3. 监理人

1）监理人的一般规定

工程实行监理的，发包人和承包人应在专用合同条款中明确监理人的监理内容及监理权限等事项。监理人应当根据发包人授权及法律规定，代表发包人对工程施工相关事项进行检查、查验、审核、验收，并签发相关指示，但监理人无权修改合同，且无权减轻或免除合同约定的承包人的任何责任与义务。

除专用合同条款另有约定外，监理人在施工现场的办公场所、生活场所由承包人提供，所发生的费用由发包人承担。

2）监理人员

发包人授予监理人对工程实施监理的权利由监理人派驻施工现场的监理人员行使，监理人员包括总监理工程师及监理工程师。监理人应将授权的总监理工程师和监理工程师的姓名及授权范围以书面形式提前通知承包人。更换总监理工程师的，监理人应提前7天书面通知承包人；更换其他监理人员，监理人应提前48小时书面通知承包人。

3）监理人的指示

监理人应按照发包人的授权发出监理指示。监理人的指示应采用书面形式，并经其授权的监理人员签字。紧急情况下，为了保证施工人员的安全或避免工程受损，监理人员可以口头形式发出指示，该指示与书面形式的指示具有同等法律效力，但必须在发出口头指示后24小时内补发书面监理指示，补发的书面监理指示应与口头指示一致。

监理人发出的指示应送达承包人项目经理或经项目经理授权接收的人员。因监理人未能按合同约定发出指示、指示延误或发出了错误指示而导致承包人费用增加和（或）工期延误的，由发包人承担相应责任。除专用合同条款另有约定外，总监理工程师不应将第4.4款（商定或确定）约定应由总监理工程师作出确定的权力授权或委托给其他监理人员。

承包人对监理人发出的指示有疑问的，应向监理人提出书面异议，监理人应在48小时内对该指示予以确认、更改或撤销，监理人逾期未回复的，承包人有权拒绝执行上述指示。

监理人对承包人的任何工作、工程或其采用的材料和工程设备未在约定的或合理期限内提出意见的，视为批准，但不免除或减轻承包人对该工作、工程、材料、工程设备等应承担的责任和义务。

4）商定或确定

合同当事人进行商定或确定时，总监理工程师应当会同合同当事人尽量通过协商达成一致，不能达成一致的，由总监理工程师按照合同约定审慎做出公正的确定。

总监理工程师应将确定以书面形式通知发包人和承包人，并附详细依据。合同当事人对总监理工程师的确定没有异议的，按照总监理工程师的确定执行。任何一方合同当事人有异议，按照争议解决约定处理。争议解决前，合同当事人暂按总监理工程师的确定执行；争议解决后，争议解决的结果与总监理工程师的确定不一致的，按照争议解决的结果执行，由此造成的损失由责任人承担。

6.2.3 施工合同的质量控制条款

1. 质量要求

工程质量标准必须符合现行国家有关工程施工质量验收规范和标准的要求。有关工程质量的特殊标准或要求由合同当事人在专用合同条款中约定。

因发包人原因造成工程质量未达到合同约定标准的，由发包人承担由此增加的费用和（或）延误的工期，并支付承包人合理的利润。

因承包人原因造成工程质量未达到合同约定标准的，发包人有权要求承包人返工直至工程质量达到合同约定的标准为止，并由承包人承担由此增加的费用和（或）延误的工期。

2. 质量保证措施

1）发包人的质量管理

发包人应按照法律规定及合同约定完成与工程质量有关的各项工作。

2）承包人的质量管理

承包人按照施工组织设计约定向发包人和监理人提交工程质量保证体系及措施文件，建立完善的质量检查制度，并提交相应的工程质量文件。发包人和监理人违反法律规定和合同约定的错误指示，承包人有权拒绝实施。

承包人应对施工人员进行质量教育和技术培训，定期考核施工人员的劳动技能，严格执行施工规范和操作规程。

承包人应按照法律规定和发包人的要求，对材料、工程设备以及工程的所有部位及其施工工艺进行全过程的质量检查和检验，并作详细记录，编制工程质量报表，报送监理人审查。此外，承包人还应按照法律规定和发包人的要求，进行施工现场取样试验、工程复核测量和设备性能检测，提供试验样品、提交试验报告和测量成果以及其他工作。

3）监理人的质量检查和检验

监理人按照法律规定和发包人授权对工程的所有部位及其施工工艺、材料和工程设备进行检查和检验。承包人应为监理人的检查和检验提供方便，包括监理人到施工现场，或制造、加工地点，或合同约定的其他地方进行察看和查阅施工原始记录。监理人为此进行的检查和检验，不免除或减轻承包人按照合同约定应当承担的责任。

监理人的检查和检验不应影响施工正常进行。监理人的检查和检验影响施工正常进行的，且经检查检验不合格的，影响正常施工的费用由承包人承担，工期不予顺延；经检查检验合格的，由此增加的费用和（或）延误的工期由发包人承担。

3. 隐蔽工程检查

1）承包人自检

承包人应当对工程隐蔽部位进行自检，并经自检确认是否具备覆盖条件。

2）检查程序

除专用合同条款另有约定外，工程隐蔽部位经承包人自检确认具备覆盖条件的，承包人应在共同检查前48小时书面通知监理人检查，通知中应载明隐蔽检查的内容、时间和地点，并应附有自检记录和必要的检查资料。

监理人应按时到场并对隐蔽工程及其施工工艺、材料和工程设备进行检查。经监理人检查确认质量符合隐蔽要求，并在验收记录上签字后，承包人才能进行覆盖。经监理人检查质量不合格的，承包人应在监理人指示的时间内完成修复，并由监理人重新检查，由此增加的费用和（或）延误的工期由承包人承担。

除专用合同条款另有约定外，监理人不能按时进行检查的，应在检查前24小时向承包人提交书面延期要求，但延期不能超过48小时，由此导致工期延误的，工期应予以顺延。监理人未按时进行检查，也未提出延期要求的，视为隐蔽工程检查合格，承包人可自行完成覆盖工作，并作相应记录报送监理人，监理人应签字确认。监理人事后对检查记录有疑问的，可按重新检查的约定重新检查。

3）重新检查

承包人覆盖工程隐蔽部位后，发包人或监理人对质量有疑问的，可要求承包人对已覆盖的部位进行钻孔探测或揭开重新检查，承包人应遵照执行，并在检查后重新覆盖恢复原状。经检查证明工程质量符合合同要求的，由发包人承担由此增加的费用和（或）延误的工期，并支付承包人合理的利润；经检查证明工程质量不符合合同要求的，由此增加的费用和（或）延误的工期由承包人承担。

4）承包人私自覆盖

承包人未通知监理人到场检查，私自将工程隐蔽部位覆盖的，监理人有权指示承包人钻孔探测或揭开检查，无论工程隐蔽部位质量是否合格，由此增加的费用和（或）延误的工期均由承包人承担。

4. 不合格工程的处理

因承包人原因造成工程不合格的，发包人有权随时要求承包人采取补救措施，直至达到合同要求的质量标准，由此增加的费用和（或）延误的工期由承包人承担。无法补救的，按照拒绝接收全部或部分工程约定执行。

因发包人原因造成工程不合格的，由此增加的费用和（或）延误的工期由发包人承担，并支付承包人合理的利润。

5. 质量争议检测

合同当事人对工程质量有争议的，由双方协商确定的工程质量检测机构鉴定，由此产生的费用及因此造成的损失，由责任方承担。

合同当事人均有责任的，由双方根据其责任分别承担。合同当事人无法达成一致的，按照第商定或确定执行。

6.2.4 安全文明施工与环境保护

1. 安全文明施工

1）安全生产要求

合同履行期间，合同当事人均应当遵守国家和工程所在地有关安全生产的要求，合同当事人有特别要求的，应在专用合同条款中明确施工项目安全生产标准化达标目标及相应事项。承包人有权拒绝发包人及监理人强令承包人违章作业、冒险施工的任何指示。

在施工过程中，如遇到突发的地质变动、事先未知的地下施工障碍等影响施工安全的紧急情况，承包人应及时报告监理人和发包人，发包人应当及时下令停工并报政府有关行政管理部门采取应急措施。

因安全生产需要暂停施工的，按照暂停施工的约定执行。

2）安全生产保证措施

承包人应当按照有关规定编制安全技术措施或者专项施工方案，建立安全生产责任制度、治安保卫制度及安全生产教育培训制度，并按安全生产法律规定及合同约定履行安全职责，如实编制工程安全生产的有关记录，接受发包人、监理人及政府安全监督部门的检查与监督。

3）特别安全生产事项

承包人应按照法律规定进行施工，开工前做好安全技术交底工作，施工过程中做好各项安全防护措施。承包人为实施合同而雇用的特殊工种的人员应受过专门的培训并已取得政府有关管理机构颁发的上岗证书。

承包人在动力设备、输电线路、地下管道、密封防震车间、易燃易爆地段以及临街交通要道附近施工时，施工开始前应向发包人和监理人提出安全防护措施，经发包人认可后实施。

实施爆破作业，在放射、毒害性环境中施工（含储存、运输、使用）及使用毒害性、腐蚀性物品施工时，承包人应在施工前 7 天以书面通知发包人和监理人，并报送相应的安全防护措施，经发包人认可后实施。

需单独编制危险性较大分部分项专项工程施工方案的，及要求进行专家论证的超过一定规模的危险性较大的分部分项工程，承包人应及时编制和组织论证。

4）治安保卫

除专用合同条款另有约定外，发包人应与当地公安部门协商，在现场建立治安管理机构或联防组织，统一管理施工场地的治安保卫事项，履行合同工程的治安保卫职责。

发包人和承包人除应协助现场治安管理机构或联防组织维护施工场地的社会治安外，还应做好包括生活区在内的各自管辖区的治安保卫工作。

除专用合同条款另有约定外，发包人和承包人应在工程开工后 7 天内共同编制施工场地治安管理计划，并制定应对突发治安事件的紧急预案。在工程施工过程中，发生暴乱、爆炸等恐怖事件，以及群殴、械斗等群体性突发治安事件的，发包人和承包人应立即向当地政府报告。发包人和承包人应积极协助当地有关部门采取措施平息事态，防止事态扩大，尽量避免人员伤亡和财产损失。

5）文明施工

承包人在工程施工期间，应当采取措施保持施工现场平整，物料堆放整齐。工程所在地有关政府行政管理部门有特殊要求的，按照其要求执行。合同当事人对文明施工有其他要求的，可以在专用合同条款中明确。

在工程移交之前，承包人应当从施工现场清除承包人的全部工程设备、多余材料、垃圾和各种临时工程，并保持施工现场清洁整齐。经发包人书面同意，承包人可在发包人指定的地点保留承包人履行保修期内的各项义务所需要的材料、施工设备和临时工程。

6）安全文明施工费

安全文明施工费由发包人承担，发包人不得以任何形式扣减该部分费用。因基准日期后合同所适用的法律或政府有关规定发生变化，增加的安全文明施工费由发包人承担。

承包人经发包人同意采取合同约定以外的安全措施所产生的费用，由发包人承担。未经发包人同意的，如果该措施避免了发包人的损失，则发包人在避免损失的额度内承担该措施费。如果该措施避免了承包人的损失，由承包人承担该措施费。

除专用合同条款另有约定外，发包人应在开工后 28 天内预付安全文明施工费总额的50%，其余部分与进度款同期支付。发包人逾期支付安全文明施工费超过 7 天的，承包人有权向发包人发出要求预付的催告通知，发包人收到通知后 7 天内仍未支付的，承包人有权暂停施工，并按发包人违约的情形执行。

承包人对安全文明施工费应专款专用，承包人应在财务账目中单独列项备查，不得挪作他用，否则发包人有权责令其限期改正；逾期未改正的，可以责令其暂停施工，由此增加的费用和（或）延误的工期由承包人承担。

7）紧急情况处理

在工程实施期间或缺陷责任期内发生危及工程安全的事件，监理人通知承包人进行抢救，承包人声明无能力或不愿立即执行的，发包人有权雇佣其他人员进行抢救。此类抢救按合同约定属于承包人义务的，由此增加的费用和（或）延误的工期由承包人承担。

8）事故处理

工程施工过程中发生事故的，承包人应立即通知监理人，监理人应立即通知发包人。发包人和承包人应立即组织人员和设备进行紧急抢救和抢修，减少人员伤亡和财产损失，防止事故扩大，并保护事故现场。需要移动现场物品时，应作出标记和书面记录，妥善保管有关证据。发包人和承包人应按国家有关规定，及时如实地向有关部门报告事故发生的情况，以及正在采取的紧急措施等。

9）安全生产责任

（1）发包人的安全责任。

发包人应负责赔偿以下各种情况造成的损失：

① 工程或工程的任何部分对土地的占用所造成的第三者财产损失；

② 由于发包人原因在施工场地及其毗邻地带造成的第三者人身伤亡和财产损失；

③ 由于发包人原因对承包人、监理人造成的人员人身伤亡和财产损失；

④ 由于发包人原因造成的发包人自身人员的人身伤害以及财产损失。

（2）承包人的安全责任。

由于承包人原因在施工场地内及其毗邻地带造成的发包人、监理人以及第三者人员伤亡和财产损失，由承包人负责赔偿。

2. 职业健康

1）劳动保护

承包人应按照法律规定安排现场施工人员的劳动和休息时间，保障劳动者的休息时间，并支付合理的报酬和费用。承包人应依法为其履行合同所雇用的人员办理必要的证件、许可、保险和注册等，承包人应督促其分包人为分包人所雇用的人员办理必要的证件、许可、保险和注册等。

承包人应按照法律规定保障现场施工人员的劳动安全，并提供劳动保护，并应按国家有关劳动保护的规定，采取有效的防止粉尘、降低噪声、控制有害气体和保障高温、高寒、高空作业安全等劳动保护措施。承包人雇佣人员在施工中受到伤害的，承包人应立即采取有效措施进行抢救和治疗。

承包人应按法律规定安排工作时间，保证其雇佣人员享有休息和休假的权利。因工程施工的特殊需要占用休假日或延长工作时间的，应不超过法律规定的限度，并按法律规定给予补休或付酬。

2）生活条件

承包人应为其履行合同所雇用的人员提供必要的膳宿条件和生活环境；承包人应采取有效措施预防传染病，保证施工人员的健康，并定期对施工现场、施工人员生活基地和工程进行防疫和卫生的专业检查和处理，在远离城镇的施工场地，还应配备必要的伤病防治和急救的医务人员与医疗设施。

3）环境保护

承包人应在施工组织设计中列明环境保护的具体措施。在合同履行期间，承包人应采取合理措施保护施工现场环境。对施工作业过程中可能引起的大气、水、噪音以及固体废物污染采取具体可行的防范措施。

承包人应当承担因其原因引起的环境污染侵权损害赔偿责任，因上述环境污染引起纠纷而导致暂停施工的，由此增加的费用和（或）延误的工期由承包人承担。

6.2.5　施工合同的进度控制条款

1. 施工进度计划

1）施工进度计划的编制

承包人应按照施工组织设计约定提交详细的施工进度计划，施工进度计划的编制应当符合国家法律规定和一般工程实践惯例，施工进度计划经发包人批准后实施。施工进度计划是控制工程进度的依据，发包人和监理人有权按照施工进度计划检查工程进度情况。

2）施工进度计划的修订

施工进度计划不符合合同要求或与工程的实际进度不一致的，承包人应向监理人提交修订的施工进度计划，并附具有关措施和相关资料，由监理人报送发包人。除专用合同条款另有约定外，发包人和监理人应在收到修订的施工进度计划后 7 天内完成审核和批准或提出修改意见。发包人和监理人对承包人提交的施工进度计划的确认，不能减轻或免除承包人根据法律规定和合同约定应承担的任何责任或义务。

2. 开工

1）开工准备

除专用合同条款另有约定外，承包人应按照施工组织设计约定的期限，向监理人提交工程开工报审表，经监理人报发包人批准后执行。开工报审表应详细说明按施工进度计划正常施工所需的施工道路、临时设施、材料、工程设备、施工设备、施工人员等落实情况以及工程的进度安排。

除专用合同条款另有约定外，合同当事人应按约定完成开工准备工作。

2）开工通知

发包人应按照法律规定获得工程施工所需的许可。经发包人同意后，监理人发出的开工通知应符合法律规定。监理人应在计划开工日期 7 天前向承包人发出开工通知，工期自开工通知中载明的开工日期起算。

除专用合同条款另有约定外，因发包人原因造成监理人未能在计划开工日期之日起 90 天内发出开工通知的，承包人有权提出价格调整要求，或者解除合同。发包人应当承担由此增加的费用和（或）延误的工期，并向承包人支付合理利润。

3. 测量放线

除专用合同条款另有约定外，发包人应在至迟不得晚于开工通知载明的开工日期前 7 天通过监理人向承包人提供测量基准点、基准线和水准点及其书面资料。发包人应对其提供的测量基准点、基准线和水准点及其书面资料的真实性、准确性和完整性负责。

承包人发现发包人提供的测量基准点、基准线和水准点及其书面资料存在错误或疏漏的，应及时通知监理人。监理人应及时报告发包人，并会同发包人和承包人予以核实。发包人应就如何处理和是否继续施工作出决定，并通知监理人和承包人。

承包人负责施工过程中的全部施工测量放线工作，并配置具有相应资质的人员、合格的仪器、设备和其他物品。承包人应矫正工程的位置、标高、尺寸或准线中出现的任何差错，并对工程各部分的定位负责。

施工过程中对施工现场内水准点等测量标志物的保护工作由承包人负责。

4. 工期延误

1）因发包人原因导致工期延误

在合同履行过程中，因下列情况导致工期延误和（或）费用增加的，由发包人承担由此延误的工期和（或）增加的费用，且发包人应支付承包人合理的利润：

① 发包人未能按合同约定提供图纸或所提供图纸不符合合同约定的；

② 发包人未能按合同约定提供施工现场、施工条件、基础资料、许可、批准等开工条件的；

③ 发包人提供的测量基准点、基准线和水准点及其书面资料存在错误或疏漏的；

④ 发包人未能在计划开工日期之日起 7 天内同意下达开工通知的；

⑤ 发包人未能按合同约定日期支付工程预付款、进度款或竣工结算款的；

⑥ 监理人未按合同约定发出指示、批准等文件的；

⑦ 专用合同条款中约定的其他情形。

因发包人原因未按计划开工日期开工的，发包人应按实际开工日期顺延竣工日期，确保实际工期不低于合同约定的工期总日历天数。因发包人原因导致工期延误需要修订施工进度计划的，按照施工进度计划的修订执行。

2）因承包人原因导致工期延误

因承包人原因造成工期延误的，可以在专用合同条款中约定逾期竣工违约金的计算方法和逾期竣工违约金的上限。承包人支付逾期竣工违约金后，不免除承包人继续完成工程及修补缺陷的义务。

5. 不利物质条件

不利物质条件是指有经验的承包人在施工现场遇到的不可预见的自然物质条件、非自然的物质障碍和污染物，包括地表以下物质条件和水文条件以及专用合同条款约定的其他情形，但不包括气候条件。

承包人遇到不利物质条件时，应采取克服不利物质条件的合理措施继续施工，并及时通知发包人和监理人。通知应载明不利物质条件的内容以及承包人认为不可预见的理由。监理人经发包人同意后应当及时发出指示，指示构成变更的，按《示范文本》第 10 条（变更）约定执行。承包人因采取合理措施而增加的费用和（或）延误的工期由发包人承担。

6. 异常恶劣的气候条件

异常恶劣的气候条件是指在施工过程中遇到的，有经验的承包人在签订合同时不可预见的，对合同履行造成实质性影响的，但尚未构成不可抗力事件的恶劣气候条件。合同当事人可以在专用合同条款中约定异常恶劣的气候条件的具体情形。

承包人应采取克服异常恶劣的气候条件的合理措施继续施工，并及时通知发包人和监理人。监理人经发包人同意后应当及时发出指示，指示构成变更的，按《示范文本》第 10 条

（变更）约定办理。承包人因采取合理措施而增加的费用和（或）延误的工期由发包人承担。

7. 暂停施工

1）发包人原因引起的暂停施工

因发包人原因引起暂停施工的，监理人经发包人同意后，应及时下达暂停施工指示。情况紧急且监理人未及时下达暂停施工指示的，按照紧急情况下的暂停施工执行。

因发包人原因引起的暂停施工，发包人应承担由此增加的费用和（或）延误的工期，并支付承包人合理的利润。

2）承包人原因引起的暂停施工

因承包人原因引起的暂停施工，承包人应承担由此增加的费用和（或）延误的工期，且承包人在收到监理人复工指示后 84 天内仍未复工的，视为承包人违约的情形中约定的承包人无法继续履行合同的情形。

3）指示暂停施工

监理人认为有必要时，并经发包人批准后，可向承包人作出暂停施工的指示，承包人应按监理人指示暂停施工。

4）紧急情况下的暂停施工

因紧急情况需暂停施工，且监理人未及时下达暂停施工指示的，承包人可先暂停施工，并及时通知监理人。监理人应在接到通知后 24 小时内发出指示，逾期未发出指示，视为同意承包人暂停施工。监理人不同意承包人暂停施工的，应说明理由，承包人对监理人的答复有异议，按照争议解决约定处理。

5）暂停施工后的复工

暂停施工后，发包人和承包人应采取有效措施积极消除暂停施工的影响。在工程复工前，监理人会同发包人和承包人确定因暂停施工造成的损失，并确定工程复工条件。当工程具备复工条件时，监理人应经发包人批准后向承包人发出复工通知，承包人应按照复工通知要求复工。

承包人无故拖延和拒绝复工的，承包人承担由此增加的费用和（或）延误的工期；因发包人原因无法按时复工的，按照《示范文本》第 7.5.1 项（因发包人原因导致工期延误）约定办理。

6）暂停施工持续 56 天以上

监理人发出暂停施工指示后 56 天内未向承包人发出复工通知，除该项停工属于承包人原因引起的暂停施工及不可抗力约定的情形外，承包人可向发包人提交书面通知，要求发包人在收到书面通知后 28 天内准许已暂停施工的部分或全部工程继续施工。发包人逾期不予批准的，则承包人可以通知发包人，将工程受影响的部分视为变更的范围中可取消工作。

暂停施工持续 84 天以上不复工的，且不属于承包人原因引起的暂停施工及不可抗力约定的情形，并影响到整个工程以及合同目的实现的，承包人有权提出价格调整要求，或者解除合同。解除合同的，按照因发包人违约解除合同执行。

7）暂停施工期间的工程照管

暂停施工期间，承包人应负责妥善照管工程并提供安全保障，由此增加的费用由责任方承担。

8）暂停施工的措施

暂停施工期间，发包人和承包人均应采取必要的措施确保工程质量及安全，防止因暂停施工扩大损失。

8. 提前竣工

发包人要求承包人提前竣工的，发包人应通过监理人向承包人下达提前竣工指示，承包人应向发包人和监理人提交提前竣工建议书，提前竣工建议书应包括实施的方案、缩短的时间、增加的合同价格等内容。发包人接受该提前竣工建议书的，监理人应与发包人和承包人协商采取加快工程进度的措施，并修订施工进度计划，由此增加的费用由发包人承担。承包人认为提前竣工指示无法执行的，应向监理人和发包人提出书面异议，发包人和监理人应在收到异议后 7 天内予以答复。任何情况下，发包人不得压缩合理工期。

发包人要求承包人提前竣工，或承包人提出提前竣工的建议能够给发包人带来效益的，合同当事人可以在专用合同条款中约定提前竣工的奖励。

6.2.6 施工合同价格、计量与支付

1. 合同价格形式

发包人和承包人应在合同协议书中选择下列一种合同价格形式。

1）单价合同

单价合同是指合同当事人约定以工程量清单及其综合单价进行合同价格计算、调整和确认的建设工程施工合同，在约定的范围内合同单价不作调整。合同当事人应在专用合同条款中约定综合单价包含的风险范围和风险费用的计算方法，并约定风险范围以外的合同价格的调整方法，其中因市场价格波动引起的调整按《示范文本》第 11.1 款（市场价格波动引起的调整）约定执行。

2）总价合同

总价合同是指合同当事人约定以施工图、已标价工程量清单或预算书及有关条件进行合同价格计算、调整和确认的建设工程施工合同，在约定的范围内合同总价不作调整。合同当事人应在专用合同条款中约定总价包含的风险范围和风险费用的计算方法，并约定风险范围以外的合同价格的调整方法，其中因市场价格波动引起的调整按《示范文本》第 11.1 款（市场价格波动引起的调整）、因法律变化引起的调整按《示范文本》第 11.2 款（法律变化引起的调整）约定执行。

3）其他价格形式

合同当事人可在专用合同条款中约定其他合同价格形式。

2. 预付款

1）预付款的支付

预付款的支付按照专用合同条款约定执行，但至迟应在开工通知载明的开工日期 7 天前支付。预付款应当用于材料、工程设备、施工设备的采购及修建临时工程、组织施工队伍进场等。

除专用合同条款另有约定外，预付款在进度付款中同比例扣回。在颁发工程接收证书前，提前解除合同的，尚未扣完的预付款应与合同价款一并结算。

发包人逾期支付预付款超过 7 天的，承包人有权向发包人发出要求预付的催告通知，发包人收到通知后 7 天内仍未支付的，承包人有权暂停施工，并按《示范文本》第 16. 1. 1 项（发包人违约的情形）执行。

2）预付款担保

发包人要求承包人提供预付款担保的，承包人应在发包人支付预付款 7 天前提供预付款担保，专用合同条款另有约定除外。预付款担保可采用银行保函、担保公司担保等形式，具体由合同当事人在专用合同条款中约定。在预付款完全扣回之前，承包人应保证预付款担保持续有效。

发包人在工程款中逐期扣回预付款后，预付款担保额度应相应减少，但剩余的预付款担保金额不得低于未被扣回的预付款金额。

3. 计量

1）计量原则

工程量计量按照合同约定的工程量计算规则、图纸及变更指示等进行计量。工程量计算规则应以相关的国家标准、行业标准等为依据，由合同当事人在专用合同条款中约定。

2）计量周期

除专用合同条款另有约定外，工程量的计量按月进行。

3）单价合同的计量

除专用合同条款另有约定外，单价合同的计量按照下列约定执行。

（1）承包人应于每月 25 日向监理人报送上月 20 日至当月 19 日已完成的工程量报告，并附具进度付款申请单、已完成工程量报表和有关资料。

（2）监理人应在收到承包人提交的工程量报告后 7 天内完成对承包人提交的工程量报表的审核并报送发包人，以确定当月实际完成的工程量。监理人对工程量有异议的，有权要求承包人进行共同复核或抽样复测。承包人应协助监理人进行复核或抽样复测，并按监理人要求提供补充计量资料。承包人未按监理人要求参加复核或抽样复测的，监理人复核或修正的工程量视为承包人实际完成的工程量。

（3）监理人未在收到承包人提交的工程量报表后的 7 天内完成审核的，承包人报送的工程量报告中的工程量视为承包人实际完成的工程量，据此计算工程价款。

4）总价合同的计量

除专用合同条款另有约定外，按月计量支付的总价合同，按照下列约定执行。

（1）承包人应于每月 25 日向监理人报送上月 20 日至当月 19 日已完成的工程量报告，并附具进度付款申请单、已完成工程量报表和有关资料。

（2）监理人应在收到承包人提交的工程量报告后 7 天内完成对承包人提交的工程量报表的审核并报送发包人，以确定当月实际完成的工程量。监理人对工程量有异议的，有权要求承包人进行共同复核或抽样复测。承包人应协助监理人进行复核或抽样复测并按监理人要求提供补充计量资料。承包人未按监理人要求参加复核或抽样复测的，监理人审核或修正的工程量视为承包人实际完成的工程量。

（3）监理人未在收到承包人提交的工程量报表后的 7 天内完成复核的，承包人提交的工程量报告中的工程量视为承包人实际完成的工程量。

（4）总价合同采用支付分解表计量支付的，可以按照总价合同的计量约定进行计量，但合同价款按照支付分解表进行支付。

5）其他价格形式合同的计量

合同当事人可在专用合同条款中约定其他价格形式合同的计量方式和程序。

4. 工程进度款支付

1）付款周期

除专用合同条款另有约定外，付款周期应按照计量周期的约定与计量周期保持一致。

2）进度付款申请单的编制

除专用合同条款另有约定外，进度付款申请单应包括下列内容：

① 截至本次付款周期已完成工作对应的金额；

② 根据变更应增加和扣减的变更金额；

③ 根据预付款约定应支付的预付款和扣减的返还预付款；

④ 根据质量保证金约定应扣减的质量保证金；

⑤ 根据索赔应增加和扣减的索赔金额；

⑥ 对已签发的进度款支付证书中出现错误的修正，应在本次进度付款中支付或扣除的金额；

⑦ 根据合同约定应增加和扣减的其他金额。

3）进度付款申请单的提交

（1）单价合同进度付款申请单的提交。

单价合同的进度付款申请单，按照单价合同的计量约定的时间按月向监理人提交，并附上已完成工程量报表和有关资料。单价合同中的总价项目按月进行支付分解，并汇总列入当期进度付款申请单。

（2）总价合同进度付款申请单的提交。

总价合同按月计量支付的，承包人按照总价合同的计量约定的时间按月向监理人提交进度付款申请单，并附上已完成工程量报表和有关资料。

总价合同按支付分解表支付的，承包人应按照支付分解表及进度付款申请单的编制的约定向监理人提交进度付款申请单。

（3）其他价格形式合同的进度付款申请单的提交。

合同当事人可在专用合同条款中约定其他价格形式合同的进度付款申请单的编制和提交程序。

4）进度款审核和支付

除专用合同条款另有约定外，监理人应在收到承包人进度付款申请单以及相关资料后7天内完成审查并报送发包人，发包人应在收到后7天内完成审批并签发进度款支付证书。发包人逾期未完成审批且未提出异议的，视为已签发进度款支付证书。

发包人和监理人对承包人的进度付款申请单有异议的，有权要求承包人修正和提供补充资料，承包人应提交修正后的进度付款申请单。监理人应在收到承包人修正后的进度付款申请单及相关资料后7天内完成审查并报送发包人，发包人应在收到监理人报送的进度付款申请单及相关资料后7天内，向承包人签发无异议部分的临时进度款支付证书。存在争议的部分，按照争议解决的约定处理。

除专用合同条款另有约定外，发包人应在进度款支付证书或临时进度款支付证书签发后

14 天内完成支付，发包人逾期支付进度款的，应按照中国人民银行发布的同期同类贷款基准利率支付违约金。

发包人签发进度款支付证书或临时进度款支付证书，不表明发包人已同意、批准或接受了承包人完成的相应部分的工作。

5）进度付款的修正

在对已签发的进度款支付证书进行阶段汇总和复核中发现错误、遗漏或重复的，发包人和承包人均有权提出修正申请。经发包人和承包人同意的修正，应在下期进度付款中支付或扣除。

6）支付分解表

（1）支付分解表编制时应满足以下要求。

支付分解表中所列的每期付款金额，应为进度付款申请单的估算金额；

实际进度与施工进度计划不一致的，合同当事人可按照商定或确定修改支付分解表；

不采用支付分解表的，承包人应向发包人和监理人提交按季度编制的支付估算分解表，用于支付参考。

（2）总价合同支付分解表的编制与审批还应注意以下事项：

除专用合同条款另有约定外，承包人应根据施工进度计划约定的施工进度计划、签约合同价和工程量等因素对总价合同按月进行分解，编制支付分解表。承包人应当在收到监理人和发包人批准的施工进度计划后 7 天内，将支付分解表及编制支付分解表的支持性资料报送监理人。

监理人应在收到支付分解表后 7 天内完成审核并报送发包人。发包人应在收到经监理人审核的支付分解表后 7 天内完成审批，经发包人批准的支付分解表为有约束力的支付分解表。

发包人逾期未完成支付分解表审批的，也未及时要求承包人进行修正和提供补充资料的，则承包人提交的支付分解表视为已经获得发包人批准。

（3）单价合同的总价项目支付分解表的编制与审批的注意事项。

除专用合同条款另有约定外，单价合同的总价项目，由承包人根据施工进度计划和总价项目的总价构成、费用性质、计划发生时间和相应工程量等因素按月进行分解，形成支付分解表，其编制与审批参照总价合同支付分解表的编制与审批执行。

5. 支付账户

发包人应将合同价款支付至合同协议书中约定的承包人账户。

6.2.7　验收、工程试车、竣工结算与保修

1. 验收

1）分部分项工程验收

分部分项工程质量应符合国家有关工程施工验收规范、标准及合同约定，承包人应按照施工组织设计的要求完成分部分项工程施工。

除专用合同条款另有约定外，分部分项工程经承包人自检合格并具备验收条件的，承包人应提前 48 小时通知监理人进行验收。监理人不能按时进行验收的，应在验收前 24 小时向

承包人提交书面延期要求，但延期不能超过48小时。监理人未按时进行验收，也未提出延期要求的，承包人有权自行验收，监理人应认可验收结果。分部分项工程未经验收的，不得进入下一道工序施工。

分部分项工程的验收资料应当作为竣工资料的组成部分。

2）竣工验收

（1）竣工验收条件。

工程具备以下条件的，承包人可以申请竣工验收。

① 除发包人同意的甩项工作和缺陷修补工作外，合同范围内的全部工程以及有关工作，包括合同要求的试验、试运行以及检验均已完成，并符合合同要求。

② 已按合同约定编制了甩项工作和缺陷修补工作清单以及相应的施工计划。

③ 已按合同约定的内容和份数备齐竣工资料。

（2）竣工验收程序。

除专用合同条款另有约定外，承包人申请竣工验收的，应当按照以下程序进行。

① 承包人向监理人报送竣工验收申请报告，监理人应在收到竣工验收申请报告后14天内完成审查并报送发包人。监理人审查后认为尚不具备验收条件的，应通知承包人在竣工验收前承包人还需完成的工作内容，承包人应在完成监理人通知的全部工作内容后，再次提交竣工验收申请报告。

② 监理人审查后认为已具备竣工验收条件的，应将竣工验收申请报告提交发包人，发包人应在收到经监理人审核的竣工验收申请报告后28天内审批完毕并组织监理人、承包人、设计人等相关单位完成竣工验收。

③ 竣工验收合格的，发包人应在验收合格后14天内向承包人签发工程接收证书。发包人无正当理由逾期不颁发工程接收证书的，自验收合格后第15天起视为已颁发工程接收证书。

④ 竣工验收不合格的，监理人应按照验收意见发出指示，要求承包人对不合格工程返工、修复或采取其他补救措施，由此增加的费用和（或）延误的工期由承包人承担。承包人在完成不合格工程的返工、修复或采取其他补救措施后，应重新提交竣工验收申请报告，并按本项约定的程序重新进行验收。

⑤ 工程未经验收或验收不合格，发包人擅自使用的，应在转移占有工程后7天内向承包人颁发工程接收证书；发包人无正当理由逾期不颁发工程接收证书的，自转移占有后第15天起视为已颁发工程接收证书。

除专用合同条款另有约定外，发包人不按照本项约定组织竣工验收、颁发工程接收证书的，每逾期一天，应以签约合同价为基数，按照中国人民银行发布的同期同类贷款基准利率支付违约金。

（3）竣工日期。

工程经竣工验收合格的，以承包人提交竣工验收申请报告之日为实际竣工日期，并在工程接收证书中载明；因发包人原因，未在监理人收到承包人提交的竣工验收申请报告42天内完成竣工验收，或完成竣工验收不予签发工程接收证书的，以提交竣工验收申请报告的日期为实际竣工日期；工程未经竣工验收，发包人擅自使用的，以转移占有工程之日为实际竣工日期。

（4）拒绝接收全部或部分工程。

对于竣工验收不合格的工程，承包人完成整改后，应当重新进行竣工验收，经重新组织验收仍不合格的且无法采取措施补救的，则发包人可以拒绝接收不合格工程，因不合格工程导致其他工程不能正常使用的，承包人应采取措施确保相关工程的正常使用，由此增加的费用和（或）延误的工期由承包人承担。

（5）移交、接收全部与部分工程。

除专用合同条款另有约定外，合同当事人应当在颁发工程接收证书后 7 天内完成工程的移交。

发包人无正当理由不接收工程的，发包人自应当接收工程之日起，承担工程照管、成品保护、保管等与工程有关的各项费用，合同当事人可以在专用合同条款中另行约定发包人逾期接收工程的违约责任。

承包人无正当理由不移交工程的，承包人应承担工程照管、成品保护、保管等与工程有关的各项费用，合同当事人可以在专用合同条款中另行约定承包人无正当理由不移交工程的违约责任。

3）提前交付单位工程的验收

（1）发包人需要在工程竣工前使用单位工程的，或承包人提出提前交付已经竣工的单位工程且经发包人同意的，可进行单位工程验收，验收的程序按照竣工验收的约定进行。

验收合格后，由监理人向承包人出具经发包人签认的单位工程接收证书。已签发单位工程接收证书的单位工程由发包人负责照管。单位工程的验收成果和结论作为整体工程竣工验收申请报告的附件。

（2）发包人要求在工程竣工前交付单位工程，由此导致承包人费用增加和（或）工期延误的，由发包人承担由此增加的费用和（或）延误的工期，并支付承包人合理的利润。

4）施工期运行

（1）施工期运行是指合同工程尚未全部竣工，其中某项或某几项单位工程或工程设备安装已竣工，根据专用合同条款约定，需要投入施工期运行的，经发包人按提前交付单位工程的验收的约定验收合格，证明能确保安全后，才能在施工期投入运行。

（2）在施工期运行中发现工程或工程设备损坏或存在缺陷的，由承包人按缺陷责任期约定进行修复。

5）竣工退场

（1）竣工退场。

颁发工程接收证书后，承包人应按以下要求对施工现场进行清理：

① 施工现场内残留的垃圾已全部清除出场；

② 临时工程已拆除，场地已进行清理、平整或复原；

③ 按合同约定应撤离的人员、承包人施工设备和剩余的材料，包括废弃的施工设备和材料，已按计划撤离施工现场；

④ 施工现场周边及其附近道路、河道的施工堆积物，已全部清理；

⑤ 施工现场其他场地清理工作已全部完成。

施工现场的竣工退场费用由承包人承担。承包人应在专用合同条款约定的期限内完成竣工退场，逾期未完成的，发包人有权出售或另行处理承包人遗留的物品，由此支出的费用由承包人承担，发包人出售承包人遗留物品所得款项在扣除必要费用后应返还承包人。

（2）地表还原。

承包人应按发包人要求恢复临时占地及清理场地，承包人未按发包人的要求恢复临时占地，或者场地清理未达到合同约定要求的，发包人有权委托其他人恢复或清理，所发生的费用由承包人承担。

2. 工程试车

1）试车程序

工程需要试车的，除专用合同条款另有约定外，试车内容应与承包人承包范围相一致，试车费用由承包人承担。工程试车应按如下程序进行：

具备单机无负荷试车条件，承包人组织试车，并在试车前48小时书面通知监理人，通知中应载明试车内容、时间、地点。承包人准备试车记录，发包人根据承包人要求为试车提供必要条件。试车合格的，监理人在试车记录上签字。监理人在试车合格后不在试车记录上签字，自试车结束满24小时后视为监理人已经认可试车记录，承包人可继续施工或办理竣工验收手续。

监理人不能按时参加试车，应在试车前24小时以书面形式向承包人提出延期要求，但延期不能超过48小时，由此导致工期延误的，工期应予以顺延。监理人未能在前述期限内提出延期要求，又不参加试车的，视为认可试车记录。

具备无负荷联动试车条件，发包人组织试车，并在试车前48小时以书面形式通知承包人。通知中应载明试车内容、时间、地点和对承包人的要求，承包人按要求做好准备工作。试车合格，合同当事人在试车记录上签字。承包人无正当理由不参加试车的，视为认可试车记录。

2）试车中的责任

因设计原因导致试车达不到验收要求，发包人应要求设计人修改设计，承包人按修改后的设计重新安装。发包人承担修改设计、拆除及重新安装的全部费用，工期相应顺延。因承包人原因导致试车达不到验收要求，承包人按监理人要求重新安装和试车，并承担重新安装和试车的费用，工期不予顺延。

因工程设备制造原因导致试车达不到验收要求的，由采购该工程设备的合同当事人负责重新购置或修理，承包人负责拆除和重新安装，由此增加的修理、重新购置、拆除及重新安装的费用及延误的工期由采购该工程设备的合同当事人承担。

3）投料试车

如需进行投料试车的，发包人应在工程竣工验收后组织投料试车。发包人要求在工程竣工验收前进行或需要承包人配合时，应征得承包人同意，并在专用合同条款中约定有关事项。

投料试车合格的，费用由发包人承担；因承包人原因造成投料试车不合格的，承包人应按照发包人要求进行整改，由此产生的整改费用由承包人承担；非因承包人原因导致投料试车不合格的，如发包人要求承包人进行整改的，由此产生的费用由发包人承担。

3. 竣工结算

1）竣工结算申请

除专用合同条款另有约定外，承包人应在工程竣工验收合格后28天内向发包人和监理人提交竣工结算申请单，并提交完整的结算资料，有关竣工结算申请单的资料清单和份数等要求由合同当事人在专用合同条款中约定。

除专用合同条款另有约定外，竣工结算申请单应包括以下内容：

① 竣工结算合同价格；

② 发包人已支付承包人的款项；

③ 应扣留的质量保证金。已缴纳履约保证金的或提供其他工程质量担保方式的除外；

④ 发包人应支付承包人的合同价款。

2）竣工结算审核

（1）除专用合同条款另有约定外，监理人应在收到竣工结算申请单后 14 天内完成核查并报送发包人。发包人应在收到监理人提交的经审核的竣工结算申请单后 14 天内完成审批，并由监理人向承包人签发经发包人签认的竣工付款证书。监理人或发包人对竣工结算申请单有异议的，有权要求承包人进行修正和提供补充资料，承包人应提交修正后的竣工结算申请单。

发包人在收到承包人提交竣工结算申请书后 28 天内未完成审批且未提出异议的，视为发包人认可承包人提交的竣工结算申请单，并自发包人收到承包人提交的竣工结算申请单后第 29 天起视为已签发竣工付款证书。

（2）除专用合同条款另有约定外，发包人应在签发竣工付款证书后的 14 天内，完成对承包人的竣工付款。发包人逾期支付的，按照中国人民银行发布的同期同类贷款基准利率支付违约金；逾期支付超过 56 天的，按照中国人民银行发布的同期同类贷款基准利率的两倍支付违约金。

（3）承包人对发包人签认的竣工付款证书有异议的，对于有异议部分应在收到发包人签认的竣工付款证书后 7 天内提出异议，并由合同当事人按照专用合同条款约定的方式和程序进行复核，或按照争议解决约定处理。对于无异议部分，发包人应签发临时竣工付款证书，并完成付款。承包人逾期未提出异议的，视为认可发包人的审批结果。

3）甩项竣工协议

发包人要求甩项竣工的，合同当事人应签订甩项竣工协议。在甩项竣工协议中应明确，合同当事人按照第竣工结算申请及竣工结算审核的约定，对已完合格工程进行结算，并支付相应合同价款。

4）最终结清

（1）最终结清申请单。

除专用合同条款另有约定外，承包人应在缺陷责任期终止证书颁发后 7 天内，按专用合同条款约定的份数向发包人提交最终结清申请单，并提供相关证明材料。

除专用合同条款另有约定外，最终结清申请单应列明质量保证金、应扣除的质量保证金、缺陷责任期内发生的增减费用。

发包人对最终结清申请单内容有异议的，有权要求承包人进行修正和提供补充资料，承包人应向发包人提交修正后的最终结清申请单。

（2）最终结清证书和支付。

除专用合同条款另有约定外，发包人应在收到承包人提交的最终结清申请单后 14 天内完成审批并向承包人颁发最终结清证书。发包人逾期未完成审批，又未提出修改意见的，视为发包人同意承包人提交的最终结清申请单，且自发包人收到承包人提交的最终结清申请单后 15 天起视为已颁发最终结清证书。

除专用合同条款另有约定外，发包人应在颁发最终结清证书后 7 天内完成支付。发包人逾期支付的，按照中国人民银行发布的同期同类贷款基准利率支付违约金；逾期支付超过 56 天的，按照中国人民银行发布的同期同类贷款基准利率的两倍支付违约金。

承包人对发包人颁发的最终结清证书有异议的，按争议解决的约定办理。

4. 缺陷责任与保修

1）工程保修的原则

在工程移交发包人后，因承包人原因产生的质量缺陷，承包人应承担质量缺陷责任和保修义务。缺陷责任期届满，承包人仍应按合同约定的工程各部位保修年限承担保修义务。

2）缺陷责任期

缺陷责任期从工程通过竣工验收之日起计算，合同当事人应在专用合同条款约定缺陷责任期的具体期限，但该期限最长不超过 24 个月。

单位工程先于全部工程进行验收，经验收合格并交付使用的，该单位工程缺陷责任期自单位工程验收合格之日起算。因承包人原因导致工程无法按合同约定期限进行竣工验收的，缺陷责任期从实际通过竣工验收之日起计算。因发包人原因导致工程无法按合同约定期限进行竣工验收的，在承包人提交竣工验收报告 90 天后，工程自动进入缺陷责任期；发包人未经竣工验收擅自使用工程的，缺陷责任期自工程转移占有之日起开始计算。

缺陷责任期内，由承包人原因造成的缺陷，承包人应负责维修，并承担鉴定及维修费用。如承包人不维修也不承担费用，发包人可按合同约定从保证金或银行保函中扣除，费用超出保证金额的，发包人可按合同约定向承包人进行索赔。承包人维修并承担相应费用后，不免除对工程的损失赔偿责任。发包人有权要求承包人延长缺陷责任期，并应在原缺陷责任期届满前发出延长通知。但缺陷责任期（含延长部分）最长不能超过 24 个月。

由他人原因造成的缺陷，发包人负责组织维修，承包人不承担费用，且发包人不得从保证金中扣除费用。

任何一项缺陷或损坏修复后，经检查证明其影响了工程或工程设备的使用性能，承包人应重新进行合同约定的试验和试运行，试验和试运行的全部费用应由责任方承担。

除专用合同条款另有约定外，承包人应于缺陷责任期届满后 7 天内向发包人发出缺陷责任期届满通知，发包人应在收到缺陷责任期满通知后 14 天内核实承包人是否履行缺陷修复义务，承包人未能履行缺陷修复义务的，发包人有权扣除相应金额的维修费用。发包人应在收到缺陷责任期届满通知后 14 天内，向承包人颁发缺陷责任期终止证书。

3）质量保证金

经合同当事人协商一致扣留质量保证金的，应在专用合同条款中予以明确。

在工程项目竣工前，承包人已经提供履约担保的，发包人不得同时预留工程质量保证金。

（1）承包人提供质量保证金的方式。

承包人提供质量保证金可以采用质量保证金保函、相应比例的工程款、双方约定的其他方式。

除专用合同条款另有约定外，质量保证金原则上采用质量保证金保函的方式。

（2）质量保证金的扣留。

质量保证金的扣留有以下三种方式：

① 在支付工程进度款时逐次扣留，在此情形下，质量保证金的计算基数不包括预付款的支付、扣回以及价格调整的金额；

② 工程竣工结算时一次性扣留质量保证金；

③ 双方约定的其他扣留方式。

除专用合同条款另有约定外，质量保证金的扣留原则上采用上述第①种方式。

发包人累计扣留的质量保证金不得超过工程价款结算总额的 3%。如承包人在发包人签发竣工付款证书后 28 天内提交质量保证金保函，发包人应同时退还扣留的作为质量保证金的工程价款；保函金额不得超过工程价款结算总额的 3%。

发包人在退还质量保证金的同时按照中国人民银行发布的同期同类贷款基准利率支付利息。

（3）质量保证金的退还。

缺陷责任期内，承包人认真履行合同约定的责任，到期后，承包人可向发包人申请返还保证金。

发包人在接到承包人返还保证金申请后，应于 14 天内会同承包人按照合同约定的内容进行核实。如无异议，发包人应当按照约定将保证金返还给承包人。对返还期限没有约定或者约定不明确的，发包人应当在核实后 14 天内将保证金返还承包人，逾期未返还的，依法承担违约责任。发包人在接到承包人返还保证金申请后 14 天内不予答复，经催告后 14 天内仍不予答复，视同认可承包人的返还保证金申请。

发包人和承包人对保证金预留、返还以及工程维修质量、费用有争议的，按约定的争议和纠纷解决程序处理。

4）保修

（1）保修责任。

工程保修期从工程竣工验收合格之日起算，具体分部分项工程的保修期由合同当事人在专用合同条款中约定，但不得低于法定最低保修年限。在工程保修期内，承包人应当根据有关法律规定以及合同约定承担保修责任。

发包人未经竣工验收擅自使用工程的，保修期自转移占有之日起算。

（2）修复费用。

保修期内，修复的费用按照以下约定处理：

保修期内，因承包人原因造成工程的缺陷、损坏，承包人应负责修复，并承担修复的费用以及因工程的缺陷、损坏造成的人身伤害和财产损失；

保修期内，因发包人使用不当造成工程的缺陷、损坏，可以委托承包人修复，但发包人应承担修复的费用，并支付承包人合理利润；

因其他原因造成工程的缺陷、损坏，可以委托承包人修复，发包人应承担修复的费用，并支付承包人合理的利润，因工程的缺陷、损坏造成的人身伤害和财产损失由责任方承担。

（3）修复通知。

在保修期内，发包人在使用过程中，发现已接收的工程存在缺陷或损坏的，应书面通知承包人予以修复，但情况紧急必须立即修复缺陷或损坏的，发包人可以口头通知承包人并在口头通知后 48 小时内书面确认，承包人应在专用合同条款约定的合理期限内到达工程现场并修复缺陷或损坏。

（4）未能修复。

因承包人原因造成工程的缺陷或损坏，承包人拒绝维修或未能在合理期限内修复缺陷或损坏，且经发包人书面催告后仍未修复的，发包人有权自行修复或委托第三方修复，所需费用由承包人承担。但修复范围超出缺陷或损坏范围的，超出范围部分的修复费用由发包人承担。

（5）承包人出入权。

在保修期内，为了修复缺陷或损坏，承包人有权出入工程现场，除情况紧急必须立即修复缺陷或损坏外，承包人应提前 24 小时通知发包人进场修复的时间。承包人进入工程现场前应获得发包人同意，且不应影响发包人正常的生产经营，并应遵守发包人有关保安和保密等规定。

6.2.8　施工合同的其他约定

1. 不可抗力

不可抗力是指合同当事人不能预见、不能避免并不能克服的客观情况。建设工程施工中的不可抗力包括因战争、动乱、空中飞行物体坠落或其它非发包人承包人责任造成的爆炸、火灾，以及专用条款约定的风、雨、雪、震、洪水等对工程造成损害的自然灾害。

在合同订立时应当明确不可抗力的范围。在专用条款中双方应当根据工程所在地的地理气候情况和工程项目的特点，对造成工期延误和工程灾害的不可抗力事件认定标准作出规定，可采用以下形式：①×级以上的地震；②×级以上持续×天的大风；③×mm 以上持续×天的大雨；④×年以上未发生过，持续×天的高温天气；⑤×年以上未发生过，持续×天的严寒天气。

在施工合同的履行中，应当加强管理，在可能的范围内减少或者避开不可抗力事件的发生（如爆炸、火灾等有时就是因为管理不善引起的）。不可抗力事件发生后，承包人应立即通知工程师，并在力所能及的条件下迅速采取措施，尽力减少损失，发包人应协助承包人采取措施。工程师认为应当暂停施工的，承包人应暂停施工。不可抗力事件结束后 48 小时内承包人向工程师通报受害情况和损失情况，及预计清理和修复的费用。不可抗力事件持续发生，承包人应每隔 7 天向工程师报告一次受害情况。不可抗力事件结束后 14 天内，承包人向工程师提交清理和修复费用的正式报告及有关资料。

工程师应当对不可抗力风险的承担有一个通盘考虑：哪些不可抗力风险可以由发包人承担，哪些风险应当转移出去（如投保）等。因不可抗力事件导致的费用及延误的工期由双方按以下方法分别承担：

工程本身的损害、因工程损害导致第三人人员伤亡和财产损失以及运至施工场地用于施工的材料和待安装设备的损害，由发包人承担；

① 发包人承包人人员伤亡由其所在单位负责，并承担相应费用；

② 承包人机械设备损坏及停工损失，由承包人承担；

③ 停工期间，承包人应工程师要求留在施工场地的必要的管理人员及保卫人员的费用

由发包人承担；

④ 工程所需清理、修复费用，由发包人承担；

⑤ 延误的工期相应顺延。

因合同一方迟延履行合同后发生不可抗力的，不能免除迟延履行方的相应责任。

2. 保险

虽然我国对工程保险（主要是施工过程中的保险）没有强制性的规定，但随着项目法人责任制的推行，以前存在着事实上由国家承担不可抗力风险的情况将会有很大改变。工程项目参加保险的情况会越来越多。

在施工合同中，发包人承包人双方的保险义务分担如下。

（1）工程开工前，发包人为建设工程和施工场地内的自有人员及第三人人员生命财产办理保险，支付保险费用。

（2）运至施工场地内用于工程的材料和待安装设备，由发包人办理保险，并支付保险费用。

（3）发包人可以将有关保险事项委托承包人办理，但费用由发包人承担。

（4）承包人必须为从事危险作业的职工办理意外伤害保险，并为施工场地内自有人员生命财产和施工机械设备办理保险，支付保险费用。

（5）保险事故发生时，发包人承包人有责任尽力采取必要的措施，防止或者减少损失。

（6）具体投保内容和相关责任，发包人承包人在专用条款中约定。

3. 担保

发包人、承包人为了全面履行合同，应互相提供以下担保。

（1）发包人向承包人提供履约担保，按合同约定支付工程价款及履行合同约定的其他义务。

（2）承包人向发包人提供履约担保，按合同约定履行自己的各项义务。

发包人、承包人双方的履约担保一般可以履约保函的方式提供，实际上是担保方式中的保证。履约保函往往是由银行出具的，即以银行为保证人。一方违约后，另一方可要求提供担保的第三人（如银行）承担相应责任。当然，履约担保也不排除其他担保人出具的担保书，但由于其他担保人的信用低于银行，因此担保金额往往较高。

提供担保的内容、方式和相关责任，发包人承包人除在专用条款中约定外，被担保人与担保人还应签订担保合同，作为施工合同的附件。

4. 工程转包与分包

施工企业的施工力量、技术力量、人员素质、信誉好坏等，对工程质量、投资控制、进度控制等有直接影响。发包人是在经过了一系列考察，以及资格预审、投标和评标等活动之后选中承包人的，签订合同不仅意味着发包人对报价、工期等可定量化因素的认可，也意味着发包人对承包人的信任。因此在一般情况下，承包人应当以自己的力量来完成施工任务或主要施工任务。

1）工程转包

工程转包是指不行使承包人的管理职责，不承担技术经济责任，将所承包的工程倒手转给他人的行为。《建筑法》第二十八条、《合同法》第二百七十二条规定：承包人不得将其承包的全部建设工程转包给第三人，也不得将其承包的全部建设工程肢解以后以分包的名义分别转包给第三人。下列情况一般属于转包：

- 承包人将承包的工程全部包给其他施工单位，从中提取回扣者；
- 承包人将工程的主体结构或群体工程（指结构技术要求相同的）中半数以上的单位工程包给其他施工单位者；
- 分包单位将其承包的工程再次分包给其他施工单位者。

2）工程分包

工程分包是指经合同约定和发包人认可，从工程承包人承担的工程中承包部分工程的行为。承包人必须自行完成建设项目（或单项、单位工程）的主要部分，其非主要部分或专业性较强的工程经发包人同意可以分包给第三人。禁止承包人将工程分包给不具备相应资质条件的单位。

承包人按专用条款的约定分包所承包的部分工程，并与分包人签订分包合同。非经发包人同意，承包人不得将承包工程的任何部分分包。分包合同签订后，发包人与分包人之间不存在直接的合同关系。分包人应对承包人负责，承包人对发包人负责。工程分包不能解除承包人任何义务与责任。承包人应在分包场地派驻相应管理人员，保证本合同的履行。分包人的任何违约行为或疏忽导致工程损害或给发包人造成其他损失，承包人承担连带责任。

分包工程价款由承包人与分包人结算。发包人未经承包人同意不得以任何形式向分包人支付各种工程款项。

5. 违约责任

1）发包人违约

发包人应当按合同约定完成相应的义务。如果发包人不履行合同义务或不按合同约定履行义务，则应承担相应的违约责任。发包人的违约行为包括：

- 发包人不按合同约定按时支付工程预付款；
- 发包人不按合同约定支付工程进度款，导致施工无法进行；
- 发包人无正当理由不支付工程竣工结算价款；
- 发包人不履行合同义务或者不按合同约定履行义务的其他情况

发包人的违约行为可以分成两类：一类是不履行合同义务，如发包人应当将施工所需的水、电、电讯线路从施工场地外部接至约定地点，但发包人没有履行该项义务，即构成违约；另一类是不按合同约定履行义务，如发包人应当开通施工场地与城乡公共道路的通道，并在专用条款中约定了开通的时间和质量要求，但实际开通的时间晚于约定或质量低于合同约定，也构成违约。

合同约定应该由工程师完成的工作，工程师没有完成或没有按照约定完成，给承包人造成损失的，也应当由发包人承担违约责任。因为工程师是代表发包人进行工作的，其行为与合同约定不符时，视为发包人的违约。发包人承担违约责任后，可以根据监理委托合同追究监理单位相应的责任。

发包人承担违约责任的方式有以下四种情况。

（1）赔偿因其违约给承包人造成的经济损失：赔偿损失是发包人承担违约责任的主要方式，其目的是补偿因违约给承包人造成的经济损失。承发包人双方应当在专用条款内约定发包人赔偿承包人损失的计算方法。损失赔偿额应当相当于因违约所造成的损失，包括合同履行后可以获得的利益，但不得超过发包人在订立合同时预见或者应当预见到的因违约可能造成的损失。

（2）支付违约金：支付违约金的目的是补偿承包人的损失，双方在专用条款中约定发包人应当支付违约金的数额或计算方法。

（3）顺延延误的工期：对于因为发包人违约而延误的工期，应当相应顺延。

（4）继续履行：发包人违约后，承包人要求发包人继续履行合同的，发包人应当在承担上述违约责任后继续履行施工合同。

2）承包人违约

承包人的违约行为主要包括：

- 因承包人原因不能按照协议书约定的竣工日期或者工程师同意顺延的工期竣工；
- 因承包人原因工程质量达不到协议书约定的质量标准；
- 承包人不履行合同义务或不按合同约定履行义务的其他情况。

承包人承担违约责任的方式有以下四种情况。

（1）赔偿因其违约给发包人造成的损失：承发包人双方应当在专用条款内约定承包人赔偿发包人损失的计算方法。损失赔偿额应当相当于因违约所造成的损失，包括合同履行后可以获得的利益，但不得超过承包人在订立合同时预见或者应当预见到的因违约可能造成的损失。

（2）支付违约金：双方可以在专用条款中约定承包人应当支付违约金的数额或计算方法。发包人在确定违约金的费率时，一般要考虑以下因素：发包人盈利损失；由于工期延长而引起的贷款利息增加；工程拖期带来的附加监理费；由于本工程拖期竣工不能使用，租用其他建筑物时的租赁费。至于违约金的计算方法，在每个合同文件中均有具体规定，一般按每延误一天赔偿一定的款额计算，累计赔偿额一般不超过合同总额的 10%。

采取补救措施：对于施工质量不符合要求的违约，发包人有权要求承包人采取返工、修理、更换等补救措施。

继续履行：承包人违约后，如果发包人要求承包人继续履行合同时，承包人承担上述违约责任后仍应继续履行施工合同。

3）担保人承担责任

如果施工合同双方当事人设定了担保方式，一方违约后，另一方可按双方约定的担保条款，要求提供担保的第三人承担相应的责任。

6. 合同争议的解决

发包人承包人在履行合同时发生争议，可以和解或者要求有关主管部门调解。当事人不愿意和解、调解或和解、调解不成的，双方可以在专用条款内约定以下一种方式解决争议。

（1）双方达成仲裁协议，向约定的仲裁委员会申请仲裁；

（2）向有管辖权的人民法院起诉。

发生争议后，除非出现下列情况的，双方都应继续履行合同，保持施工连续，保护好已完工程：

- 单方违约导致合同确已无法履行，双方协议停止施工；
- 调解要求停止施工，且为双方接受；
- 仲裁机构要求停止施工；

● 法院要求停止施工。

7. 施工合同的解除

1）可以解除合同的情形

（1）发包人承包人协商一致，可以解除合同。

（2）发包人不按合同约定支付工程款（进度款），双方又未达成延期付款协议，导致施工无法进行，承包人可以停止施工，由发包人承担违约责任。如果停止施工超过 56 天，发包人仍不支付工程款（进度款），承包人有权解除合同。

（3）承包人将其承包的全部工程转包给他人，或者肢解以后以分包的名义分别转包给他人，发包人有权解除合同。

（4）因不可抗力致使合同无法履行，发包人承包人可以解除合同。

（5）因一方违约（包括因发包人原因造成工程停建或缓建）致使合同无法履行，发包人承包人可以解除合同。

2）当事人一方主张解除合同的程序

合同一方依据上述约定要求解除合同的，应以书面形式向对方发出解除合同的通知，并在发出通知前 7 天告知对方，通知到达对方时合同解除。对解除合同有争议的，双方可按有关争议的约定处理。

3）合同解除后的善后处理

合同解除后，承包人应妥善做好已完工程和已购材料、设备的保护和移交工作，按发包人要求将自有机械设备和人员撤出施工场地。发包人应为承包人撤出提供必要条件，支付以上所发生的费用，并按合同约定支付已完工程价款。已经订货的材料、设备由订货方负责退货或解除订货合同，不能退还的货款和因退货、解除订货合同发生的费用，由发包人承担，因未及时退货造成的损失由责任方承担。除此之外，有过错的一方应当赔偿因合同解除给对方造成的损失。合同解除后，不影响双方在合同中约定的结算和清理条款的效力。

8. 合同生效与终止

双方在协议书中约定本合同生效方式，如双方当事人可选择以下几种方式之一。

（1）本合同于××年××月××日签订，自即日起生效。

（2）本合同双方约定应进行公（鉴）证，自公（鉴）证之日起生效。

（3）本合同签订后，自发包人提供图纸或支付预付款或提供合格施工场地或下达正式开工指令之日起生效。

（4）本合同签订后，需经发包人上级主管部门批准，自上级主管部门正式批准之日起生效，但双方应约定合同签订后多少天内发包人上级主管部门应办完正式批准手续。

（5）其他方式等。

除了质量保修方面双方的权利和义务，如果发包人承包人履行完合同全部义务，竣工结算价款支付完毕，承包人向发包人交付竣工工程后，本合同即告终止。合同的权利义务终止后，发包人承包人应当遵循诚实信用原则，履行通知、协助、保密等义务。

9. 合同份数

施工合同正本两份，具有同等效力，由发包人承包人分别保存一份。施工合同副本份数，由双方根据需要在专用条款内约定。

6.3 政府投资项目施工合同的主要内容

　　2007 年 11 月 1 日国家发展和改革委员会等九部委联合发布了《标准施工招标资格预审文件》《标准施工招标文件》（2007 年版），2012 年发布了《简明标准施工招标文件》《标准设计施工总承包招标文件》（2012 年版）。此后，为深入推进招标投标领域"放管服"改革，提高招标文件编制质量效率，2017 年，九部委又联合编制印发了《标准设备采购招标文件》《标准材料采购招标文件》《标准勘察招标文件》《标准设计招标文件》《标准监理招标文件》等 5 份货物、服务类标准招标文件（简称为《标准文件》），与此前发布的 4 份施工类标准招标文件一道，共同构建形成了覆盖主要采购对象、多种合同类型、不同项目规模的标准文件体系。

　　《标准文件》适用于国有投资的依法必须进行招标的与工程建设有关的设备、材料等货物项目和勘察、设计、监理等服务项目，包括招标公告（投标邀请书）、投标人须知、评标办法、合同条款及格式、投标文件格式等主要内容，作为适用于各行业领域的通用文本。为了积极适应电子招标投标发展方向和趋势，《标准文件》对招标、投标、开标等程序分别按照传统纸质招标投标和电子招标投标要求编制，并对有关条款设置了相同的序号，供招标人选择使用。《标准文件》自 2018 年 1 月 1 日起实施。对规范招标投标活动，促进招标投标市场健康可持续发展起到了积极作用。

　　《标准施工招标文件》（2007 年版）对于标准施工招标文件中的合同条款及格式做出了具体规定，主要包括：通用条款、专用条款和合同附件格式（包括合同协议书、履约担保格式、预付款担保格式）。以下主要介绍通用条款的主要内容。

6.3.1 一般约定

1. 词语定义

通用合同条款、专用合同条款中的下列词语应具有本款所赋予的含义。

1）合同

（1）合同文件（或称合同）：合同协议书、中标通知书、投标函及投标函附录、专用合同条款、通用合同条款、技术标准和要求、图纸、已标价工程量清单，以及其他合同文件。

（2）合同协议书：承包人按中标通知书规定的时间与发包人签订的合同协议书。

（3）中标通知书：发包人通知承包人中标的函件。

（4）投标函：构成合同文件组成部分的由承包人填写并签署的投标函。

（5）投标函附录：附在投标函后构成合同文件的投标函附录。

（6）技术标准和要求：构成合同文件组成部分的名为技术标准和要求的文件，包括合同双方当事人约定对其所作的修改或补充。

（7）图纸：包含在合同中的工程图纸，以及由发包人按合同约定提供的任何补充和修改的图纸，包括配套的说明。

（8）已标价工程量清单：构成合同文件组成部分的由承包人按照规定的格式和要求填写并标明价格的工程量清单。

（9）其他合同文件：经合同双方当事人确认构成合同文件的其他文件。

2）合同当事人和人员

（1）合同当事人：发包人和（或）承包人。

（2）发包人：专用合同条款中指明并与承包人在合同协议书中签字的当事人。

（3）承包人：与发包人签订合同协议书的当事人。

（4）承包人项目经理：承包人派驻施工场地的全权负责人。

（5）分包人：从承包人处分包合同中某一部分工程，并与其签订分包合同的分包人。

（6）监理人：在专用合同条款中指明的，受发包人委托对合同履行实施管理的法人或其他组织。

（7）总监理工程师（总监）：由监理人委派常驻施工场地对合同履行实施管理的全权负责人。

3）工程和设备

（1）工程：永久工程和（或）临时工程。

（2）永久工程：按合同约定建造并移交给发包人的工程，包括工程设备。

（3）临时工程：为完成合同约定的永久工程所修建的各类临时性工程，不包括施工设备。

（4）单位工程：专用合同条款中指明特定范围的永久工程。

（5）工程设备：构成或计划构成永久工程一部分的机电设备、金属结构设备、仪器装置及其他类似的设备和装置。

（6）施工设备：为完成合同约定的各项工作所需的设备、器具和其他物品，不包括临时工程和材料。

（7）临时设施：为完成合同约定的各项工作所服务的临时性生产和生活设施。

（8）承包人设备：承包人自带的施工设备。

（9）施工场地（或称工地、现场）：用于合同工程施工的场所，以及在合同中指定作为施工场地组成部分的其他场所，包括永久占地和临时占地。

（10）永久占地：专用合同条款中指明为实施合同工程需永久占用的土地。

（11）临时占地：专用合同条款中指明为实施合同工程需临时占用的土地。

4）日期

（1）开工通知：监理人按照本合同约定通知承包人开工的函件。

（2）开工日期：监理人按照本合同约定发出的开工通知中写明的开工日期。

（3）工期：承包人在投标函中承诺的完成合同工程所需的期限，包括因发包人的工期延误、异常恶劣的气候条件影响和发包人要求工期提前而所作的工期延长变更。

（4）竣工日期：约定工期届满时的日期。实际竣工日期以工程接收证书中写明的日期为准。

（5）缺陷责任期：履行约定的缺陷责任的期限，具体期限由专用合同条款约定，包括根据本合同约定所作的延长。

（6）基准日期：投标截止时间前 28 天的日期。

（7）天：除特别指明外，日历天。合同中按天计算时间的，开始当天不计入，从次日开始计算。期限最后一天的截止时间为当天 24：00。

5）合同价格和费用

（1）签约合同价：签定合同时合同协议书中写明的，包括暂列金额、暂估价的合同总金额。

（2）合同价格：承包人按合同约定完成了包括缺陷责任期内的全部承包工作后，发包人应付给承包人的金额，包括在履行合同过程中按合同约定进行的变更和调整。

（3）费用：为履行合同所发生的或将要发生的所有合理开支，包括管理费和应分摊的其他费用，但不包括利润。

（4）暂列金额：已标价工程量清单中所列的暂列金额，用于在签订协议书时尚未确定或不可预见变更的施工及其所需材料、工程设备、服务等的金额，包括以计日工方式支付的金额。

（5）暂估价：发包人在工程量清单中给定的用于支付必然发生但暂时不能确定价格的材料、设备以及专业工程的金额。

（6）计日工：对零星工作采取的一种计价方式，按合同中的计日工子目及其单价计价付款。

（7）质量保证金（或称保留金）：按本合同约定用于保证在缺陷责任期内履行缺陷修复义务的金额。

6）其他

书面形式：合同文件、信函、电报、传真等可以有形地表现所载内容的形式。

2. 语言文字和法律

除专用术语外，合同使用的语言文字为中文。必要时专用术语应附有中文注释。

适用于合同的法律包括中华人民共和国法律、行政法规、部门规章，以及工程所在地的地方法规、自治条例、单行条例和地方政府规章。

3. 合同文件的优先顺序

组成合同的各项文件应互相解释，互为说明。除专用合同条款另有约定外，解释合同文件的优先顺序为：①合同协议书；②中标通知书；③投标函及投标函附录；④专用合同条款；⑤通用合同条款；⑥技术标准和要求；⑦图纸；⑧已标价工程量清单；⑨其他合同文件。

4. 图纸和承包人文件

图纸的提供。除专用合同条款另有约定外，图纸应在合理的期限内按照合同约定的数量提供给承包人。由于发包人未按时提供图纸造成工期延误的，承包人有权要求发包人延长工期和（或）增加费用及（或）支付合理利润。

（1）承包人提供的文件。按专用合同条款约定由承包人提供的文件，包括部分工程的大样图、加工图等，承包人应按约定的数量和期限报送监理人。监理人应在专用合同条款约定的期限内批复。

（2）图纸的修改。图纸需要修改和补充的，应由监理人取得发包人同意后，在该工程或工程相应部位施工前的合理期限内签发图纸修改图给承包人，具体签发期限在专用合同条款中约定。承包人应按修改后的图纸施工。

（3）图纸的错误。承包人发现发包人提供的图纸存在明显错误或疏忽，应及时通知监理人。

（4）图纸和承包人文件的保管。监理人和承包人均应在施工场地各保存一套完整的包含本合同约定内容的图纸和承包人文件。

5. 联络

与合同有关的通知、批准、证明、证书、指示、要求、请求、同意、意见、确定和决定等，均应采用书面形式。

上述的通知、批准、证明、证书、指示、要求、请求、同意、意见、确定和决定等来往函件，均应在合同约定的期限内送达指定地点和接收人，并办理签收手续。

6. 转让和严禁贿赂

除合同另有约定外，未经对方当事人同意，一方当事人不得将合同权利全部或部分转让给第三人，也不得全部或部分转移合同义务。

合同双方当事人不得以贿赂或变相贿赂的方式，谋取不当利益或损害对方权益。因贿赂造成对方损失的，行为人应赔偿损失，并承担相应的法律责任。

7. 化石、文物

在施工场地发掘的所有文物、古迹及具有地质研究或考古价值的其他遗迹、化石、钱币或物品属于国家所有。一旦发现上述文物，承包人应采取有效合理的保护措施，防止任何人员移动或损坏上述物品，并立即报告当地文物行政部门，同时通知监理人。发包人、监理人和承包人应按文物行政部门要求采取妥善保护措施，由此导致费用增加和（或）工期延误由发包人承担。

承包人发现文物后不及时报告或隐瞒不报，致使文物丢失或损坏的，应赔偿损失，并承担相应的法律责任。

8. 专利技术

承包人在使用任何材料、承包人设备、工程设备或采用施工工艺时，因侵犯专利权或其他知识产权所引起的责任，由承包人承担，但由于遵照发包人提供的设计或技术标准和要求引起的除外。

承包人在投标文件中采用专利技术的，专利技术的使用费包含在投标报价内。

承包人的技术秘密和声明需要保密的资料和信息，发包人和监理人不得为合同以外的目的泄露给他人。

9. 图纸和文件的保密

发包人提供的图纸和文件，未经发包人同意，承包人不得为合同以外的目的泄露给他人或公开发表与引用。

承包人提供的文件，未经承包人同意，发包人和监理人不得为合同以外的目的泄露给他人或公开发表与引用。

6.3.2　发包人义务

发包人义务包括以下方面。

（1）遵守法律。发包人在履行合同过程中应遵守法律，并保证承包人免于承担因发包人违反法律而引起的任何责任。

（2）发出开工通知。发包人应委托监理人按本合同的约定向承包人发出开工通知。

（3）提供施工场地。发包人应按专用合同条款约定向承包人提供施工场地，以及施工场地内地下管线和地下设施等有关资料，并保证资料的真实、准确、完整。

（4）协助承包人办理证件和批件。发包人应协助承包人办理法律规定的有关施工证件和批件。

（5）组织设计交底。发包人应根据合同进度计划，组织设计单位向承包人进行设计交底。

（6）支付合同价款。发包人应按合同约定向承包人及时支付合同价款。

（7）组织竣工验收。发包人应按合同约定及时组织竣工验收。

（8）其他义务。发包人应履行合同约定的其他义务。

6.3.3　监理人

1. 监理人的职责和权力

监理人受发包人委托，享有合同约定的权力。监理人在行使某项权力前需要经发包人事先批准而通用合同条款没有指明的，应在专用合同条款中指明。监理人发出的任何指示应视为已得到发包人的批准，但监理人无权免除或变更合同约定的发包人和承包人的权利、义务和责任。

合同约定应由承包人承担的义务和责任，不因监理人对承包人提交文件的审查或批准，对工程、材料和设备的检查和检验，以及为实施监理作出的指示等职务行为而减轻或解除。

2. 总监理工程师

发包人应在发出开工通知前将总监理工程师的任命通知承包人。总监理工程师更换时，应在调离 14 天前通知承包人。总监理工程师短期离开施工场地的，应委派代表代行其职责，并通知承包人。

3. 监理人员

总监理工程师可以授权其他监理人员负责执行其指派的一项或多项监理工作。总监理工程师应将被授权监理人员的姓名及其授权范围通知承包人。被授权的监理人员在授权范围内发出的指示视为已得到总监理工程师的同意，与总监理工程师发出的指示具有同等效力。总监理工程师撤销某项授权时，应将撤销授权的决定及时通知承包人。除专用合同条款另有约定外，总监理工程师不应将约定的应由总监理工程师作出确定的权力授权或委托给其他监理人员。

监理人员对承包人的任何工作、工程或其采用的材料和工程设备未在约定的或合理的期限内提出否定意见的，视为已获批准，但不影响监理人在以后拒绝该项工作、工程、材料或工程设备的权利。

承包人对总监理工程师授权的监理人员发出的指示有疑问的，可向总监理工程师提出书面异议，总监理工程师应在 48 小时内对该指示予以确认、更改或撤销。

4. 监理人的指示

监理人应在约定范围内向承包人发出指示，监理人的指示应盖有监理人授权的施工场地机构章，并由总监理工程师或总监理工程师授权的监理人员签字。

在紧急情况下，总监理工程师或被授权的监理人员可以当场签发临时书面指示，承包人应遵照执行。承包人应在收到上述临时书面指示后 24 小时内，向监理人发出书面确认函。监理人在收到书面确认函后 24 小时内未予答复的，该书面确认函应被视为监理人的正式指示。

由于监理人未能按合同约定发出指示、指示延误或指示错误而导致承包人费用增加和（或）工期延误的，由发包人承担赔偿责任。

5. 商定或确定

合同约定总监理工程师应按照本款对任何事项进行商定或确定时，总监理工程师应与合同当事人协商，尽量达成一致。不能达成一致的，总监理工程师应认真研究后审慎确定。

总监理工程师应将商定或确定的事项通知合同当事人，并附详细依据。对总监理工程师的确定有异议的，构成争议，按照约定的争议条款处理。在争议解决前，双方应暂按总监理工程师的确定执行，按照本合同约定对总监理工程师的确定作出修改的，按修改后的结果执行。

6.3.4 承包人

1. 承包人的一般义务

承包人的一般义务包括以下方面。

（1）遵守法律。承包人在履行合同过程中应遵守法律，并保证发包人免于承担因承包人违反法律而引起的任何责任。

（2）依法纳税。承包人应按有关法律规定纳税，应缴纳的税金包括在合同价格内。

（3）完成各项承包工作。承包人应按合同约定以及监理人作出的指示，实施、完成全部工程，并修补工程中的任何缺陷。除专用合同条款另有约定外，承包人应提供为完成合同工作所需的劳务、材料、施工设备、工程设备和其他物品，并按合同约定负责临时设施的设计、建造、运行、维护、管理和拆除。

（4）对施工作业和施工方法的完备性负责。承包人应按合同约定的工作内容和施工进度要求，编制施工组织设计和施工措施计划，并对所有施工作业和施工方法的完备性和安全可靠性负责。

（5）保证工程施工和人员的安全。承包人应按约定采取施工安全措施，确保工程及其人员、材料、设备和设施的安全，防止因工程施工造成的人身伤害和财产损失。

（6）负责施工场地及其周边环境与生态的保护工作。承包人应按照约定负责施工场地及其周边环境与生态的保护工作。

（7）避免施工对公众与他人的利益造成损害。承包人在进行合同约定的各项工作时，不得侵害发包人与他人使用公用道路、水源、市政管网等公共设施的权利，避免对邻近的公共设施产生干扰。承包人占用或使用他人的施工场地，影响他人作业或生活的，应承担相应责任。

（8）为他人提供方便。承包人应按监理人的指示为他人在施工场地或附近实施与工程有关的其他各项工作提供可能的条件。除合同另有约定外，提供有关条件的内容和可能发生的费用，由监理人按照合同约定与合同当事人商定或确定。

（9）工程的维护和照管。工程接收证书颁发前，承包人应负责照管和维护工程。工程接收证书颁发时尚有部分未竣工工程的，承包人还应负责该未竣工工程的照管和维护工作，直至竣工后移交给发包人为止。

（10）其他义务。承包人应履行合同约定的其他义务。

2. 履约担保

承包人应保证其履约担保在发包人颁发工程接收证书前一直有效。发包人应在工程接收证书颁发后 28 天内把履约担保退还给承包人。

3. 分包

承包人不得将其承包的全部工程转包给第三人，或将其承包的全部工程肢解后以分包的名义转包给第三人。承包人不得将工程主体、关键性工作分包给第三人。除专用合同条款另有约定外，未经发包人同意，承包人不得将工程的其他部分或工作分包给第三人。

分包人的资格能力应与其分包工程的标准和规模相适应。按投标函附录约定分包工程的，承包人应向发包人和监理人提交分包合同副本。承包人应与分包人就分包工程向发包人承担连带责任。

4. 联合体

联合体各方应共同与发包人签订合同协议书。联合体各方应为履行合同承担连带责任。联合体协议经发包人确认后作为合同附件。在履行合同过程中，未经发包人同意，不得修改联合体协议。联合体牵头人负责与发包人和监理人联系，并接受指示，负责组织联合体各成员全面履行合同。

5. 承包人项目经理

承包人应按合同约定指派项目经理，并在约定的期限内到职。承包人更换项目经理应事先征得发包人同意，并应在更换 14 天前通知发包人和监理人。承包人项目经理短期离开施工场地，应事先征得监理人同意，并委派代表代行其职责。

承包人项目经理应按合同约定及监理人作出的指示，负责组织合同工程的实施。在情况紧急且无法与监理人取得联系时，可采取保证工程和人员生命财产安全的紧急措施，并在采取措施后 24 小时内向监理人提交书面报告。

承包人为履行合同发出的一切函件均应盖有承包人授权的施工场地管理机构章，并由承包人项目经理或其授权代表签字。承包人项目经理可以授权其下属人员履行其某项职责，但事先应将这些人员的姓名和授权范围通知监理人。

6. 承包人人员的管理

承包人应在接到开工通知后 28 天内，向监理人提交承包人在施工场地的管理机构及人员安排的报告，其内容应包括管理机构的设置、各主要岗位的技术和管理人员名单及其资格，以及各工种技术工人的安排状况。承包人应向监理人提交施工场地人员变动情况的报告。

为完成合同约定的各项工作，承包人应向施工场地派遣或雇佣足够数量的下列人员：
- 具有相应资格的专业技工和合格的普工；
- 具有相应施工经验的技术人员；
- 具有相应岗位资格的各级管理人员。

承包人安排在施工场地的主要管理人员和技术骨干应相对稳定。承包人更换主要管理人员和技术骨干时，应取得监理人的同意。特殊岗位的工作人员均应持有相应的资格证明，监理人有权随时检查。监理人认为有必要时，可进行现场考核。

7. 撤换承包人项目经理和其他人员

承包人应对其项目经理和其他人员进行有效管理。监理人要求撤换不能胜任本职工作、行为不端或玩忽职守的承包人项目经理和其他人员的，承包人应予以撤换。

8. 保障承包人人员的合法权益

承包人应与其雇用的人员签订劳动合同，应按有关法律规定和合同约定，为其雇佣人员办理保险，并按时发放工资。

承包人应按劳动法的规定安排工作时间，保证其雇佣人员享有休息和休假的权利。因工程施工的特殊需要占用休假日或延长工作时间的，应不超过法律规定的限度，并按法律规定给予补休或付酬。

承包人应为其雇佣人员提供必要的食宿条件，以及符合环境保护和卫生要求的生活环境，在远离城镇的施工场地，还应配备必要的伤病防治和急救的医务人员与医疗设施。承包人应按国家有关劳动保护的规定，采取有效的防止粉尘、降低噪声、控制有害气体和保障高温、高寒、高空作业安全等劳动保护措施。其雇佣人员在施工中受到伤害的，承包人应立即采取有效措施进行抢救和治疗。承包人应负责处理其雇佣人员因工伤亡事故的善后事宜。

9. 工程价款应专款专用

发包人按合同约定支付给承包人的各项价款应专用于合同工程。

10. 承包人现场查勘

发包人应将其持有的现场地质勘探资料、水文气象资料提供给承包人，并对其准确胜负责。但承包人应对其阅读上述有关资料后所作出的解释和推断负责。

承包人应对施工场地和周围环境进行查勘，并收集有关地质、水文、气象条件、交通条件、风俗习惯及其他为完成合同工作有关的当地资料。在全部合同工作中，应视为承包人已充分估计了应承担的责任和风险。

11. 不利物质条件

不利物质条件，除专用合同条款另有约定外，是指承包人在施工场地遇到的不可预见的自然物质条件、非自然的物质障碍和污染物，包括地下和水文条件，但不包括气候条件。

承包人遇到不利物质条件时，应采取适应不利物质条件的合理措施继续施工，并及时通知监理人。监理人应当及时发出指示，指示构成变更的，按第巧条约定办理。监理人没有发出指示的，承包人因采取合理措施而增加的费用和（或）工期延误，由发包人承担。

6.3.5　材料和工程设备

1. 承包人提供的材料和工程设备

除专用合同条款另有约定外，承包人提供的材料和工程设备均由承包人负责采购、运输和保管。承包人应对其采购的材料和工程设备负责。

承包人应按专用合同条款的约定，将各项材料和工程设备的供货人及品种、规格、数量和供货时间等报送监理人审批。承包人应向监理人提交其负责提供的材料和工程设备的质量证明文件，并满足合同约定的质量标准。

对承包人提供的材料和工程设备，承包人应会同监理人进行检验和交货验收，查验材料合格证明和产品合格证书，并按合同约定和监理人指示，进行材料的抽样检验和工程设备的检验测试，检验和测试结果应提交监理人，所需费用由承包人承担。

2. 发包人提供的材料和工程设备

发包人提供的材料和工程设备，应在专用合同条款中写明材料和工程设备的名称、规格、数量、价格、交货方式、交货地点和计划交货日期等。

承包人应根据合同进度计划的安排，向监理人报送要求发包人交货的日期计划。发包人应按照监理人与合同双方当事人商定的交货日期，向承包人提交材料和工程设备。发包人应在材料和工程设备到货 7 天前通知承包人，承包人应会同监理人在约定的时间内，赴交货地点共同进行验收。除专用合同条款另有约定外，发包人提供的材料和工程设备验收后，由承包人负责接收、运输和保管。

发包人要求向承包人提前交货的，承包人不得拒绝，但发包人应承担承包人由此增加的费用。承包人要求更改交货日期或地点的，应事先报请监理人批准。由于承包人要求更改交货时间或地点所增加的费用和（或）工期延误由承包人承担。

发包人提供的材料和工程设备的规格、数量或质量不符合合同要求，或由于发包人原因发生交货日期延误及交货地点变更等情况的，发包人应承担由此增加的费用和（或）工期延误，并向承包人支付合理利润。

3. 材料和工程设备专用于合同工程

运入施工场地的材料、工程设备，包括备品备件、安装专用工器具与随机资料，必须专用于合同工程，未经监理人同意，承包人不得运出施工场地或挪作他用。

随同工程设备运入施工场地的备品备件、专用工器具与随机资料，应由承包人会同监理人按供货人的装箱单清点后共同封存，未经监理人同意不得启用。承包人因合同工作需要使用上述物品时，应向监理人提出申请。

4. 禁止使用不合格的材料和工程设备

监理人有权拒绝承包人提供的不合格材料或工程设备，并要求承包人立即进行更换。监理人应在更换后再次进行检查和检验，由此增加的费用和（或）工期延误由承包人承担。

监理人发现承包人使用了不合格的材料和工程设备，应即时发出指示要求承包人立即改正，并禁止在工程中继续使用不合格的材料和工程设备。

发包人提供的材料或工程设备不符合合同要求的，承包人有权拒绝，并可要求发包人更换，由此增加的费用和（或）工期延误由发包人承担。

6.3.6　施工设备和临时设施

1. 承包人提供的施工设备和临时设施

承包人应按合同进度计划的要求，及时配置施工设备和修建临时设施。进入施工场地的承包人设备需经监理人核查后才能投入使用。承包人更换合同约定的承包人设备的，应报监理人批准。

除专用合同条款另有约定外，承包人应自行承担修建临时设施的费用，需要临时占地的，应由发包人办理申请手续并承担相应费用。

2. 发包人提供的施工设备和临时设施

发包人提供的施工设备或临时设施在专用合同条款中约定。

3. 要求承包人增加或更换施工设备

承包人使用的施工设备不能满足合同进度计划和（或）质量要求时，监理人有权要求承包人增加或更换施工设备，承包人应及时增加或更换，由此增加的费用和（或）工期延误由承包人承担。

4. 施工设备和临时设施专用于合同工程

除合同另有约定外，运入施工场地的所有施工设备以及在施工场地建设的临时设施应专用于合同工程。未经监理人同意，不得将上述施工设备和临时设施中的任何部分运出施工场地或挪作他用。

经监理人同意，承包人可根据合同进度计划撤走闲置的施工设备。

6.3.7 交通运输

1. 道路通行权和场外设施

除专用合同条款另有约定外，发包人应根据合同工程的施工需要，负责办理取得出入施工场地的专用和临时道路的通行权，以及取得为工程建设所需修建场外设施的权利，并承担有关费用。承包人应协助发包人办理上述手续。

2. 场内施工道路

除专用合同条款另有约定外，承包人应负责修建、维修、养护和管理施工所需的临时道路和交通设施，包括维修、养护和管理发包人提供的道路和交通设施，并承担相应费用。

除专用合同条款另有约定外，承包人修建的临时道路和交通设施应免费提供发包人和监理人使用。

3. 场外交通

承包人车辆外出行驶所需的场外公共道路的通行费、养路费和税款等由承包人承担。承包人应遵守有关交通法规，严格按照道路和桥梁的限制荷重安全行驶，并服从交通管理部门的检查和监督。

4. 超大件和超重件的运输

由承包人负责运输的超大件或超重件，应由承包人负责向交通管理部门办理申请手续，发包人给予协助。运输超大件或超重件所需的道路和桥梁临时加固改造费用和其他有关费用，由承包人承担，但专用合同条款另有约定除外。

5. 道路和桥梁的损坏责任

因承包人运输造成施工场地内外公共道路和桥梁损坏的，由承包人承担修复损坏的全部费用和可能引起的赔偿。

6.3.8 测量放线

1. 施工控制网

发包人应在专用合同条款约定的期限内，通过监理人向承包人提供测量基准点、基准线和水准点及其书面资料。除专用合同条款另有约定外，承包人应根据国家测绘基准、测绘系统和工程测量技术规范，按上述基准点（线）以及合同工程精度要求，测设施工控制网，并在专用合同条款约定的期限内，将施工控制网资料报送监理人审批。

承包人应负责管理施工控制网点。施工控制网点丢失或损坏的，承包人应及时修复。承包人应承担施工控制网点的管理与修复费用，并在工程竣工后将施工控制网点移交发包人。

2. 施工测量

承包人应负责施工过程中的全部施工测量放线工作，并配置合格的人员、仪器、设备和其他物品。

监理人可以指示承包人进行抽样复测，当复测中发现错误或出现超过合同约定的误差时，承包人应按监理人指示进行修正或补测，并承担相应的复测费用。

3. 基准资料错误的责任

发包人应对其提供的测量基准点、基准线和水准点及其书面资料的真实性、准确性和完整性负责。发包人提供上述基准资料错误导致承包人测量放线工作的返工或造成工程损失的，发包人应当承担由此增加的费用和（或）工期延误，并向承包人支付合理利润。承包人发现发包人提供的上述基准资料存在明显错误或疏忽的，应及时通知监理人。

4. 监理人使用施工控制网

监理人需要使用施工控制网的，承包人应提供必要的协助，发包人不再为此支付费用。

6.3.9　施工安全、治安保卫和环境保护

1. 发包人的施工安全责任

发包人应按合同约定履行安全职责，授权监理人按合同约定的安全工作内容监督、检查承包人安全工作的实施，组织承包人和有关单位进行安全检查。

发包人应对其现场机构雇佣的全部人员的工伤事故承担责任，但由于承包人原因造成发包人人员工伤的，应由承包人承担责任。

发包人应负责赔偿以下各种情况造成的第三者人身伤亡和财产损失：①工程或工程的任何部分对土地的占用所造成的第三者财产损失；②由于发包人原因在施工场地及其毗邻地带造成的第三者人身伤亡和财产损失。

2. 承包人的施工安全责任

承包人应按合同约定履行安全职责，执行监理人有关安全工作的指示，并在专用合同条款约定的期限内，按合同约定的安全工作内容，编制施工安全措施计划报送监理人审批。

承包人应加强施工作业安全管理，特别应加强易燃、易爆材料、火工器材、有毒与腐蚀性材料和其他危险品的管理，以及对爆破作业和地下工程施工等危险作业的管理。

承包人应严格按照国家安全标准制定施工安全操作规程，配备必要的安全生产和劳动保护设施，加强对承包人人员的安全教育，并发放安全工作手册和劳动保护用具。

承包人应按监理人的指示制定应对灾害的紧急预案，报送监理人审批。承包人还应按预案做好安全检查，配置必要的救助物资和器材，切实保护好有关人员的人身和财产安全。

合同约定的安全作业环境及安全施工措施所需费用应遵守有关规定，并包括在相关工作的合同价格中。因采取合同未约定的安全作业环境及安全施工措施增加的费用，由监理人与

合同当事人商定或确定。

承包人应对其履行合同所雇佣的全部人员，包括分包人人员的工伤事故承担责任，但由于发包人原因造成承包人人员工伤事故的，应由发包人承担责任。

由于承包人原因在施工场地内及其毗邻地带造成的第三者人员伤亡和财产损失，由承包人负责赔偿。

3. 治安保卫

除合同另有约定外，发包人应与当地公安部门协商，在现场建立治安管理机构或联防组织，统一管理施工场地的治安保卫事项，履行合同工程的治安保卫职责。发包人和承包人除应协助现场治安管理机构或联防组织维护施工场地的社会治安外，还应做好包括生活区在内的各自管辖区的治安保卫工作。

除合同另有约定外，发包人和承包人应在工程开工后，共同编制施工场地治安管理计划，并制定应对突发治安事件的紧急预案。在工程施工过程中，发生暴乱、爆炸等恐怖事件，以及群殴、械斗等群体性突发治安事件的，发包人和承包人应立即向当地政府报告。发包人和承包人应积极协助当地有关部门采取措施平息事态，防止事态扩大，尽量减少财产损失和避免人员伤亡。

4. 环境保护

承包人在施工过程中，应遵守有关环境保护的法律，履行合同约定的环境保护义务，并对违反法律和合同约定义务所造成的环境破坏、人身伤害和财产损失负责。

承包人应按合同约定的环保工作内容，编制施工环保措施计划，报送监理人审批。承包人应按照批准的施工环保措施计划有序地堆放和处理施工废弃物，避免对环境造成破坏。因承包人任意堆放或弃置施工废弃物造成妨碍公共交通、影响城镇居民生活、降低河流行洪能力、危及居民安全、破坏周边环境，或者影响其他承包人施工等后果的，承包人应承担责任。

承包人应按合同约定采取有效措施，对施工开挖的边坡及时进行支护，维护排水设施，并进行水土保护，避免因施工造成的地质灾害。承包人应按国家饮用水管理标准定期对饮用水源进行监测，防止施工活动污染饮用水源。承包人应按合同约定，加强对噪声、粉尘、废气、废水和废油的控制，努力降低噪声，控制粉尘和废气浓度，做好废水和废油的治理和排放。

5. 事故处理

工程施工过程中发生事故的，承包人应立即通知监理人，监理人应立即通知发包人。发包人和承包人应立即组织人员和设备进行紧急抢救和抢修，减少人员伤亡和财产损失，防止事故扩大，并保护事故现场。需要移动现场物品时，应作出标记和书面记录，妥善保管有关证据。发包人和承包人应按国家有关规定，及时如实地向有关部门报告事故发生的情况，以及正在采取的紧急措施等。

6.3.10 进度计划与开工和竣工

1. 合同进度计划

承包人应按专用合同条款约定的内容和期限，编制详细的施工进度计划和施工方案说明报送监理人。监理人应在专用合同条款约定的期限内批复或提出修改意见，否则该进度计划视为已得到批准。经监理人批准的施工进度计划称合同进度计划，是控制合同工程进度的依据。承包人还应根据合同进度计划，编制更为详细的分阶段或分项进度计划，报监理人审批。

2. 合同进度计划的修订

不论何种原因造成工程的实际进度与合同进度计划不符时，承包人可以在专用合同条款约定的期限内向监理人提交修订合同进度计划的申请报告，并附有关措施和相关资料，报监理人审批；监理人也可以直接向承包人作出修订合同进度计划的指示，承包人应按该指示修订合同进度计划，报监理人审批。监理人应在专用合同条款约定的期限内批复。监理人在批复前应获得发包人同意。

3. 开工和竣工

监理人应在开工日期 7 天前向承包人发出开工通知。监理人在发出开工通知前应获得发包人同意。工期自监理人发出的开工通知中载明的开工日期起计算。承包人应在开工日期后尽快施工。

承包人应按约定的合同进度计划，向监理人提交工程开工报审表，经监理人审批后执行。开工报审表应详细说明按合同进度计划正常施工所需的施工道路、临时设施、材料设备、施工人员等施工组织措施的落实情况以及工程的进度安排。

承包人应在约定的期限内完成合同工程。实际竣工日期在接收证书中写明。

4. 发包人的工期延误

在履行合同过程中，由于发包人的下列原因造成工期延误的，承包人有权要求发包人延长工期和（或）增加费用，并支付合理利润。

① 增加合同工作内容。

② 改变合同中任何一项工作的质量要求或其他特性。

③ 发包人迟延提供材料、工程设备或变更交货地点的。

④ 因发包人原因导致的暂停施工。

⑤ 提供图纸延误。

⑥ 未按合同约定及时支付预付款、进度款。

⑦ 发包人造成工期延误的其他原因。

5. 异常恶劣的气候条件

由于出现专用合同条款规定的异常恶劣气候的条件导致工期延误的，承包人有权要求发包人延长工期。

6. 承包人的工期延误

由于承包人原因，未能按合同进度计划完成工作，或监理人认为承包人施工进度不能满足合同工期要求的，承包人应采取措施加快进度，并承担加快进度所增加的费用。由于承包人原因造成工期延误，承包人应支付逾期竣工违约金。逾期竣工违约金的计算方法在专用合同条款中约定。承包人支付逾期竣工违约金，不免除承包人完成工程及修补缺陷的义务。

7. 工期提前

发包人要求承包人提前竣工，或承包人提出提前竣工的建议能够给发包人带来效益的，应由监理人与承包人共同协商采取加快工程进度的措施和修订合同进度计划。发包人应承担承包人由此增加的费用，并向承包人支付专用合同条款约定的相应奖金。

6.3.11 暂停施工

1. 承包人暂停施工的责任

因下列暂停施工增加的费用和（或）工期延误由承包人承担：

- 承包人违约引起的暂停施工；
- 由于承包人原因为工程合理施工和安全保障所必需的暂停施工；
- 承包人擅自暂停施工；
- 承包人其他原因引起的暂停施工；
- 专用合同条款约定由承包人承担的其他暂停施工。

2. 发包人暂停施工的责任

由于发包人原因引起的暂停施工造成工期延误的，承包人有权要求发包人延长工期和（或）增加费用，并支付合理利润。

3. 监理人暂停施工指示

监理人认为有必要时，可向承包人作出暂停施工的指示，承包人应按监理人指示暂停施工。不论由于何种原因引起的暂停施工，暂停施工期间承包人应负责妥善保护工程并提供安全保障。

由于发包人的原因发生暂停施工的紧急情况，且监理人未及时下达暂停施工指示的，承包人可先暂停施工，并及时向监理人提出暂停施工的书面请求。监理人应在接到书面请求后的 24 小时内予以答复，逾期未答复的，视为同意承包人的暂停施工请求。

4. 暂停施工后的复工

暂停施工后，监理人应与发包人和承包人协商，采取有效措施积极消除暂停施工的影响。当工程具备复工条件时，监理人应立即向承包人发出复工通知。承包人收到复工通知后，应在监理人指定的期限内复工。

承包人无故拖延和拒绝复工的，由此增加的费用和工期延误由承包人承担；因发包人原因无法按时复工的，承包人有权要求发包人延长工期和（或）增加费用，并支付合理利润。

5. 暂停施工持续 56 天以上

监理人发出暂停施工指示后 56 天内未向承包人发出复工通知，除了该项停工属于承包人原因外，承包人可向监理人提交书面通知，要求监理人在收到书面通知后 28 天内准许已暂停施工的工程或其中一部分工程继续施工。如果监理人逾期不予批准，则承包人可以通知监理人，将工程受影响的部分视为按约定可取消的工作。如果暂停施工影响到整个工程，可视为发包人违约，由发包人承担违约责任。

由于承包人责任引起的暂停施工，如果承包人在收到监理人暂停施工指示后 56 天内不认真采取有效的复工措施，造成工期延误，可视为承包人违约，由承包人承担违约责任。

6.3.12 工程质量

1. 工程质量要求

工程质量验收按合同约定验收标准执行。因承包人原因造成工程质量达不到合同约定验收标准的，监理人有权要求承包人返工直至符合合同要求为止，由此造成的费用增加和（或）工期延误由承包人承担。

因发包人原因造成工程质量达不到合同约定验收标准的，发包人应承担由于承包人返工造成的费用增加和（或）工期延误，并支付承包人合理利润。

2. 承包人的质量管理和检查

承包人应在施工场地设置专门的质量检查机构，配备专职质量检查人员，建立完善的质量检查制度。承包人应在合同约定的期限内，提交工程质量保证措施文件，包括质量检查机构的组织和岗位责任、质检人员的组成、质量检查程序和实施细则等，报送监理人审批。承包人应加强对施工人员的质量教育和技术培训，定期考核施工人员的劳动技能，严格执行规范和操作规程。

承包人应按合同约定对材料、工程设备及工程的所有部位及其施工工艺进行全过程的质量检查和检验，并作详细记录，编制工程质量报表，报送监理人审查。

3. 监理人的质量检查

监理人有权对工程的所有部位及其施工工艺、材料和工程设备进行检查和检验。承包人应为监理人的检查和检验提供方便，包括监理人到施工场地或制造、加工地点或合同约定的其他地方进行察看和查阅施工原始记录。承包人还应按监理人指示，进行施工场地取样试验、工程复核测量和设备性能检测，提供试验样品、提交试验报告和测量成果及监理人要求进行的其他工作。监理人的检查和检验，不免除承包人按合同约定应负的责任。

4. 工程隐蔽部位覆盖前的检查

通知监理人检查。经承包人自检确认的工程隐蔽部位具备覆盖条件后，承包人应通知监理人在约定的期限内检查。承包人的通知应附有自检记录和必要的检查资料。监理人应按时到场检查。经监理人检查确认质量符合隐蔽要求，并在检查记录上签字后，承包人才能进行覆盖。监理人检查确认质量不合格的，承包人应在监理人指示的时间内修整返工后，由监理人重新检查。

监理人未到场检查。监理人未按约定的时间进行检查的，除监理人另有指示外，承包人可自行完成覆盖工作，并作相应记录报送监理人，监理人应签字确认。监理人事后对检查记录有疑问的，可按约定重新检查。

监理人重新检查。承包人按约定覆盖工程隐蔽部位后，监理人对质量有疑问的，可要求承包人对已覆盖的部位进行钻孔探测或揭开重新检验，承包人应遵照执行，并在检验后重新覆盖恢复原状。经检验证明工程质量符合合同要求的，由发包人承担由此增加的费用和（或）工期延误，并支付承包人合理利润；经检验证明工程质量不符合合同要求的，由此增加的费用和（或）工期延误由承包人承担。

承包人私自覆盖。承包人未通知监理人到场检查，私自将工程隐蔽部位覆盖的，监理人有权指示承包人钻孔探测或揭开检查，由此增加的费用和（或）工期延误由承包人承担。

5. 清除不合格工程

承包人使用不合格材料、工程设备，或采用不适当的施工工艺，或施工不当，造成工程不合格的，监理人可以随时发出指示，要求承包人立即采取措施进行补救，直至达到合同要求的质量标准，由此增加的费用和（或）工期延误由承包人承担。

由于发包人提供的材料或工程设备不合格造成的工程不合格，需要承包人采取措施补救的，发包人应承担由此增加的费用和（或）工期延误，并支付承包人合理利润。

6.3.13 试验和检验

1. 材料、工程设备和工程的试验和检验

承包人应按合同约定进行材料、工程设备和工程的试验和检验，并为监理人对上述材料、工程设备和工程的质量检查提供必要的试验资料和原始记录。按合同约定应由监理人与承包人共同进行试验和检验的，由承包人负责提供必要的试验资料和原始记录。监理人未按合同约定派员参加试验和检验的，除监理人另有指示外，承包人可自行试验和检验，并应立即将试验和检验结果报送监理人，监理人应签字确认。

监理人对承包人的试验和检验结果有疑问的，或为查清承包人试验和检验成果的可靠性要求承包人重新试验和检验的，可按合同约定由监理人与承包人共同进行。重新试验和检验的结果证明该项材料、工程设备或工程的质量不符合合同要求的，由此增加的费用和（或）工期延误由承包人承担；重新试验和检验结果证明该项材料、工程设备和工程符合合同要求，由发包人承担由此增加的费用和（或）工期延误，并支付承包人合理利润。

2. 现场材料试验

承包人根据合同约定或监理人指示进行的现场材料试验，应由承包人提供试验场所、试验人员、试验设备器材及其他必要的试验条件。

监理人在必要时可以使用承包人的试验场所、试验设备器材及其他试验条件，进行以工程质量检查为目的的复核性材料试验，承包人应予以协助。

3. 现场工艺试验

承包人应按合同约定或监理人指示进行现场工艺试验。对大型的现场工艺试验，监理人认为必要时，应由承包人根据监理人提出的工艺试验要求，编制工艺试验措施计划，报送监理人审批。

6.3.14 变更

1. 变更的范围和内容

除专用合同条款另有约定外，在履行合同中发生以下情形之一，应按照本条规定进行变更：

- 取消合同中任何一项工作，但被取消的工作不能转由发包人或其他人实施；
- 改变合同中任何一项工作的质量或其他特性；
- 改变合同工程的基线、标高、位置或尺寸；
- 改变合同中任何一项工作的施工时间或改变已批准的施工工艺或顺序；
- 为完成工程需要追加的额外工作。

2. 变更权

在履行合同过程中，经发包人同意，监理人可按约定的变更程序向承包人作出变更指示，承包人应遵照执行。没有监理人的变更指示，承包人不得擅自变更。

3. 变更程序

1）变更的提出

在合同履行过程中，可能发生约定变更情形的，监理人可向承包人发出变更意向书。变更意向书应说明变更的具体内容和发包人对变更的时间要求，并附必要的图纸和相关资料。变更意向书应要求承包人提交包括拟实施变更工作的计划、措施和竣工时间等内容的实施方案。发包人同意承包人根据变更意向书要求提交的变更实施方案的，由监理人按约定发出变更指示。

在合同履行过程中，发生约定变更情形的，监理人应按约定向承包人发出变更指示。

承包人收到监理人按合同约定发出的图纸和文件，经检查认为其中存在约定变更情形的，可向监理人提出书面变更建议。变更建议应阐明要求变更的依据，并附必要的图纸和说明。监理人收到承包人书面建议后，应与发包人共同研究，确认存在变更的，应在收到承包人书面建议后的 14 天内作出变更指示。经研究后不同意作为变更的，应由监理人书面答复承包人。

若承包人收到监理人的变更意向书后认为难以实施此项变更，应立即通知监理人，说明原因并附详细依据。监理人与承包人和发包人协商后确定撤销、改变或不改变原变更意向书。

2）变更估价

除专用合同条款对期限另有约定外，承包人应在收到变更指示或变更意向书后的 14 天内，向监理人提交变更报价书，报价内容应根据约定的估价原则，详细开列变更工作的价格组成及其依据，并附必要的施工方法说明和有关图纸。

变更工作影响工期的，承包人应提出调整工期的具体细节。监理人认为有必要时，可要求承包人提交要求提前或延长工期的施工进度计划及相应施工措施等详细资料。

除专用合同条款对期限另有约定外，监理人收到承包人变更报价书后的 14 天内，根据约定的估价原则，与合同当事人商定或确定变更价格。

3）变更指示

变更指示只能由监理人发出；变更指示应说明变更的目的、范围、变更内容以及变更的工程量及其进度和技术要求，并附有关图纸和文件。承包人收到变更指示后，应按变更指示进行变更工作。

4. 变更的估价原则

除专用合同条款另有约定外，因变更引起的价格调整按照本款约定处理。

已标价工程量清单中有适用于变更工作的子目的，采用该子目的单价。

已标价工程量清单中无适用于变更工作的子目，但有类似子目的，可在合理范围内参照类似子目的单价，由监理人与合同当事人商定或确定变更工作的单价。

已标价工程量清单中无适用或类似子目的单价，可按照成本加利润的原则，由监理人按第 3. 5 款商定或确定变更工作的单价。

5. 承包人的合理化建议

在履行合同过程中，承包人对发包人提供的图纸、技术要求及其他方面提出的合理化建议，均应以书面形式提交监理人。合理化建议书的内容应包括建议工作的详细说明、进度计划和效益及与其他工作的协调等，并附必要的设计文件。监理人应与发包人协商是否采纳建议。建议被采纳并构成变更的，应按约定向承包人发出变更指示。

承包人提出的合理化建议降低了合同价格、缩短了工期或者提高了工程经济效益的，发包人可按国家有关规定在专用合同条款中约定给予奖励。

6. 暂列金额

暂列金额只能按照监理人的指示使用，并对合同价格进行相应调整。

7. 计日工

发包人认为有必要时，由监理人通知承包人以计日工方式实施变更的零星工作。其价款按列入已标价工程量清单中的计日工计价子目及其单价进行计算。采用计日工计价的任何一项变更工作，应从暂列金额中支付，承包人应在该项变更的实施过程中，每天提交以下报表和有关凭证报送监理人审批：

- 工作名称、内容和数量；
- 投入该工作所有人员的姓名、工种、级别和耗用工时；
- 投入该工作的材料类别和数量；
- 投入该工作的施工设备型号、台数和耗用台时；
- 监理人要求提交的其他资料和凭证。

8. 暂估价

发包人在工程量清单中给定暂估价的材料、工程设备和专业工程属于依法必须招标的范围并达到规定的规模标准的，由发包人和承包人以招标的方式选择供应商或分包人。发包人和承包人的权利义务关系在专用合同条款中约定。中标金额与工程量清单中所列的暂估价的金额差以及相应的税金等其他费用列入合同价格。

发包人在工程量清单中给定暂估价的材料和工程设备不属于依法必须招标的范围或未达到规定的规模标准的，应由承包人按约定提供。经监理人确认的材料、工程设备的价格与工程量清单中所列的暂估价的金额差及相应的税金等其他费用列入合同价格。

发包人在工程量清单中给定暂估价的专业工程不属于依法必须招标的范围或未达到规定的规模标准的，由监理人按照约定进行估价，但专用合同条款另有约定的除外。经估价的专业工程与工程量清单中所列的暂估价的金额差以及相应的税金等其他费用列入合同价格。

6.3.15 价格调整

1. 物价波动引起的价格调整

1）采用价格指数调整价格差额

因人工、材料和设备等价格波动影响合同价格时，根据投标函附录中的价格指数和权重表约定的数据，按以下公式计算差额并调整合同价格：

$$P = P_0\left(a_0 + a_1\frac{A}{A_0} + a_2\frac{B}{B_0} + a_3\frac{C}{C_0} + \cdots\right)$$

式中， P——需调整的价格差额；

             P_0——合同约定的付款证书中承包人应得到的已完成工程量的金额；（此项金额应不包括价格调整、不计质量保证金的扣留和支付、预付款的支付和扣回。约定的变更及其他金额已按现行价格计价的，也不计在内）；

a_0——定值权重（即不调部分的权重）；

a_1，a_2，a_3，…，a_n——各可调因子的变值权重（即可调部分的权重）为各可调因子在投标函投标总报价中所占的比例；

A，B，C——各可调因子的现行价格指数，指合同约定的付款证书相关周期最后一天的前 42 天的各可调因子的价格指数；

A_0，B_0，C_0——各可调因子的基本价格指数，指基准日期的各可调因子的价格指数。

以上价格调整公式中的各可调因子、定值和变值权重，以及基本价格指数及其来源在投标函附录价格指数和权重表中约定。价格指数应首先采用有关部门提供的价格指数，缺乏上述价格指数时，可采用有关部门提供的价格代替。

在计算调整差额时得不到现行价格指数的，可暂用上一次价格指数计算，并在以后的付款中再按实际价格指数进行调整。按约定的变更导致原定合同中的权重不合理时，由监理人与承包人和发包人协商后进行调整。由于承包人原因未在约定的工期内竣工的，则对原约定竣工日期后继续施工的工程，在使用价格调整公式时，应采用原约定竣工日期与实际竣工日期的两个价格指数中较低的一个作为现行价格指数。

2）采用造价信息调整价格差额

施工期内，因人工、材料、设备和机械台班价格波动影响合同价格时，人工、机械使用费按照国家或省、自治区、直辖市建设行政管理部门、行业建设管理部门或其授权的工程造价管理机构发布的人工成本信息、机械台班单价或机械使用费系数进行调整；需要进行价格调整的材料，其单价和采购数应由监理人复核，监理人确认需调整的材料单价及数量，作为调整工程合同价格差额的依据。

2. 法律变化引起的价格调整

在基准日后，因法律变化导致承包人在合同履行中所需要的工程费用发生除第 16.1 款约定以外的增减时，监理人应根据法律、国家或省、自治区、直辖市有关部门的规定，按第 3.5 款商定或确定需调整的合同价款。

6.3.16　计量与支付

1. 计量

（1）计量单位。计量采用国家法定的计量单位。

（2）计量方法。工程量清单中的工程量计算规则应按有关国家标准、行业标准的规定，并在合同中约定执行。

（3）计量周期。除专用合同条款另有约定外，单价子目已完成工程量按月计量，总价子目的计量周期按批准的支付分解报告确定。

（4）单价子目的计量。已标价工程量清单中的单价子目工程量为估算工程量。结算工程量是承包人实际完成的，并按合同约定的计量方法进行计量的工程量。

承包人对已完成的工程进行计量，向监理人提交进度付款申请单、已完成工程量报表和有关计量资料。

监理人对承包人提交的工程量报表进行复核，以确定实际完成的工程量。对数量有异议的，可要求承包人按本合同约定进行共同复核和抽样复测。承包人应协助监理人进行复核并按监理人要求提供补充计量资料。承包人未按监理人要求参加复核，监理人复核或修正的工程量视为承包人实际完成的工程量。

监理人认为有必要时，可通知承包人共同进行联合测量、计量，承包人应遵照执行。

承包人完成工程量清单中每个子目的工程量后，监理人应要求承包人派员共同对每个子目的历次计量报表进行汇总，以核实最终结算工程量。监理人可要求承包人提供补充计量资料，以确定最后一次进度付款的准确工程量。承包人末按监理人要求派员参加的，监理人最终核实的工程量视为承包人完成该子目的准确工程量。

监理人应在收到承包人提交的工程量报表后的 7 天内进行复核，监理人未在约定时间内复核的，承包人提交的工程量报表中的工程量视为承包人实际完成的工程量，据此计算工程价款。

（5）总价子目的计量。除专用合同条款另有约定外，总价子目的分解和计量按照下述约定进行。

总价子目的计量和支付应以总价为基础，不因物价波动因素而进行调整。承包人实际完成的工程量，是进行工程目标管理和控制进度支付的依据。

承包人在合同约定的每个计量周期内，对已完成的工程进行计量，并向监理人提交进度付款申请单、专用合同条款约定的合同总价支付分解表所表示的阶段性或分项计量的支持性资料，以及所达到工程形象目标或分阶段需完成的工程量和有关计量资料。

监理人对承包人提交的上述资料进行复核，以确定分阶段实际完成的工程量和工程形象目标。对其有异议的，可要求承包人按本合同约定进行共同复核和抽样复测。

除按照第 7 条约定的变更外，总价子目的工程量是承包人用于结算的最终工程里。

2. 预付款

（1）预付款。预付款用于承包人为合同工程施工购置材料、工程设备、施工设备、修建临时设施及组织施工队伍进场等。预付款的额度和预付办法在专用合同条款中约定。预付款必须专用于合同工程。

（2）预付款保函。除专用合同条款另有约定外，承包人应在收到预付款的同时向发包人提交预付款保函，预付款保函的担保金额应与预付款金额相同。保函的担保金额可根据预付款扣回的金额相应递减。

（3）预付款的扣回与还清。预付款在进度付款中扣回，扣回办法在专用合同条款中约定。在颁发工程接收证书前，由于不可抗力或其他原因解除合同时，预付款尚未扣清的，尚未扣清的预付款余额应作为承包人的到期应付款。

3. 工程进度付款

（1）付款周期。付款周期同计量周期。

（2）进度付款申请单。承包人应在每个付款周期末，按监理人批准的格式和专用合同条款约定的份数，向监理人提交进度付款中请单，并附相应的支持性证明文件。除专用合同条款另有约定外，进度付款申请单应包括下列内容：

- 截至本次付款周期末已实施工程的价款；
- 根据第 7 条应增加和扣减的变更金额；
- 根据索赔条款应增加和扣减的索赔金额；
- 根据预付款条款应支付的预付款和扣减的返还预付款；

- 根据质量保证金条款应扣减的质量保证金；
- 根据合同应增加和扣减的其他金额。

（3）进度付款证书和支付时间。监理人在收到承包人进度付款申请单以及相应的支持性证明文件后的 14 天内完成核查，提出发包人到期应支付给承包人的金额以及相应的支持性材料，经发包人审查同意后，由监理人向承包人出具经发包人签认的进度付款证书。监理人有权扣发承包人未能按照合同要求履行任何工作或义务的相应金额。

发包人应在监理人收到进度付款申请单后的 28 天内，将进度应付款支付给承包人。发包人不按期支付的，按专用合同条款的约定支付逾期付款违约金。

监理人出具进度付款证书，不应视为监理人已同意、批准或接受了承包人完成的该部分工作。

进度付款涉及政府投资资金的，按照国库集中支付等国家相关规定和专用合同条款的约定办理。

（4）工程进度付款的修正。在对以往历次已签发的进度付款证书进行汇总和复核中发现错、漏或重复的，监理人有权予以修正，承包人也有权提出修正申请。经双方复核同意的修正，应在本次进度付款中支付或扣除。

4. 质量保证金

监理人应从第一个付款周期开始，在发包人的进度付款中，按专用合同条款的约定扣留质量保证金，直至扣留的质量保证金总额达到专用合同条款约定的金额或比例为止。质量保证金的计算额度不包括预付款的支付、扣回及价格调整的金额。

在约定的缺陷责任期满时，承包人向发包人申请到期应返还承包人剩余的质量保证金金额，发包人应在 14 天内会同承包人按照合同约定的内容核实承包人是否完成缺陷责任。如无异议，发包人应当在核实后将剩余保证金返还承包人。

在约定的缺陷责任期满时，承包人没有完成缺陷责任的，发包人有权扣留与未履行责任剩余工作所需金额相应的质量保证金余额，并有权根据本合同约定要求延长缺陷责任期，直至完成剩余工作为止。

5. 竣工结算

1）竣工付款申请单

工程接收证书颁发后，承包人应按专用合同条款约定的份数和期限向监理人提交竣工付款申请单，并提供相关证明材料。除专用合同条款另有约定外，竣工付款申请单应包括下列内容：竣工结算合同总价、发包人已支付承包人的工程价款、应扣留的质量保证金、应支付的竣工付款金额。

监理人对竣工付款申请单有异议的，有权要求承包人进行修正和提供补充资料。经监理人和承包人协商后，由承包人向监理人提交修正后的竣工付款申请单。

2）竣工付款证书及支付时间

监理人在收到承包人提交的竣工付款申请单后的 14 天内完成核查，提出发包人到期应支付给承包人的价款送发包人审核并抄送承包人。发包人应在收到后 14 天内审核完毕，由监理人向承包人出具经发包人签认的竣工付款证书。监理人未在约定时间内核查，又未提出具体意见的，视为承包人提交的竣工付款申请单已经监理人核查同意；发包人未在约定时间内审核又未提出具体意见的，监理人提出发包人到期应支付给承包人的价款视为已经发包人同意。

发包人应在监理人出具竣工付款证书后的 14 天内，将应支付款支付给承包人。发包人不按期支付的，应按本合同约定，将逾期付款违约金支付给承包人。

承包人对发包人签认的竣工付款证书有异议的，发包人可出具竣工付款申请单中承包人已同意部分的临时付款证书。存在争议的部分，按本合同约定的争议处理办理。

竣工付款涉及政府投资资金的，按照国库集中支付等国家相关规定和专用合同条款的约定办理。

6. 最终结清

1）最终结清申请单

缺陷责任期终止证书签发后，承包人可按专用合同条款约定的份数和期限向监理人提交最终结清申请单，并提供相关证明材料。

发包人对最终结清申请单内容有异议的，有权要求承包人进行修正和提供补充资料，由承包人向监理人提交修正后的最终结清申请单。

2）最终结清证书和支付时间

监理人收到承包人提交的最终结清申请单后的 14 天内，提出发包人应支付给承包人的价款送发包人审核并抄送承包人。发包人应在收到后 14 天内审核完毕，由监理人向承包人出具经发包人签认的最终结清证书。监理人未在约定时间内核查，又未提出具体意见的，视为承包人提交的最终结清申请已经监理人核查同意；发包人未在约定时间内审核又未提出具体意见的，监理人提出应支付给承包人的价款视为已经发包人同意。

发包人应在监理人出具最终结清证书后的 14 天内，将应支付款支付给承包人。发包人不按期支付的，应按本合同约定，将逾期付款违约金支付给承包人。

承包人对发包人签认的最终结清证书有异议的，按争议处理办理。

最终结清付款涉及政府投资资金的，按照国库集中支付等国家相关规定和专用合同条款的约定办理。

6.3.17　竣工验收

1. 竣工验收的含义

竣工验收指承包人完成了全部合同工作后，发包人按合同要求进行的验收。

国家验收是政府有关部门根据法律、规范、规程和政策要求，针对发包人全面组织实施的整个工程正式交付投运前的验收。需要进行国家验收的，竣工验收是国家验收的一部分。竣工验收所采用的各项验收和评定标准应符合国家验收标准。发包人和承包人为竣工验收提供的各项竣工验收资料应符合国家验收的要求。

2. 竣工验收申请报告

当工程具备以下条件时，承包人即可向监理人报送竣工验收申请报告。

（1）除监理人同意列入缺陷责任期内完成的尾工（甩项）工程和缺陷修补工作外，合同范围内的全部单位工程以及有关工作，包括合同要求的试验、试运行及检验和验收均已完成，并符合合同要求。

（2）已按合同约定的内容和份数备齐了符合要求的竣工资料。

（3）已按监理人的要求编制了在缺陷责任期内完成的尾工（甩项）工程和缺陷修补工作清单以及相应施工计划。

（4）监理人要求在竣工验收前应完成的其他工作。

（5）监理人要求提交的竣工验收资料清单。

3. 验收

监理人收到承包人按本合同约定提交的竣工验收申请报告后，应审查申请报告的各项内容，并按以下不同情况进行处理。

监理人审查后认为尚不具备竣工验收条件的，应在收到竣工验收申请报告后的 28 天内通知承包人，指出在颁发接收证书前承包人还需进行的工作内容。承包人完成监理人通知的全部工作内容后，应再次提交竣工验收申请报告，直至监理人同意为止。

监理人审查后认为已具备竣工验收条件的，应在收到竣工验收申请报告后的 28 天内提请发包人进行工程验收。

发包人经过验收后同意接受工程的，应在监理人收到竣工验收申请报告后的 56 天内，由监理人向承包人出具经发包人签认的工程接收证书。发包人验收后同意接收工程但提出整修和完善要求的，限期修好，并缓发工程接收证书。整修和完善工作完成后，监理人复查达到要求的，经发包人同意后，再向承包人出具工程接收证书。

发包人验收后不同意接收工程的，监理人应按照发包人的验收意见发出指示，要求承包人对不合格工程认真返工重作或进行补救处理，并承担由此产生的费用。承包人在完成不合格工程的返工重作或补救工作后，应重新提交竣工验收申请报告，并按本合同竣工验收（验收）的约定进行。

除专用合同条款另有约定外，经验收合格工程的实际竣工日期，以提交竣工验收申请报告的日期为准，并在工程接收证书中写明。

发包人在收到承包人竣工验收申请报告 56 天后未进行验收的，视为验收合格，实际竣工日期以提交竣工验收申请报告的日期为准，但发包人由于不可抗力不能进行验收的除外。

4. 单位工程验收

发包人根据合同进度计划安排，在全部工程竣工前需要使用已经竣工的单位工程时，或承包人提出经发包人同意时，可进行单位工程验收。验收的程序可参照本合同竣工验收的约定进行。验收合格后，由监理人向承包人出具经发包人签认的单位工程验收证书。已签发单位工程接收证书的单位工程由发包人负责照管。单位工程的验收成果和结论作为全部工程竣上验收申请报告的附件。

发包人在全部工程竣工前，使用已接收的单位工程导致承包人费用增加的，发包人应承担由此增加的费用和（或）工期延误，并支付承包人合理利润。

5. 施工期运行

施工期运行是指合同工程尚未全部竣工，其中某项或某几项单位工程或工程设备安装已竣工，根据专用合同条款约定，需要投入施工期运行的，经发包人按本合同单位工程验收的约定验收合格，证明能确保安全后，才能在施工期投入运行。

在施工期运行中发现工程或工程设备损坏或存在缺陷的，由承包人按本合同缺陷责任的约定进行修复。

6. 试运行

除专用合同条款另有约定外，承包人应按专用合同条款约定进行工程及工程设备试运行，负责提供试运行所需的人员、器材和必要的条件，并承担全部试运行费用。

由于承包人的原因导致试运行失败的，承包人应采取措施保证试运行合格，并承担相应费用。由于发包人的原因导致试运行失败的，承包人应当采取措施保证试运行合格，发包人应承担由此产生的费用，并支付承包人合理利润。

7. 竣工清场

除合同另有约定外，工程接收证书颁发后，承包人应按以下要求对施工场地进行清理，直至监理人检验合格为止。竣工清场费用由承包人承担。

（1）施工场地内残留的垃圾已全部清除出场。

（2）临时工程已拆除，场地已按合同要求进行清理、平整或复原。

（3）按合同约定应撤离的承包人设备和剩余的材料，包括废弃的施工设备和材料，已按计划撤离施工场地。

（4）工程建筑物周边及其附近道路、河道的施工堆积物，已按监理人指示全部清理。

（5）监理人指示的其他场地清理工作已全部完成。

承包人未按监理人的要求恢复临时占地，或者场地清理未达到合同约定的，发包人有权委托其他人恢复或清理，所发生的金额从拟支付给承包人的款项中扣除。

8. 施工队伍的撤离

工程接收证书颁发后的 56 天内，除了经监理人同意需在缺陷责任期内继续工作和使用的人员、施工设备和临时工程外，其余的人员、施工设备和临时工程均应撤离施工场地或拆除。除合同另有约定外，缺陷责任期满时，承包人的人员和施工设备应全部撤离施工场地。

6.3.18 缺陷责任与保修责任

1. 缺陷责任期的起算时间

缺陷责任期自实际竣工日期起计算。在全部工程竣工验收前，已经发包人提前验收的单位工程，其缺陷责任期的起算日期相应提前。

2. 缺陷责任

承包人应在缺陷责任期内对已交付使用的工程承担缺陷责任。

缺陷责任期内，发包人对已接收使用的工程负责日常维护工作。发包人在使用过程中，发现已接收的工程存在新的缺陷或已修复的缺陷部位或部件又遭损坏的，承包人应负责修复，直至检验合格为止。

监理人和承包人应共同查清缺陷和（或）损坏的原因。经查明属承包人原因造成的，应由承包人承担修复和查验的费用。经查验属发包人原因造成的，发包人应承担修复和查验的费用，并支付承包人合理利润。

承包人不能在合理时间内修复缺陷的，发包人可自行修复或委托其他人修复，所需费用和利润的承担，根据造成缺陷的原因分别由发包人或承包人承担。

3. 缺陷责任期的延长

由于承包人原因造成某项缺陷或损坏使某项工程或工程设备不能按原定目标使用而需要

再次检查、检验和修复的，发包人有权要求承包人相应延长缺陷责任期，但缺陷责任期最长不超过 2 年。

4. 进一步试验和试运行

任何一项缺陷或损坏修复后，经检查证明其影响了工程或工程设备的使用性能，承包人应重新进行合同约定的试验和试运行，试验和试运行的全部费用应由责任方承担。

5. 承包人的进入权

缺陷责任期内承包人为缺陷修复工作需要，有权进入工程现场，但应遵守发包人的保安和保密规定。

6. 缺陷责任期终止证书

在约定的缺陷责任期，包括根据本合同约定延长的期限终止后 14 天内，由监理人向承包人出具经发包人签认的缺陷责任期终止证书，并退还剩余的质量保证金。

7. 保修责任

合同当事人根据有关法律规定，在专用合同条款中约定工程质量保修范围、期限和责任。保修期自实际竣工日期起计算。在全部工程竣工验收前，已经发包人提前验收的单位工程，其保修期的起算日期相应提前。

6.3.19　保险

1. 工程保险

除专用合同条款另有约定外，承包人应以发包人和承包人的共同名义向双方同意的保险人投保建筑工程一切险、安装工程一切险。其具体的投保内容、保险金额、保险费率、保险期限等有关内容在专用合同条款中约定。

2. 人员工伤事故的保险

（1）承包人员工伤事故的保险。承包人应依照有关法律规定参加工伤保险，为其履行合同所雇用的全部人员，缴纳工伤保险费，并要求其分包人也进行此项保险。

（2）发包人员工伤事故的保险。发包人应依照有关法律规定参加工伤保险，为其现场机构雇用的全部人员，缴纳工伤保险费，并要求其监理人也进行此项保险。

3. 人身意外伤害险

发包人应在整个施工期间为其现场机构雇用的全部人员，投保人身意外伤害险，缴纳保险费，并要求其监理人也进行此项保险。

承包人应在整个施工期间为其现场机构雇用的全部人员，投保人身意外伤害险，缴纳保险费，并要求其分包人也进行此项保险。

4. 第三者责任险

第三者责任系指在保险期内，对因工程意外事故造成的、依法应由被保险人负责的工地上及毗邻地区的第三者人身伤亡、疾病或财产损失（本工程除外），以及被保险人因此而支付的诉讼费用和事先经保险人书面同意支付的其他费用等赔偿责任。

在缺陷责任期终止证书颁发前，承包人应以承包人和发包人的共同名义，投保约定的第三者责任险，其保险费率、保险金额等有关内容在专用合同条款中约定。

5. 其他保险

除专用合同条款另有约定外，承包人应为其施工设备、进场的材料和工程设备等办理保险。

6. 对各项保险的一般要求

（1）保险凭证。承包人应在专用合同条款约定的期限内向发包人提交各项保险生效的证据和保险单副本，保险单必须与专用合同条款约定的条件保持一致。

（2）保险合同条款的变动。承包人需要变动保险合同条款时，应事先征得发包人同意，并通知监理人。保险人作出变动的，承包人应在收到保险人通知后立即通知发包人和监理人。

（3）持续保险。承包人应与保险人保持联系，使保险人能够随时了解工程实施中的变动，并确保按保险合同条款要求持续保险。

（4）保险金不足的补偿。保险金不足以补偿损失的，应由承包人和（或）发包人按合同约定负责补偿。

（5）未按约定投保的补救。由于负有投保义务的一方当事人未按合同约定办理保险，或未能使保险持续有效的，另一方当事人可代为办理，所需费用由对方当事人承担。

由于负有投保义务的一方当事人未按合同约定办理某项保险，导致受益人未能得到保险人的赔偿，原应从该项保险得到的保险金应由负有投保义务的一方当事人支付。

（6）报告义务。当保险事故发生时，投保人应按照保险单规定的条件和期限及时向保险人报告。

6.3.20 不可抗力

1. 不可抗力的确认

不可抗力是指承包人和发包人在订立合同时不可预见，在工程施工过程中不可避免发生并不能克服的自然灾害和社会性突发事件，如地震、海啸、瘟疫、水灾、骚乱、暴动、战争和专用合同条款约定的其他情形。

不可抗力发生后，发包人和承包人应及时认真统计所造成的损失，收集不可抗力造成损失的证据。合同双方对是否属于不可抗力或其损失的意见不一致的，由监理人与双方当事人商定或确定。发生争议时，按争议处理的约定办理。

2. 不可抗力的通知

合同一方当事人遇到不可抗力事件，使其履行合同义务受到阻碍时，应立即通知合同另一方当事人和监理人，书面说明不可抗力和受阻碍的详细情况，并提供必要的证明。如果不可抗力持续发生，合同一方当事人则应及时向合同另一方当事人和监理人提交中间报告，说明不可抗力和履行合同受阻的情况，并于不可抗力事件结束后 28 天内提交最终报告及有关资料。

3. 不可抗力后果及其处理

1）不可抗力造成损害的责任

除专用合同条款另有约定外，不可抗力导致的人员伤亡、财产损失、费用增加和（或）工期延误等后果，由合同双方按以下原则承担。

（1）永久工程，包括已运至施工场地的材料和工程设备的损害，以及因工程损害造成的第三者人员伤亡和财产损失由发包人承担。

（2）承包人设备的损坏由承包人承担。

（3）发包人和承包人各自承担其人员伤亡和其他财产损失及其相关费用。

（4）承包人的停工损失由承包人承担，但停工期间应监理人要求照管工程和清理、修复工程的金额由发包人承担。

（5）不能按期竣工的，应合理延长工期，承包人不需支付逾期竣工违约金。发包人要求赶工的，承包人应采取赶工措施，赶工费用由发包人承担。

2）延迟履行期间发生的不可抗力

合同一方当事人延迟履行，在延迟履行期间发生不可抗力的，不免除其责任。

3）避免和减少不可抗力损失

不可抗力发生后，发包人和承包人均应采取措施尽量避免和减少损失的扩大，任何一方没有采取有效措施导致损失扩大的，应对扩大的损失承担责任。

4）因不可抗力解除合同

合同一方当事人因不可抗力不能履行合同的，应当及时通知对方解除合同。合同解除后，承包人应按约定撤离施工场地。已经订货的材料、设备由订货方负责退货或解除订货合同，不能退还的货款和因退货、解除订货合同发生的费用，由发包人承担，因未及时退货造成的损失由责任方承担。合同解除后的付款，参照本合同"解除合同后的付款"要求，由监理人与双方当事人商定或确定。

6.3.21　违约

1. 承包人违约

1）承包人违约的情形

在履行合同过程中发生的下列情况属承包人违约。

（1）承包人违反本合同"转让"或"分包"的约定，私自将合同的全部或部分权利转让给其他人，或私自将合同的全部或部分义务转移给其他人。

（2）承包人违反本合同"工程专用材料和设备"或"工程专用施工设备和临时设施"的约定，未经监理人批准，私自将已按合同约定进入施工场地的施工设备、临时设施或材料撤离施工场地。

（3）承包人违反本合同"禁止使用不合格材料和工程设备"的约定使用了不合格材料或工程设备，工程质量达不到标准要求，又拒绝清除不合格工程。

（4）承包人未能按合同进度计划及时完成合同约定的工作，已造成或预期造成工期延误。

（5）承包人在缺陷责任期内，未能对工程接收证书所列的缺陷清单的内容或缺陷责任期内发生的缺陷进行修复，而又拒绝按监理人指示再进行修补。

（6）承包人无法继续履行或明确表示不履行或实质上已停止履行合同。

（7）承包人不按合同约定履行义务的其他情况。

2）对承包人违约的处理

承包人无法继续履行或明确表示不履行或实质上已停止履行合同时，发包人可通知承包人立即解除合同，并按有关法律处理。

承包人发生其他违约情况时，监理人可向承包人发出整改通知，要求其在指定的期限内改正。承包人应承担其违约所引起的费用增加和（或）工期延误。

经检查证明承包人已采取了有效措施纠正违约行为，具备复工条件的，可由监理人签发复工通知复工。

3）承包人违约解除合同

监理人发出整改通知28天后，承包人仍不纠正违约行为的，发包人可向承包人发出解除合同通知。合同解除后，发包人可派员进驻施工场地，另行组织人员或委托其他承包人施工。发包人因继续完成该工程的需要，有权扣留使用承包人在现场的材料、设备和临时设施。但发包人的这一行动不免除承包人应承担的违约责任，也不影响发包人根据合同约定享有的索赔权利。

4）合同解除后的估价、付款和结清

合同解除后，监理人与双方当事人商定或确定承包人实际完成工作的价值，以及承包人已提供的材料、施工设备、工程设备和临时工程等的价值。

合同解除后，发包人应暂停对承包人的一切付款，查清各项付款和已扣款金额，包括承包人应支付的违约金。

合同解除后，发包人应按"发包人索赔"的约定向承包人索赔由于解除合同给发包人造成的损失。

合同双方确认上述往来款项后，出具最终结清付款证书，结清全部合同款项。

发包人和承包人未能就解除合同后的结清达成一致而形成争议的，按争议处理约定办理。

5）协议利益的转让

因承包人违约解除合同的，发包人有权要求承包人将其为实施合同而签订的材料和设备的订货协议或任何服务协议利益转让给发包人，并在解除合同后的14天内，依法办理转让手续。

6）紧急情况下无能力或不愿进行抢救

在工程实施期间或缺陷责任期内发生危及工程安全的事件，监理人通知承包人进行抢救，承包人声明无能力或不愿立即执行的，发包人有权雇佣其他人员进行抢救。此类抢救按合同约定属于承包人义务的，由此发生的金额和（或）工期延误由承包人承担。

2. 发包人违约

1）发包人违约的情形

在履行合同过程中发生的下列情形，属发包人违约。

（1）发包人未能按合同约定支付预付款或合同价款，或拖延、拒绝批准付款申请和支付凭证，导致付款延误的；

（2）发包人原因造成停工的。

（3）监理人无正当理由没有在约定期限内发出复工指示，导致承包人无法复工的。

（4）发包人无法继续履行或明确表示不履行或实质上已停止履行合同的。

发包人不履行合同约定其他义务的。

2）承包人有权暂停施工

发包人发生除"发包人无法继续履行或明确表示不履行或实质上已停止履行合同的"以外的违约情况时，承包人可向发包人发出通知，要求发包人采取有效措施纠正违约行为。发包人收到承包人通知后的 28 天内仍不履行合同义务，承包人有权暂停施工，并通知监理人，发包人应承担由此增加的费用和（或）工期延误，并支付承包人合理利润。

3）发包人违约解除合同

发包人无法继续履行或明确表示不履行或实质上已停止履行合同的，承包人可书面通知发包人解除合同。

承包人有权暂停施工 28 天后，发包人仍不纠正违约行为的，承包人可向发包人发出解除合同通知。但承包人的这一行动不免除发包人承担的违约责任，也不影响承包人根据合同约定享有的索赔权利。

4）解除合同后的付款

因发包人违约解除合同的，发包人应在解除合同后 28 天内向承包人支付下列金额，承包人应在此期限内及时向发包人提交要求支付下列金额的有关资料和凭证。

（1）合同解除日以前所完成工作的价款。

（2）承包人为该工程施工订购并已付款的材料、工程设备和其他物品的金额。发包人付还后，该材料、工程设备和其他物品归发包人所有。

（3）承包人为完成工程所发生的，而发包人未支付的金额。

（4）承包人撤离施工场地以及遣散承包人人员的金额。

（5）由于解除合同应赔偿的承包人损失。

（6）按合同约定在合同解除日前应支付给承包人的其他金额。

发包人应按本项约定支付上述金额并退还质量保证金和履约担保，但有权要求承包人支付应偿还给发包人的各项金额。

5）解除合同后的承包人撤离

因发包人违约而解除合同后，承包人应妥善做好已竣工工程和已购材料、设备的保护和移交工作，按发包人要求将承包人设备和人员撤出施工场地。承包人撤出施工场地应遵守本合同"竣工清场"的约定，发包人应为承包人撤出提供必要条件。

3. 第三人造成的违约

在履行合同过程中，一方当事人因第三人的原因造成违约的，应当向对方当事人承担违约责任。一方当事人和第三人之间的纠纷，依照法律规定或者按照约定解决。

6.3.22　索赔

1. 承包人索赔的提出

根据合同约定，承包人认为有权得到追加付款和（或）延长工期的，应按以下程序向发包人提出索赔。

（1）承包人应在知道或应当知道索赔事件发生后 28 天内，向监理人递交索赔意向通知书，并说明发生索赔事件的事由。承包人未在前述 28 天内发出索赔意向通知书的，丧失要求追加付款和（或）延长工期的权利。

（2）承包人应在发出索赔意向通知书后 28 天内，向监理人正式递交索赔通知书。索赔通知书应详细说明索赔理由以及要求追加的付款金额和（或）延长的工期，并附必要的记录和证明材料。

（3）索赔事件具有连续影响的，承包人应按合理时间间隔继续递交延续索赔通知，说明连续影响的实际情况和记录，列出累计的追加付款金额和（或）工期延长天数。

（4）在索赔事件影响结束后的 28 天内，承包人应向监理人递交最终索赔通知书，说明最终要求索赔的追加付款金额和延长的工期，并附必要的记录和证明材料。

2. 承包人索赔处理程序

监理人收到承包人提交的索赔通知书后，应及时审查索赔通知书的内容、查验承包人的记录和证明材料，必要时监理人可要求承包人提交全部原始记录副本。

监理人应与双方当事人商定或确定追加的付款和（或）延长的工期，并在收到上述索赔通知书或有关索赔的进一步证明材料后的 42 天内，将索赔处理结果答复承包人。

承包人接受索赔处理结果的，发包人应在作出索赔处理结果答复后 28 天内完成赔付。承包人不接受索赔处理结果的，按争议处理约定办理。

3. 承包人提出索赔的期限

承包人按本合同"竣工结算"的约定接受了竣工付款证书后，应被认为已无权再提出在合同工程接收证书颁发前所发生的任何索赔。

承包人按本合同"最终结清"的约定提交的最终结清申请单中，只限于提出工程接收证书颁发后发生的索赔。提出索赔的期限自接受最终结清证书时终止。

4. 发包人的索赔

发生索赔事件后，监理人应及时书面通知承包人，详细说明发包人有权得到的索赔金额和（或）延长缺陷责任期的细节和依据。发包人提出索赔的期限和要求与承包人提出索赔期限的约定相同，延长缺陷责任期的通知应在缺陷责任期届满前发出。

监理人与双方当事人商定或确定发包人从承包人处得到赔付的金额和（或）缺陷责任期的延长期。承包人应付给发包人的金额可从拟支付给承包人的合同价款中扣除，或由承包人以其他方式支付给发包人。

6.3.23　争议的解决

1. 争议的解决方式

发包人和承包人在履行合同中发生争议的，可以友好协商解决或者提请争议评审组评审。合同当事人友好协商解决不成、不愿提请争议评审或者不接受争议评审组意见的，可在专用合同条款中约定下列一种方式解决：向约定的仲裁委员会申请仲裁；向有管辖权的人民法院提起诉讼。

2. 友好解决

在提请争议评审、仲裁或者诉讼前，以及在争议评审、仲裁或诉讼过程中，发包人和承包人均可共同努力友好协商解决争议。

3. 争议评审

采用争议评审的，发包人和承包人应在开工日后的 28 天内或在争议发生后，协商成立争议评审组。争议评审组由有合同管理和工程实践经验的专家组成。

合同双方的争议，应首先由申请人向争议评审组提交一份详细的评审申请报告，并附必要的文件、图纸和证明材料，申请人还应将上述报告的副本同时提交给被申请人和监理人。

被申请人在收到申请人评审申请报告副本后的 28 天内，向争议评审组提交一份答辩报告，并附证明材料。被申请人应将答辩报告的副本同时提交给申请人和监理人。

除专用合同条款另有约定外，争议评审组在收到合同双方报告后的 14 天内，邀请双方代表和有关人员举行调查会，向双方调查争议细节；必要时争议评审组可要求双方进一步提供补充材料。

除专用合同条款另有约定外，在调查会结束后的 14 天内，争议评审组应在不受任何干扰的情况下进行独立、公正的评审，作出书面评审意见，并说明理由。在争议评审期间，争议双方暂按总监理工程师的确定执行。

发包人和承包人接受评审意见的，由监理人根据评审意见拟定执行协议，经争议双方签字后作为合同的补充文件，并遵照执行。

发包人或承包人不接受评审意见，并要求提交仲裁或提起诉讼的，应在收到评审意见后的 14 天内将仲裁或起诉意向书面通知另一方，并抄送监理人，但在仲裁或诉讼结束前应暂按总监理工程师的确定执行。

案例分析

一、基本案情

某项工程，采用《建设工程施工合同示范文本》签订合同，工期紧，任务重；基础为整体底板，混凝土量为 840 m^3，底板底标高-6 m；钢门窗框，木门。施工组织设计确定土方采用大开挖放坡施工方案，开挖土方工期 20 天，浇筑底板混凝土 24 小时连续施工需 4 天。

1. 承包人在合同协议书约定的开工日期前 7 天提交了一份请求报告，报告请求延期 8 天开工，其理由为：

① 电力部门通知，施工用电变压器在开工 4 天后才能安装完毕；

② 由铁路部门运输的 5 台施工单位自有施工主要机械在开工后 8 天才能运输到施工场地。

问：监理工程师接到报告后应如何处理？为什么？

2. 基坑开挖进行到 18 天时，发现-6 m 地基仍为软土地基，与地质报告不符。根据合同约定，该情况属于一个有经验的承包商不能合理预见的情况，属于"不可抗力"。监理工程师及时进行了以下工作。

① 通知承包人暂停施工配合勘察单位利用 2 天时间查明地质情况。

② 通知业主与设计单位洽商修改基础设计，设计时间为 5 天交图。确定局部基础深度加深到-9.5 m，混凝土工程量增加 210 m^3。

③ 通知承包人修改土方施工方案，加深开挖，增大放坡，开挖土方需要 6 天。

问：① 监理工程师应核准哪些项目的工期顺延？应同意延期几天？

② 对哪些项目（列出项目名称内容）应核准经济补偿？

3. 工程所需的 200 个钢门窗框是业主负责供货。钢门窗框运达承包人工地仓库，并入库验收。施工过程中监理工程师进行质量检验时发现有 10 个钢窗框有较大变形，即下令承包人拆除。经检查，变形原因属于钢窗框使用材料不符合要求。

问：对此事故监理工程师应如何处理？

二、案例评析

问题 1：同意承包人延期 4 天开工，因为①项属于业主的责任，应当同意；②项属于承包人自己的责任，不应当批准。

问题 2：①项同意延期 2 天；②项同意延期 6 天，其中包括因设计延期 5 天，新增混凝土浇筑延期 1 天；③项同意延期 4 天。共计 12 天。

应核准经济补偿的项目包括：承包人配合勘察单位利用 2 天时间查明地质情况的费用；新增混凝土工程的费用；增大土方开挖量的费用。

问题 3：业主应当将 10 个不合格的钢窗框运出现场，并及时补齐；而拆除所造成的承包商的损失及工期延误，应当由承包商承担。

本章小结

本章主要介绍建设工程施工合同的概念及建设工程施工合同示范文本的相关内容。

本章重点是建设工程施工合同示范文本的内容，不可抗力的相关规定、变更价款的确定程序和确定方法。

本章难点发包人和承包人的义务。

思考题

1. 试述施工合同的概念和特点。
2. 什么是施工合同工期和施工期？
3. 简述《施工合同文本》的组成及施工合同文件的构成。
4. 发包人和承包人的工作有哪些？
5. 简述工程师的产生及职权。
6. 在施工工期上，发包人和承包人的义务各是什么？
7. 简述施工进度计划的提交及确认。
8. 简述工期顺延的理由及确认程序。
9. 发包人供应的材料设备与约定不符时如何处理？
10. 工程验收有哪些内容，如何进行隐蔽工程和中间验收？
11. 简述工程试车的组织和责任。
12. 承包人在何种情况下可以要求调整合同价款？
13. 简述变更价款的确定程序和确定方法。
14. 因不可抗力导致的费用增加及延误的工期如何分担？
15. 描述工程竣工验收和竣工结算的流程和步骤。
16. 施工合同对工程分包有何规定？
17. 施工合同双方在工程保险上有何义务？

18. 简述施工合同争议的解决方式。

19. 哪些情况下施工合同可以解除？

20. 结合工程实际，如何控制施工合同中规定的工期、质量、投资及环境和安全目标？

21. 结合我国建设法律法规的具体规定，谈谈项目经理应承担哪些法律责任？

22. 课外研讨学习：

（1）从我国施工合同示范文本的修订过程和标准施工招标文件的条款内容出发，认识社会主义核心价值观当中国家、社会、个人层面的价值观。

（2）查阅资料学习《中华人民共和国国民经济和社会发展第十三个五年规划纲要》《住房城乡建设事业"十三五"规划纲要》和《建筑业发展"十三五"规划》，认识工程建设领域、工程施工领域未来合同关系的新变化。

第 7 章　FIDIC 土木工程施工合同条件

　　本章介绍了 FIDIC 合同条件的概念、施工合同条件及案例等相关内容。7.1 节介绍 FIDIC 合同条件概述；7.2 节介绍 FIDIC 土木工程施工条件；7.3 节介绍 FIDIC 设计——建造与交钥匙合同条件；7.4 节介绍 FIDIC 土木工程施工分包合同条件；7.5 节介绍 FIDIC 合同条件的案例。

7.1　FIDIC 合同条件概述

7.1.1　国际工程常用合同的种类

　　目前，国际上常用的施工合同条件主要有：国际咨询工程师联合会（FIDIC）编制的各种合同条件、英国土木工程师学会的"ICE 土木工程施工合同条件"、英国皇家建筑师学会的"RIBA/JCT 合同条件"、美国建筑师学会的"AIA 合同条件"、美国承包商总会的"AGC 合同条件"、美国工程师合同文件联合会的"EJCDC 合同条件"、美国联邦政府发布的"SF-23A 合同条件"。其中常用的是国际咨询工程师联合会（FIDIC）编制的各种合同条件。

7.1.2　FIDIC 土木工程施工条件简介

　　FIDIC（国际咨询工程师联合会）在 1999 年出版了《施工合同条件》范本。新范本在维持《土木工程施工合同条件》（1988 年第四版）基本原则的基础上，对合同结构和条款内容作了较大修订。新的版本有以下几方面的重大改动。

1. 合同的适用条件更为广泛

　　FIDIC 在《土木工程施工合同条件》基础上编制的《施工合同条件》不仅适用于建筑工程施工，也可以用于安装工程施工。

2. 通用条件条款结构改变

　　通用条件条款的标题分别为：一般规定；业主；工程师；承包商；指定分包商；职员和劳工；永久设备、材料和工艺；开工、延误和暂停；竣工检验；业主的接收；缺陷责任；测量和估价；变更和调整；合同价格和支付；业主提出终止；承包商提出暂停和终止；风险和责任；保险；不可抗力；索赔、争端和仲裁 20 条 247 款。比《土木工程施工合同条件》的条目数少，但条款数多，克服了合同履行过程中发生的某一事件往往涉及排列序号不在一起的很多条款，使得编写合同、履行管理都感到很繁琐的缺点，尽可能将相关内容归列在同一主题下。

3. 对业主、承包商双方的权利和义务作了更严格明确的规定

4. 对工程师的职权规定得更为明确

（1）通用条款内明确规定，工程师应履行施工合同中赋予他的职责，行使合同中明确规定的或必然隐含的赋予他的权力。

（2）如果要求工程师在行使施工合同中某些规定权力之前需先获得业主的批准，则应在业主与承包商签订合同的专用条件的相应条款内注明。合同履行过程中业主或承包商的各类要求均应提交工程师，由其作出"决定"；除非按照解决合同争议的条款将该事件提交争端裁决委员会或仲裁机构解决外，对工程师作出的每一项决定各方均应遵守。业主与承包商协商达成一致以前，不得对工程师的权力加以进一步限制。通用条件的相关条款同时规定，每当工程师需要对某一事项作出商定或决定时，应首先与合同双方协商并尽力达成一致，如果不能达成一致，则应按照合同规定并适当考虑所有有关情况后再作出公正的决定。

5. 补充了部分新内容

随着工程项目管理的规范化发展，增加了一些《土木工程施工合同条件》没有包括的内容，如业主的资金安排、业主的索赔、承包商要求的变更、质量管理体系、知识产权、争端裁决委员会等，使条款涵盖的范围更为全面、合理。

6. 通用条件的条款更具备操作性

通用条件条款数目的增加不仅表现为涵盖内容的面宽，而且条款约定更为细致和便于操作。如将预付款支付与扣还、调价公式等编入了通用条件的条款。

《施工合同条件》具有全面、完整的通用条件的条款规定和专用条件部分条款的编制说明及范例，使用时可结合项目的特点编写。

7.2 FIDIC 土木工程施工条件

7.2.1 FIDIC 土木工程施工合同中的部分重要概念

1. 合同文件

通用条件的条款规定，构成对业主和承包商有约束力的合同文件包括以下几方面的内容。

（1）合同协议书：业主发出中标函的 28 天内，接到承包商提交的有效履约保证后，双方签署的法律性标准化格式文件。为了避免履行合同过程中产生争议，专用条件指南中最好注明接受的合同价格、基准日期和开工日期。

（2）中标函：业主签署的对投标书的正式接受函，可能包含作为备忘录记载的合同签订前谈判时可能达成一致并共同签署的补遗文件。

（3）投标函：承包商填写并签字的法律性投标函和投标函附录，包括报价和对招标文件及合同条款的确认文件。

（4）合同专用条件。

（5）合同通用条件。

（6）规范：指承包商履行合同义务期间应遵循的准则，也是工程师进行合同管理的依据，即合同管理中通常所称的技术条款。除了工程各主要部位施工应达到的技术标准和规范以外，还可以包括以下方面的内容：

- 对承包商文件的要求；
- 应由业主获得的许可；
- 对基础、结构、工程设备、通行手段的阶段性占有；
- 承包商的设计；
- 放线的基准点、基准线和参考标高；
- 合同涉及的第三方；
- 环境限制；
- 电、水、气和其他现场供应的设施；
- 业主的设备和免费提供的材料；
- 指定分包商；
- 合同内规定承包商应为业主提供的人员和设施；
- 承包商负责采购材料和设备需提供的样本；
- 制造和施工过程中的检验；
- 竣工检验；
- 暂列金额等。

（7）图纸。

（8）资料表及其他构成合同一部分的文件，如：

① 资料表——由承包商填写并随投标函一起提交的文件，包括工程量表、数据、列表及费率/单价表等；

② 构成合同一部分的其他文件——在合同协议书或中标函中列明范围的文件（包括合同履行过程中构成对双方有约束力的文件）。

2. 合同担保

1）承包商提供的担保

合同条款中规定，承包商签订合同时应提供履约担保，接受预付款前应提供预付款担保。在范本中给出了担保书的格式，分为企业法人提供的保证书和金融机构提供的保函两类格式。保函均为不需承包商确认违约的无条件担保形式（连带责任保证方式）。

（1）履约担保的保证期限。履约保函应担保承包商圆满完成施工和保修的义务，而非到工程师颁发工程接收证书为止。但工程接收证书的颁发是对承包商按合同约定完满完成施工义务的证明，承包商还应承担的义务仅为保修义务。因此，范本中推荐的履约保函格式内说明，如果双方有约定的话，允许颁发整个工程的接收证书后，将履约保函的担保金额减少一定的百分比。

（2）业主凭保函索赔。由于无条件保函对承包商的风险较大，因此通用条件中明确规定了4种情况下业主可以凭履约保函索赔，其他情况则按合同约定的违约责任条款对待。这些情况包括：

- 专用条款内约定的缺陷通知期满后仍未能解除承包商的保修义务时，承包商应延长履约保函有效期而未延长；
- 按照业主索赔或争议、仲裁等决定，承包商未向业主支付相应款项；

- 缺陷通知期内承包商接到业主修补缺陷通知后 42 天内未派人修补；
- 由于承包商的严重违约行为业主终止合同。

2）业主提供的担保

大型工程建设资金的融资可能包括从某些国际援助机构、开发银行等筹集的款项，这些机构往往要求业主应保证履行给承包商付款的义务，因此在专用条件范例中，增加了业主应向承包商提交"支付保函"的可选择使用的条款，并附有保函格式。业主提供的支付保函担保金额可以按总价或分项合同价的某一百分比计算，担保期限至缺陷通知期满后 6 个月，并且为无条件担保，使合同双方的担保义务对等。

通用条件的条款中未明确规定业主必须向承包商提供支付保函，具体工程的合同内是否包括此条款，取决于业主主动选用或融资机构的强制性规定。

3. 合同履行中涉及的几个期限的概念

1）合同工期

合同工期在合同条件中用"竣工时间"的概念，指所签合同内注明的完成全部工程的时间，加上合同履行过程中因非承包商应负责原因导致变更和索赔事件发生后，经工程师批准顺延工期之和。如有分部移交工程，也需在专用条件的条款内明确约定。合同内约定的工期指承包商在投标书附录中承诺的竣工时间。合同工期的时间界限作为衡量承包商是否按合同约定期限履行施工义务的标准。

2）施工期

从工程师按合同约定发布的"开工令"中指明的应开工之日起，至工程接收证书注明的竣工日止的日历天数为承包商的施工期。用施工期与合同工期比较，判定承包商的施工是提前竣工，还是延误竣工。

3）缺陷通知期

缺陷通知期即国内施工文本所指的工程保修期，自工程接收证书中写明的竣工日开始，至工程师颁发履约证书为止的日历天数。尽管工程移交前进行了竣工检验，但只是证明承包商的施工工艺达到了合同规定的标准，设置缺陷通知期的目的是为了考验工程在动态运行条件下是否达到了合同中技术规范的要求。因此，从开工之日起至颁发履约证书日止，承包商要对工程的施工质量负责。合同工程的缺陷通知期及分阶段移交工程的缺陷通知期，应在专用条件内具体约定。次要部位工程通常为半年；主要工程及设备大多为一年；个别重要设备也可以约定为一年半。

4）合同有效期

（1）自合同签字日起至承包商提交给业主的"结清单"生效日止，施工承包合同对业主和承包商均具有法律约束力。

（2）颁发履约证书只是表示承包商的施工义务终止，合同约定的权利义务并未完全结束，还有管理和结算等手续未完结。

（3）结清单生效是指业主已按工程师签发的最终支付证书中的金额付款，并退还承包商的履约保函。结清单一经生效，承包商在合同内享有的索赔权利也自行终止。

4. 合同价格

通用条件中分别定义了"接受的合同款额"和"合同价格"的概念。

"接受的合同款额"指业主在"中标函"中对实施、完成和修复工程缺陷所接受的金额，来源于承包商的投标报价并对其确认。

"合同价格"则指按照合同各条款的约定，承包商完成建造和保修任务后，对所有合格工程有权获得的全部工程款。最终结算的合同价可能与中标函中注明的接受的合同款额不一定相等，究其原因，涉及以下几方面因素的影响。

1）合同类型特点

《施工合同条件》适用于大型复杂工程采用单价合同的承包方式。为了缩短建设周期，通常在初步设计完成后就开始施工招标，在不影响施工进度的前提下陆续发放施工图，因此，承包商据以报价的工程量清单中，各项工作内容项下的工程量一般为概算工程量。合同履行过程中，承包商实际完成的工程量可能多于或少于清单中的估计量。单价合同的支付原则是：按承包商实际完成工程量乘以清单中相应工作内容的单价，结算该部分工作的工程款。

2）可调价合同

大型复杂工程的施工期较长，通用条件中包括合同工期内因物价变化对施工成本产生影响后计算调价费用的条款，每次支付工程进度款时均要考虑约定可调价范围内项目当地市场价格的涨落变化。而这笔调价款没有包含在中标价格内，仅在合同条款中约定了调价原则和调价费用的计算方法。

3）发生应由业主承担责任的事件——合同价格增加

合同履行过程中，可能因业主的行为或其他应承担风险责任的事件发生后，导致承包商施工成本增加，合同相应条款都规定应对承包商受到的实际损害给予补偿。

4）承包商的质量责任——合同价格减少

合同履行过程中，如果承包商没有完全地或正确地履行合同义务，业主可凭工程师出具的证明，从承包商应得工程款内扣减该部分给业主带来损失的款额。

（1）不合格材料和工程的重复检验费用由承包商承担。工程师对承包商采购的材料和施工的工程通过检验后发现质量未达到合同规定的标准，承包商应自费改正并在相同条件下进行重复试验，重复检验所发生的额外费用由承包商承担。

（2）承包商没有改正忽视质量的错误行为。当承包商不能在工程师限定的时间内将不合格的材料或设备移出施工现场，以及在限定时间内没有或无力修复缺陷工程，业主可以雇佣其他人来完成，该项费用应从承包商处扣回。

（3）折价接收部分有缺陷工程。某项处于非关键部位的工程施工质量未达到合同规定的标准，如果业主和工程师经过适当考虑后，确信该部分的质量缺陷不会影响总体工程的运行安全，为了保证工程按期发挥效益，可以与承包商协商后折价接收。

5）承包商延误工期或提前竣工

（1）因承包商责任的延误竣工，即合同价格减少。签订合同时双方需约定日拖期赔偿额和最高赔偿限额。如果因承包商应负责原因竣工时间迟于合同工期，将按日拖期赔偿额乘以延误天数计算拖期违约赔偿金，但以约定的最高赔偿限额为赔偿业主延迟发挥工程效益的最高款భ。专用条款中的日拖期赔偿额视合同金额的大小，可在 0.03%～0.2%合同价的范围内约定，具体数额或百分比，最高赔偿限额一般不超过合同价的10%。

如果合同内规定有分阶段移交的工程，在整个合同工程竣工日期以前，工程师已对部分分阶段移交的工程颁发了工程接收证书且证书中注明的该部分工程竣工日期未超过约定的分阶段竣工时间，则全部工程剩余部分的日拖期违约赔偿额应相应折减。折减的原则是，以拖延竣工部分的合同金额除以整个合同工程的总金额所得比例乘以日拖期赔偿额，但不影响约定的最高赔偿限额。即：

$$折减的日拖期赔偿额＝合同约定的日拖期赔偿额×$$
$$（拖延竣工部分的合同金额/合同工程的总金额）$$
$$拖期赔偿总额＝折减的日拖期赔偿额×延误天数（≤最高赔偿限额）$$

（2）提前竣工，即合同价格增加。承包商通过自己的努力使工程提前竣工是否应得到奖励，在施工合同条件中列入可选择条款一类。业主要看提前竣工的工程或区段是否能让其得到提前使用的收益，而决定该条款的取舍。如果招标工作内容仅为整体工程中的部分工程且这部分工程的提前不能单独发挥效益，则没有必要鼓励承包商提前竣工，可以不设奖励条款。若选用奖励条款，则需在专用条件中具体约定奖金的计算办法。

当合同内约定有部分分项工程的竣工时间和奖励办法时，为了使业主能够在完成全部工程之前占有并启用工程的某些部分提前发挥效益，约定的分项工程完工日期应固定不便。也就是说，不因该部分工程施工过程中出现非承包商应负责原因工程师批准顺延合同工期，而对计算奖励的应竣工时间予以调整（除非合同中另有规定）。

6）包含在合同价格之内的暂列金额

（1）某些项目的工程量清单中包括有"暂列金额"款项，尽管这笔款额计入在合同价格内，但其使用却归工程师控制。

（2）暂列金额实际上是一笔业主方的备用金，用于招标时对尚未确定或不可预见项目的储备金额。

（3）施工过程中工程师有权依据工程进展的实际需要经业主同意后，用于施工或提供物资、设备，以及技术服务等内容的开支，也可以作为供意外用途的开支。

（4）他有权全部使用、部分使用或完全不用。

工程师可以发布指示，要求承包商或其他人完成暂列金额项内开支的工作，因此，只有当承包商按工程师的指示完成暂列金额项内开支的工作任务后，才能从其中获得相应支付。由于暂列金额是用于招标文件规定承包商必须完成的承包工作之外的费用，承包商报价时不将承包范围内发生的间接费、利润、税金等摊入其中，所以他未获得暂列金额内的支付并不损害其利益。承包商接受工程师的指示完成暂列金额项内支付的工作时，应按工程师的要求提供有关凭证，包括报价单、发票、收据等结算支付的证明材料。

5. 指定分包商

1）指定分包商的概念

指定分包商是由业主（或工程师）指定、选定，完成某项特定工作内容并与承包商签订分包合同的特殊分包商；合同条款规定，业主有权将部分工程项目的施工任务或涉及提供材料、设备、服务等工作内容发包给指定分包商实施。

合同内规定有承担施工任务的指定分包商，大多因业主在招标阶段划分合同包时，考虑到某部分施工的工作内容有较强的专业技术要求，一般承包单位不具备相应的能力，但如果以一个单独的合同对待又限于现场的施工条件或合同管理的复杂性，工程师无法合理地进行协调管理，为避免各独立合同之间的干扰，则只能将这部分工作发包给指定分包商实施。由于指定分包商是与承包商签订分包合同，因而在合同关系和管理关系方面与一般分包商处于同等地位，对其施工过程中的监督、协调工作纳入承包商的管理之中。指定分包工作内容可能包括部分工程的施工；供应工程所需的货物、材料、设备；设计；提供技术服务等。

2）指定分包商的特点

指定分包商与一般分包商主要差异体现在以下几个方面。

（1）选择分包单位的权利不同。

① 指定分包商，承担指定分包工作任务的单位由业主或工程师选定；

② 一般分包商，由承包商选择。

（2）分包合同的工作内容不同。

① 指定分包商，工作属于承包商无力完成，不属于合同约定应由承包商必须完成范围之内的工作，即承包商投标报价时没有摊入间接费、管理费、利润、税金的工作，因此不损害承包商的合法权益；

② 一般分包商，工作为承包商承包工作范围的一部分。

（3）工程款的支付开支项目不同。

① 指定分包商，给指定分包商的付款应从暂列金额内开支；

② 一般分包商，对一般分包商的付款，从工程量清单中相应工作内容项内支付。

（4）业主对分包商利益的保护不同。

① 指定分包商，在合同条件内列有保护指定分包商的条款。如通用条件规定，承包商在每个月末报送工程进度款支付报表时，工程师有权要求他出示以前已按指定分包合同给指定分包商付款的证明。如果承包商没有合法理由而扣押了指定分包商上个月应得工程款的话，业主有权按工程师出具的证明从本月应得款内扣除这笔金额直接付给指定分包商。

② 一般分包商，对于一般分包商则无此类规定，业主和工程师不介入一般分包合同履行的监督。

承包商对分包商违约行为承担责任的范围不同：

③ 指定分包商，除非由于承包商向指定分包商发布了错误的指示要承担责任外，对指定分包商的任何违约行为给业主或第三者造成损害而导致索赔或诉讼，承包商不承担责任；

④ 一般分包商，如果一般分包商有违约行为，业主将其视为承包商的违约行为，按照主合同的规定追究承包商的责任。

3）指定分包商的选择

特殊专项工作的实施要求指定分包商拥有某方面的专业技术或专门的施工设备、独特的施工方法。业主和工程师往往根据所积累的资料、信息，也可能依据以前与之交往的经验，对其信誉、技术能力、财务能力等比较了解，通过议标方式选择。若没有理想的合作者，也可以就这部分承包商不善于实施的工作内容，采用招标方式选择指定分包商。

某项工作将由指定分包商负责实施是招标文件规定，并已由承包商在投标时认可，因此承包商不能反对该项工作由指定分包商完成，并负责协调管理工作。但业主必须保护承包商合法利益不受侵害是选择指定分包商的基本原则，因此当承包商有合法理由时，有权拒绝某一单位作为指定分包商。为了保证工程施工的顺利进行，业主选择指定分包商应首先征求承包商的意见，不能强行要求承包商接受他有理由反对的，或是拒绝与承包商签订保障承包商利益不受损害的分包合同的指定分包商。

6. 解决合同争议的方式

任何合同争议均交由仲裁或诉讼解决，一方面往往会导致合同关系的破裂，另一方面解决起来费时、费钱且对双方的信誉有不利影响。为了解决工程师的决定可能处理得不公正的情况，通用条件中增加了"争端裁决委员会"处理合同争议的程序。

1）解决合同争议的程序

（1）提交工程师决定。FIDIC 编制施工合同条件的基本出发点之一，是合同履行过程中建立以工程师为核心的项目管理模式，因此不论是承包商的索赔还是业主的索赔均应首先提交给工程师。任何一方要求工程师作出决定时，他应与双方协商尽力达成一致。如果未能达成一致，则应按照合同规定并适当考虑有关情况后作出公平的决定。

（2）提交争端裁决委员会决定。双方起因于合同的任何争端，包括对工程师签发的证书，作出的决定、指示、意见或估价不同意接受时，可将争议提交合同争端裁决委员会，并将副本送交对方和工程师。裁决委员会在收到提交的争议文件后 84 天内作出合理的裁决。作出裁决后的 28 天内，任何一方未提出不满意裁决的通知，此裁决即为最终的决定。

（3）双方协商。任何一方对裁决委员会的裁决不满意，或裁决委员会在 84 天内未能作出裁决，在此期限后的 28 天内应将争议提交仲裁。仲裁机构在收到申请后的 56 天才开始审理，这一时间要求双方尽力以友好的方式解决合同争议。

（4）仲裁。如果双方仍未能通过协商解决争议，则只能由合同约定的仲裁机构最终解决。

2）争端裁决委员会

（1）争端裁决委员会的组成。签订合同时，业主与承包商通过协商组成裁决委员会。裁决委员会可选定为 1 名或 3 名成员，一般由 3 名成员组成，合同每一方应提名 1 位成员，由对方批准。双方应与这两名成员共同商定第三位成员，第三人作为主席。

（2）争端裁决委员会的性质。属于非强制性但具有法律效力的行为，相当于我国法律中解决合同争议的调解，但其性质则属于个人委托。成员应满足以下要求：

- 对承包合同的履行有经验；
- 在合同的解释方面有经验；
- 能流利地使用合同中规定的交流语言。

（3）工作。

由于裁决委员会的主要任务是解决合同争议，因此不需要常驻工地。

① 平时工作。裁决委员会的成员对工程的实施定期进行考察现场，了解施工进度和实际潜在的问题。一般在关键施工作业期间到现场考察，但两次考察的间隔时间不少于 140 天，离开现场前，应向业主和承包商提交考察报告。

② 解决合同争议的工作。接到任何一方申请后，在工地或其他选定的地点处理争议的有关问题。

（4）报酬。

付给委员的酬金分为月聘请费和日酬金两部分，由业主与承包商平均负担。裁决委员会到现场考察和处理合同争议的时间按日酬金计算，相当于咨询费。

（5）成员的义务。保证公正处理合同争议是其最基本义务，虽然当事人双方各提名 1 位成员，但他不能代表任何一方的单方利益，因此合同做了以下规定。

① 在业主与承包商双方同意的任何时候，他们可以共同将事宜提交给争端裁决委员会，请他们提出意见。没有另一方的同意，任一方不得就任何事宜向争端裁决委员会征求建议。

② 裁决委员会或其中的任何成员不应从业主、承包商或工程师处单方获得任何经济利益或其他利益。

③ 不得在业主、承包商或工程师处担任咨询顾问或其他职务。

④ 合同争议提交仲裁时，不能被任命为仲裁人，只能作为证人向仲裁提供争端证据。

3）争端裁决程序

（1）接到业主或承包商任何一方的请求后，裁决委员会确定会议的时间和地点，解决争议的地点可以在工地或其他地点进行。

（2）裁决委员会成员审阅各方提交的材料。

（3）召开听证会，充分听取各方的陈述，审阅证明材料。

（4）调解合同争议并作出决定。

7.2.2 风险责任的划分

合同履行过程中可能发生的某些风险是有经验的承包商在准备投标时无法合理预见的，就业主利益而言，不应要求承包商在其报价中计入这些不可合理预见风险的损害补偿费，以取得有竞争性的合理报价。

（1）通用条件内以投标截止日期前第 28 天定义为"基准日"作为业主与承包商划分合同风险的时间点。

（2）在此日期后发生的作为一个有经验承包商在投标阶段不可能合理预见的风险事件，按承包商受到的实际影响给予补偿；若业主获得好处，也应取得相应的利益。

（3）某一不利于承包商的风险损害是否应给予补偿，工程师不是简单看承包商的报价内包括或未包括对此事件的费用，而是以作为有经验的承包商在投标阶段能否合理预见作为判定准则。

1. 业主应承担的风险义务

1）合同条件规定的业主风险

属于业主的风险包括：

- 战争、敌对行动、入侵、外敌行动；
- 工程所在国内发生的叛乱、革命、暴动或军事政变、篡夺政权或内战（在我国实施的工程均不采用此条款）；
- 不属于承包商施工原因造成的爆炸、核废料辐射或放射性污染等；
- 超音速或亚音速飞行物产生的压力波；
- 暴乱、骚乱或混乱，但不包括承包商及分包商的雇员因执行合同而引起的行为；
- 因业主在合同规定以外，使用或占用永久工程的某一区段或某一部分而造成的损失或损害；
- 业主提供的设计不当造成的损失；
- 一个有经验承包商通常无法预测和防范的任何自然力作用。

前五种风险都是业主或承包商无法预测、防范和控制而保险公司又不承保的事件，损害后果又很严重，业主应对承包商受到的实际损失（不包括利润损失）给予补偿。

2）不可预见的物质条件

（1）不可预见物质条件的范围。承包商施工过程中遇到不利于施工的外界自然条件、人为干扰、招标文件和图纸均未说明的外界障碍物、污染物的影响、招标文件未提供或与提供资料不一致的地表以下的地质和水文条件，但不包括气候条件。

（2）承包商及时发出通知。遇到上述情况后，承包商递交给工程师的通知中应具体描述该外界条件，并说明原因为什么承包商认为是不可预见的。发生这类情况后承包商应继续实施工程，采用在此外界条件下合适的以及合理的措施，并且应该遵守工程师给予的任何指示。

（3）工程师与承包商进行协商并作出决定。判定原则如下。

① 承包商在多大程度上对该外界条件不可预见。事件的原因可能属于业主风险或有经验的承包商应该合理预见，也可能双方都应负有一定责任，工程师应合理划分责任或责任限度。

② 不属于承包商责任的事件影响程度，评定损害或损失的额度。

③ 与业主和承包商协商或决定补偿之前，还应审查是否在工程类似部分（如有时）上出现过其他外界条件比承包商在提交投标书时合理预见的物质条件更为有利的情况。如果在一定程度上承包商遇到过此类更为有利的条件，工程师还应确定补偿时对因此有利条件而应支付费用的扣除与承包商作出商定或决定，并且加入合同价格和支付证书中（作为扣除）。

④ 但由于工程类似部分遇到的所有外界有利条件而作出对已支付工程款的调整结果不应导致合同价格的减少，即如果承包商不依据"不可预见的物质条件"提出索赔时，不考虑类似情况下有利条件承包商所得到的好处，另外对有利部分的扣减不应超过对不利补偿的金额。

3）其他不能合理预见的风险

这些情况可能包括以下几项。

（1）外币支付部分由于汇率变化的影响。当合同内约定给承包商的全部或部分付款为某种外币，或约定整个合同期内始终以基准日承包商报价所依据的投标汇率为不变汇率按约定百分比支付某种外币时，汇率的实际变化对支付外币的计算不产生影响。若合同内规定按支付日当天中央银行公布的汇率为标准，则支付时需随汇率的市场浮动进行换算。由于合同期内汇率的浮动变化是双方签约时无法预计的情况，不论采用何种方式，业主均应承担汇率实际变化对工程总造价影响的风险，可能对其有利，也可能不利。

（2）法令、政策变化对工程成本的影响。如果基准日后由于法律、法令和政策变化引起承包商实际投入成本的增加，应由业主给予补偿。若导致施工成本的减少，也由业主获得其中的好处，如施工期内国家或地方对税收的调整等。

2. 承包商应承担的风险义务

在施工现场属于不包括在保险范围内的，由于承包商的施工管理等失误或违约行为，导致工程、业主人员的伤害及财产损失，应承担责任。依据合同通用条款的规定：

- 承包商对业主的全部责任不应超过专用条款约定的赔偿最高限额；
- 若未约定，则不应超过中标的合同金额；
- 但对于因欺骗、有意违约或轻率的不当行为造成的损失，赔偿的责任限度不受限额的限制。

7.2.3　施工阶段的合同管理

1. 施工进度管理

1）施工计划

（1）承包商编制施工进度计划。承包商应在合同约定的日期或接到中标函后的42天内（合同未作约定）开工，工程师则应至少提前7天通知承包商开工日期。承包商收到开工通知后的28天内，按工程师要求的格式和详细程度提交施工进度计划，说明为完成施工任务而打算采用的施工方法、施工组织方案、进度计划安排，以及按季度列出根据合同预计应支付给承包商费用的资金估算表，见图7-1。

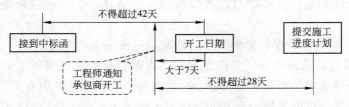

图7-1　承包商编制的施工进度计划

（2）进度计划的内容。

① 实施工程的进度计划。视承包工程的任务范围不同，可能还涉及设计进度（如果包括部分工程的施工图设计的话）；材料采购计划；永久工程设备的制造、运到现场、施工、安装、调试和检验各个阶段的预期时间（永久工程设备包括在承包范围内的话）。

② 每个指定分包商施工各阶段的安排。

③ 合同中规定的重要检查、检验的次序和时间。

④ 保证计划实施的说明文件：承包商在各施工阶段准备采用的方法和主要阶段的总体描述；各主要阶段承包商准备投入的人员和设备数量的计划等。

（3）进度计划的确认。承包商有权按照他认为最合理的方法进行施工组织，工程师不应干预。工程师对承包商提交的施工计划的审查主要涉及以下几个方面：

- 计划实施工程的总工期和重要阶段的里程碑工期是否与合同的约定一致；
- 承包商各阶段准备投入的机械和人力资源计划能否保证计划的实现；
- 承包商拟采用的施工方案与同时实施的其他合同是否有冲突或干扰等。

承包商将计划提交的21天内，工程师未提出需修改计划的通知，即认为该计划已被工程师认可。

2）工程师对施工进度的监督

（1）月进度报告。承包商每个月都应向工程师提交进度报告，报告的内容包括：

- 设计（如有时）、承包商的文件、采购、制造、货物运达现场、施工、安装和调试的每一阶段，以及指定分包商实施工程的这些阶段进展情况的图表与详细说明；
- 表明制造（如有时）和现场进展状况的照片；
- 与每项主要永久设备和材料制造有关的制造商名称、制造地点、进度百分比。以及开始制造、承包商的检查、检验、运输和到达现场的实际或预期日期；

- 说明承包商在现场的施工人员和各类施工设备数量；
- 若干份质量保证文件、材料的检验结果及证书；
- 安全统计，包括涉及环境和公共关系方面的任何危险事件与活动的详情；
- 实际进度与计划进度的对比，包括可能影响按照合同完工的任何事件和情况的详情，以及为消除延误而正在（或准备）采取的措施等。

（2）施工进度计划的修订。

① 工程师指示的施工进度计划修订。当工程师发现实际进度与计划进度严重偏离时，不论实际进度是超前还是滞后于计划进度，为了使进度计划有实际指导意义，随时有权指示承包商编制改进的施工进度计划，并再次提交工程师认可后执行，新进度计划将代替原来的计划。

② 合同约定的施工进度计划修订。也允许在合同内明确规定，每隔一段时间（一般为3 个月）承包商都要对施工计划进行一次修改，并经过工程师认可。

按照合同条件的规定，工程师在管理中应注意两点：

不论因何方应承担责任的原因导致实际进度与计划进度不符，承包商都无权对修改进度计划的工作要求额外支付；

工程师对修改后进度计划的批准，并不意味承包商可以摆脱合同规定应承担的责任。

3）顺延合同工期

通用条件的条款中规定可以给承包商合理延长合同工期的条件通常可能包括以下几种情况。

（1）延误发放图纸。

（2）延误移交施工现场。

（3）承包商依据工程师提供的错误数据导致放线错误。

（4）不可预见的外界条件。

（5）施工中遇到文物和古迹而对施工进度的干扰。

（6）非承包商原因检验导致施工的延误。

（7）发生变更或合同中实际工程量与计划工程量出现实质性变化。

（8）施工中遇到有经验的承包商不能合理预见的异常不利气候条件影响。

（9）由于传染病或政府行为导致工期的延误。

（10）施工中受到业主或其他承包商的干扰。

（11）施工涉及有关公共部门原因引起的延误。

（12）业主提前占用工程导致对后续施工的延误。

（13）非承包商原因使竣工检验不能按计划正常进行。

（14）后续法规调整引起的延误。

（15）发生不可抗力事件的影响。

2. 施工质量管理

1）承包商的质量体系

（1）通用条件规定，承包商应按照合同的要求建立一套质量管理体系，以保证施工符合合同要求。

（2）工程师有权审查质量体系的任何方面。

（3）当承包商遵守工程师认可的质量体系施工，并不能解除依据合同应承担的任何职责、义务和责任。

2）现场资料

承包商对施工中涉及的以下相关事宜的资料应有充分的了解。

（1）现场的现状和性质，包括资料提供的地表以下条件。

（2）水文和气候条件。

（3）为实施和完成工程及修复工程缺陷约定的工作范围和性质。

（4）工程所在地的法律、法规和雇佣劳务的习惯做法。

（5）承包商要求的通行道路、食宿、设施、人员、电力、交通、供水及其他服务。

业主同样有义务向承包商提供基准日后得到的所有相关资料和数据。

不论是招标阶段提供的资料还是后续提供的资料，业主应对资料和数据的真实性和正确性负责，但对承包商依据资料的理解、解释或推论导致的错误不承担责任。

3）质量的检查和检验

为了保证工程的质量，工程师除了按合同规定进行正常的检验外，还可以在认为必要时依据变更程序，指示承包商变更规定检验的位置或细节、进行附加检验或试验等。由于额外检查和试验是基准日前承包商无法合理预见的情况，涉及的费用和工期变化，视检验结果是否合格划分责任归属。

4）对承包商设备的控制

工程质量的好坏和施工进度的快慢，很大程度上取决于投入施工的机械设备、临时工程在数量和型号上的满足程度。而且承包商在投标书中报送的设备计划，是业主决标时考虑的主要因素之一。因此通用条款规定了以下几点。

（1）承包商自有的施工设备。

① 承包商自有的施工机械、设备、临时工程和材料，一经运抵施工现场后就被视为专门为本合同工程施工之用。除了运送承包商人员和物资的运输车辆以外，其他施工机具和设备虽然承包商拥有所有权和使用权，但未经过工程师的批准，不能将其中的任何一部分运出施工现场。

② 某些使用台班数较少的施工机械在现场闲置期间，如果承包商的其他合同工程需要使用时，可以向工程师申请暂时运出。当工程师依据施工计划考虑该部分机械暂时不用而同意他运出时，应同时指示何时必须运回以保证本工程的施工之用，要求承包商遵照执行。

③ 对于后期施工不再使用的设备，竣工前经过工程师批准后，承包商可以提前撤出工地。

（2）承包商租赁的施工设备。承包商从其他人处租赁施工设备时，应在租赁协议中规定在协议有效期内发生承包商违约解除合同时，设备所有人应以相同的条件将该施工设备转租给发包人或发包人邀请承包本合同的其他承包商。

（3）要求承包工程增加或更换施工设备。若工程师发现承包商使用的施工设备影响了工程进度或施工质量时，有权要求承包商增加或更换施工设备，由此增加的费用和工期延误责任由承包商承担。

5）环境保护

承包商的施工应遵守环境保护的有关法律和法规的规定，采取一切合理措施保护现场内外的环境，限制因施工作业引起的污染、噪音或其他对公众人身和财产造成的损害和妨碍。施工产生的散发物、地面排水和排污不能超过环保规定的数值。

3. 工程变更管理

工程变更，是指施工过程中出现了与签订合同时的预计条件不一致的情况，而需要改变原定施工承包范围内的某些工作内容。工程变更不同于合同变更，前者对合同条件内约定的业主和承包商的权利义务没有实质性改动，只是对施工方法、内容作局部性改动，属于正常的合同管理，按照合同的约定由工程师发布变更指令即可；而后者则属于对原合同需进行实质性改动，应由业主和承包商通过协商达成一致后，以补充协议的方式变更。

1）工程变更的范围

由于工程变更属于合同履行过程中的正常管理工作，工程师可以根据施工进展的实际情况，在认为必要时就以下几个方面发布变更指令。

（1）对合同中任何工作工程量的改变。

（2）任何工作质量或其他特性的变更。

（3）工程任何部分标高、位置和尺寸的改变。第（2）和（3）属于重大的设计变更。

（4）删减任何合同约定的工作内容。省略的工作应是不再需要的工程，不允许用变更指令的方式将承包范围内的工作变更给其他承包商实施。

（5）进行永久工程所必需的任何附加工作、永久设备、材料供应或其他服务，包括任何联合竣工检验、钻孔和其他检验以及勘察工作。

（6）改变原定的施工顺序或时间安排。

2）变更程序

颁发工程接收证书前的任何时间，工程师可以通过发布变更指示或以要求承包商递交建议书的任何一种方式提出变更。

（1）指示变更。工程师在业主授权范围内根据施工现场的实际情况，在确属需要时有权发布变更指示。指示的内容应包括详细的变更内容、变更工程量、变更项目的施工技术要求和有关部门文件图纸，以及变更处理的原则。

（2）要求承包商递交建议书后再确定的变更。其程序如下。

① 工程师将计划变更事项通知承包商，并要求他递交实施变更的建议书。

② 承包商应尽快予以答复。一种情况可能是通知工程师由于受到某些非自身原因的限制而无法执行此项变更，如无法得到变更所需的物资等，工程师应根据实际情况和工程的需要再次发出取消、确认或修改变更指示的通知。另一种情况是承包商依据工程师的指示递交实施此项变更的说明，内容包括：

- 将要实施的工作的说明书以及该工作实施的进度计划；
- 承包商依据合同规定对进度计划和竣工时间作出任何必要修改的建议，提出工期顺延要求；
- 承包商对变更估价的建议，提出变更费用要求。

（3）工程师作出是否变更的决定，尽快通知承包商说明批准与否或提出意见。

（4）承包商在等待答复期间，不应延误任何工作。

（5）工程师发出每一项实施变更的指示，应要求承包商记录支出的费用。

（6）承包商提出的变更建议书，只是作为工程师决定是否实施变更的参考。除了工程师作出指示或批准以总价方式支付的情况外，每一项变更应依据计量工程量进行估价和支付。

3）变更估价

（1）变更估价的原则。

计算变更工程应采用的费率或价格，可分为三种情况。

① 变更工作在工程量表中有同种工作内容的单价，应以该费率计算变更工程费用。实施变更工作未导致工程施工组织和施工方法发生实质性变动，不应调整该项目的单价。

② 工程量表中虽然列有同类工作的单价或价格，但对具体变更工作而言已不适用，则应在原单价和价格的基础上制定合理的新单价或价格。

③ 变更工作的内容在工程量表中没有同类工作的费率和价格，应按照与合同单价水平相一致的原则，确定新的费率或价格。任何一方不能以工程量表中没有此项价格为借口，将变更工作的单价定得过高或过低。

（2）可以调整合同工作单价的原则。

具备以下条件时，允许对某一项工作规定的费率或价格加以调整。

① 此项工作实际测量的工程量相对工程量表或其他报表中规定的工程量的变动大于10%；

② 工程量的变更与对该项工作规定的具体费率的乘积超过了接受的合同款额的0.01%。

③ 由此工程量的变更直接造成的该项工作每单位工程量费用的变动超过1%。

（3）删减原定工作后对承包商的补偿。工程师发布删减工作的变更指示后承包商不再实施部分工作，合同价格中包括的直接费部分没有受到损害，但摊销在该部分的间接费、税金和利润则实际不能合理回收。因此承包商可以就其损失向工程师发出通知并提供具体的证明资料，工程师与合同双方协商后确定一笔补偿金额加入到合同价内。

4）承包商申请的变更

承包商根据工程施工的具体情况，可以向工程师提出对合同内任何一个项目或工作的详细变更请求报告。未经工程师批准承包商不得擅自变更，若工程师同意，则按工程师发布的变更指示的程序执行。

（1）承包商提出变更建议。承包商可以随时向工程师提交一份书面建议。承包商认为如果采纳其建议将可能有以下结果。

① 加速完工。

② 降低业主实施、维护或运行工程的费用。

③ 对业主而言能提高竣工工程的效率或价值。

④ 为业主带来其他利益。

（2）承包商应自费编制此类建议书。

（3）如果由工程师批准的承包商建议包括一项对部分永久工程的设计的改变，通用条件的条款规定，如果双方没有其他协议，承包商应设计该部分工程。如果承包商不具备设计资质，也可以委托有资质单位进行分包。变更的设计工作应按合同中承包商负责设计的以下规定执行。

① 承包商应按照合同中说明的程序向工程师提交该部分工程的承包商的文件。

② 承包商的文件必须符合规范和图纸的要求。

③ 承包商应对该部分工程负责，并且该部分工程完工后应适合于合同中规定的工程的预期目的。

④ 在开始竣工检验之前，承包商应按照规范规定向工程师提交竣工文件以及操作和维修手册。

（4）接受变更建议的估价。

① 如果此改变造成该部分工程的合同价值减少，工程师应与承包商商定或决定一笔费用，并将之加入合同价格。这笔费用应是以下金额差额的 50%。

● 合同价的减少，即由此改变造成的合同价值的减少，不包括依据后续法规变化做出的调整和因物价浮动调价所作的调整；

● 变更对使用功能的影响，即考虑到质量、预期寿命或运行效率的降低，对业主而言已变更工作价值上的减少（如有时）。

② 如果降低工程功能的价值大于减少合同价格对业主的好处，则没有该笔奖励费用。

4. 工程进度款的支付管理

1）预付款

通用条件内针对预付款金额不少于合同价 22% 的情况规定了管理程序。

（1）动员预付款的支付。预付款的数额由承包商在投标书内确认。承包商需首先将银行出具的履约保函和预付款保函交给业主并通知工程师，工程师在 21 天内签发"预付款支付证书"，业主按合同约定的数额和外币比例支付预付款。预付款保函金额始终保持与预付款等额，即随着承包商对预付款的偿还逐渐递减保函金额。

（2）动员预付款的扣还。预付款在分期支付工程进度款的支付中按百分比扣减的方式偿还。

① 起扣。自承包商获得工程进度款累计总额达到合同总价（减去暂列金额）10% 那个月起扣。

② 每次支付时的扣减额度。本月证书中承包商应获得的合同款额（不包括预付款及保留金的扣减）中扣除 25% 作为预付款的偿还，直至还清全部预付款。即：

每次扣还金额＝（本次支付证书中承包商应获得的款额−本次应扣的保留金）×25%

2）用于永久工程的设备和材料款预付

由于合同条件是针对包工包料承包的单价合同编制的，因此规定由承包商自筹资金采购工程材料和设备，只有当材料和设备用于永久工程后，才能将这部分费用计入到工程进度款内结算支付。通用条件的条款规定，为了帮助承包商解决订购大宗主要材料和设备所占用资金的周转，订购物资经工程师确认合格后，按发票价值 80% 作为材料预付的款额，包括在当月应支付的工程进度款内。双方也可以在专用条款内修正这个百分比，目前施工合同的约定通常在 60%~90%。

（1）承包商申请支付材料预付款。专用条款中规定的工程材料的采购满足以下条件后，承包商向工程师提交预付材料款的支付清单：

● 材料的质量和储存条件符合技术条款的要求；

● 材料已到达工地并经承包商和工程师共同验点入库；

● 承包商按要求提交了订货单、收据价格证明文件（包括运至现场的费用）。

（2）工程师核查提交的证明材料。预付款金额为经工程师审核后实际材料价乘以合同约定的百分比，包括在月进度付款签证中。

（3）预付材料款的扣还。材料不宜大宗采购后在工地储存时间过久，避免材料变质或锈蚀，应尽快用于工程。通用条款规定，当已预付款项的材料或设备用于永久工程，构成永久工程合同价格的一部分后，在计量工程量的承包商应得款内扣除预付的款项，扣除金额与预付金额的计算方法相同。专用条款内也可以约定其他扣除方式，如每次预付的材料款在付款后的约定月内（最长不超过 6 个月），每个月平均扣回。

3）业主的资金安排

为了保障承包商按时获得工程款的支付，通用条件内规定，如果合同内没有约定支付表，当承包商提出要求时，业主应提供资金安排计划。

（1）承包商根据施工计划向业主提供不具约束力的各阶段资金需求计划。

① 接到工程开工通知的 28 天内，承包商应向工程师提交每一个总价承包项目的价格分解建议表。

② 第一份资金需求估价单应在开工日期后 42 天之内提交。

③ 根据施工的实际进展，承包商应按季度提交修正的估价单，直到工程的接收证书已经颁发为止。

（2）业主应按照承包商的实施计划做好资金安排。

通用条件规定如下。

① 接到承包商的请求后，应在 28 天内提供合理的证据，表明他已作出了资金安排，并将一直坚持实施这种安排。此安排能够使业主按照合同规定支付合同价格（按照当时的估算值）的款额。

② 如果业主欲对其资金安排做出任何实质性变更，应向承包商发出通知并提供详细资料。

（3）业主未能按照资金安排计划和支付的规定执行，承包商可提前 21 天以上通知业主，将要暂停工作或降低工作速度。

4）保留金

保留金是按合同约定从承包商应得的工程进度款中相应扣减的一笔金额保留在业主手中，作为约束承包商严格履行合同义务的措施之一。当承包商有一般违约行为使业主受到损失时，可从该项金额内直接扣除损害赔偿费。例如，承包商未能在工程师规定的时间内修复缺陷工程部位，业主雇用其他人完成后，这笔费用可从保留金内扣除。

（1）保留金的约定。承包商在投标书附录中按招标文件提供的信息和要求确认了每次扣留保留金的百分比和保留金限额。每次月进度款支付时扣留的百分比一般为 5%～10%，累计扣留的最高限额为合同价的 2.5%～5%。

（2）每次中期支付时扣除的保留金。从首次支付工程进度款开始，用该月承包商完成合格工程应得款加上因后续法规政策变化的调整和市场价格浮动变化的调价款为基数，乘以合同约定保留金的百分比作为本次支付时应扣留的保留金。逐月累计扣到合同约定的保留金最高限额为止。

（3）保留金的返还。扣留承包商的保留金分以下两次返还。

① 颁发工程接收证书后的返还。

颁发了整个工程的接收证书时，将保留金的前一半支付给承包商。

如果颁发的接收证书只是限于一个区段或工程的一部分，则：

$$返还金额=保留金总额×\frac{移交工程区段或部分的合同价值}{最终合同价值的估算值}×40\%$$

② 保修期满颁发履约证书后将剩余保留金返还。

整个合同的缺陷通知期满，返还剩余的保留金。

如果颁发的履约证书只限于一个区段，则在这个区段的缺陷通知期满后，并不全部返还该部分剩余的保留金：

$$返还金额=保留金总额×\frac{移交工程区段或部分的合同价值}{最终合同价值的估算值}×40\%$$

合同内以履约保函和保留金两种手段作为约束承包商忠实履行合同义务的措施；当承包商严重违约而使合同不能继续顺利履行时，业主可以凭履约保函向银行获取损害赔偿；而因承包商的一般违约行为令业主蒙受损失时，通常利用保留金补偿损失；履约保函和保留金的约束期均是承包商负有施工义务的责任期限（包括施工期和保修期）。

（4）保留金保函代换保留金。当保留金已累计扣留到保留金限额的 60% 时，为了使承包商有较充裕的流动资金用于工程施工，可以允许承包商提交保留金保函代换保留金。业主返还保留金限额的 50%，剩余部分待颁发履约证书后再返还。保函金额在颁发接收证书后不递减。

5）物价浮动对合同价格的调整

对于施工期较长的合同，为了合理分担市场价格浮动变化对施工成本影响的风险，在合同内要约定调价的方法。通用条款内规定为公式法调价。

（1）调价公式。

（2）可调整的内容和基价；承包商在投标书内填写，并在签订合同前谈判中确定。

（3）延误竣工。

① 非承包商应负责原因的延误。工程竣工前每一次支付时，调价公式继续有效。

② 承包商应负责原因的延误。在后续支付时，分别计算应竣工日和实际支付日的调价款，经过对比后按照对业主有利的原则执行。

6）基准日后法规变化引起的价格调整

在投标截至日期的第 28 天以后，国家的法律、行政法规或国务院有关部门的规章，以及工程所在地的省、自治区、直辖市的地方法规或规章发生变更，导致施工所需的工程费用发生增减变化，工程师与当事人双方协商后可以调整合同金额。如果导致变化的费用包括在调价公式中，则不再予以考虑。较多的情况发生于工程建设承包商需交纳的税费变化，这是当事人双方在签订合同时不可能合理预见的情况，因此可以调整相应的费用。

5. 工程进度款的支付程序

（1）工程量计量。工程量清单中所列的工程量仅是对工程的估算量，不能作为承包商完成合同规定施工义务的结算依据。每次支付工程月进度款前，均需通过测量来核实实际完成的工程量，以计量值作为支付依据。

（2）承包商提供报表。每个月的月末，承包商应按工程师规定的格式提交一式 6 份本月支付报表。内容包括提出本月已完成合格工程的应付款要求和对应扣款的确认，一般包括以下几个方面。

① 本月完成的工程量清单中工程项目及其他项目的应付金额（包括变更）。

② 法规变化引起的调整应增加和减扣的任何款额。

③ 作为保留金扣减的任何款额。

④ 预付款的支付（分期支付的预付款）和扣还应增加和减扣的任何款额。

⑤ 承包商采购用于永久工程的设备和材料应预付和扣减款额。

⑥ 根据合同或其他规定（包括索赔、争端裁决和仲裁），应付的任何其他应增加和扣减的款额。

⑦ 对所有以前的支付证书中证明的款额的扣除或减少（对已付款支付证书的修正）。

（3）工程师签证。工程师接到报表后，对承包商完成的工程形象、项目、质量、数量以及各项价款的计算进行核查。若有疑问时，可要求承包商共同复核工程量。在收到承包商的支付报表后 28 天内，按核查结果以及总价承包分解表中核实的实际完成情况签发支付证书。

工程师可以不签发证书或扣减承包商报表中部分金额的情况如下。

① 合同内约定有工程师签证的最小金额时，本月应签发的金额小于签证的最小金额，工程师不出具月进度款的支付证书。本月应付款接转下月，超过最小签证金额后一并支付。

② 承包商提供的货物或施工的工程不符合合同要求，可扣发修正或重置相应的费用，直至修整或重置工作完成后再支付。

③ 承包商未能按合同规定进行工作或履行义务，并且工程师已经通知了承包商，则可以扣留该工作或义务的价值，直至工作或义务履行为止。

工程进度款支付证书属于临时支付证书，工程师有权对以前签发过的证书中发现的错、漏或重复，承包商也有权提出更改或修正，经双方复核同意后，将增加或扣减的金额纳入本次签证中。

（4）业主支付。承包商的报表经过工程师认可并签发工程进度款的支付证书后，业主应在接到证书后及时给承包商付款。业主的付款时间不应超过工程师收到承包商的月进度付款申请单后的 56 天。如果逾期支付将承担延期付款的违约责任，延期付款的利息按银行贷款利率加 3% 计算。

7.2.4 竣工验收阶段的合同管理

1. 竣工检验和移交工程

1）竣工检验

承包商完成工程并准备好竣工报告所需报送的资料后，应提前 21 天将某一确定的日期通知工程师，说明此日后已准备好进行竣工检验。工程师应指示在该日期后 14 天内的某日进行。此项规定同样适用于按合同规定分部移交的工程。

2）颁发工程接收证书

工程通过竣工检验达到了合同规定的"基本竣工"要求后，承包商在他认为可以完成移交工作 14 天前以书面形式向工程师申请颁发接收证书。基本竣工是指工程已通过竣工检验，能够按照预定目的交给业主占用或使用，而非完成了合同规定的包括扫尾、清理施工现场及不影响工程使用的某些次要部位缺陷修复工作后的最终竣工，剩余工作允许承包商在缺陷通知期内继续完成。这样规定有助于准确判定承包商是否按合同规定的工期完成了施工义务，也有利于业主尽早使用或占有工程，及时发挥工程效益。

工程师接到承包商申请后的 28 天内，如果认为已满足竣工条件，即可颁发工程接收证书；若不满意，则应书面通知承包商，指出还需完成哪些工作后才达到基本竣工条件。工程接收证书中包括确认工程达到竣工的具体日期。工程接收证书颁发后，不仅表明承包商对该部分工程的施工义务已经完成，而且对工程照管的责任也转移给业主。

如果合同约定工程不同区段有不同竣工日期时，每完成一个区段均应按上述程序颁发部分工程的接收证书。

3）特殊情况下的证书颁发程序

（1）业主提前占用工程。工程师应及时颁发工程接收证书，并确认业主占用日为竣工日。提前占用或使用表明该部分工程已达到竣工要求，对工程照管责任也相应转移给业主，但承包商对该部分工程的施工质量缺陷仍负有责任。工程师颁发接收证书后，应尽快给承包商采取必要措施完成竣工检验的机会。

（2）因非承包商原因导致不能进行规定的竣工检验。有时也会出现施工已达到竣工条件，但由于不应由承包商负责的主观或客观原因不能进行竣工检验。针对此种情况，工程师应以本该进行竣工检验日签发工程接收证书，将这部分工程移交给业主照管和使用。工程虽已接收，仍应在缺陷通知期内进行补充检验。当竣工检验条件具备后，承包商应在接到工程师指示进行竣工试验通知的 14 天内完成检验工作。由于非承包商原因导致缺陷通知期内进行的补检，属于承包商在投标阶段不能合理预见到的情况，该项检查试验比正常检验多支出的费用应由业主承担。

2. 未能通过竣工检验

1）重新检验

如果工程或某区段未能通过竣工检验，承包商对缺陷进行修复和改正，在相同条件下重复进行此类未通过的试验和对任何相关工作的竣工检验。

2）重复检验仍未能通过

当整个工程或某区段未能通过按重新检验条款规定所进行的重复竣工检验时，工程师应有权选择以下任何一种处理方法。

（1）指示再进行一次重复竣工检验。

（2）如果由于该工程缺陷致使业主基本上无法享用该工程或区段所带来的全部利益，拒收整个工程或区段（视情况而定），在此情况下，业主有权获得承包商的赔偿。包括：

- 业主为整个工程或该部分工程（视情况而定）所支付的全部费用以及融资费用；
- 拆除工程、清理现场和将永久设备和材料退还给承包商所支付的费用。

（3）颁发一份接收证书（如果业主同意的话），折价接收该部分工程。合同价格应按照可以适当弥补由于此类失误而给业主造成的减少的价值数额予以扣减。

3. 竣工结算

1）承包商报送竣工报表

颁发工程接收证书后的 84 天内，承包商应按工程师规定的格式报送竣工报表。报表内容包括以下几项。

① 到工程接收证书中指明的竣工日止，根据合同完成全部工作的最终价值。

② 承包商认为应该支付给他的其他款项，如要求的索赔款、应退还的部分保留金等。

③ 承包商认为根据合同应支付给他的估算总额。所谓"估算总额"是这笔金额还未经过工程师审核同意。估算总额应在竣工结算报表中单独列出，以便工程师签发支付证书。

2）竣工结算与支付

工程师接到竣工报表后，应对照竣工图进行工程量详细核算，对其他支付要求进行审查，然后再依据检查结果签署竣工结算的支付证书。此项签证工作，工程师也应在收到竣工报表后28天内完成。业主依据工程师的签证予以支付。

7.2.5 缺陷通知期阶段的合同管理

1. 工程缺陷责任

1）承包商在缺陷通知期内应承担的义务

工程师在缺陷通知期内可就以下事项向承包商发布指示。

（1）将不符合合同规定的永久设备或材料从现场移走并替换。

（2）将不符合合同规定的工程拆除并重建。

（3）实施任何因保护工程安全而需进行的紧急工作。不论事件起因于事故、不可预见事件还是其他事件。

2）承包商的补救义务

承包商应在工程师指示的合理时间内完成上述工作。若承包商未能遵守指示，业主有权雇佣其他人实施并予以付款。如果属于承包商应承担的责任原因，业主有权按照业主索赔的程序向承包商追偿。

2. 履约证书

履约证书是承包商已按合同规定完成全部施工义务的证明，因此该证书颁发后工程师就无权再指示承包商进行任何施工工作，承包商即可办理最终结算手续。缺陷通知期内工程圆满地通过运行考验，工程师应在期满后的28天内，向业主签发解除承包商承担工程缺陷责任的证书，并将副本送给承包商。但此时仅意味承包商与合同有关的实际义务已经完成，而合同尚未终止，剩余的双方合同义务只限于财务和管理方面的内容。业主应在证书颁发后的14天内，退还承包商的履约保证书。

缺陷通知期满时，如果工程师认为还存在影响工程运行或使用的较大缺陷，可以延长缺陷通知期，推迟颁发证书，但缺陷通知期的延长不应超过竣工日后的2年。

3. 最终结算

最终结算是指颁发履约证书后，对承包商完成全部工作价值的详细结算，以及根据合同条件对应付给承包商的其他费用进行核实，确定合同的最终价格。

颁发履约证书后的56天内，承包商应向工程师提交最终报表草案，以及工程师要求提交的有关资料。

工程师审核后与承包商协商，对最终报表草案进行适当的补充或修改后形成最终报表。承包商将最终报表送交工程师的同时，还需向业主提交一份"结清单"，进一步证实最终报表中的支付总额，作为同意与业主终止合同关系的书面文件。工程师在接到最终报表和结清单附件后的28天内签发最终支付证书，业主应在收到证书后的56天内支付。只有当业主按照最终支付证书的金额予以支付并退还履约保函后，结清单才生效，承包商的索赔权也即行终止。最终结算流程见图 7 - 2。

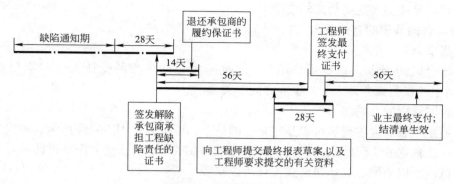

图 7 - 2　最终结算流程

7.3　FIDIC 设计——建造与交钥匙合同条件

FIDIC 1999 年出版了《设计采购施工（EPC）/交钥匙工程合同条件》，适用于项目建设总承包的合同。交钥匙合同条件适用于：在交钥匙的基础上进行的工程项目的设计和施工，尤其是私人投资项目。承包商负责实施所有的设计、采购和建造工作，即在"交钥匙"时，要提供一个设施配备完整、可以投产运行的项目。固定总价不变的交钥匙合同并按里程碑方式支付。这样的合同条件在执行过程中，没有业主委派的工程师这一角色，而是由业主代表直接管理项目实施过程，采用较松的管理方式，但严格竣工检验和竣工后检验，以保证完工项目的质量与前两种合同相比，项目风险大部分由承包商承担，但业主愿意为此多付出一定的费用。

以下仅就其与《施工合同条件》的主要区别予以介绍。

7.3.1　合同管理的主要特点

1. 合同的主要特点

1）承包的工作范围

业主招标时发包的工作范围为建设一揽子发包，合同约定的承包工作内容包括设计、设备采购、施工、物资供应、安装、调试、保修等。如果业主将部分的设计、设备采购委托给其他承包商，则属于指定分包商的性质，仍由承包商负责协调管理。

2）业主对项目建设的意图

作为招标文件组成部分的合同条件中，在"业主要求"条款内需明确说明项目的设计要求、功能要求等，如工程的目标、范围、设计标准、其他应达到的标准等具体内容以及风险责任的划分，承包商以这些要求作为编制方案进行投标的依据。招标阶段允许业主与承包商就技术问题和商务条件进行讨论，所有达成协议的事项作为合同的组成部分。

3）承包方式

合同采用固定最终价格和固定竣工日期的承包方式。由于业主只是提出项目的建设意图和要求．由承包商负责设计、施工和保修并负责建设期内的设备采购和材料供应，业主对承包商的工作只进行有限的控制，而不进行干预，承包商按他选择的方案和措施进行工作，只要最终结果满足业主规定的功能标准即可。

2. 参与合同管理的有关各方

合同当事人

交钥匙合同的当事人是业主和承包商，而不指任何一方的受让人（即不允许转让合同）。合同中的权利义务设定为当事人之间的关系。

参与合同管理的有关方

（1）业主代表。业主代表可以是本企业的员工，也可以雇用工程师作为业主代表。如果业主任命一位独立的工程师作为代表，鉴于工程师在工作中需要遵循职业道德的要求，则应在专用条款内予以说明，让承包商在投标阶段知晓。

（2）承包商代表。承包商任命并经业主同意而授权负责合同履行管理的负责人。职责为与业主代表共同建立合同正常履行中的管理关系，以及对承包商和分包商的设计、施工提供一切必要的监督。

（3）分包商。

3. 合同文件

1）合同文件的组成

构成对业主与承包商有约束力的总承包合同文件包括合同协议书；合同专用条件；合同通用条件；业主的要求；投标书和构成合同组成部分的其他文件5大部分。如果各文件间出现矛盾或歧义时，以上的排列即为解释的优先次序，双方应尽可能通过协商达成一致。如果达不成协议，业主应对有关情况给予应有的考虑后作出公平的确定。

2）业主的要求文件

标题为"业主要求"文件相当于《施工合同条件》中"规范"的作用，不仅作为承包商投标报价的基础，也是合同管理的依据，通常可以包括以下方面的详细规定。

（1）工程在功能方面的特定要求。

（2）发包的工作范围和质量标准。

（3）有关信息。可能涉及业主已经或将要取得的规划、建筑许可、现场的使用权和进入方法；其他承包商；放线的基准资料和数据；现场可能提供的电、水、气等服务；业主可提供的施工设备材料；设计所需数据资料等。

（4）对承包商的要求。如按照法律法规的规定承包商履行合同期间应许可、批准、纳税；环保要求；要求送审的承包商文件；为业主人员的操作培训；编制操作和维修手册的要求等。

（5）质量检验要求。如对检验样品的规定；在现场以外试验检测机构进行的检测试验；竣工试验和竣工后试验的要求等。

4. 风险责任

1）承包商风险

此类合同的实施属于由承包商承担主要风险的固定价格合同。因此，合同价格对任何他未预见到的困难和费用不应考虑调整。

2）业主风险

业主主要承担因外部社会和人为事件导致的损害，且保险公司不承保的事件，包括：

- 战争、敌对行动、入侵、外敌行动；
- 工程所在国内的叛乱、恐怖活动、革命、暴动、军事政变或篡夺政权、内战；
- 承包商人员和分包商以外人员在工程所在国内发生的骚动、罢工或停工；
- 工程所在国内的不属于承包商使用的军火、爆炸物资、电离辐射或放射性污染引起的损害；
- 由于飞行物或装置所产生的压力波造成的损害。

3）不可抗力及保险

① 不可抗力。合同中定义的"不可抗力"，除了业主风险外还包括自然灾害造成的损害；

② 保险。合同可以约定任何一方为工程、生产设备、材料和承包商文件办理保险，保险金额不低于包括拆除运走废弃物的费用以及专业费用和利润，保险期限应保持颁发履约证书前持续有效；

③ 不可抗力的后果。属于业主风险事件，应给予承包商工期顺延和费用补偿。而对于自然灾害的损害，只给予承包商工期顺延，费用损失通过保险索赔获得。

7.3.2　工程质量管理

交钥匙合同的承包工作是从工程设计开始，到完成保修责任的全部义务。

1. 质量保证体系

承包商应按合同要求编制质量保证体系。在每一设计和施工阶段开始前，均应将所有工作程序的执行文件提交业主代表，遵照合同约定的细节要求对质量保证措施加以说明。业主代表有权审查和检查其中的任何方面，对不满意之处可令其改正。

2. 设计的质量

1）设计依据资料正确性的责任

（1）业主的义务。业主应提供相应的资料作为承包商设计的依据，这些资料包括在"业主要求"文件中写明的或合同履行阶段陆续提供的。业主应对以下几方面所提供数据和资料的正确性负责：

- 合同中规定业主负责的和不可变部分的数据和资料；
- 对工程或其任何部分的预期目的的说明；
- 竣工工程的试验和性能标准；
- 除合同另有说明外，承包商不能核实的部分、数据和资料。

（2）承包商的义务。业主提供的资料中有很多是供承包商参考的数据和资料，如现场的气候条件等。由于承包商要负责工程的设计，应对从业主或其他方面获得的任何资料尽心竭力认真核实。业主除了上述应负责的情况外，不对所提供资料中的任何错误、不准确或遗漏负责。承包商使用来自业主或其他方面错误资料进行的设计和施工，不解除承包商的义务。

2）承包商应保证设计质量

（1）承包商应充分理解"业主要求"中提出的项目建设意图，依据业主提供及自行勘测现场的基本资料和数据，按照设计规范要求完成设计工作。

（2）业主代表对设计文件的批准，不解除承包商的合同责任。

（3）承包商应保障业主不因其责任的侵犯专利权行为而受到损害。

3）业主代表对设计的监督

（1）对设计人员的监督。未在合同专用条件中注明的承包商设计人员或设计分包者，承担工程任何部分的设计任务前必须征得业主代表的同意。

（2）保证设计贯彻业主的建设意图。尽管设计人员或设计分包者不直接与业主发生合同关系，但承包商应保障他们在所有合理时间内能随时参与同业主代表的讨论。

（3）对设计质量的控制。为了缩短工程的建设周期，交钥匙合同并不严格要求完成整个工程的初步设计或施工图设计后再开始施工。允许某一部分工程的施工文件编制完成，经过业主代表批准后即可开始实施。业主代表对设计的质量控制主要表现在以下几个方面：

- 批准施工文件；
- 监督施工文件的执行；
- 对竣工资料的审查。

3. 对施工的质量控制

施工和竣工阶段的质量控制条款与《施工合同条件》的规定基本相同，但增加了竣工检验的内容。

1）竣工试验

竣工试验包括生产设备在内的竣工试验应按如下程序进行：启动前试验、启动试验、试运行。

2）竣工后试验

工业项目包括大型生产设备，往往需要进行竣工后的试验。

（1）业主原因延误检验。业主在设备运行期间无故拖延约定的竣工后检验致使承包商产生附加费用，应连同利润加入到合同价格内。

（2）竣工后检验不合格。

① 未能通过竣工后检验时，承包商首先向业主提交调整和修复的建议。只有业主同意并在他认为合适的时间，才可以中断工程运行，进行这类调整或修复工作，并在相同条件下重复检验工作。

② 竣工后检验未能达到规定可接受的最低性能标准，按专用条件内约定的违约金计算办法，由承包商承担该部分工程的损害赔偿费。

7.3.3 支付管理

1. 合同计价类型

交钥匙合同通常采用不可调价的总价合同，除了合同履行过程中因法律法规调整而对工程成本影响的情况以外，由于税费的变化、市场物价的浮动等都不应影响合同价格。如果具体工程的实施期限很长，也允许双方在专用条件内约定物价增长的调整方法，代换通用条件中的规定。

2. 预付款

如果业主支付承包商用于动员和设计的预付款，在专用条款内应明确约定以下内容：

- 预付款的数额；
- 分期付款的次数和时间安排计划，若未约定此表，则应一次支付全部预付款；
- 预付款分期扣还的比例。

3. 工程进度款的支付

1）支付程序

可以约定按月支付或分阶段支付；业主除了审查付款内容外，还要参照付款计划表检查实际进度是否符合约定。如果实际进度落后于计划进度，则按滞后程序确定修改此次分期付款。

2）申请工程进度款支付证书的主要内容

（1）截止到月末已实施的工程和已提出的承包商文件的估算合同价值（包括变更）。

（2）由于法律改变和市场价格浮动对成本的影响（如果合同有约定）应增减的任何款项。

（3）应扣留的保留金数额。

（4）按照预付款的约定，应进一步支付和扣减的数额。

（5）按照业主索赔、承包商索赔、争端、仲裁等条款确定的应补偿或扣减的款项。

（6）包括在以前已支付报表中可能存在的减少额。

3）竣工结算和最终付款

这两个阶段的支付程序和内容与《施工合同条件》基本相同。

7.3.4　进度控制

1. 进度计划

1）计划安排

承包商在开工后 28 天内提交的进度计划内容包括：

- 计划实施工程的顺序，包括工程各主要阶段的预期时间安排；
- 合同规定承包商负责编制的有关技术文件审核时间和期限；
- 合同规定各项检验和试验的顺序和时间安排；
- 上述计划的说明报告，内容包括工程各阶段实施中拟采用方法的描述和各阶段准备投入的人员及设备的计划。

业主代表在接到计划的 21 天内未提出异议，视为认可承包商的计划。

2）进度报告

每个月末承包商均需提交进度报告，内容如下。

① 设计、承包商文件、采购、制造、货物运到现场、施工、安装、试验、投产准备和运行等每一阶段进展情况的图表和详细说明。

② 反映制造情况和现场进展情况的照片。

③ 工程设备的制造情况。包括制造商名称、制造地点、进度百分比，以及开始制造、

承包商的检验、制造期间的主要试验、发货和运抵现场的实际或预计时间安排。

④ 本月承包商投入实施合同工程的人员和设备记录。

⑤ 工程材料的质量保证文件、试验结果和合格证的副本。

⑥ 本月按照变更和索赔程序双方发出的通知清单。

⑦ 安全情况。

⑧ 实际进度与计划进度的对比。包括可能影响竣工时间的事件详情，以及消除延误影响准备采取的措施。

3）修改进度计划

当实际进度与计划进度有较大偏离时（不论是超前或滞后），承包商均应修改进度计划提交业主认可。

2. 合同工期的延长

虽然 EPC 合同属于固定工期的承包方式，但不应由承包商承担责任原因导致进度延误的情况仍应延长竣工时间。这些情况大致包括：

- 不可抗力造成的延误；
- 业主指示暂时停工造成的延误；
- 变更导致承包商施工期限的延长；
- 业主应承担责任的事件对施工进度的干扰；
- 因项目所在单位行政当局原因造成的延误等。

7.3.5　变更

1. 出现变更的原因

由于 EPC 合同的承包范围较大，因此涉及变更的范围比《施工合同条件》简单。

1）业主要求的变更

业主的变更要求通常源于改变预期功能、提高部分工程的标准和因法律法规政策调整导致。

2）承包商提出的变更建议

实施过程中承包商提出对原实施计划的变更建议，经过业主同意后也可以变更。此类的执行要求与《施工合同条件》相同。

2. 变更条款的有关规定

通用条件中对变更明确作出了以下方面的规定。

（1）不允许业主以变更的方式删减部分工作，交给其他承包商完成。由指定承包商完成的工作从性质来看，不属于此范畴。

（2）不仅要求承包商变更工作开始前必须编制和提交变更计划书，而且实施过程中做好变更工作的各项费用记录。

（3）业主接到承包商提出的延长工期要求，应对以前所作出过的确定进行审查。确定延长竣工时间的基本原则是：合同工期可以增加，但不得减少总的延长时间。此规定的含义是，如果删减部分原定的工作，对约定的总工期或以前已批准延长的总工期不得减少。

7.4　FIDIC 土木工程施工分包合同条件

FIDIC《土木工程施工分包合同条件》的通用条件部分共有 22 条 70 款，分为定义与解释；一般义务；分包合同文件；主合同；临时工程、承包商的设备和其他设施；现场工作和通道；开工和竣工；指示和决定；变更；变更的估价；通知和索赔；分包商的设备、临时工程和材料；保障；未完成的工作和缺陷；保险；支付；主合同的终止；分包商的违约；争端的解决；通知和指示；费用及法规的变更；货币及汇率等部分内容。

7.4.1　订立分包合同阶段的管理

1. 分包合同的特点

分包合同是承包商将主合同内对业主承担义务的部分工作交给分包商实施，双方约定相互之间的权利义务的合同。分包工程既是主合同的一部分，又是承包商与分包商签订合同的标的物，但分包商完成这部分工作的过程中仅对承包商承担责任。由于分包工程同时存在于主从两个合同内的特点，承包商又居于两个合同当事人的特殊地位，因此承包商会将主合同中对分包工程承担的风险合理地转移给分包商。

2. 分包合同的订立

承包商可以采用邀请招标或议标的方式与分包商签订分包合同。

1）分包工程的合同价格

承包商采用邀请招标或议标方式选择分包商时，通常要求对方就分包工程进行报价，然后与其协商而形成合同。分包合同的价格应为承包商发出"中标通知书"中接受的价格。由于承包商在分包合同履行过程中负有对分包商的施工进行监督、管理、协调责任，应收取相应的分包管理费，并非将主合同中该部分工程的价格都转付给分包商，因此分包合同的价格不一定等于主合同中所约定的该部分工程价格。

2）分包商应充分了解主合同对分包工程规定的义务

签订合同过程中，为了能让分包商合理预计分包工程施工中可能承担的风险，以及分包工程的施工能够满足主合同要求顺利进行，应使分包商充分了解在分包合同中应承担的义务。承包商除了提供分包工程范围内的合同条件、图纸、技术规范和工程量清单外，还应提供主合同的投标书附录、专用条件的副本及通用条件中任何不同于标准化范本条款规定的细节。承包商应允许分包商查阅主合同，或应分包商要求提供一份主合同副本。但以上允许查阅和提供的文件中，不包括主合同中的工程量清单及承包商的报价细节。因为在主合同中分包工程的价格是承包商合理预计风险后，在自己的施工组织方案基础上对业主进行的报价，而分包商则应根据对分包合同的理解向承包商报价。

3. 划分分包合同责任的基本原则

为了保护当事人双方的合法权益，分包合同通用条件中明确规定了双方履行合同中应遵循的基本原则。

1）保护承包商的合法权益不受损害

（1）分包商应承担并履行与分包工程有关的主合同规定承包商的所有义务和责任，保障承包商免于承担由于分包商的违约行为，业主根据主合同要求承包商负责的损害赔偿或任何第三方的索赔。如果发生此类情况，承包商可以从应付给分包商的款项中扣除这笔金额，且不排除采用其他方法弥补所受到的损失。

（2）不论是承包商选择的分包商，还是业主选定的指定分包商，均不允许与业主有任何私下约定。

（3）为了约束分包商忠实履行合同义务，承包商可以要求分包商提供相应的履约保函。在工程师颁发缺陷责任证书后的 28 天内，将保函退还分包商。

（4）没有征得承包商同意，分包商不得将任何部分转让或分包出去。但分包合同条件也明确规定，属于提供劳务和按合同规定打分标准采购材料的分包行为，可以不经过承包商批准。

2）保护分包商合法权益的规定

（1）任何不应由分包商承担责任事件导致竣工期限延长、施工成本的增加和修复缺陷的费用，均应由承包商给予补偿。

（2）承包商应保障分包商免于承担非分包商责任引起的索赔、诉讼或损害赔偿，保障程度应与业主按主合同保障承包商的程度相类似（但不超过此程度）。

7.4.2 分包合同的履行管理

1. 分包合同的管理关系

分包工程的施工涉及两个合同，因此比主合同的管理复杂。

1）业主对分包合同的管理

业主不是分包合同的当事人，对分包合同权利义务如何约定也不参与意见，与分包商没有任何合同关系。但作为工程项目的投资方和施工合同的当事人，业主对分包合同的管理主要表现为对分包工程的批准。

2）工程师对分包合同的管理

（1）工程师仅与承包商建立监理与被监理的关系，对分包商在现场的施工不承担协调管理义务。

（2）只是依据主合同对分包工作内容及分包商的资质进行审查，行使确认权或否定权。

（3）对分包商使用的材料、施工工艺、工程质量进行监督管理。

（4）为了准确地区分合同责任，工程师就分包工程施工发布的任何指示均应发给承包商。

（5）分包合同内明确规定，分包商接到工程师的指示后不能立即执行，需得到承包商同意才可实施。

3）承包商对分包合同的管理

承包商作为两个合同的当事人，不仅对业主承担整个合同工程按预期目标实现的义务，而且对分包工程的实施负有全面管理责任。

（1）承包商须委派代表对分包商的施工进行监督、管理和协调，承担如同主合同履行过程中工程师的职责。

（2）承包商的管理工作主要通过发布一系列指示来实现，接到工程师就分包工程发布的指示后，应将其要求列入自己的管理工作内容，并及时以书面确认的形式转发给分包商令其遵照执行。

（3）承包商也可以根据现场的实际情况自主地发布有关的协调、管理指令。

2. 分包工程的支付管理

分包合同履行过程中的施工进度和质量管理的内容与施工合同管理基本一致，但支付管理由于涉及两个合同的管理，与施工合同不尽相同。无论是施工期内的阶段支付，还是竣工后的结算支付，承包商都要进行两个合同的支付管理。

1）分包合同的支付程序

分包商在合同约定的日期，向承包商报送该阶段施工的支付报表。承包商代表经过审核后，将其列入主合同的支付报表内一并提交工程师批准。承包商应在分包合同约定的时间内支付分包工程款，逾期支付要计算拖期利息。

2）承包商代表对支付报表的审查

（1）接到分包商的支付报表后，承包商代表首先对照分包合同工程量清单中的工作项目、单价或价格复核取费的合理性和计算的正确性，并依据分包合同的约定扣除预付款、保留金、对分包施工支援的实际应收款项、分包管理费等后，核准该阶段应付给分包商的金额。

（2）将分包工程完成工作的项目内容及工程量，按主合同工程量清单中的取费标准计算，填到向工程师报送的支付报表内。

3）承包商不承担逾期付款责任的情况

如果属于工程师不认可分包商报表中的某些款项，业主拖延支付给承包商经过工程师签证后的应付款，分包商与承包商或与业主之间因涉及工程量或报表中某些支付要求发生争议三种情况，承包商代表在应付款日之前及时将扣发或缓发分包工程款的理由通知分包商，则不承担逾期付款责任。

3. 分包工程变更管理

1）承包商依据主合同发布变更指令

承包商代表接到工程师依据主合同发布的涉及分包工程变更指令后，以书面确认方式通知分包商，也有权根据工程的实际进展情况自主发布有关变更指令。

承包商执行了工程师发布的变更指令，进行变更工程量计量及对变更工程进行估价时应请分包商参加，以便合理确定分包商应获得的补偿款额和工期延长时间。

2）承包商依据分包合同单独发布变更指令

承包商依据分包合同单独发布的指令大多与主合同没有关系，通常属于增加或减少分包合同规定的部分工作内容，为了整个合同工程的顺利实施，改变分包商原定的施工方法、作业次序或时间等。

（1）若变更指令的起因不属于分包商的责任，承包商应给分包商相应的费用补偿和分包合同工期的顺延。

（2）如果工期不能顺延，则要考虑赶工措施费用。

（3）进行变更工程估价时，应参考分包合同工程量表中相同或类似工作的费率来核定。如果没有可参考项目或表中的价格不适用于变更工程时，应通过协商确定一个公平合理的费用加到分包合同价格内。

4. 分包合同的索赔管理

分包合同履行过程中，当分包商认为自己的合法权益受到损害，不论事件起因于业主或工程师的责任，还是承包商应承担的义务，他都只能向承包商提出索赔要求，并保持影响事件发生后的现场同期记录。

1）应由业主承担责任的索赔事件

分包商向承包商提出索赔要求后，承包商应首先分析事件的起因和影响，并依据两个合同判明责任。如果认为分包商的索赔要求合理，且原因属于主合同约定应由业主承担风险责任或行为责任的事件，要及时按照主合同规定的索赔程序，以承包商的名义就该事件向工程师递交索赔报告。承包商应定期将该阶段为此项索赔所采取的步骤和进展情况通报分包商。这类事件可能是：

- 应由业主承担风险的事件，如施工中遇到了不利的外界障碍、施工图纸有错误等；
- 业主的违约行为，如拖延支付工程款等；
- 工程师的失职行为，如发布错误的指令、协调管理不力导致对分包工程施工的干扰等；
- 执行工程师指令后对补偿不满意，如对变更工程的估价认为过少等。

当事件的影响仅使分包商受到损害时，承包商的行为属于代为索赔。若承包商就同一事件也受到了损害，分包商的索赔就作为承包商索赔要求的一部分。索赔获得批准顺延的工期加到分包合同工期上去，得到支付的索赔款按照公平合理的原则转交给分包商。

承包商处理这类分包商索赔时还应注意两个基本原则。

一是从业主处获得批准的索赔款为承包商就该索赔对分包商承担责任的先决条件；

二是分包商没有按规定的程序及时提出索赔，导致承包商不能按总包合同规定的程序提出索赔不仅不承担责任，而且为了减小事件影响使承包商为分包商采取的任何补救措施费用由分包商承担。

2）应由承包商承担责任的事件

此类索赔产生于承包商与分包商之间，工程师不参与索赔的处理，双方通过协商解决。原因往往是由于承包商的违约行为或分包商执行承包商代表指令导致。分包商按规定程序提出索赔后，承包商代表要客观地分析事件的起因和产生的实际损害，然后依据分包合同分清责任。

▼ 案例分析

案例 1　某公司实施阿根廷大桥项目的成功案例

我国某公司在承包阿根廷某大桥项目时，研究合同较好，管理得当，成功地完成了项目，取得较好的经济和社会效益。

案例评析

合同管理：该公司深知合同的签订、管理的重要性，专门成立了合同管理部，负责合同的签订和管理。在合同签订前，该公司认真研究合同的内容，针对原合同中的不合理条款据理力争，获得了有利的修改。在履行合同过程中，则坚决按照合同办事，因此，项目进行得非常顺利，这也为后来的成功索赔提供了条件。

（1）工程保险：按照合同约定，在工程实施过程中，对一些不可预见的风险，该公司通过在保险公司投保工程一切险，有效避免了工程实施过程中的不可预见风险，并且在投标报价中考虑了合同额的 6% 作为不可预见费。在合理报价情况下，降低了风险。

（2）进度管理：在项目实施的过程中，项目经理按照 FIDIC 合同要求，做好人、财、物三方面因素的管理。对于物的管理，首先是选择最合理的配置，从而提高设备的效率；其次是对设备采用强制性的保养、维修，从而使得整个项目的设备完好率超过了 95%，保证了工程进度。由于项目承包单位是成建制的单位，不存在内耗，因此对于人的管理难度相对小；同时项目部建立了完善的管理制度，加大员工特别是当地员工的培训，这也大大保证了工程的进度。

（3）设备管理：项目部为了保证项目的进度，向项目投入了近 2.5 亿元人民币的各类大型施工机械设备，其中包括挖掘机 14 台、推土机 10 台、45t 自卸汽车 37 台、25 t 自卸汽车19 台、装卸机 8 台、钻机 5 台、压路机 10 台等。现场进驻各类技术干部、工长和熟练工人约 220 人，雇佣当地劳务近 600 人。

（4）成本管理：对于成本管理，项目部也是牢牢抓住人、财、物这三个方面。在人的管理方面，中方牢牢控制施工主线和关键项目，充分利用当地资源和施工力量，尽量减少中国人员。通过与当地分包商合作，减少中方投入约一个亿人民币。在资金管理方面，项目部每天清算一次收入支出，以便对成本以及现金流进行有效掌控。在物的管理方面，选择最合理的设备配置，加强有效保养、维修和培训，提高设备的利用效率，从而降低了设备成本。

（5）质量管理：该项目合同采用 FIDIC 的示范合同，项目的质量管理和控制主要依照该合同，并严格按照合同框架下的施工程序操作和施工。项目部从一开始就按照国际ISO 9001：2008 标准建立了完整的质量管理体系，设立组织机构、进行职责分工、进行人员绩效考核，将施工质量与效益直接挂钩，奖罚分明，有效地保证了施工质量。

（6）环境、安全管理：安全和文明施工代表着中国公司的形象，因此该项目部格外重视，并自始至终加强安全教育，加强现场的临时用电、设备、高处作业、水下作业、焊接作业、砼施工作业等的安全要求，以及人员的安全防护要求，每天做到活完工底清、人走场地清，分类处理施工垃圾。同时为了保证人员的安全，项目部按照 FIDIC 合同规定还为项目人员购买了人身意外伤害保险。

（7）分包商管理：该项目由该公司下属全资公司某工程局为主进行施工，该工程局从投标阶段开始，即随同并参与总公司的投标书有关施工方案的编制工作，考察现场，参与同业主的合同谈判和施工控制网布置，编制详细的施工组织设计等工作，对于项目了解比较深入。该工程局从事国际工程承包业务的技术和管理实力比较雄厚，完全有能力并认真负责地完成了受委托的主体工程施工任务。同时该公司还从系统内抽调桥梁施工方面具有丰富经验的专家现场督导，并从总部派出从事海外工程多年的人员负责项目的商务工作。其合作设计院是国家甲级设计研究单位，具有很强的设计技术能力和丰富的设计经验。分包商也是通过该项目领导小组进行协调管理。公司与该分包单位按照 FIDIC 合同条款有关分包的约定，签订了分包工程合同，明确了总承包与分包单位的责任、义务、工作范围、变更处理流程、索赔处理流程、开停工要求、项目安全要求、交叉作业配合要求等内容。成功地进行了分包商合同管理。

案例 2　某联合体承建非洲公路项目的失败案例

我国某工程承包商在承建非洲某公路项目时，由于合同管理不当，造成工程严重拖期，亏损严重，同时也影响了中国承包商的声誉。该项目业主是该非洲国政府工程和能源部，出资方为非洲开发银行和该国政府，项目监理是一家英国监理公司。

在项目实施的四年多时间里，中方遇到了极大的困难，尽管投入了大量的人力、物力，但由于种种原因，合同于 2005 年 7 月合同约定完工日期时，实物工程量只完成了 40%。2005 年 8 月，项目业主和监理工程师不顾中方的反对，单方面启动了延期罚款，金额每天高达 5 000 美元。为了维护国家和企业的利益，中方承包商在我国驻该国大使馆的指导和支持下，积极开展外交活动。2006 年 2 月，业主致函中方承包商同意延长 3 年工期，不再进行工期罚款，条件是中方必须出具由当地银行开具的约 1 145 万美元的无条件履约保函。由于保函金额过大，又无任何合同依据，且业主未对涉及工程实施的重大问题做出回复，为了保证公司资金安全，维护我方利益，中方不同意出具该保函，而用中国银行出具的 400 万美元的保函来代替。但是，2006 年 3 月，业主在监理工程师和律师的怂恿下，不顾政府高层的调解，无视中方对继续实施本合同所做出的种种努力，以中方不能提供所要求的 1 145 万美元履约保函的名义，致函终止了与中方公司的合同。针对这种情况，中方公司积极采取措施并委托律师，争取安全、妥善、有秩序地处理好善后事宜，力争把损失降至最低，但最终结果目前尚难预料。

案例评析

外部原因：项目所在地当地天气条件恶劣，可施工日很少，一年只有三分之一的可施工日；该国政府对环保有特殊规定，任何取土采沙场和采石场的使用都必须事先进行相关环保评估并最终获得批准方可使用，而政府机构办事效率极低，这些都给项目的实施带来了不小的困难。

承包商自身原因：在陌生的环境特别是当地恶劣的天气条件下，中方的施工、管理、人员和工程技术等不能适应于该项目的实施。

在项目实施之前，尽管中方公司从投标到中标的过程还算顺利，但是其间蕴藏了很大的风险。业主委托一家对当地情况十分熟悉的英国监理公司起草该合同。该监理公司根据非常熟悉当地情况，认证研究了 FIDIC 合同有关内容，结合项目当地情况，起草了对项目业主十分有利而对承包商不利的合同条款，并巧妙地将合同中几乎所有可能存在的对业主的风险全部转嫁给了承包商，包括雨季计算公式、料场情况、征地情况。中方公司在招投标前期做的工作不够充分，对招标文件的熟悉和研究不够深入，现场考察也未能做好，没有研究双方签订的 FIDIC 合同要求，没有认证研究当期气候，没有重视合同中有关延期处罚的规定，对项目风险的认识不足，低估了项目的难度和复杂性，对可能造成工期严重延误的风险并未做出有效的预测和预防，造成了投标失误，给项目的最终失败埋下了隐患。

随着项目的实施，该承包商也采取了一系列的措施，在一定程度上推动了项目的进展，但由于前期的对合同研究不够和分析不足以及一些客观原因，这一系列措施并没有收到预期的效果。特别是由于合同条款先天就对中方承包商极其不利，造成了中方索赔工作成效甚微。

另外，在项目执行过程中，由于中方内部管理不善，野蛮使用设备，没有建立国际质量管理和保证体系，现场人员素质不能满足项目的需要，现场的组织管理沿用国内模式，不适合该国的实际情况，对项目质量也产生了一定的影响。这一切都造成项目进度严重滞后，成本大大超支，工程质量也不如意。

　　该项目由某央企工程公司和省工程公司双方五五出资参与合作，项目组主要由该省公司人员组成。项目初期，设备、人员配置不到位，部分设备选型错误，中方人员低估了项目的复杂性和难度，当项目出现问题时又过于强调客观理由。现场人员素质不能满足项目的需要，由上可见，尽管该项目有许多不利的客观因素，但是项目失败的主要原因还是在于承包商的失误，而这些失误主要还是源于前期对合同研究工作不够充分，特别是不了解 FIDIC 合同有关规定、管理过程不科学。尽管在国际工程承包中价格因素极为重要而且由市场决定，但可以说，承包商合同管理的好坏直接关系到项目的成败。

📖 本章小结

　　本章介绍了 FIDIC 合同条件的概念、施工合同条件及案例等相关内容。进行了 FIDIC 合同条件概述；详细介绍了 FIDIC 土木工程施工条件、FIDIC 设计—建造与交钥匙合同条件、FIDIC 土木工程施工分包合同条件；并通过 FIDIC 合同条件的案例的分析，进一步加深理解。

　　本章重点是 FIDIC 土木工程施工条件、FIDIC 设计—建造与交钥匙合同条件、FIDIC 土木工程施工分包合同条件。

　　本章难点是按照 FIDIC 土木工程施工条件进行合同管理、按照 FIDIC 土木工程施工分包合同条件进行分包管理。

🎓 思考题

　　1. 什么是 FIDIC 合同条件？

　　2. FIDIC 土木工程施工条件中，对索赔作了哪些规定？

　　3. FIDIC 土木工程施工分包合同条件中对总包、分包、业主、监理之间的责任如何划分，变更如何处理？

第 8 章　工程合同风险与履约管理

本章导读

本章介绍了工程合同管理与实务，工程合同风险管理和履约管理等相关内容。8.1 节主要介绍工程合同风险管理，8.2 节主要介绍工程合同的签约，8.3 节主要介绍工程合同的履约管理。

8.1　工程合同风险管理

8.1.1　风险概述

1. 风险的含义

风险就是指危险发生的意外性和不确定性，以及这种危险导致的损失发生与否及损失程度大小的不确定性。或者说，风险是人们因对未来行为的决策及客观条件的不确定性而可能引起的后果与预定目标发生多种负偏离的综合。

风险的内涵有以下三个要点。

（1）必须是与人们的行为相联系的风险，否则就不是风险而是危险。

（2）客观条件的变化是风险的重要成因。

（3）风险是指可能的后果与项目的目标发生负偏离。

2. 风险的特点

要深刻的理解风险，必须了解风险的以下特点。

（1）风险存在的客观性和普遍性。作为损失发生的不确定性，风险是不以人们的意志为转移并超越人们主观意识的客观存在的。

（2）单一具体风险发生的偶然性和大量风险发生的必然性。正是由于存在着这种偶然性和必然性，人们才要去研究风险，才有可能去计算风险发生的概率和损失程度。

（3）风险的多样性和多层次性。

（4）风险的可变性。

3. 风险分类

将风险清单中的风险进行分类，可使风险管理者更彻底地了解风险，管理风险时更有目的性、更有效果，并为下一步评估风险做好准备。

1）按风险产生的原因分类

（1）政治风险。如政局的不稳定性，战争状态、动乱、政变，国家对外关系的变化，国家政策的变化等。

（2）法律风险。如法律修改，但更多的风险是法律不健全，有法不依、执法不严，对有关法律理解不当以及工程中可能有触犯法律的行为等。

（3）经济风险。如国家经济政策的变化、国家经济发展状况、产业结构调整、银根紧缩、物价上涨、关税提高、外汇汇率变化、通货膨胀速度加快、金融风暴等。

（4）自然风险。如地震，台风，洪水，干旱，反常的恶劣的雨、雪天气，特殊的、未探测到的恶劣地质条件如流沙、泉眼等。

（5）社会风险。包括宗教信仰的影响和冲击、社会治安的稳定性、社会的禁忌、劳动者的文化素质、社会风气等。

（6）合同风险。由于合同条款的不完备或合同欺诈导致合同履行困难或合同无效。

（7）人员风险。这是主观风险，是关系人恶意行为、不良企图或重大过失造成的破坏。

2）按风险产生的阶段分类

（1）项目决策风险。

（2）融资、筹资风险。

（3）建设期风险。

（4）生产经营期风险。包括技术风险、时机风险、效益风险、商业风险等。

3）按风险产生的后果分类

（1）工期风险。即造成局部的（工程活动、分项工程）或整个工程的工期延长，不能及时投入使用。

（2）费用风险。包括财务风险、成本超支、投资追加、报价风险、收入减少、投资回收期延长或无法收回、回报率降低。

（3）质量风险。包括材料、工艺、工程不能通过验收，工程试生产不合格，经过评价工程质量未达标准。

（4）生产风险。项目建成后达不到设计生产能力，可能是由于设计、设备问题，或生产用原材料、能源、水、电供应问题。

（5）市场风险。工程建成后产品未达到预期的市场份额，销售不足，没有销路，没有竞争力。

（6）信誉风险。即造成对企业形象、职业责任、企业信誉的损害。

（7）人员、设备风险。如人身伤亡、安全、健康以及工程或设备的损坏。

（8）法律风险。即可能被起诉或承担相应法律或合同的处罚。

4）按风险的可控性分类

按风险的可控性分类，可分为可控风险和不可控风险。

（1）可控风险：

- 合作者的信用风险；
- 市场风险；
- 竞争性风险；
- 项目准备风险；
- 建造或竣工风险；
- 成本超支风险；
- 技术故障与设施质量风险；
- 安全事故风险。

（2）不可控风险：

- 不可抗力风险；
- 法规变更风险；
- 违约风险；
- 项目签约风险；
- 利率变化风险；
- 供应价格变动风险；
- 通货膨胀风险；
- 偿还期限风险；
- 货币风险。

8.1.2　风险管理概述

1. 风险管理的概念

风险管理是人们对潜在的意外损失进行辨识、评估、预防和控制的过程，是用最低的费用把项目中可能发生的各种风险控制在最低限度的一种管理体系。

建筑工程由于其投资的巨大性、地点的固定性、生产的单件性以及规模大、周期长、施工过程复杂等特点，比一般产品生产具有更大的风险。建设工程项目的立项及其可行性研究、设计与计划都是基于可预见的技术、管理与组织条件以及对工程项目的环境（政治、经济、社会、自然等各方面）理性预测的基础上作出的，而在工程项目实施以及项目建成后运行的过程中，这些因素都有可能会产生变化，都存在着不确定性。风险会造成工程项目实施的失控现象，如工期延长、成本增加、计划修改等，最终导致工程经济效益降低，甚至项目失败。

但风险和机会同在，往往是风险大的项目才能有较高的盈利机会。风险管理不仅能使建设项目获得很高的经济效益，还能促进建设项目的管理水平和竞争能力的提高。每个工程项目都存在风险，对于项目管理者的主要挑战就是将这种损失发生的不确定性减至一个可以接受的程度，然后再将剩余不确定性的责任分配给最适合承担它的一方，这个过程构成了工程项目的风险管理。

风险管理者的任务是识别与评估风险、制定风险处置对策和风险管理预算、制订落实风险管理措施、风险损失发生后的处理与索赔管理。风险管理是对项目目标的主动控制，是建立项目风险的管理程序及应对机制，以有效降低项目风险发生的可能性，或一旦风险发生，风险对于项目的冲击能够最小。

2. 风险管理的内容

风险管理的内容主要包括风险识别、风险分析、评估和风险处置。

1）风险识别

风险识别是指找出影响项目质量、进度、投资等目标顺利实现的主要风险，这既是项目风险管理的第一步，也是最重要的一步。这一阶段主要侧重于对风险的定性分析。风险识别应从风险分类、风险产生的原因入手。

（1）风险识别步骤。

① 项目状态的分析。这是一个将项目原始状态与可能状态进行比较及分析的过程。项

目原始状态是指项目立项、可行性研究及建设计划中的预想状态，是一种比较理想化了的状态；可能状态则是基于现实、基于变化的一种估计。比较这两种状态下的项目目标值的变化，如果这种变化是恶化的，则为风险。

理解项目原始状态是识别项目风险的基础。只有深刻理解了项目的原始状态，才能正确认定项目执行过程中可能发生的状态变化，进而分析状态的变化可能导致的项目目标的不确定性。

② 对项目进行结构分解。通过对项目的结构分解，可以使存在风险的环节和子项变得容易辨认。

③ 历史资料分析。对以前若干个相似项目情况的历史资料分析，有助于识别目前项目的潜在风险。

④ 确认不确定性的客观存在。风险管理者不仅要辨识所发现或推测的因素是否存在不确定性，而且要确认这种不确定性是客观存在的，只有符合这两个条件的因素才可以视作风险。

⑤ 建立风险清单。如果已经确认了是风险，就需将这些风险一一列出，建立一个关于本项目的风险清单。开列风险清单必须做到科学、客观、全面，尤其是不能遗漏主要风险。

（2）风险识别的方法（定性方法）。

风险识别的方法有许多，只要能从工程项目建设环境中找出影响项目目标的风险的就是好方法，但在实践中用得较多的是头脑风暴法、德尔菲法、因果分析法和情景分析法。

① 头脑风暴法。是指通过专家会议，发挥专家的创造性思维来获取未来信息的一种直观预测和识别方法。

头脑风暴法通过主持专家会议的人在会议开始时的发言激起专家们的思维"灵感"，促使专家们感到急需回答会议提出的问题而激发创造性的思维，在专家们回答问题时产生信息交流，受到相互启发，从而诱发专家们产生"思维共振"，以达到互相补充并产生"组合效应"，获取更多的未来信息，使预测和识别的结果更准确。

② 德尔菲法，又称专家调查法，是通过函询收集若干位与该项目相关领域的专家的意见，然后加以综合整理，再匿名反馈给各位专家，再次征询意见。这样反复经过四至五轮，逐步使专家的意见趋向一致，作为最后预测和识别的根据。

③ 因果分析法，因其图形像鱼刺，故也称鱼刺图分析法。主干是风险的后果，枝是风险因素和风险事件，分支为相应的小原因。用因果分析图来分析风险，可以从原因预见结果，也可以从可能的后果中找出将诱发结果的原因。

④ 情景分析法，又称幕景分析法，是根据发展趋势的多样性，通过对系统内外相关问题的系统分析，设计出多种可能的未来前景，然后用类似于撰写电影剧本的手法，对系统发展态势作出自始至终的情景和画面的描述。

情景分析法是一种适用于对可变因素较多的项目进行风险预测和识别的系统技术，它在假定关键影响因素有可能发生的基础上，构造出多重情景，提出多种未来的可能结果，以便采取适当措施防患于未然。

2）风险分析与评估

（1）风险评估。风险评估是指采用科学的评估方法将辨识并经分类的风险进行评估，再根据其评估值大小予以排队分级，为有针对性、有重点地管理好风险提供科学依据。风险评估的对象是项目的所有风险，而非单个风险。风险评估可以有许多方法，如方差与变异系数分析法、层次分析法（简称 AHP 法）、强制评分法及专家经验评估法等。经过风险评估，可将风险分为几个等级，如重大风险、一般风险、轻微风险、没有风险。

对于重大风险要进一步分析其原因和发生条件，采取严格的控制措施或将其转移，即使多付出些代价也在所不惜；对于一般风险，只要给予足够的重视即可，当采取化解措施时，要较多地考虑成本费用因素；对于轻微风险，只要按常规管理就可以了。

（2）风险分析。为了准确、深入地了解风险产生的原因和事件，尤其是重大风险，就需对其做进一步的分析。风险分析是指应用各种风险分析技术，用定性、定量或两者相结合的方式处理不确定性的过程。风险分析的定量方法有敏感性分析、概率分析、决策树分析、影响图技术、模糊数学法、灰色系统理论、效用理论、模拟法、计划评审技术、外推法等；风险分析的定性方法主要有德尔菲法、头脑风暴法、层次分析法、情景分析法等。风险分析方法必须与使用这种方法的环境相适应，具体问题应作具体分析。

风险分析的对象包括风险因素和潜在的风险事件。风险因素是指一系列可能影响项目向好或向坏的方向发展的因素的总和；潜在的风险事件是指如自然灾害或政治动乱等能影响项目的不连续事件。风险分析的内容主要是分析项目风险因素或潜在风险事件发生的可能性、预期的结果范围、可能发生的时间及发生的频率。

风险分析方法是协助风险管理者分析风险，不能代替风险管理者的判断，对风险分析的结果风险管理者必须有自己的判断。

（3）风险的处置。风险处置就是根据风险评估以及风险分析的结果，采取相应的措施，也就是制定并实施风险处置计划。通过风险评估以及风险分析，可以知道项目发生各种风险的可能性及其危害程度，将此与公认的安全指标相比较，就可确定项目的风险等级，从而决定应采取什么样的措施。在实施风险处置计划时应随时将变化了的情况反馈，以便能及时地结合新的情况对项目风险进行预测、识别、评估和分析，并调整风险处置计划，实现风险的动态管理，使之能适应新的情况，尽量减少风险所导致的损失。

常用的风险处置措施主要有四种。

（1）风险回避。风险回避就是在考虑到某项目的风险及其所致损失都很大时，主动放弃或终止该项目以避免与该项目相联系的风险及其所致损失的一种处置风险的方式。它是一种最彻底的风险处置技术，在风险事件发生之前将风险因素完全消除，从而完全消除了这些风险可能造成的各种损失。

风险回避是一种消极的风险处置方法，因为再大的风险也都只是一种可能，既可能发生，也可能不发生。采取回避，当然是能彻底消除风险，但同时也失去了实施项目可能带来的收益，所以这种方法一般只在存在以下情况之一时才会采用。

① 某风险所致的损失频率和损失幅度都相当高。

② 应用其他风险管理方法的成本超过了其产生的效益时。

（2）风险控制。对损失小、概率大的风险，可采取控制措施来降低风险发生的概率，当风险事件已经发生则尽可能降低风险事件的损失，也就是风险降低。所以，风险控制就是为了最大限度地降低风险事故发生的概率和减小损失幅度而采取的风险处置技术。为了控制工程项目的风险，首先要对实施项目的人员进行风险教育以增强其风险意识，同时采取相应的技术措施：

- 根据风险因素的特性，采取一定措施使其发生的概率降至接近于零，从而预防风险因素的产生。
- 减少已存在的风险因素；
- 防止已存在的风险因素释放能量；
- 改善风险因素的空间分布从而限制其释放能量的速度；
- 在时间和空间上把风险因素与可能遭受损害的人、财、物隔离；
- 借助人为设置的物质障碍将风险因素与人、财、物隔离；
- 改变风险因素的基本性质，加强风险部门的防护能力；
- 做好救护受损人、物的准备；
- 制定严格的操作规程，减少错误的作业造成的不必要损失。

风险控制是一种最积极、最有效的处置方式，它不仅能有效地减少项目由于风险事故所造成的损失，而且能使全社会的物质财富少受损失。

（3）风险转移。对损失大、概率小的风险，可通过保险或合同条款将责任转移。风险转移是指借用合同或协议，在风险事件发生时将损失的一部分或全部转移到有相互经济利益关系的另一方。风险转移主要有两种方式，即保险风险转移和非保险风险转移。

① 保险风险转移。保险是最重要的风险转移方式，是指通过购买保险的办法将风险转移给保险公司或保险机构。

② 非保险风险转移。非保险风险转移是指通过保险以外的其他手段将风险转移出去。非保险风险转移主要有：担保合同；租赁合同；委托合同；分包合同；无责任约定；合资经营；实行股份制。通过转嫁方式处置风险，风险本身并没有减少，只是风险承担者发生了变化，因此转移出去的风险，应尽可能让最有能力的承受者分担，否则就有可能给项目带来意外的损失。

保险和担保是风险转移最有效、最常用的方法，是工程合同履约风险管理的重要手段，也是符合国际惯例的做法。工程保险着重解决"非预见的意外情况"，包括自然灾害或意外事故造成的物质损失或人身伤亡。工程担保着重解决"可为而不为者"，是用市场化的方式来解决合同约定问题；工程担保属于工程保障机制的范畴；通过工程担保，在被担保人违约、失败、负债时，债权人的权益得到保障。这是保险和担保最重要、最根本的区别。另外，工程保证担保中，保证人要求被保证人签订一项赔偿协议，在被保证人不能完成合同时，被保证人须同意赔偿保证人。因此而造成的由保证人代为履约时所需支付的全部费用；而在工程保险中，作为保险人的保险公司将按期收取一定数额的保险费，事故发生后，保险公司负担全部或部分费用，投保人无需再作任何补偿。在工程保证担保中，保证人所承担的风险小于被保证人，只有当被保证人的所有资产都付给保证人后，仍然无法还清保证人代为履约所支付的全部费用时，保证人才会蒙受损失；而在工程保险中，保险人（保险公司）作为唯一的责任者，将为投保人所造成的事故负责，与工程保证担保相比，保险人所承担的风险明显增加。

（4）风险保留。对损失小、概率小的风险留给自己承担，这种方法通常在下列情况下采用：

- 处理风险的成本大于承担风险所付出的代价；
- 预计某一风险造成的最大损失项目可以安全承担；

- 当风险降低、风险控制、风险转移等风险控制方法均不可行时；
- 没有识别出风险，错过了采取积极措施处置的时机。

综上所述，不难看出风险保留有主动保留和被动保留之分。主动保留是指在对项目风险进行预测、识别、评估和分析的基础上，明确风险的性质及其后果，风险管理者认为主动承担某些风险比其他处置方式更好，于是筹措资金将这些风险保留，如前3种情况。被动保留则是指未能准确识别和评估风险及损失后果的情况下，被迫采取自身承担后果的风险处置方式。被动保留是一种被动的、无意识的处置方式，往往造成严重的后果，使项目遭受重大损失。被动保留是管理者应该力求避免的。

8.2 工程合同的签约

合同的正确签订，只是履行合同的基础。合同的最终实现，还需要当事人双方严格按照合同约定，认真全面地履行各自的合同义务。工程合同一经签订，即对合同当事人双方产生法律约束力，任何一方都无权擅自修改或解除合同。如果任何一方违反合同规定，不履行合同义务或履行合同义务不符合合同约定而给对方造成损失时，都应当承担赔偿责任。由于土木工程合同具有价值高、建设周期长的特点，合同能否顺利履行将直接对当事人的经济效益乃至社会效益产生很大影响。因此，在合同订立后，当事人必须认真分析合同条款，做好合同交底和合同控制工作，加强合同的变更管理，以保证合同能够顺利履行。

8.2.1 合同谈判前的审查分析

1. 概述

工程承包经过招标、投标、授标的一系列交易过程之后，根据《合同法》规定，发包人和承包人的合同法律关系就已经建立。但是，由于建设工程标的规模大、金额高、履行时间长、技术复杂，再加上可能由于时间紧、工程招标投标工作较仓促，从而可能会导致合同条款完备性不够，甚至合法性不足，给今后合同履行带来很大困难。因此，中标后，发包人和承包人在不背离原合同实质性内容的原则下，还必须通过合同谈判，将双方在招投标过程中达成的协议具体化或作某些增补或删减，对价格等所有合同条款进行法律认证，最终订立一份对双方均有法律约束力的合同文件。根据我国《招标投标法》及《房屋建筑和市政基础设施工程施工招标投标管理办法》规定，发包人和承包人必须在中标通知书发出之日起30天内签订合同。

由于这是双方合同关系建立的最后也是最关键的一步，因而无论是发包人还是承包人都极为重视合同的措辞和最终合同条款的制定，力争在合同条款上通过谈判全力维护自己的合法利益。双方愿意进一步通过合同谈判签订合同的原因如下。

（1）完善合同条款。招标文件中往往存在缺陷和漏洞，如工程范围含糊不清，合同条款较抽象，可操作性不强，合同中出现错误、矛盾和二义性等，从而给今后合同履行带来很大困难。为保证工程顺利实施，必须通过合同谈判完善合同条款。

（2）降低合同价格。在评标时，虽然从总体上可以接受承包人的报价，但发现承包人投标报价仍有部分不太合理。因此，希望通过合同谈判，进一步降低正式的合同价格。

（3）评标时发现其他投标人的投标文件中某些建议非常可行，而中标人并未提出，发包人非常希望中标人能够采纳这些建议。因此需要与承包人商讨这些建议，并确定由于采纳建议导致的价格变更。

（4）讨论某些局部变更，包括设计变更、技术条件或合同条件变更对合同价格的影响。对承包人来说，由于建筑市场竞争非常激烈，发包人在招标时往往提出十分苛刻的条件，在投标时，承包人只能被动应付。进入合同谈判、签订合同阶段，由于被动地位有所改变，承包人往往利用这一机会与发包人讨价还价，力争改善自己的不利处境，以维护自己的合法利益。承包人的主要目标有：

- 澄清标书中某些含糊不清的条款，充分解释自己在投标文件中的某些建议或保留意见；
- 争取改善合同条件，谋求公正和合理的权益，使承包人的权利与义务达到平衡；
- 利用发包人的某些修改变更进行讨价还价，争取更为有利的合同价格；

为了切实维护自己的合法利益，在合同谈判之前，无论是发包人还是承包人都必须认真仔细地研究招标文件及双方在招投标过程中达成的协议，审查每一个合同条款，分析该条款的履行后果，从中寻找合同漏洞及于己不利的条款，力争通过合同谈判使自己处于较为有利的位置，以改善合同条件中一些主要条款的内容，从而能够从合同条款上全力维护自己的合法权益。

2. 合同审查分析的内容

合同审查分析是一项技术性很强的综合性工作，它要求合同管理者必须熟悉与合同相关的法律法规，精通合同条款，对工程环境有全面的了解，有合同管理的实际工作经验并有足够的细心和耐心。工程合同审查分析主要包括以下几个方面的内容。

1）合同效力的审查与分析

合同必须在合同依据的法律基础的范围内签订和实施，否则会导致合同全部或部分无效，从而给合同当事人带来不必要的损失。这是合同审查分析的最基本也是最重要的工作。合同效力的审查与分析主要从以下几方面入手。

（1）合同当事人资格的审查。即合同主体资格的审查。无论是发包人还是承包人必须具有发包和承包工程、签订合同的资格，即具备相应的民事权利能力和民事行为能力。有些招标文件或当地法规对外地或外国承包商有一些特别规定，如在当地注册、获取许可证等。在我国，对承包方的资格审查主要审查承包人有无企业法人营业执照、是否具有与所承包工程相适应的资质证书（允许低于资质等级承揽工程）、是否办理了施工许可证。施工单位的资格主要从营业执照、资质证书两个方面审查，施工单位必须具备企业法人资格且营业执照经过年检，施工单位要在资质等级许可的范围内对外承揽工程。跨省、自治区、直辖市承包工程的还要经过施工所在地建筑行政主管部门办理施工许可手续，行政管理规定不影响民事主体的民事权利能力，未办跨省施工许可手续的不影响合同生效。

（2）工程项目合法性审查。即合同客体资格的审查。主要审查工程项目是否具备招标投标、签订和实施合同的一切条件，包括：

- 是否具备工程项目建设所需要的各种批准文件；
- 工程项目是否已经列入年度建设计划；
- 建设资金与主要建筑材料和设备来源是否已经落实。

（3）合同订立过程的审查。如审查招标人是否有规避招标行为和隐瞒工程真实情况的现象；投标人是否有串通作弊、哄抬标价或以行贿的手段谋取中标的现象；招标代理机构是否有泄露应当保密的与招标投标活动有关的情况和资料的现象以及其他违反公开、公平、公正原则的行为。任何单位和个人不得将依法必须进行招标的项目化整为零或者以其他任何方式规避招标。对依法应当招标而未招标的合同无效。

特别需要强调的是，在工程招标投标过程中，出现少数发包人和承包人签订黑白合同的现象。所谓黑白合同是指合同当事人出于某种利益考虑，对同一合同标的物签订的、价款存在明显差额或者履行方式存在差异的两份合同，其中一份作了登记、备案等公示的合同称为"白合同"，而另一份仅由双方当事人持有的、内容与备案合同不一致的私下协议，称为"黑合同"。对于黑白合同，《司法解释》第21条规定，"当事人就同一建设工程另行订立的建设工程施工合同与经过备案的中标合同实质性内容不一致的，应当以备案的中标合同作为结算工程价款的根据"。有些合同需要公证或由官方批准后才能生效，这应当在招标文件中说明。在国际工程中，有些国家项目、政府工程，在合同签订后或业主向承包商发出中标通知书后，还得经过政府批准后，合同才能生效。对此，应当特别注意。

（4）合同内容合法性审查。主要审查合同条款和所指的行为是否符合法律规定，主要包括：

- 审查合同规定的工程项目是否符合政府批文；
- 审查合同规定的项目是否符合国家产业政策；
- 政府投资项目合同是否约定代、垫资施工条款。

合同内容违反地方性、专门性规定的合同效力确认，应具体审查地方性、专门性规定的效力，主要看该地方性、专门性规定是否与法律法规的禁止性或义务性规定相一致，一致的合同无效，否则，不影响合同的效力。其他，如分包转包的规定、劳动保护的规定、环境保护的规定、赋税和免税的规定、外汇额度条款、劳务进出口等条款是否符合相应的法律规定。

2）合同的完备性审查

根据《合同法》规定，合同应包括合同当事人、合同标的、标的的数量和质量、合同价款或酬金、履行期限、地点和方式、违约责任和解决争议的方法。一份完整的合同应包括上述所有条款。由于建设工程的工程活动多，涉及面广，合同履行中不确定性因素多，从而给合同履行带来很大风险。如果合同不够完备，就可能会给当事人造成重大损失。因此，必须对合同的完备性进行审查。合同的完备性审查包括以下几项。

（1）合同文件完备性审查。即审查属于该合同的各种文件是否齐全。如发包人提供的技术文件等资料是否与招标文件中规定的相符，合同文件是否能够满足工程需要等。

（2）合同条款完备性审查。这是合同完备性审查的重点，即审查合同条款是否齐全，对工程涉及的各方面问题都有规定，合同条款是否存在漏项等。合同条款完备性程度与采用何种合同文本有很大关系。

① 如果采用的是合同示范文本，如 FIDIC 条件或我国施工合同示范文本等，则一般认为该合同条款较完备。此时，应重点审查专用合同条款是否与通用合同条款相符，是否有遗漏等。

② 如果未采用合同示范文本，但合同示范文本存在。在审查时应当以示范文本为样板，

将拟签订的合同与示范文本的对应条款一一对照，从中寻找合同漏洞。

对于无标准合同文本，如联营合同等。无论是发包人还是承包人在审查该类合同的完备性时，应尽可能多地收集实际工程中的同类合同文本，并进行对比分析，以确定该类合同的范围和合同文本结构形式。再将被审查的合同按结构拆分开，并结合工程的实际情况，从中寻找合同漏洞。

3）合同条款的公正性审查

公平公正、诚实信用是《合同法》的基本原则，当事人无论是签订合同还是履行合同，都必须遵守该原则。但是，在实际操作中，由于建筑市场竞争异常激烈，而合同的起草权掌握在发包人手中，承包人只能处于被动应付的地位，因此业主所提供的合同条款往往很难达到公平公正的程度。所以，承包人应逐条审查合同条款是否公平公正，对明显缺乏公平公正的条款，在合同谈判时，通过寻找合同漏洞、向发包人提出自己合理化建议、利用发包人澄清合同条款及进行变更的机会，力争使发包人对合同条款作出有利于自己的修改。同时，发包人应当认真审查研究承包人的投标文件，从中分析投标报价过程中承包人是否存在欺诈等违背诚实信用原则的现象。对施工合同而言，应当重点审查以下内容。

（1）工作范围。即承包人所承担的工作范围。包括施工，材料和设备供应，施工人员的提供，工程量的确定，质量、工期要求及其他义务。工作范围是制定合同价格的基础，因此工作范围是合同审查与分析中一项极其重要的不可忽视的问题。招标文件中往往有一些含糊不清的条款，故有必要进一步明确工作范围。在这方面，经常发生的问题如下。

① 因工作范围和内容规定不明确或承包人未能正确理解而出现报价漏项，从而导致成本增加甚至整个项目出现亏损。

② 由于工作范围不明确，对一些应包括进去的工程量没有进行计算而导致施工成本上升。

③ 规定工作内容时，对于规格、型号、质量要求、技术标准文字表达不清楚，从而在实施过程中产生合同纠纷。

④ 对于承包的国际工程，在将外文标书翻译成中文时出现错误，如将金扶手翻译成镀金扶手，将发电机翻译成发动机等。这必然导致报价失误。因此，合同审查一定要认真仔细，规定工作内容时一定要明确具体，责任分明。特别是在固定总价合同中，根据双方已达成的价格，查看承包人应完成哪些工作，界面划分是否明确，对追加工程能否另计费用。对招标文件中已经体现，工程质量也已列入，但总价中未计入者，是否已经逐项指明不包括在本承包范围内，否则要补充计价并相应调整合同价格。为现场监理工程师提供的服务如包含在报价内，分析承包人应提供的办公及住房的建筑面积、标准，工作、生活设备数量和标准等是否明确。合同中有否诸如"除另有规定外的一切工程"、"承包人可以合理推知需要提供的为本工程服务所需的一切工程"等含糊不清的词句。

（2）权利和责任。合同应公平合理地分配双方的责任和权益。因此，在合同审查时，一定要列出双方各自的责任和权利，在此基础上进行权利义务关系分析，检查合同双方责权是否平衡，合同有否逻辑问题等。同时，还必须对双方责任和权力的制约关系进行分析。如在合同中规定一方当事人有一项权力，则要分析该权力的行使会对对方当事人产生什么影响，该权力是否需要制约，权力方是否会滥用该权力，使用该权力的权力方应承担什么责任等。据此可以提出对该项权力的反制约。例如，合同中规定"承包商在施工中随时接受工程师的检查"条款。作为承包商，为了防止工程师滥用检查权，应当相应增加"如果检查结果符合合同规定，则业主应当承担相应的损失（包括工期和费用赔偿）"条款，以限制工程师的检查权。

如果合同中规定一方当事人必须承担一项责任，则要分析承担该责任应具备什么前提条件，以及相应该拥有什么权力，如果对方不履行相应的义务应承担什么责任等。例如，合同规定承包商必须按时开工，则在合同中应相应地规定业主应按时提供现场施工条件，及时支付预付款等。

在审查时，还应当检查双方当事人的责任和权利是否具体、详细、明确，责权范围界定是否清晰等。例如，对不可抗力的界定必须清晰，如风力为多少级，降雨量为多少毫米，地震的震级为多少等。如果招标文件提供的气象、水文和地质资料明显不全，则应争取列入非正常气象、水文和地质情况下业主提供额外补偿的条款，或在合同价格中约定对气象、水文和地质条件的估计，如超过该假定条件，则需要增加额外费用。

（3）工期和施工进度计划。

① 工期。工期的长短直接与承发包双方利益密切相关。对发包人而言，工期过短，不利于工程质量，还会造成工程成本增加；而工期过长，则影响发包人正常使用，不利于发包人及时收回投资。因此，发包人在审查合同时，应当综合考虑工期、质量和成本三者的制约关系，以确定一个最佳工期。对承包人来说，应当认真分析自己能否在发包人规定的工期内完工；为保证自己按期竣工，发包人应当提供什么条件，承担什么义务；如发包人不履行义务应承担什么责任，以及承包人不能按时完工应当承担什么责任等。如果根据分析，很难在规定工期内完工，承包人应在谈判过程中依据施工规划，在最优工期的基础上，考虑各种可能的风险影响因素，争取确定一个承发包双方都能够接受的工期，以保证施工的顺利进行。

② 开工。主要审查开工日期是已经在合同中约定还是以工程师在规定时间发出开工通知为准，从签约到开工的准备时间是否合理，发包人提交的现场条件的内容和时间能否满足施工需要，施工进度计划提交及审批的期限，发包人延误开工、承包人延误进点各应承担什么责任等。

③ 竣工。主要审查竣工验收应当具备什么条件，验收的程序和内容；对单项工程较多的工程，能否分批分栋验收交付，已竣工交付部分，其维修期是否从出具该部分工程竣工证书之日算起；工程延期竣工罚款是否有最高限额；对于工程变更、不可抗力及其他发包人原因而导致承包人不能按期竣工的，承包人是否可延长竣工时间等。

（4）工程质量。

主要审查工程质量标准的约定能否体现优质优价的原则；材料设备的标准及验收规定；工程师的质量检查权力及限制；工程验收程序及期限规定；工程质量瑕疵责任的承担方式；工程保修期期限及保修责任等。

（5）工程款及支付问题。

工程造价条款是工程施工合同的关键条款，但通常会发生约定不明或设而不定的情况，往往为日后争议和纠纷的发生埋下隐患。实际情况表明，业主与承包商之间发生的争议、仲裁和诉讼等，大多集中在付款上，承包工程的风险或利润，最终也都要在付款中表现出来。因此，无论发包人还是承包人都必须花费相当多的精力来研究与付款有关的各种问题。具体如下。

① 合同价格。包括合同的计价方式，如采用固定价格方式，则应检查在合同中是否约定合同价款风险范围及风险费用的计算方法，价格风险承担方式是否合理；如采用单价方式，则应检查在合同中是否约定单价随工程量的增减而调整的变更限额百分比（如 15%、20% 或 25%）；如采用成本加酬金方式，则应检查合同中成本构成和酬金的计算方式是否合理。还应分析工程变更对合同价格的影响。同时，还应检查合同中是否约定工程最终结算的程序、方式和期限。对单项工程较多的工程，是否约定按各单项工程竣工日期分批结算；对"三边"工程，能否设定分阶段决算程序。当合同当事人对结算工程最终造价有异议时应当如何处理等。

② 工程款支付。工程款支付主要包括以下内容。

预付款。由于施工初期承包人的投入较大，因此如在合同中约定预付款以支付承包人初期准备费用是公平合理的。对承包人来说，争取预付款既可以使自己减少垫付的周转资金及利息，也可以表明业主的支付信用，减少部分风险。因此，承包人应当力争取得预付款，甚至可适当降低合同价款以换取部分预付款，同时还要分析预付款的比例、支付时间及扣还方式等。在没有预付款时，通过合同，分析能否要求发包人根据工程初期准备工作的完成情况给付一定的初期付款。

付款方式。对于采用根据工程进度按月支付的，主要审查工程计量及工程款的支付程序以及检查合同中是否有中期支付的支付期限及延期支付的责任。对于采用按工程形象进度付款的，应重点分析各付款阶段付款额对工程资金现金流的影响，以合理确定各阶段的付款比例。

支付保证。支付保证包括承包人预付款保证和发包人工程款支付保证。对预付款保证，应重点审查保证的方式及预付款保证的保值是否随被扣还的预付款金额而相应递减。业主支付能力直接影响到承包商资金风险是否会发生及风险发生后影响程度的大小，承包商事先必须详细调查业主的资信状况，并尽可能要求业主提供银行出具的资金到位的证明或资金支付担保。

保留金。主要检查合同中规定的保留金限额是否合理，保留金的退还时间，分析能否以维修保函代替扣留的应付款。对于分批交工的工程，是否可分批退还保留金。

（6）违约责任。

违约责任条款订立的目的在于促使合同双方严格履行合同义务，防止违约行为的发生。发包人拖欠工程款、承包人不能保证工程质量或不按期竣工，均会给对方以及第三人带来不可估量的损失。因此，违约责任条款的约定必须具体、完整。在审查违约责任条款时，要注意以下内容。

① 对双方违约行为的约定是否明确，违约责任的约定是否全面。在工程施工合同中，双方的义务繁多，因此一些违反非合同主要义务的责任承担往往容易被忽视。而违反这些义务极可能影响到整个合同的履行，所以，应当注意必须在合同中明确违约行为，否则很难追究对方的违约责任。

② 违约责任的承担是否公平。针对自己关键性权利，即对方的主要义务，应向对方规定违约责任，如对承包人必须按期完工、发包人必须按规定付款等，都要详细规定各自的履行义务和违约责任。在对自己确定违约责任时，一定要同时规定对方的某些行为是自己履约的先决条件，否则自己不应当承担违约责任。

③ 对违约责任的约定不应笼统化，而应区分情况作相应约定。有的合同不论违约的具体情况，笼而统之约定一笔违约金，这很难与因违约而造成的实际损失相匹配，从而导致出现违约金过高或过低等不合理现象。因此，应当根据不同的违约行为，如工程质量不符合约定、工期延误等分别约定违约责任。同时，对同一种违约行为，应视违约程度，承担不同的违约责任。

④ 虽然规定了违约责任，在合同中还要强调，对双方当事人发生争执而又解决不了的违约行为及由此而造成的损失可用协商调解和仲裁（或诉讼）办法来解决，以作为督促双方履行各自的义务和承担违约责任的一种保证措施。

此外，在合同审查时，还必须注意合同中关于保险、担保、工程保修、变更、索赔、争议的解决及合同的解除等条款的约定是否完备、公平合理。

3. 合同审查表

1）合同审查表的作用

合同审查后，对上述分析研究结果可以用合同审查表进行归纳整理。用合同审查表可以系统地针对合同文本中存在的问题提出相应的对策。合同审查表的主要作用如下。

（1）通过合同的结构分解，使合同当事人及合同谈判者对合同有一个全面的了解。

（2）检查合同内容的完整性，与标准的合同结构对照，即可发现该合同缺少哪些必需条款。

（3）分析评价每一合同条款执行的法律后果及风险，为合同谈判和签订提供决策依据。

（4）通过审查还可以发现：

- 合同条款之间的矛盾；
- 不公平条款，如过于苛刻、责权利不平衡、单方面约束性条款；
- 隐含着较大风险的条款；
- 内容含糊，概念不清，或未能完全理解的条款。

对于一些重大工程或合同关系与合同文本很复杂的工程，合同审查的结果应经律师或合同法律专家核对评价，或在其指导下进行审查，以减少合同风险，减少合同谈判和签订中的失误。

2）合同审查表的内容

（1）合同审查表的格式。要达到合同审查的目的，合同审查表应具备以下功能：

- 完整的审查项目和审查内容，通过审查表可以直接检查合同条款的完整性；
- 被审查合同在对应审查项目上的具体条款和内容；
- 对合同内容的分析评价，即合同中有什么样的问题和风险；
- 针对分析出来的问题提出建议或对策。

某承包人的合同审查表见表 8-1。

表 8-1 合同审查表

审查项目编号	审查项目	条款号	条款内容	条款说明	建议或对策
J02020	工程范围	3.1	工程范围包括 BQ 单中所列出的工程，及承包商可合理推知需要提供的为本工程服务所需的一切辅助工程	工程范围不清楚，业主可以随意扩大工程范围，增加新项目	1. 限定工程范围仅为 BQ 单中所列出的工程 2. 增加对新增工程可重新约定价格条款

审查项目编号	审查项目	条款号	条款内容	条款说明	建议或对策
S06021	责任和义务	6.1	承包商严格遵守工程师对本工程的各项指令并使工程师满意	工程师权限过大，使工程师满意对承包商产生极大约束	工程师指令及满意仅限技术规范及合同条件范围内并增加反约束条款
S07056	工程质量	16.2	承包商在施工中应加强质量管理工作，确保交工时工程达到设计生产能力，否则应对业主损失给予赔偿	达不到设计生产能力的原因很多，责权不平衡	1. 赔偿责任仅限因承包商原因造成的 2. 对因业主原因达不到设计生产能力的，承包商有权获得补偿
S08082	支付保证	无	无	这一条极为重要，必须补上	要求业主提供银行出具的资金到位证明或资金支付担保
……	……	……	……	……	……

（2）审查项目。审查项目的建立和合同结构标准化是审查的关键。在实际工程中，某一类合同，其条款内容、性质和说明的对象往往基本相同，此时，即可将这类合同的合同结构固定下来，作为该类合同的标准结构。合同审查可以将合同标准结构中的项目和子项目作为具体的审查项目。

（3）编码。这是为了计算机数据处理的需要而设计的，以方便调用、对比、查询和储存。编码应能反映所审查项目的类别、项目、子项目等项目特征，对复杂的合同还可以细分。为便于操作，合同结构编码系统要统一。

（4）合同条款号及内容。审查表中的条款号必须与被审查合同条款号相对应。被审查合同相应条款的内容是合同分析研究的对象，可从被审查合同中直接摘录该被审查合同条款到合同审查表中来。

（5）说明。这是对该合同条款存在的问题和风险进行分析研究。主要是具体客观地评价该条款执行的法律后果及将给合同当事人带来的风险。这是合同审查中最核心的问题，分析的结果是否正确、完备将直接影响到以后的合同谈判、签订乃至合同履行时合同当事人的地位和利益。因此合同当事人对此必须给予高度重视。

（6）建议或对策。针对审查分析得出的合同中存在的问题和风险，提出相应的对策或建议，并将合同审查表交给合同当事人和合同谈判者。合同谈判者在与对方进行合同谈判时可以针对审查出来的问题和风险，落实审查表中的对策或建议，做到有的放矢，以维护合同当事人的合法权益。

8.2.2　工程合同的谈判与签订

1. 合同谈判的准备工作

合同谈判是业主与承包商面对面的直接较量，谈判的结果直接关系到合同条款的订立是否于己有利，因此，在合同正式谈判前，无论是业主还是承包商，必须深入细致地做好充分的思想准备、组织准备、资料准备等，做到知己知彼、心中有数，为合同谈判的成功奠定坚实的基础。

1）谈判的思想准备

合同谈判是一项艰苦复杂的工作，只有有了充分的思想准备，才能在谈判中坚持立场，适当妥协，最后达到目标。因此，在正式谈判之前，应对以下两个问题做好充分的思想准备。

（1）谈判目的。这是必须明确的首要问题，因为不同的目标决定了谈判方式与最终谈判结果，一切具体的谈判行为方式和技巧都是为谈判的目的服务的。因此，首先必须确定自己的谈判目标，同时，要分析揣摩对方谈判的真实意图，从而有针对性地进行准备并采取相应的谈判方式和谈判策略。

（2）确立己方谈判的基本原则和谈判中的态度。明确谈判目的后，必须确立己方谈判的基本立场和原则，从而确定在谈判中哪些问题是必须坚持的，哪些问题可以作出一定的合理让步以及让步的程度等。同时，还应具体分析在谈判中可能遇到的各种复杂情况及其对谈判目标实现的影响，谈判有无失败的可能，遇到实质性问题争执不下该如何解决等。做到既保证合同谈判能够顺利进行，又保证自己能够获得于己有利的合同条款。

2）合同谈判的组织准备

在明确了谈判目标并做好了应付各种复杂局面的思想准备后，就必须着手组织一个精明强干、经验丰富的谈判班子具体进行谈判准备和谈判工作。谈判组成员的专业知识结构、综合业务能力和基本素质对谈判结果有着重要的影响。一个合格的谈判小组应由有着实质性谈判经验的技术人员、财务人员、法律人员组成。谈判组长应由思维敏捷、思路清晰、具备高度组织能力与应变能力、熟悉业务并有着丰富经验的谈判专家担任。

3）合同谈判的资料准备

合同谈判必须有理有据，因此，谈判前必须收集整理各种基础资料和背景材料，包括对方的资信状况、履约能力，发展阶段，项目由来及资金来源，土地获得情况，项目目前进展情况等，以及在前期接触过程中已经达成的意向书、会议纪要、备忘录等。并将资料分成3类：一是准备原招标文件中的合同条件、技术规范及投标文件、中标函等文件，以及向对方提出的建议等资料；二是准备好谈判时对方可能索取的资料以及在充分估计对方可能提出各种问题的基础上准备好适当的资料论据，以便对这些问题作出恰如其分的回答；三是准备好能够证明自己能力和资信程度等的资料，使对方能够确信自己具备履约能力。

4）背景材料的分析

在获得上述基础资料及背景材料后，必须对这些资料进行详细分析。内容如下。

（1）对己方的分析。签订工程合同之前，必须对自己的情况进行详细分析。对发包人来说，应按照可行性研究的有关规定，作定性和定量的分析研究，在此基础上论证项目在技术上、经济上的可行性，经过方案比较，推荐最佳方案。在此基础上，了解自己建设准备工作情况，包括技术准备、征地拆迁、现场准备及资金准备等情况，以及自己对项目在质量、工期、造价等方面的要求，以确定己方的谈判方案。对承包商而言，在接到中标函后，应当详细分析项目的合法性与有效性、项目的自然条件和施工条件、己方承包该项目有哪些优势及存在哪些不足，以确立己方在谈判中的地位。同时，必须熟悉合同审查表中的内容，以确立己方的谈判原则和立场。

（2）对对方的分析。对对方的基本情况的分析主要从以下几个方面入手。

① 对方是否为合法主体，资信情况如何。这是首先必须要确定的问题。如果承包人越

级承包，或者承包人履约能力极差，就可能会造成工程质量低劣，工期严重延误，从而导致合同根本无法顺利进行，给发包人带来巨大损害。相反，如果工程项目本身因为缺少政府批文而不合法，发包主体不合法，或者发包人的资信状况不良，也会给承包人带来巨大损失。因此，在谈判前必须确认对方是履约能力强、资信情况好的合法主体；否则，就要慎重考虑是否与对方签订合同。

② 谈判对手的真实意图。只有在充分了解对手的谈判诚意和谈判动机后，并对此做好充分的思想准备，才能在谈判中始终掌握主动权。

③ 对方谈判人员的基本情况。包括对方谈判人员的组成，谈判人员的身份、年龄、健康状况、性格、资历、专业水平、谈判风格等，以便己方有针对性地安排谈判人员并做好思想上和技术上的准备，并注意与对方建立良好的关系，发展谈判双方的友谊，争取在到达谈判桌以前就有亲切感和信任感，为谈判创造良好的氛围。同时，还要了解对方是否熟悉己方。另外，必须了解对方各谈判人员对谈判所持的态度、意见，从而尽量分析并确定谈判的关键问题和关键人物的意见和倾向。

5）谈判方案的准备

在确立己方的谈判目标及认真分析己方和对手情况的基础上，拟定谈判提纲。同时，要根据谈判目标，准备几个不同的谈判方案，还要研究和考虑其中哪个方案较好以及对方可能倾向于哪个方案。这样，当对方不易接受某一方案时，就可以改换另一种方案，通过协商就可以选择一个为双方都能够接受的最佳方案。谈判中切忌只有一个方案，否则，当对方拒不接受时，易使谈判陷入僵局。

6）会议具体事务的安排准备

这是谈判开始前必须的准备工作，包括三方面内容：选择谈判的时机、谈判的地点以及谈判议程的安排。尽可能选择有利于己方的时间和地点，同时要兼顾对方能否接受。应根据具体情况安排议程，议程安排应松紧适度。

2. 谈判程序

（1）一般讨论。谈判开始阶段通常都是先广泛交换意见，各方提出自己的设想方案，探讨各种可能性，经过商讨逐步将双方意见综合并统一起来，形成共同的问题和目标，为下一步详细谈判做好准备。不要一开始就使会谈进入实质性问题的争论或逐条讨论合同条款。要先搞清基本概念和双方的基本观点，在双方相互了解了基本观点之后，再逐条逐项仔细地讨论。

（2）技术谈判。在一般讨论之后，就要进入技术谈判阶段。主要对原合同中技术方面的条款进行讨论，包括工程范围、技术规范、标准、施工条件、施工方案、施工进度、质量检查、竣工验收等。

（3）商务谈判。主要对原合同中商务方面的条款进行讨论，包括工程合同价款、支付条件、支付方式、预付款、履约保证、保留金、货币风险的防范、合同价格的调整等。需要注意的是，技术条款与商务条款往往是密不可分的，因此，在进行技术谈判和商务谈判时，不能将两者分割开来。

（4）合同拟定。谈判进行到一定阶段后，在双方都已表明了观点，对原则问题双方意见基本一致的情况下，相互之间就可以交换书面意见或合同稿了。然后以书面意见或合同稿为基础，逐条逐项审查讨论合同条款。先审查一致性问题，后审查讨论不一致的问题，对双方不能确定、达不成一致意见的问题，再请示上级审定，下次谈判继续讨论，直至双方对新形成的合同条款一致同意并形成合同草案为止。

3. 谈判的策略和技巧

谈判是通过不断讨论、争执、让步确定各方权利、义务的过程，实质上是双方各自说服对方和被对方说服的过程，它直接关系到谈判桌上各方最终利益的得失，因此，必须注重谈判的策略和技巧。以下介绍几种常见的谈判的策略和技巧。

（1）掌握谈判议程，合理分配各议题时间。工程合同谈判一般会涉及诸多需要讨论的事项，而各事项的重要程度并不相同，谈判各方对同一事项的关注程度也不一定相同。成功的谈判者善于掌握谈判的进程，在充满合作气氛的阶段，商讨自己所关注的议题，从而抓住时机，达成有利于己方的协议。在气氛紧张时，则引导谈判进入双方具有共识的议题，一方面缓和气氛，另一方面缩小双方差距，推进谈判进程。同时，谈判者应合理分配谈判时间，对于各议题的商讨时间应得当，不要过于拘泥于细节性问题。这样可以缩短谈判时间，降低交易成本。

（2）高起点战略。谈判的过程是各方妥协的过程，通过谈判，各方都或多或少会放弃部分利益以求得项目的进展。而有经验的谈判者在谈判之初会有意识地向对方提出苛刻的谈判条件，这样对方会过高地估计本方的谈判底线，从而在谈判中作出更多让步。

（3）注意谈判氛围。谈判各方往往存在利益冲突，要兵不血刃地获得谈判成功是不现实的。但有经验的谈判者会在各方分歧严重、谈判气氛激烈时采取润滑措施，舒缓压力。在我国最常见的方式是饭桌式谈判。通过宴请，联络对方感情，拉近双方的心理距离，进而在和谐的氛围中重新回到议题。

（4）拖延与休会。当谈判遇到障碍，陷入僵局时，拖延与休会可以使明智的谈判者有时间冷静思考，在客观分析形势后提出替代方案。在一段时间的冷处理后，各方都可以进一步考虑整个项目的意义，进而弥合分歧，将谈判从低谷引向高潮。

（5）避实就虚。谈判各方都有自己的优势和弱点。谈判者应在充分分析形势的情况下，作出正确判断，利用正确判断，抓住对方弱点，猛烈攻击，迫其就范，作出妥协。而对己方的弱点，则要尽量注意回避。

（6）对等让步。当己方准备对某些条件作出让步时，可以要求对方在其他方面也作出相应的让步。要争取把对方的让步作为自己让步的前提和条件。同时应分析对方让步与己方作出的让步是否均衡，在未分析研究对方可能作出的让步之前轻易表态让步是不可取的。

（7）分配谈判角色。谈判时应利用本谈判组成员各自不同的性格特征各自扮演不同的角色。有的唱红脸，积极进攻；有的唱白脸，和颜悦色。这样软硬兼施，可以事半功倍。

（8）善于抓住实质性问题。任何一项谈判都有其主要目标和主要内容。在整个项目的谈判过程中，要始终注意抓住主要的实质性问题，如工作范围、合同价格、工期、支付条件、验收及违约责任等来谈，不要为一些鸡毛蒜皮的小事争论不休，而把大的问题放在一边。要防止对方转移视线，回避主要问题，或避实就虚，在主要问题上打马虎眼，而故意在无关紧要的问题上兜圈子。这样，若到谈判快结束时再把主要问题提出来，就容易草草收场，形成于己不利的结局，使谈判达不到预期效果。

4. 谈判时应注意的问题

（1）谈判态度。谈判时必须注意礼貌，态度要友好，平易近人。当对方提出相反意见或不愿接受自己的意见时，要特别耐心，不能急躁，绝对不能用无理或侮辱性语言伤害对方。

（2）内部意见要统一。内部有不同意见时不要在对手面前暴露出来，应在内部讨论解决，大的原则性问题不能统一时可请示领导审批。在谈判中，一切让步和决定都必须由组长作出，其他人不能擅自表态。而组长对对方提出的各种要求，不应急于表态，特别是不要轻易承诺承担违约责任，而是在和大家讨论后，再作出决定。

（3）注重实际。在双方初步接触、交换基本意见后，就应当对谈判目标和意图尽可能多地商讨具体的办法和意见，切不可说大话、空话和不现实的话，以免谈判进行不下去。

（4）注意行为举止。在谈判中必须明白自己的行为举止代表着己方单位的形象，因此，必须注意行为举止，讲究文明。绝对禁止一切不文明的举动。

5. 工程合同的签订

经过合同谈判，双方对新形成的合同条款一致同意并形成合同草案后，即进入合同签订阶段。这是确立承发包双方权利义务关系的最后一步工作，一个符合法律规定的合同一经签订，即对合同当事人双方产生法律约束力。因此，无论发包人还是承包人，应当抓住这最后的机会，再认真审查分析合同草案，检查其合法性、完备性和公正性，争取改变合同草案中的某些内容，以最大限度地维护自己的合法权益。

8.3　工程合同的履约管理

合同的正确签订，只是履行合同的基础。合同的最终实现，还需要当事人双方严格按照合同约定，认真全面地履行各自的合同义务。工程合同一经签订，即对合同当事人双方产生法律约束力，任何一方都无权擅自修改或解除合同。如果任何一方违反合同规定，不履行合同义务或履行合同义务不符合合同约定而给对方造成损失时，都应当承担赔偿责任。由于土木工程合同具有价值高、建设周期长的特点，合同能否顺利履行将直接对当事人的经济效益乃至社会效益产生很大影响。因此，在合同订立后，当事人必须认真分析合同条款，做好合同交底和合同控制工作，加强合同的变更管理，以保证合同能够顺利履行。

8.3.1　工程合同履行的含义

工程合同的履行是指工程建设项目的发包方和承包方根据合同规定的时间、地点、方式、内容及标准等要求，各自完成合同义务的行为。根据当事人履行合同义务的程度，合同履行可分为全部履行、部分履行和不履行。

对于发包方来说，履行工程合同最主要的义务是按约定支付合同价款，而承包方最主要的义务是按约定交付工作成果。但是，当事人双方的义务都不是单一的最后交付行为，而是一系列义务的总和。例如，对工程设计合同来说，发包方不仅要按约定支付设计报酬，还要及时提供设计所需要的地质勘探等工程资料，并根据约定给设计人员提供必要的工作条件等；而承包方除了按约定提供设计资料外，还要参加图纸会审、地基验槽等工作。对施工合同来说，发包方不仅要按时支付工程备料款、进度款，还要按约定按时提供现场施工条件，及时参加隐蔽工程验收等；而承包方义务的多样性则表现为工程质量必须达到合同约定标准，施工进度不能超过合同工期等等。总之，工程合同的履行，其内容之丰富，经历时间之长，是其他合同所无法比拟的，因此，对工程合同的履行，尤应强调贯彻合同的履行原则。

8.3.2　工程项目合同分析

1. 合同分析的基本要求

1）合同分析概念

合同分析是指从执行的角度分析、补充、解释合同，将合同目标和合同规定落实到合同实施的具体问题上和具体事件上，用以指导具体工作，使合同能符合日常工程管理的需要。

合同签订后，合同当事人的主要任务是按合同约定圆满地实现合同目标，完成合同责任。而整个合同责任的完成是靠在一段段时间内完成一项项工程和一个个工程活动实现的。因此，对承包商来说，必须将合同目标和责任贯彻落实在合同实施的具体问题上和各工程小组以及各分包商的具体工程活动中。承包商的各职能人员和各工程小组都必须熟练地掌握合同，用合同指导工程实施和工作，以合同作为行为准则。

从项目管理的角度来看，合同分析就是为合同控制确定依据。合同分析确定合同控制的目标，并结合项目进度控制、质量控制、成本控制的计划，为合同控制提供相应的合同工作、合同对策、合同措施。从此意义上讲，合同分析是承包商项目管理的起点。

合同履行阶段的合同分析不同于合同谈判阶段的合同审查与分析。合同谈判时的合同分析主要是对尚未生效的合同草案的合法性、完备性和公正性进行审查，其目的是针对审查发现的问题，争取通过合同谈判改变合同草案中于己不利的条款，以维护己方的合法权益。而合同履行阶段的合同分析主要是对已经生效的合同进行分析，其目的主要是明确合同目标，并进行合同结构分解，将合同落实到合同实施的具体问题上和具体事件上，用以指导具体工作，保证合同能够顺利履行。

2）合同分析作用

（1）分析合同漏洞，解释争议内容。工程的合同状态是静止的，而工程施工的实际情况千变万化，一份再标准的合同也不可能将所有问题都考虑在内，难免会有漏洞。同时，许多工程的合同是由发包方自行起草的，条款简单，诸多的合同条款均未详细、合理地约定。在这种情况下，通过分析这些合同漏洞，并将分析的结果作为合同的履行依据就非常必要了。由于合同中出现错误、矛盾和二义性解释，以及施工中出现合同未作出明确约定的情况，在合同实施过程中双方会有许多争执。要解决这些争执，首先必须作合同分析，按合同条文的表达，分析它的意思，以判定争执的性质。要解决争执，双方必须就合同条文的理解达成一致。特别是在索赔中，合同分析为索赔提供了理由和根据。

（2）分析合同风险，制定风险对策。工程承包是高风险行业，存在诸多风险因素，这些风险有的可能在合同签订阶段已经经过合理分摊，但仍有相当的风险并未落实或分摊不合理。因此，在合同实施前有必要作进一步的全面分析，以落实风险责任。对己方应承担的风险也有必要通过风险分析和评价，制订和落实风险回应措施。

（3）分解合同工作并落实合同责任。合同事件和工程活动的具体要求（如工期、质量、技术、费用等）、合同双方的责任关系、事件和活动之间的逻辑关系极为复杂，要使工程按计划、有条理地进行，必须在工程开始前将它们落实下来，从工期、质量、成本、相互关系等各方面定义合同事件和工程活动，这就需要通过分解合同工作、落实合同责任。

（4）进行合同交底，简化合同管理工作。在实际工作中，由于许多工程小组、项目管理职能人员所涉及的活动和问题并不涵盖整个合同文件，而仅涉及一小部分合同内容，因此他们没有必要花费大量的时间和精力全面把握合同，他们只需要掌握自己所涉及的部分合同内容。为此，由合同管理人员先作全面的合同分析，再向各职能人员和工程小组进行合同交底就不失为较好的方法。从另一方面讲，由于合同条文往往不直观明了，一些法律语言不容易理解，遇到具体问题，即使查阅合同，也不是所有查阅人都能够准确全面地把握合同。只有由合同管理人员通过合同分析，将合同约定用最简单易懂的语言和形式表达出来，使大家了解自己的合同责任，从而使得日常合同管理工作简单、方便。

3）合同分析要求

（1）准确客观。合同分析的结果应准确、全面地反映合同内容。如果不能透彻、准确地分析合同，就不可能有效、全面地执行合同，从而导致合同实施产生更大失误。事实证明，许多工程失误和合同争议都起源于不能准确地理解合同。对合同的工作分析，划分双方合同责任和权益，都必须实事求是，根据合同约定和法律规定，客观地按照合同目的和精神来进行，而不能以当事人的主观愿望解释合同，否则必然导致合同争执。

（2）简明清晰。合同分析的结果必然采用使不同层次的管理人员、工作人员都能够接受的表达方式，使用简单易懂的工程语言，如图、表等形式，对不同层次的管理人员提供不同要求、不同内容的合同分析资料。

（3）协调一致。合同双方及双方的所有人员对合同的理解应一致。合同分析实质上是双方对合同的详细解释，由于在合同分析时要落实各方面的责任，很容易引起争执。因此，双方在合同分析时应尽可能协调一致，分析的结果应能为对方认可，以减少合同争执。

（4）全面完整。合同分析应全面，即对全部的合同文件都要进行解释。对合同中的每一条款、每句话甚至每个词都应认真推敲、细心琢磨、全面落实。合同分析不能只观大略，不能错过一些细节问题，这是一项非常细致的工作。在实际工作中，常常一个词甚至一个标点就能关系到争执的性质，关系到一项索赔的成败，关系到工程的盈亏。同时，应当从整体上分析合同，不能断章取义，特别是当不同文件、不同合同条款之间规定不一致或有矛盾时，更应当全面整体地理解合同。

4）合同分析内容

合同分析应当在前述合同谈判前审查分析的基础上进行。按其性质、对象和内容，合同分析可分为合同总体分析与合同结构分解、合同的缺陷分析、合同的工作分析及合同交底。

2. 合同总体分析与结构分解

1）合同总体分析

合同总体分析的主要对象是合同协议书和合同条件。通过合同的总体分析，将合同条款和合同规定落实到一些带全局性的具体问题上。

对工程施工合同来说，承包方合同总体分析的重点包括：承包方的主要合同责任及权力、工程范围，业主方的主要责任和权力，合同价格、计价方法和价格补偿条件，工期要求和顺延条件，合同双方的违约责任，合同变更方式、程序，工程验收方法，索赔规定及合同解除的条件和程序，争执的解决等。在分析中应对合同执行中的风险及应注意的问题作出特别的说明和提示。

合同总体分析的结果是工程施工总的指导性文件，应将它以最简单的形式和最简洁的语言表达出来，以便进行合同的结构分解和合同交底。

2）合同结构分解

合同结构分解是指按照系统规则和要求将合同对象分解成互相独立、互相影响、互相联系的单元。合同的结构分解应与项目的合同目标相一致。根据结构分解的一般规律和施工合同条件自身的特点，作者认为施工合同条件结构分解应遵守如下规则。

（1）保证施工合同条件的系统性和完整性。施工合同条件分解结果应包含所有的合同要素，这样才能保证应用这些分解结果时能够等同于应用施工合同条件。

（2）保证各分解单元间界限清晰、意义完整、内容大体上相当，这样才能保证应用分解结果明确有序且各部分工作量相当。

（3）易于理解和接受，便于应用。即要充分尊重人们已经形成的概念和习惯，只在根本违背合同原则的情况下才作出更改。

（4）便于按照项目的组织分工落实合同工作和合同责任。

3. 工程合同文件的解释惯例

1）合同文件优先顺序

例如，《建设工程施工合同示范文本》中规定的解释顺序如下。

① 施工合同协议书。

② 中标通知书。

③ 投标书及其附录。

④ 施工合同专用条件。

⑤ 施工合同通用条件。

⑥ 标准、规范和其他有关的技术文件。

⑦ 图纸。

⑧ 报价工程量清单。

⑨ 工程报价单或预算书。

双方有关工程的洽商、变更等书面协议或文件视为协议书的组成部分。

2）第一语言规则

当合同文本是采用两种以上的语言进行书写时，为了防止因翻译问题造成两种语言所表达出来的含义出现偏差而产生争议，一定要在合同订立时预先约定何种语言为第一语言。这样，如果在工程实施时两种语言含义出现分歧，则以第一语言所表达出来的真实意思为准。

3）其他规则

① 具体、详细的规定优先于一般、笼统的规定，详细条款优先于总论。

② 合同的专用条件、特殊条件优先于通用条件。

③ 文字说明优先于图示说明，工程说明、规范优先于图纸。

④ 数字的文字表达优先于阿拉伯数字表达。

⑤ 手写文件优先于打印文件，打印文件优先于印刷文件。

⑥ 对于总价合同，总价优先于单价；对于单价合同，单价优先于总价。

⑦ 合同中的各种变更文件，如补充协议、备忘录、修正案等，按照时间最近的优先。

例如，某承包商对某办公楼装饰工程施工递交了投标书，招标文件规定合同采用的是单价合同。其投标报价为800万元，其中营业大厅的正确报价为100万元。在投标书中，以阿拉伯数字表示应该是 1 000 000 元，但由于疏忽，将价格的文字表达误写成一千元。结果，业主根据价格的文字表达优先于阿拉伯数字表达，单价合同中单价优先于总价的解释惯例，按照最低报价原则将装饰工程以 700.1 万元的标价向承包商授标。而承包商拒绝承包该工程，因此，业主没收了其 16 万元的投标保证金。当然，此时承包商可以运用诚实信用原则与业主进行谈判，争取将合同价格定为 800 万元。但是，承包商必须承担因自身过错而造成的损失。

4. 合同工作分析及合同交底

1）合同工作分析

合同工作分析是在合同总体分析和进行合同结构分解的基础上，依据合同协议书、合同条件、规范、图纸、工作量表等，确定各项目管理人员及各工程小组的合同工作，以及划分各责任人的合同责任。合同工作分析涉及承包商签约后的所有活动，其结果实质上是承包商的合同执行计划，它包括以下几项。

（1）工程项目的结构分解，即工程活动的分解和工程活动逻辑关系的安排。

（2）技术会审工作。

（3）工程实施方案、总体计划和施工组织计划。在投标书中已包括这些内容，但在施工前，应进一步细化，作详细的安排。

（4）工程详细的成本计划。

（5）合同工作分析，不仅针对承包合同，而且包括与承包合同同级的各个合同的协调，包括各个分合同的工作安排和各分合同之间的协调。

根据合同工作分析，落实各分包商、项目管理人员及各工程小组的合同责任。对分包商，主要通过分包合同确定双方的责、权、利关系，以保证分包商能及时按质、按量地完成合同责任。如果出现分包商违约或完不成合同，可对他进行合同处罚和索赔。对承包商的工程小组可以通过内部的经济责任制来保证。落实工期、质量、消耗等目标后，应将其与工程小组经济利益挂钩，建立一套经济奖罚制度，以保证目标的实现。

合同工作分析的结果是合同事件表。合同事件表反映了合同工作分析的一般方法，它是工程施工中最重要的文件之一，从各个方面定义了该合同事件。合同事件表实质上是承包商详细的合同执行计划，有利于项目组在工程施工中落实责任，安排工作，进行合同监督、跟踪、分析和处理索赔事项。合同事件表（表 8-2）具体说明如下。

表 8-2　合同事件表

子项目	事件编码	日期变更次数
事件名称和简要说明		
事件内容说明		
前提条件		
本事件的主要活动		
负责人（单位）		
费用： 计划 实际	其他参加者	工期： 计划 实际

① 事件编码。这是为了计算机数据处理的需要。计算机对事件的各种数据处理都靠编码识别。所以编码要能反映事件的各种特性，如所属的项目、单项工程、单位工程、专业性质、空间位置等。通常它应与网络事件（或活动）的编码有一致性。

② 事件名称和简要说明。对一个确定的承包合同，承包商的工程范围、合同责任是一定的，则相关的合同事件和工程活动也是一定的，在一个工程中，这样的事件通常可能有几百甚至几千件。

③ 变更次数和最近一次的变更日期。它记载着与本事件相关的工程变更。在接到变更指令后，应落实变更，修改相应栏目的内容。最近一次的变更日期表示从这一天以来的变更尚未考虑到，这样可以检查每个变更指令落实情况，既防止重复又防止遗漏。

④ 事件的内容说明。主要为该事件的目标，如某一分项工程的数量、质量、技术要求以及其他方面的要求。这由工程量清单、工程说明、图纸、规范等定义，是承包商应完成的任务。

⑤ 前提条件。该事件进行前应有哪些准备工作？应具备什么样的条件？这些条件有的应由事件的责任人承担，有的应由其他工程小组、其他承包商或业主承担。这里不仅确定了事件之间的逻辑关系，而且确定了各参加者之间的责任界限。

⑥ 本事件的主要活动。即完成该事件的一些主要活动和它们的实施方法、技术与组织措施。这完全是从施工过程的角度进行分析的，这些活动组成该事件的子网络。例如设备安装可包括如下活动：现场准备，施工设备进场、安装，基础找平，定位，设备就位，吊装，固定，施工设备拆卸、出场等。

⑦ 责任人（或负责人）。即负责该事件实施的工程小组负责人或分包商。

成本（或费用）。这里包括计划成本和实际成本，有如下两种情况：若该事件由分包商承担，则计划费用为分包合同价格。如果在总包和分包之间有索赔，则应修改这个值，而相应的实际费用为最终实际结算账单金额总和。若该事件由承包商的工程小组承担，则计划成本可由成本计划得到，一般为直接成本，而实际成本为会计核算的结果，在事件完成后填写。

⑧ 计划和实际的工期。计划工期由网络分析得到。这里有计划开始期、结束期和持续时间。实际工期按实际情况，在该事件结束后填写。

⑨ 其他参加者。即对该事件的实施提供帮助的其他人员。

2）合同交底

合同交底指合同管理人员在对合同的主要内容作出解释和说明的基础上，通过组织项目管理人员和各工程小组负责人学习合同条文和合同总体分析结果，使大家熟悉合同中的主要内容、各种规定、管理程序，了解承包商的合同责任和工程范围、各种行为的法律后果等，使大家都树立全局观念，避免执行中的违约行为，同时使大家的工作协调一致。

在我国传统的施工项目管理系统中，人们十分注重"图纸交底"工作，但却没有"合同交底"工作，所以项目组和各工程小组对项目的合同体系、合同基本内容不甚了解。我国工程管理者和技术人员有十分牢固的按图施工的观念，这本身无可厚非。但在现代市场经济中必须转变到"按合同施工"上来，特别是在工程使用非标准合同文本或本项目组不熟悉的合同文本时，这个"合同交底"工作就显得更为重要。

合同交底应分解落实如下合同和合同分析文件：合同事件表（任务单、分包合同）、图纸、设备安装图纸、详细的施工说明等。最重要的是以下几个方面的内容。

（1）工程的质量、技术要求和实施中的注意点。

（2）工期要求。

（3）消耗标准。

（4）合同事件之间的逻辑关系。

（5）各工程小组（分包商）责任界限的划分。

（6）完不成责任的影响和法律后果等。

合同管理人员应在合同的总体分析和合同结构分解、合同工作分析的基础上，按施工管理程序，在工程开工前，逐级进行合同交底，使得每一个项目参加者都能够清楚地掌握自身的合同责任，以及自己所涉及的应当由对方承担的合同责任，以保证在履行合同义务过程中自己不违约，同时，如发现对方违约，及时向合同管理人员汇报，以便及时要求对方履行合同义务及进行索赔。在交底的同时，应将各种合同事件的责任分解落实到各分包商或工程小组直至每一个项目参加者，以经济责任制形式规范各自的合同行为，以保证合同目标能够实现。

8.3.3　工程项目合同控制

1. 合同控制方法

1）合同控制的概念

要完成任务就必须对其实施有效的控制，控制是项目管理的重要职能之一。所谓控制，就是行为主体为保证在变化的条件下实现其目标，按照实现拟定的计划和标准，通过各种方法，对被控制对象实施中发生的各种实际值与计划值进行检查、对比、分析和纠正，以保证工程实施按预定的计划进行，顺利地实现预定的目标。

合同控制指承包商的合同管理组织为保证合同所约定的各项义务的全面完成及各项权利的实现，以合同分析的成果为基准，对整个合同实施过程进行全面监督、检查、对比和纠正的管理活动。其控制程序见图 8 - 1。

它包括以下几个方面。

（1）工程实施监督。工程实施监督是工程管理的日常事务性工作，首先应表现在对工程活动的监督上，即保证按照预先确定的各种计划、设计、施工方案实施工程。工程实施状况反映在原始的工程资料（数据）上，如质量检查报告、分项工程进度报告、记工单、用料单、成本核算凭证等。

（2）跟踪。即将收集到的工程资料和实际数据进行整理，得到能够反映工程实施状况的各种信息，如各种质量报告、各种实际进度报表、各种成本和费用收支报表以及它们的分析报告。将这些信息与工程目标（如合同文件、合同分析文件、计划、设计等）进行对比分析，就可以发现两者的差异。差异的大小，即为工程实施偏离目标的程度。如果没有差异或差异较小，则可以按原计划继续实施工程。

（3）诊断。即分析差异的原因，采取调整措施。差异表示工程实施偏离目标的程度，必须详细分析差异产生的原因和它的影响，并对症下药，采取措施进行调整，否则这种差异会逐渐积累，最终导致工程实施远离目标，甚至可能导致整个工程失败。所以，在工程实施过

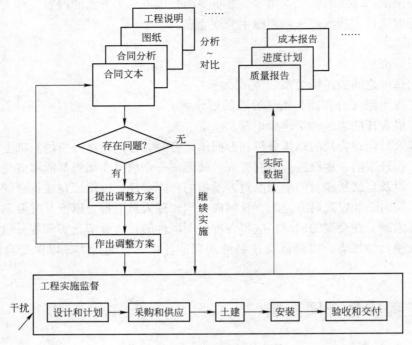

图 8-1　工程合同控制程序

程中要不断进行调整，使工程实施一直围绕合同目标进行。

2）合同控制与其他项目控制的关系

工程施工合同定义了承包商项目管理的主要目标，如进度目标、质量目标、成本目标、安全目标等。这些目标必须通过具体的工程活动实现。由于在工程施工中各种干扰的作用，常常使工程实施过程偏离总目标。整个项目实施控制就是为了保证工程实施按预定的计划进行，顺利地实现预定的目标。一般而言，工程项目实施控制包括成本控制、质量控制、进度控制和合同控制。其中，合同控制是核心，它与项目其他控制的关系如下。

成本控制、质量控制、进度控制由合同控制协调一致。成本、质量、工期是由合同定义的三大目标，承包商最根本的合同责任是达到这三大目标，所以合同控制是其他控制的保证。通过合同控制可以使质量控制、进度控制和成本控制协调一致，形成一个有序的项目管理过程。

合同控制的范围较成本控制、质量控制、进度控制广得多。承包商除了必须按合同规定的质量要求和进度计划完成工程的设计、施工和进行保修外，还必须对实施方案的安全、稳定负责，对工程现场的安全、清洁和工程保护负责，遵守法律，执行工程师的指令，对自己的工作人员和分包商承担责任，按合同规定及时地提供履约担保、购买保险等。同时，承包商有权获得合同规定的必要的工作条件，如场地、道路、图纸、指令，要求工程师公平、正确地解释合同，有及时如数地获得工程付款的权力，有决定工程实施方案，并选择更为科学、合理的实施方案的权力，有对业主和工程师违约行为的索赔权力等。这一切都必须通过合同控制来实施和保障。承包商的合同控制不仅包括与业主之间的工程承包合同，还包括与总合同相关的其他合同，如分包合同、供应合同、运输合同、租赁合同、担保合同等，而且包括总合同与各分合同之间以及各分合同相互之间的协调控制。

合同控制较成本控制、质量控制、进度控制更具动态性。这种动态性表现在两个方面：一方面，合同实施受到外界干扰，常常偏离目标，要不断地进行调整；另一方面，合同目标本身不断改变，如在工程过程中不断出现合同变更，使工程的质量、工期、合同价格发生变化，导致合同双方的责任和权益发生变化。这样，合同控制就必须是动态的，合同实施就必须随变化了的情况和目标不断调整。各种控制的内容、目的、目标和依据可见表 8-3。

表 8-3　工程实施控制的内容、目的、目标和依据

序号	控制内容	控制目的	控制目标	控制依据
1	成本控制	保证按计划成本完成工程，防止成本超支和费用增加	计划成本	各分部分项工程，总工程的计划成本，人力、材料、资金计划，计划成本曲线
2	质量控制	保证按合同规定的质量完成工程，使工程顺利通过验收，交付使用，达到预定的功能要求	合同规定的质量标准	工程说明，规范，图纸，工作量表
3	进度控制	按预定进度计划进行施工，按期交付工程，防止承担工期拖延责任	合同规定的工期	合同规定的总工期计划，业主批准的详细施工进度计划
4	合同控制	按合同全面完成承包商的责任，防止违约	合同规定的各项责任	合同范围内的各种文件，合同分析资料

3）合同控制的方法

合同控制方法适用一般的项目控制方法。项目控制方法可分为多种类型：按项目的发展过程分类，可分为事前控制、事中控制、事后控制；按照控制信息的来源分类，可分为前馈控制、反馈控制；按是否形成闭合回路分类，可分为开环控制、闭环控制。归纳起来，可分为两大类，即主动控制和被动控制。

（1）被动控制。被动控制是控制者从计划的实际输出中发现偏差，对偏差采取措施，及时纠正的控制方式。因此要求管理人员对计划的实施进行跟踪，将其输出的工程信息进行加工、整理，再传递给控制部门，使控制人员从中发现问题，找出偏差，寻求并确定解决问题和纠正偏差的方法。被动控制实际上是在项目实施过程中、事后检查过程中发现问题及时处理的一种控制，因此仍为一种积极的并且是十分重要的控制方式，合同被动控制流程见图 8-2。

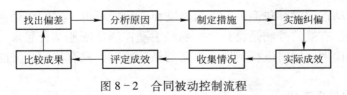

图 8-2　合同被动控制流程

被动控制的措施如下。

应用现代化方法、手段，跟踪、测试、检查项目实施过程的数据，发现异常情况及时采取措施。

建立项目实施过程中人员控制组织，明确控制责任，检查发现情况及时处理。

建立有效的信息反馈系统，及时将偏离计划目标值进行反馈，以使其及时采取措施。

（2）主动控制。主动控制就是预先分析目标偏离的可能性，并拟订和采取各项预防性措施，以保证计划目标得以实现。主动控制是一种对未来的控制，它可以最大可能地改变即将成为事实的被动局面，从而使控制更加有效。当它根据已掌握的可靠信息，分析预测得出系统将要输出偏离计划的目标时，就制定纠正措施并向系统输入，以使系统因此而不发生目标的偏离。它是在事情发生之前就采取了措施的控制。主动控制措施一般如下。

① 详细调查并分析外部环境条件，以确定那些影响目标实现和计划运行的各种有利和不利因素，并将它们考虑到计划和其他管理职能当中。

② 识别风险，努力将各种影响目标实现和计划执行的潜在因素揭示出来，为风险分析和管理提供依据，并在计划实施过程中做好风险管理工作。

③ 用科学的方法制订计划，做好计划可行性分析，消除那些造成资源不可行、技术不可行、经济不可行和财务不可行的各种错误和缺陷，保障工程的实施能够有足够的时间、空间、人力、物力和财力，并在此基础上力求计划优化。

④ 高质量地做好组织工作，使组织与目标和计划高度一致，把目标控制的任务与管理职能落实到适当的机构和人员，做到职权与职责明确，使全体成员能够通力协作，为共同实现目标而努力。

⑤ 制订必要的应急备用方案，以对付可能出现的影响目标或计划实现的情况。一旦发生这些情况，则有应急措施作保障，从而减少偏离量或避免发生偏离。

⑥ 计划应留有余地，这样可避免那些经常发生而又不可避免的干扰对计划的不断影响，减少"例外"情况产生的数量，使管理人员处于主动地位。

⑦ 沟通信息流通渠道，加强信息收集、整理和研究工作，为预测工程未来发展提供全面、及时、可靠的信息。

被动控制和主动控制的关系见图 8-3。

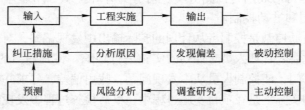

图 8-3　合同主动控制与被动控制的关系

被动控制与主动控制对承包商进行项目管理而言缺一不可，它们都是实现项目目标所必须采用的控制方式。有效的控制是将被动控制和主动控制紧密地结合起来，力求加大主动控制在控制过程中的比例，同时进行定期、连续的被动控制。只有如此，方能完成项目目标控制的根本任务。

2. 合同控制的日常工作

（1）参与落实计划。合同管理人员与项目的其他职能人员一起落实合同实施计划，为各工程小组、分包商的工作提供必要的保证，如施工现场的安排，人工、材料、机械等计划的落实，工序间的搭接关系和安排以及其他一些必要的准备工作。

（2）协调各方关系。在合同范围内协调业主、工程师、项目管理各职能人员、所属的各工程小组和分包商之间的工作关系，解决相互之间出现的问题，如合同责任界面之间的争执、工程活动之间时间上和空间上的不协调。合同责任界面争执是工程实施中很常见的。承包商与业主、与业主的其他承包商、与材料和设备供应商、与分包商，以及承包商的各分包商之间、工程小组与分包商之间常常互相推卸一些合同中或合同事件表中未明确划定的工程活动的责任，这就会引起内部和外部的争执，对此，合同管理人员必须做好判定和调解工作。

（3）指导合同工作。合同管理人员对各工程小组和分包商进行工作指导，作经常性的合同解释，使各工程小组都有全局观念，对工程中发现的问题提出意见、建议或警告。合同管理人员在工程实施中起"漏洞工程师"的作用，但他不是寻求与业主、工程师、各工程小组、分包商的对立，他的目标不仅仅是索赔和反索赔，而且还要将各方面在合同关系上联系起来，防止漏洞和弥补损失，更完善地完成工程。例如，促使工程师放弃不适当、不合理的要求（指令），避免对工程的干扰、工期的延长和费用的增加；协助工程师工作，弥补工程师工作的遗漏，如及时提出对图纸、指令、场地等的申请，尽可能提前通知工程师，让工程师有所准备，使工程更为顺利。

（4）参与其他项目控制工作。合同项目管理的有关职能人员每天检查、监督各工程小组和分包商的合同实施情况，对照合同要求的数量、质量、技术标准和工程进度，发现问题并及时采取对策措施。对已完工程作最后的检查核对，对未完成的或有缺陷的工程责令其在一定的期限内采取补救措施，防止影响整个工期。按合同要求，会同业主及工程师等对工程所用材料和设备开箱检查或作验收，看是否符合质量、图纸和技术规范等的要求，进行隐蔽工程和已完工程的检查验收，负责验收文件的起草和验收的组织工作，参与工程结算，会同造价工程师对向业主提出的工程款账单和分包商提交的收款账单进行审查和确认。

（5）合同实施情况的追踪、偏差分析及参与处理。

（6）负责工程变更管理。

（7）负责工程索赔管理。

（8）负责工程文档管理。对向分包商发出的任何指令，向业主发出的任何文字答复、请示，业主方发出的任何指令，都必须经合同管理人员审查，记录在案。

（9）争议处理。承包商与业主、与总（分）包商的任何争议的协商和解决都必须有合同管理人员的参与，对解决方法进行合同和法律方面的审查、分析及评价，这样不仅保证工程施工一直处于严格的合同控制中，而且使承包商的各项工作更有预见性，更能及早地预测合同行为的法律后果。

3. 合同跟踪

在工程实施过程中，由于实际情况千变万化，导致合同实施与预定目标（计划和设计）的偏离，如果不及时采取措施，这种偏差常常由小到大，日积月累。这就需要对合同实施情况进行跟踪，以便及时发现偏差，不断调整合同实施，使之与总目标一致。

1）合同跟踪的依据

合同跟踪时，判断实际情况与计划情况是否存在差异的依据主要有：合同和合同分析的结果，如各种计划、方案、合同变更文件等，它们是比较的基础，是合同实施的目标和方向；各种实际的工程文件，如原始记录、各种工程报表、报告、验收结果等；工程管理人员每天对现场情况的直观了解，如对施工现场的巡视、与各种人谈话、召集小组会议、检查工程质量，通过报表、报告等。

2）合同跟踪的对象

合同实施情况追踪的对象主要有如下几个方面。

（1）具体的合同事件。对照合同事件表的具体内容，分析该事件的实际完成情况。如以设备安装事件为例分析。

① 安装质量。如标高、位置、安装精度、材料质量是否符合合同要求，安装过程中设备有无损坏。

② 工程数量。如是否全都安装完毕，有无合同规定以外的设备安装，有无其他的附加工程。

③ 工期。如是否在预定期限内施工，工期有无延长，延长的原因是什么。该工程工期变化的原因可能是：业主未及时交付施工图纸；生产设备未及时运到工地；基础土建工程施工拖延；业主指令增加附加工程；业主提供了错误的安装图纸，造成工程返工；工程师指令暂停施工等。

④ 成本的增加和减少。将上述内容在合同事件表上加以注明，这样可以检查每个合同事件的执行情况。对一些有异常情况的特殊事件，即实际和计划存在大的偏离的事件，可以列特殊事件分析表作进一步的处理。从这里可以发现索赔机会，因为经过上面的分析可以得到偏差的原因和责任。

（2）工程小组或分包商的工程和工作。一个工程小组或分包商可能承担许多专业相同、工艺相近的分项工程或许多合同事件，所以必须对它们实施的总情况进行检查分析。在实际工程中常常因为某一工程小组或分包商的工作质量不高或进度拖延而影响整个工程施工。合同管理人员在这方面应给他们提供帮助，如协调他们之间的工作，对工程缺陷提出意见、建议或警告，责成他们在一定时间内提高质量、加快工程进度等。作为分包合同的发包商，总承包商必须对分包合同的实施进行有效的控制。这是总承包商合同管理的重要任务之一。分包合同控制的目的如下。

① 控制分包商的工作，严格监督他们按分包合同完成工程责任。分包合同是总承包合同的一部分，如果分包商完不成他的合同责任，则总包商就不能顺利完成总包合同责任。

② 为向分包商索赔和对分包商反索赔作准备。总包和分包之间的利益是不一致的，双方之间常常有尖锐的利益争执。在合同实施中，双方都在进行合同管理，都在寻求向对方索赔的机会，所以双方都有索赔和反索赔的任务。

③ 对分包商的工程和工作，总承包商负有协调和管理的责任，并承担由此造成的损失。所以分包商的工程和工作必须纳入总承包工程的计划和控制中，防止因分包商工程管理失误而影响全局。

（3）业主和工程师的工作。业主和工程师是承包商的主要工作伙伴，对他们的工作进行监督和跟踪十分重要。

① 业主和工程师必须正确、及时地履行合同责任，及时提供各种工程实施条件，如及时发布图纸、提供场地，及时下达指令、作出答复，及时支付工程款等，这常常是承包商推卸工程责任的托词，所以要特别重视。在这里，合同工程师应寻找合同中以及对方合同执行中的漏洞。

② 在工程中承包商应积极主动地做好工作，如提前催要图纸、材料，对工作事先通知。这样不仅可以让业主和工程师及时准备，以建立良好的合作关系，保证工程顺利实施，而且

可以推卸自己的责任。

③ 有问题及时与工程师沟通，多向工程师汇报情况，及时听取他的指示（书面的）。

④ 及时收集各种工程资料，对各种活动、双方的交流做好记录。

⑤ 对有恶意的业主提前防范并及时采取措施。

（4）工程总的实施状况。

① 工程整体施工秩序状况。如果出现以下情况，合同实施必定存在问题：现场混乱、拥挤不堪，承包商与业主的其他承包商、供应商之间协调困难，合同事件之间和工程小组之间协调困难，出现事先未考虑到的情况和局面，发生较严重的工程事故等。

② 已完工程没有通过验收，出现大的工程质量事故，工程试运行不成功或达不到预定的生产能力等。

③ 施工进度未能达到预定计划，主要的工程活动出现拖期，在工程周报和月报上计划和实际进度出现大的偏差。

④ 计划和实际的成本曲线出现大的偏离。在工程项目管理中，工程累计成本曲线对合同实施的跟踪分析起很大作用。计划成本累计曲线通常在网络分析、各事件计划成本确定后得到，在国外它又被称为工程项目的成本模型。而实际成本曲线由实际施工进度安排和实际成本累计得到，二者对比，可以分析出实际和计划的差异。

通过合同实施情况追踪、收集、整理，能反映工程实施状况的各种工程资料和实际数据，如各种质量报告、各种实际进度报表、各种成本和费用收支报表及其分析报告。将这些信息与工程目标，如合同文件、合同分析的资料、各种计划、设计等进行对比分析，可以发现两者的差异。根据差异的大小确定工程实施偏离目标的程度。如果没有差异或差异较小，则可以按原计划继续实施工程。

4. 合同实施情况偏差分析

合同实施情况偏差表明工程实施偏离了工程目标，应加以分析调整，否则这种差异会逐渐积累、越来越大，最终导致工程实施远离目标，使承包商或合同双方受到很大的损失，甚至可能导致工程的失败。

合同实施情况偏差分析，指在合同实施情况追踪的基础上，评价合同实施情况及其偏差，预测偏差的影响及发展的趋势，并分析偏差产生的原因，以便对该偏差采取调整措施。合同实施情况偏差分析的内容如下。

1）合同执行差异的原因分析

通过对不同监督跟踪对象计划和实际的对比分析，不仅可以得到合同执行的差异，而且可以探索引起这个差异的原因。原因分析可以采用鱼刺图、因果关系分析图（表）、成本量差、价差、效率差分析等方法定性或定量地进行。

例如，通过计划成本和实际成本累计曲线的对比分析，不仅可以得到总成本的偏差值，而且可以进一步分析差异产生的原因。引起上述计划和实际成本累计曲线偏离的原因可能有：整个工程加速或延缓；工程施工次序被打乱；工程费用支出增加，如材料费、人工费上升；增加新的附加工程，使主要工程的工程量增加；工作效率低下，资源消耗增加等。

上述每一类偏差原因还可进一步细分，如引起工作效率低下可以分为内部干扰和外部干扰，内部干扰如施工组织不周，夜间加班或人员调遣频繁；机械效率低，操作人员不熟悉新技术，违反操作规程，缺少培训；经济责任不落实，工人劳动积极性不高等。外部干扰如图纸出错，设计修改频繁；气候条件差；场地狭窄，现场混乱，施工条件如水、电、道路等受到影响等。在上述基础上还应分析出各原因对偏差影响的权重。

2）合同差异责任分析

即这些原因由谁引起，该由谁承担责任。这常常是索赔的理由。一般只要原因分析有根有据，则责任分析自然清楚。责任分析必须以合同为依据，按合同规定落实双方的责任。

3）合同实施趋向预测

分别考虑不采取调控措施和采取调控措施以及采取不同的调控措施情况下合同的最终执行结果。

① 最终的工程状况，包括总工期的延误、总成本的超支、质量标准、所能达到的生产能力（或功能要求）等。

② 承包商将承担什么样的后果，如被罚款、被清算，甚至被起诉，对承包商资信、企业形象、经营战略的影响等。

③ 最终工程经济效益（利润）水平。

5. 合同实施情况偏差处理

根据合同实施情况偏差分析的结果，承包商应采取相应的调整措施。调整措施如下。

（1）组织措施。如增加人员投入，重新进行计划或调整计划，派遣得力的管理人员。

（2）技术措施。如变更技术方案，采用新的更高效率的施工方案。

（3）经济措施。如增加投入，对工作人员进行经济激励等。

（4）合同措施。如进行合同变更，签订新的附加协议、备忘录，通过索赔解决费用超支问题等。合同措施是承包商的首选措施，该措施主要由承包商的合同管理机构来实施。承包商采取合同措施时通常应考虑以下问题。

如何保护和充分行使自己的合同权力，例如通过索赔以降低自己的损失。

如何利用合同使对方的要求降到最低，即如何充分限制对方的合同权力，找出业主的责任。如果通过合同诊断，承包商已经发现业主有恶意、不支付工程款或自己已经陷入到合同陷阱中，或已经发现合同亏损，而且估计亏损会越来越大，则要及早确定合同执行战略。如及早解除合同，降低损失；争取道义索赔，取得部分补偿；采用以守为攻的办法拖延工程进度，消极怠工。因为在这种情况下，承包商投入的资金越多，工程完成得越多，承包商就越被动，损失会越大。等到工程完成交付使用，承包商的主动权就没有了。

8.3.4 工程合同变更管理

1. 概述

1）工程变更的概念及性质

工程变更一般是指在工程施工过程中，根据合同的约定对施工的程序、工程的数量、质量要求及标准等作出的变更。工程变更是一种特殊的合同变更。合同变更指合同成立以后、履行完毕以前由双方当事人依法对原合同的内容所进行的修改。通常认为工程变更是一种合同变更，但不可忽视工程变更和一般合同变更所存在的差异。一般合同变更的协商发生在履约过程中合同内容变更之时，而工程变更则较为特殊：双方在合同中已经授予工程师进行工程变更的权力，但此时对变更工程的价款最多只能作原则性的约定；在施工过程中，工程师直接行使合同赋予的权力发出工程变更指令，根据合同约定承包商应该先行实施该指令；此后，双方可对变更工程的价款进行协商。这种标的变更在前、价款变更协商在后的特点容易导致合同处于不确定的状态。

2）工程变更的起因

合同内容频繁变更是工程合同的特点之一。一项工程合同变更的次数、范围和影响的大小与该工程招标文件（特别是合同条件）的完备性、技术设计的正确性及实施方案和实施计划的科学性直接相关。合同变更一般主要有以下几个方面的原因。

（1）业主新的变更指令，对建筑的新要求。如业主有新的意图业主修改项目总计划、削减预算等。

（2）由于设计人员、工程师、承包商事先没能很好地理解业主的意图或设计的错误，导致图纸修改。

（3）工程环境的变化，预定的工程条件不准确，要求实施方案或实施计划变更。

（4）由于产生新的技术和知识，有必要改变原设计、实施方案或实施计划，或由于业主指令及业主责任的原因造成承包商施工方案的改变。

（5）政府部门对工程新的要求，如国家计划变化、环境保护要求、城市规划变动等。

（6）由于合同实施出现问题，必须调整合同目标或修改合同条款。

3）工程变更的影响

工程变更对合同实施影响很大，主要表现在以下几个方面。

（1）导致设计图纸、成本计划和支付计划、工期计划、施工方案、技术说明和适用的规范等定义工程目标和工程实施情况的各种文件作相应的修改和变更。相关的其他计划如材料采购订货计划、劳动力安排、机械使用计划等也应作相应调整。所以它不仅会引起与承包合同平行的其他合同的变化，而且会引起所属的各个分合同（如供应合同、租赁合同、分包合同）的变更。有些重大的变更会打乱整个施工部署。

（2）引起合同双方、承包商的工程小组之间、总承包商和分包商之间合同责任的变化。如工程量增加，则增加了承包商的工程责任，增加了费用开支和延长了工期。

（3）有些工程变更还会引起已完工程的返工、现场工程施工的停滞、施工秩序被打乱及已购材料出现损失。

按照国际工程中的有关统计，工程变更是索赔的主要起因。由于工程变更对工程施工过程影响较大，会造成工期的拖延和费用的增加，容易引起双方的争执，所以合同双方都应十分慎重地对待工程变更问题。

4）工程变更的范围

按照国际土木工程合同管理的惯例，一般合同中都有一条专门的变更条款，对有关工程变更的问题作出具体规定。依据 FIDIC 合同条件第 13 条规定，颁发工程接收证书前，工程师可通过发布变更指示或以要求承包商递交建议书的方式提出变更。除非承包商马上通知工程师，说明他无法获得变更所需的货物并附上具体的证明材料，否则承包商应执行变更并受此变更的约束。变更的内容包括以下几项。

① 改变合同中所包括的任何工作的数量（但这种改变不一定构成变更）。

② 改变任何工作的质量和性质。如工程师可以根据业主要求，将原定的水泥混凝土路面改为沥青混凝土路面。

③ 改变工程任何部分的标高、基线、位置和尺寸。如公路工程中要修建的路基工程，工程师可以指示将原设计图纸上原定的边坡坡度，根据实际的地质土壤情况改建成比较平缓的边坡坡度。

④ 删减任何工作。

⑤ 任何永久工程需要的附加工作、工程设备、材料或服务。

⑥ 改动工程的施工顺序或时间安排。若某一工段因业主的征地拆迁延误，使承包方无法开工，那么业主对此负有责任。工程师应和业主及承包商协商，变更工程施工顺序，让承包商的施工队伍不要停工，以免对工程进展造成不利影响。但是，工程师不可以改变承包商既定施工方法，除非工程师可以提出更有效的施工方法予以替代。

FIDIC 条件还规定，除非有工程师指示或同意变更，承包商不得擅自对永久工程进行任何改动。

根据我国新版示范文本的约定，工程变更包括设计变更和工程质量标准等其他实质性内容的变更。其中设计变更包括以下几项。

① 更改工程有关部分的标高、基线、位置和尺寸。

② 增减合同中约定的工程量。

③ 改变有关工程的施工时间和顺序。

④ 其他有关工程变更需要的附加工作。

工程变更只能是在原合同规定的工程范围内的变动，业主和工程师应注意不能使工程变更引起工程性质方面有很大的变动，否则应重新订立合同。从法律角度讲，工程变更也是一种合同变更，合同变更应经合同双方协商一致。根据诚实信用的原则，业主显然不能通过合同的约定而单方面的对合同作出实质性的变更。从工程角度讲，工程性质若发生重大的变更而要求承包商无条件地继续施工是不恰当的，承包商在投标时并未准备这些工程的施工机械设备，需另行购置或运进机具设备，使承包商有理由要求另签合同，而不能作为原合同的变更，除非合同双方都同意将其作为原合同的变更。承包商认为某项变更指示已超出本合同的范围，或工程师的变更指示的发布没有得到有效的授权时，可以拒绝进行变更工作。

2. 工程变更的程序

1) 工程变更的提出

承包商提出工程变更。承包商在提出工程变更时，一般情况是工程遇到不能预见的地质条件或地下障碍。如原设计的某大厦的基础为钻孔灌注桩，承包商根据开工后钻探的地质条件和施工经验，认为改成沉井基础较好。另一种情况是承包商为了节约工程成本或加快工程施工进度，提出工程变更。

业主方提出变更。业主一般可通过工程师提出工程变更。但如业主方提出的工程变更内容超出合同限定的范围，则属于新增工程，只能另签合同处理，除非承包方同意作为变更。

工程师提出工程变更。工程师往往根据工地现场工程进展的具体情况，认为确有必要时，可提出工程变更。工程承包合同施工中，因设计考虑不周或施工时环境发生变化，工程师本着节约工程成本和加快工程与保证工程质量的原则，提出工程变更。只要提出的工程变更在原合同规定的范围内，一般是切实可行的。若超出原合同，新增了很多工程内容和项目，则属于不合理的工程变更请求，工程师应和承包商协商后酌情处理。

2）工程变更的批准

由承包商提出的工程变更，应交与工程师审查并批准。由业主提出的工程变更，为便于工程的统一管理，一般可由工程师代为发出。而工程师发出工程变更通知的权力，一般由工程施工合同明确约定。当然，该权力也可约定为业主所有，然后业主通过书面授权的方式使工程师拥有该权力。如果合同对工程师提出工程变更的权力作了具体限制，而约定其余均应由业主批准，则工程师就超出其权限范围的工程变更发出指令时，应附上业主的书面批准文件，否则承包商可拒绝执行。但在紧急情况下，不应限制工程师向承包商发布其认为必要的此类变更指示。如果在上述紧急情况下采取行动，工程师应将情况尽快通知业主。例如，当工程师在工程现场认为出现了危及生命、工程或相邻第三方财产安全的紧急事件时，在不解除合同规定的承包商的任何义务和职责的情况下，工程师可以指示承包商实施他认为解除或减少这种危险而必须进行的所有这类工作。尽管没有业主的批准，承包商也应立即遵照工程师的任何此类变更指示。工程师应根据 FIDIC 合同条件第 13 条，对每项变更应按合同中有关测量和估价的规定进行估价，并相应地通知承包商，同时将一份复印件呈交业主。

工程变更审批的一般原则为：首先考虑工程变更对工程进展是否有利；第二要考虑工程变更是否可以节约工程成本；第三应考虑工程变更是否兼顾业主、承包商或工程项目之外其他第三方的利益，不能因工程变更而损害任何一方的正当权益；第四必须保证变更工程符合本工程的技术标准；最后一种情况为工程受阻，如遇到特殊风险、人为阻碍、合同一方当事人违约等不得不变更工程。

3）工程变更指令的发出及执行

为了避免耽误工作，工程师在和承包商就变更价格达成一致意见之前，有必要先行发布变更指示，即分两个阶段发布变更指示：第一阶段是在没有规定价格和费率的情况下直接指示承包商继续工作；第二阶段是在通过进一步协商之后，发布确定变更工程费率和价格的指示。

工程变更指示的发出有两种形式：书面形式和口头形式。一般情况要求工程师签发书面变更通知令。当工程师书面通知承包商工程变更，承包商才执行变更的工程。当工程师发出口头指令要求工程变更，例如增加框架梁的配筋及数量时，这种口头指示在事后一定要补签一份书面的工程变更指示。如果工程师口头指示后忘了补书面指示，承包商（须 7 天内）应以书面形式证实此项指示，交与工程师签字，工程师若在 14 天之内没有提出反对意见，应视为认可。所有工程变更必须用书面或一定规格写明。对于要取消的任何一项分部工程，工程变更应在该部分工程还未施工之前进行，以免造成人力、物力、财力的浪费，避免造成业主多支付工程款项。

根据通常的工程惯例，除非工程师明显超越合同赋予其的权限，承包商应该无条件地执行其工程变更的指示。如果工程师根据合同约定发布了进行工程变更的书面指令，则不论承包商对此是否有异议，不论工程变更的价款是否已经确定，也不论监理方或业主答应给予付款的金额是否令承包商满意，承包商都必须无条件地执行此种指令。即使承包商有意见，也只能是一边进行变更工作，一边根据合同规定寻求索赔或仲裁解决。在争议处理期间，承包商有义务继续进行正常的工程施工和有争议的变更工程施工，否则可能会构成承包商违约。

4）现行工程变更程序的评价

在实际工程中，工程变更情况比较复杂，一般有以下几种。

（1）与变更相关的分项工程尚未开始，只需对工程设计作修改或补充，如发现图纸错误，业主对工程有新的要求。这种情况下的工程变更时间比较充裕，价格谈判和变更的落实可有条不紊地进行。

（2）变更所涉及的工程正在进行施工，如在施工中发现设计错误或业主突然有新的要求。这种变更通常时间很紧迫，甚至可能发生现场停工，等待变更指令。

（3）对已经完工的工程进行变更，必须作返工处理。这种情况对合同履行将产生比较大的影响，双方都应认真对待，尽量避免这种情况发生。

现行工程变更的程序一般由合同作出约定，该程序较为适用于上述第②、第③种情况。但现行的工程变更程序对较为常见的第①种情况并不恰当，并且是导致争议的重要原因之一。对该种情况，最理想的程序是：在变更执行前，合同双方已就工程变更中涉及的费用增加和工期延误的补偿协商后达成一致，业主对变更申请中的内容已经认可，争执较少。理想的工程变更程序见图8-4。

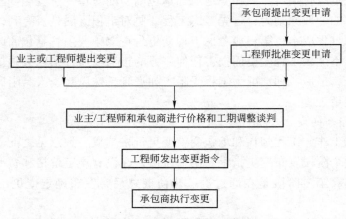

图8-4　理想的工程变更程序

但按这个程序变更过程时间太长，合同双方对于费用和工期补偿谈判常常会有反复和争执，这会影响变更的实施和整个工程施工进度。在现行工程施工合同中，该程序较少采用，而是在合同中赋予工程师（业主）直接指令变更工程的权力，承包商在接到指令后必须执行变更，而合同价格和工期的调整由工程师（业主）和承包商协商后确定。

3. 工程变更价格调整

1）工程变更责任分析

工程变更责任分析是工程变更起因与工程变更问题处理，即确定赔偿问题的桥梁。工程变更包括以下内容。

（1）设计变更。设计变更会引起工程量的增加、减少，新增或删除分项工程，工程质量和进度的变化，实施方案的变化。一般工程施工合同赋予业主（工程师）这方面的变更权力，可以直接通过下达指令、重新发布图纸或规范实现变更。其责任划分原则为：

① 由于业主要求、政府部门要求、环境变化、不可抗力、原设计错误等导致设计的修改，必须由业主承担责任；

② 由于承包商施工过程、施工方案出现错误、疏忽而导致设计的修改，必须由承包商

负责；

③ 在现代工程中，承包商承担的设计工作逐渐多起来，承包商提出的设计必须经过工程师（或业主）的批准。对不符合业主在招标文件中提出的工程要求的设计，工程师有权不认可。这种不认可不属于索赔事件。

（2）施工方案变更。施工方案变更的责任分析有时比较复杂。

在投标文件中，承包商就在施工组织设计中提出比较完备的施工方案，但施工组织设计不作为合同文件的一部分。对此有如下问题应注意。

① 施工方案虽不是合同文件，但它也有约束力。业主向承包商授标前，可要求承包商对施工方案作出说明或修改方案，以符合业主的要求。

② 施工合同规定，承包商应对所有现场作业和施工方法的完备、安全、稳定负全部责任。这一责任表示在通常情况下由于承包商自身原因（如失误或风险）修改施工方案所造成的损失由承包商负责。

③ 在施工方案变更作为承包商责任的同时，又隐含着承包商对决定和修改施工方案具有相应的权利，即业主不能随便干预承包商的施工方案；为了更好地完成合同目标（如缩短工期）或在不影响合同目标的前提下，承包商有权采用更为科学和经济合理的施工方案，业主也不得随便干预。当然，承包商应承担重新选择施工方案的风险和机会收益。

④ 在工程中，承包商采用或修改实施方案都要经过工程师的批准或同意。如果工程师无正当理由不同意可能会导致一个变更指令。这里的正当理由包括工程师有证据证明或认为使用这种方案承包商不能圆满完成合同责任，如不能保证工程质量、工期等；承包商要求变更方案（如变更施工次序、缩短工期），而业主无法完成合同规定的配合责任，如无法按此方案及时提供图纸、场地、资金、设备，则工程师有权要求承包商执行原定方案。

重大的设计变更常常会导致施工方案的变更。如果设计变更由业主承担责任，则相应的施工方案的变更也由业主负责；反之，则由承包商负责。

对不利的异常的地质条件所引起的施工方案的变更，一般作为业主的责任。一方面，这是一个有经验的承包商无法预料现场气候条件除外的障碍或条件；另一方面，业主负责地质勘察和提供地质报告，则他应对报告的正确性和完备性承担责任。

施工进度的变更。施工进度的变更十分频繁：在招标文件中，业主给出工程的总工期目标；承包商在投标文件中有一个总进度计划；中标后承包商还要提出详细的进度计划，由工程师批准（或同意）；在工程开工后，每月都可能有进度调整。通常只要工程师（或业主）批准（或同意）承包商的进度计划（或调整后的进度计划），则新的进度计划就有约束力。如果业主不能按照新进度计划完成按合同应由业主完成的责任，如及时提供图纸、施工场地、水电等，则属业主违约，应承担责任。

2）工程变更价款的确定

按照国际土木工程合同管理的惯例（如 FIDIC 第 12、13 条约定），一般合同工程变更估价的原则如下。

（1）对于所有按工程师指示的工程变更，若属于原合同中工程量清单上增加或减少的工作项目的费用及单价，一般应根据合同中工程量清单所列的单价或价格而定，或参考工程量清单所列的单价或价格来定。

（2）如果合同中的工程量清单中没有包括此项变更工作的单价或价格，则应在合同的范围内使用合同中的费率或价格作为估价的基础。若做不到这一点，适合的价格要由工程师与业主和承包商三方共同协商解决而定。如协商不成，则应由工程师在其认为合理和恰当的前提下，决定此项变更工程的费率或价格，并通知业主和承包商。如业主和承包商仍不能接受，工程师可再行确定单价或价格，直到达成一致协议。如估价达不成最终的一致协议，在费率或价格未经同意或决定之前，工程师应确定暂时的费率或价格，以便有可能作为暂付款包括在按 FIDIC 合同条件第 13 条签发的支付证书中。承包商一般同工程师协商，合理地要求到自己争取的单价或价格，或提出索赔。

（3）当工程师需作决定的单项造价及费率，相对于整个工程或分项工程中工程性质和数量有较大变更，用工程量清单中的价格已不合理或不合适时。例如在概算工程量清单内已有 200 个同样的分部细目，而工程师又命令多做 10 个同样的分部细目，这毫无疑问可以用工程量清单内的价格；若倒过来讲，原工程量清单中只有 10 个同样的细目，这时多做 200 个同样的分部细目显然是对承包商有利的，可以用同样的施工机具、模板、支架等手段来施工时，引用原来的单价显然不合理，需要把单价调低一些。

我国施工合同示范文本所确定的工程变更估价原则如下。

① 合同中已有适用于变更工程的价格，按合同已有的价格变更合同价款。

② 合同中只有类似于变更工程的价格，可以参照类似价格变更合同价款。

③ 合同中没有适用或类似于变更工程的价格，由承包人提出适当的变更价格，经工程师确认后执行。

建设部 1999 年颁发的《建设工程施工发包与承包价格管理暂行规定》第 17 条规定变更价款的估价原则如下。

① 中标价或审定的施工图预算中已有与变更工程相同的单价，应按已有的单价计算。

② 中标价或审定的施工图预算中没有与变更工程相同的单价时，应按定额相类似项目确定变更价格。

③ 中标价或审定的施工图预算或定额分项没有适用和类似的单价时，应由乙方编制一次性补充定额单价送甲方代表审定，并报当地工程造价管理机构备案。乙方提出和甲方确认变更价款的时间按合同条款约定，如双方对变更价款不能达成一致协议，则按合同条款约定的办法处理。

4. 工程变更的管理

1）注意对工程变更条款的合同分析

对工程变更条款的合同分析应特别注意，工程变更不能超过合同规定的工程范围，如果超过这个范围，承包商有权不执行变更或坚持先商定价格后再进行变更。业主和工程师的认可权必须限制。业主常常通过工程师对材料的认可权提高材料的质量标准、对设计的认可权提高设计质量标准、对施工工艺的认可权提高施工质量标准。如果合同条文规定比较含糊或设计不详细，则容易产生争执。但是，如果这种认可权超过合同明确规定的范围和标准，承包商应争取业主或工程师的书面确认，进而提出工期和费用索赔。此外，与业主、总（分）包商之间的任何书面信件、报告、指令等都应由合同管理人员进行技术和法律方面的审查，这样才能保证任何变更都在控制中，不会出现合同问题。

2）促成工程师提前作出工程变更

在实际工作中，变更决策时间过长和变更程序太慢会造成很大的损失。常有两种现象：

一种现象是施工停止，承包商等待变更指令或变更会谈决议；另一种现象是变更指令不能迅速作出，而现场继续施工，造成更大的返工损失。这就要求变更程序尽量快捷，故即使仅从自身出发，承包商也应尽早发现可能导致工程变更的种种迹象，尽可能促使工程师提前作出工程变更。施工中如发现图纸错误或其他问题需要进行变更，首先应通知工程师，经工程师同意或通过变更程序后再进行变更；否则，承包商可能不仅得不到应有的补偿，而且还会带来麻烦。

3) 对工程师发出的工程变更应进行识别

特别是在国际工程中，工程变更不能免去承包商的合同责任。对已收到的变更指令，特别是对重大的变更指令或在图纸上作出的修改意见，应予以核实。对超出工程师权限范围的变更，应要求工程师出具业主的书面批准文件。对涉及双方责、权、利关系的重大变更，必须有业主的书面指令、认可或双方签署的变更协议。

4) 迅速、全面地落实变更指令

变更指令作出后，承包商应迅速、全面、系统地落实变更指令。承包商应全面修改相关的各种文件，如有关图纸、规范、施工计划、采购计划等，使它们一直反映和包容最新的变更。承包商应在相关的各工程小组和分包商的工作中落实变更指令，提出相应的措施，对新出现的问题作解释和制定对策，并协调好各方面的工作。合同变更指令应立即在工程实施中贯彻并体现出来。在实际工程中，这方面的问题常常很多。由于合同变更与合同签订不同，没有一个合理的计划期，变更时间紧，难以详细地计划和分析，使责任落实不全面，容易造成计划、安排、协调方面的漏洞，引起混乱，导致损失。而这个损失往往被认为是由承包商管理失误造成的，难以得到补偿。因此，承包商应特别注意工程变更的实施。

5) 分析工程变更的影响

合同变更是索赔机会，应在合同规定的索赔有效期内完成对它的索赔处理。在合同变更过程中就应记录、收集、整理所涉及的各种文件，如图纸、各种计划、技术说明、规范和业主或工程师的变更指令，以作为进一步分析的依据和索赔的证据。

在实际工作中，最好事先能就价款及工程的谈判达成一致后再进行合同变更。在商讨变更、签订变更协议的过程中，承包商最好提出变更补偿问题，在变更执行前就应明确补偿范围、补偿方法、索赔值的计算方法、补偿款的支付时间等。但现实中，工程变更的实施、价格谈判和业主批准三者之间存在时间上的矛盾，往往是工程师先发出变更指令要求承包商执行，但价格谈判及工期谈判迟迟达不成协议，或业主对承包商的补偿要求不批准，此时承包商应采取适当的措施来保护自身的利益。对此可采取如下措施。

(1) 控制（即拖延）施工进度，等待变更谈判结果，这样不仅损失较小，而且谈判回旋余地较大。

(2) 争取以点工或按承包商的实际费用支出计算费用补偿，如采取成本加酬金方法，这样可以避免价格谈判中的争执。

(3) 应有完整的变更实施记录和照片，请业主、工程师签字，为索赔做准备。在工程变更中，应特别注意由变更引起返工、停工、窝工、修改计划等所造成的损失，注意这方面证据的收集。在变更谈判中应对此进行商谈，保留索赔权。在实际工程中，人们常常会忽视这些损失证据的收集，在最后提出索赔报告时往往因举证和验证困难而被对方否决。

8.3.5　工程项目合同信息管理

1. 合同信息管理的特点

在工程实施过程中，合同管理主要是对工程承包合同的签订、履行、变更和解除进行监督检查，对合同双方争议进行调解和处理，以保证合同的依法签订和全面履行。合同管理人员首先应对合同各类条款进行仔细认真的分析研究，建立合同网络，在工程实施过程中根据合同进行监督检查，并通过各种反馈信息及时准确地处理工程实际问题。这就要求合同管理人员加强信息管理，对合同管理过程中输出的各种信息进行收集、整理、处理、存储、传递和应用，以便及时、高效地发出各项正确指令。

为了提高合同管理的水平，全面、准确、及时地获取工程信息十分重要，这就需要设计一个以合同为核心的信息流结构，包括建立合同目录、编码和档案，建立完整的合同信息管理制度以及包括会议制度在内的科学高效的合同管理信息系统。

所谓信息管理是指对信息的收集、加工整理、储存、传递与应用等一系列工作的总称。信息管理的目的就是通过有组织的信息流通，使决策者能够及时准确地获取相应的信息。建筑工程合同信息管理既有一般信息管理的特点，也有其特有的特点。

时效性。在工程实施过程中，有大量的信息都是实时信息，而这些信息往往又与工程项目的总体目标是否能够实现休戚相关。如果不能及时得到这些瞬息万变的信息，并将这些信息迅速传递到相关的单位、部门，势必对工程的实施产生重大影响，从而可能会导致项目总体目标不能按时、按质、按量实现。如工程师不能在规定的期限内作出指令就有可能导致工程停工，承包商的索赔不能及时解决可能会影响工程的实施。所以，及时准确地获取工程信息十分必要。

综合性。在工程实施过程中，合同信息往往通过质量、进度和投资方面反映出来。合同既是业主与承包商连接的纽带，也是工程师实施监理的主要依据。但是，工程承包合同的主要条款则是关于双方当事人在质量、进度和投资等方面的权利义务约定。同时，要加强合同管理，也需要通过对大量其他各方面的信息进行分析处理来实现。

复杂性。由于工程项目是一个复杂开放的系统，在所有的信息中既有项目内部信息，如合同的结构、合同管理制度，又有大量外部信息，如国家政策、法律法规等等；既有固定信息，又有流动信息；既有现时信息，又有历史信息；既有生产信息，又有技术信息、经济信息。这就给信息管理带来了较大的难度。

2. 合同管理信息系统

1）合同管理信息系统的主要功能

（1）数据资料的收集。在工程实施过程中，每天都要产生大量的信息，如各种指令、信件、索赔报告等，必须确定收集什么样的信息，确定信息的结构，收集的方式及手续，考察信息的真伪并具体落实到责任人。通常由合同工程师负责，秘书、文档管理员等承担此任务。

（2）数据资料的存储。原始数据资料不仅供目前使用，还有许多必须要保存。按照不同的使用和储存要求，数据资料储存于一定的信息载体上，要做到既安全可靠又使用方便。

（3）信息的加工。即将原始数据资料经过信息加工处理，转变为可供决策使用的信息。

（4）信息的传送、调用和输出。即将经过处理的信息流通到需要的地方，以便各决策者作出客观正确的决策。

2）合同文档管理

文档管理是指对作为信息载体的资料进行有序的收集、加工、分解、编目、存档并为需要者提供专用和常用的信息的过程。文档系统是管理信息系统的基础，是管理信息系统有效运行的前提条件。合同管理文档系统的内容包括合同文本及附件，合同分析资料，指令，信件，会议纪要，各种原始工程文件，索赔文件，各种技术、经济、财务方面的资料等。

3. 合同管理信息系统设计

1）合同管理信息系统分析

要设计开发合同管理信息系统，首先必须对现行合同管理信息系统进行系统分析。其内容如下。

（1）合同管理与工程项目其他管理职能的关系。工程项目管理包括进度管理、质量管理、成本管理、技术管理、资源管理、合同管理等，而合同管理几乎涉及项目管理的其他各个领域，与其他职能管理部门、索引文档业主及承包商之间都有着密切的联系。合同管理成功与否，不仅在于合同管理人员，还依赖于其他人员的配合及管理工作的成效。合同管理信息系统开发成功与否，同样存在着其他职能管理部门的配合问题。而且，合同管理信息系统作为工程项目管理信息系统的一个子系统，它的应用深度，也受其他职能管理水平的影响。所以，应与其他系统同时开发，以提高工程项目管理水平。

（2）合同管理组织模式及合同管理工作程序。通过上述合同管理与其他管理职能的关系分析，再结合本工程管理组织机构形式，以确定项目的合同管理模式。

由于合同管理的涉及面较广，与其他管理职能部门联系较为密切，因此，可建立在项目经理的统一领导之下，专职合同管理工程师直接负责，各专业负责人积极配合，全员参加的组织管理模式。

2）合同管理信息系统设计

（1）系统总体数据结构模型设计。即从合同管理对数据的基本要求出发，对系统中有关数据进行分析与综合，包括对数据及其结构进行分类、分组、一般化和聚合处理等，从而构造出系统总体数据结构模型。系统总体数据结构模型设计包括编码结构设计和系统总体数据结构模型设计。

编码结构设计。为了对大量数据进行统一有效的处理，充分发挥计算机的优势，提高系统工作效率，必须有适当的编码体系。

系统总体数据结构模型设计。在对系统进行较为详细的数据调查分析的基础上，采用扩展实体关系模型描述出系统总体数据结构模型。

（2）系统主要数据库设计。合同管理数据库主要可划分为合同管理、进度管理、质量管理、成本管理和文档管理几大部分，根据实际需要，再进行细分并确定各数据库名称。

（3）系统功能子系统划分。在系统功能开发时采用结构化设计方法，首先将整个系统从上到下划分为若干个功能子系统，每个子系统再划分为若干个功能模块，自上而下逐步设计，再自下而上层层实现。在系统总体数据结构模型的基础上，可将合同管理信息系统划分为合同结构模式选用、合同日常管理、合同文档管理、索赔管理、合同管理知识导读和系统维护子系统。

（4）系统各功能子系统及功能模块设计。在合同管理信息系统功能子系统划分确定之后，要将各功能子系统进一步划分为若干个功能模块。如索赔管理功能子系统又可划分为索赔事件跟踪管理、索赔报告审核、索赔事项管理、索赔值计算等功能模块；系统维护子系统可分为系统简介、操作说明、编码、文件管理、打印管理等功能模块等等。

（5）校验设计、密码设计及数据维护设计。

4. 合同管理信息系统的实施

系统实施是在系统设计基础上具体实现系统。主要工作有：

- 计算机程序设计；
- 系统的调试、运行与维护；
- 对专业人员进行使用前的培训。

总之，合同管理信息系统必须能够满足工程合同管理的实际需要，将所得到的信息进行分析筛选，排除无用甚至是干扰的信息，及时向合同管理人员提供一切所需要的信息，保证他们能够迅速、准确地处理各种合同问题，以提高其项目管理的能力与水平。

📖 本章小结

风险就是指危险发生的意外性和不确定性，以及这种危险导致的损失发生与否及损失程度大小的不确定性。

风险管理是人们对潜在的意外损失进行辨识、评估、预防和控制的过程，是用最低的费用把项目中可能发生的各种风险控制在最低限度的一种管理体系。

风险识别的方法有许多，只要能从工程项目建设环境中找出影响项目目标的风险的就是好方法，但在实践中用得较多的是头脑风暴法、德尔菲法、因果分析法和情景分析法。

合同分析是指从执行的角度分析、补充、解释合同，将合同目标和合同规定落实到合同实施的具体问题上和具体事件上，用以指导具体工作，使合同能符合日常工程管理的需要。

合同工作分析是在合同总体分析和进行合同结构分解的基础上，依据合同协议书、合同条件、规范、图纸、工作量表等，确定各项目管理人员及各工程小组的合同工作，以及划分各责任人的合同责任。

工程变更一般是指在工程施工过程中，根据合同的约定对施工的程序、工程的数量、质量要求及标准等作出的变更。工程变更是一种特殊的合同变更。

本章的重点是风险管理，风险识别的方法，工程变更相关内容。

本章的难点是工程变更相关内容。

🐞 思考题

1. 什么是风险？风险的特点有哪些？
2. 风险如何分类？
3. 风险管理的任务有哪些？
4. 风险识别的方法有哪些？
5. 常用的风险处置措施主要有哪些？
6. 如何对工程合同的效力进行审查？
7. 工程合同审查的重点是什么？应重点审查哪些方面的内容？

8. 工程合同审查的程序有哪些？

9. 工程合同谈判需要做哪些准备工作？

10. 结合实际工程，试述工程合同谈判的技巧和策略。

11. 工程合同谈判时应注意哪些问题？

12. 试述施工合同履行的基本原则。

13. 简述合同分析的作用。

14. 如何进行施工合同的结构分解？

15. 简述工程合同歧义解释原则。

16. 如何做好合同交底工作？

17. 试述合同控制程序和方法。

18. 合同控制的日常工作有哪些？

19. 什么是工程变更？工程变更包括哪些范围？工程变更包括哪些程序？

20. 如何加强工程变更管理？

21. 如何进行工程合同信息管理系统设计？

第9章　建设工程索赔管理与实务

本章导读

本章主要介绍索赔的基本概念、工程索赔的作用、索赔的处理与解决、工期索赔、费用索赔、索赔管理等相关内容。9.1节介绍建设工程索赔管理的概述，9.2节介绍索赔的处理与解决，9.3节介绍工期索赔，9.4节介绍费用索赔，9.5节介绍索赔管理。

建设工程，尤其是规模大、工期长、结构复杂的工程的施工，由于受到水文气象、地质条件变化的影响，以及规划变更和其他一些人为因素的干扰，超出合同约定的条件及相关事项的事情可谓层出不穷，当事人尤其是承包方往往会遭受意料之外的损失，这时，从合同公平原则及诚实信用原则出发，法律应该对当事人提供保护，允许当事人通过索赔对合同约定的条件进行公正、适当的调整，以弥补其不应承担的损失。建设工程合同索赔一般都为工期索赔及经济索赔。在国际工程承包中，工程合同索赔是十分正常的现象，一般情况下，工程索赔额往往占到工程总造价的7%左右。在我国，《合同法》、《建筑法》中都对工程索赔作出了相应规定，各种合同示范文本中也有相应的索赔条款。

9.1　建设工程索赔管理的概述

9.1.1　索赔的基本概念

工程索赔在国际建筑市场上是合同当事人保护自身正当权益、弥补工程损失、提高经济效益的重要和有效的手段。许多国际工程项目，承包商通过成功的索赔能使工程收入的增加达到工程造价的5%~10%，甚至有些工程的索赔额超过了合同额本身。"中标靠低标，盈利靠索赔"便是许多国际承包商的经验总结。索赔管理以其本身花费较小、经济效果明显而受到承包商的高度重视。在我国，由于对工程索赔的认识尚不够全面、正确，在有些地区、部门或行业，还不同程度地存在着业主忌讳索赔、不准索赔，承包商索赔意识不强、不敢索赔、不会索赔，而监理工程师不懂如何正确处理索赔等现象。因此，应当加强对索赔理论和方法的研究，在工程实践中健康地开展工程索赔工作。

1. 索赔的含义

索赔（Claim）一词具有较为广泛的含义，其一般含义是指对某事、某物权利的一种主张、要求、坚持等。

工程索赔通常是指在工程合同履行过程中，合同当事人一方因非自身责任或对方不履行或未能正确履行合同而受到经济损失或权利损害时，通过一定的合法程序向对方提出经济或时间补偿的要求。

2. 索赔的特征

索赔是一种正当的权利要求，它是发包人、工程师和承包人之间一项正常的、大量发生而且普遍存在的合同管理业务，是一种以法律和合同为依据的、合情合理的行为。索赔具有如下特征。

（1）索赔是双向的，不仅承包人可以向发包人索赔，发包人同样也可以向承包人索赔。

由于实践中发包人向承包人索赔发生的频率相对较低，而且在索赔处理中，发包人始终处于主动和有利的地位，他可以直接从应付工程款中扣抵或没收履约保函、扣留保留金甚至留置承包商的材料设备作为抵押等来实现自己的索赔要求，不存在"索"。因此在工程实践中，大量发生的、处理比较困难的是承包人向发包人的索赔，也是索赔管理的主要对象和重点内容。承包人的索赔范围非常广泛，一般认为只要因非承包人自身责任造成工程工期延长或成本增加，都有可能向发包人提出索赔。

（2）只有实际发生了经济损失或权利损害，一方才能向对方索赔。

经济损失是指发生了合同外的额外支出，如人工费、材料费、机械费、管理费等额外开支；权利损害是指虽然没有经济上的损失，但造成了一方权利上的损害，如由于恶劣气候条件对工程进度的不利影响，承包人有权要求工期延长等。因此发生了实际的经济损失或权利损害，应是一方提出索赔的一个基本前提条件。

（3）索赔是一种未经对方确认的单方行为，它与工程签证不同。

在施工过程中签证是承发包双方就额外费用补偿或工期延长等达成一致的书面证明材料和补充协议，它可以直接作为工程款结算或最终增减工程造价的依据，而索赔则是单方面行为，对对方尚未形成约束力，这种索赔要求能否得到最终实现，必须要通过确认（如双方协商、谈判、调解或仲裁、诉讼）后才能实现。

归纳起来，索赔具有如下一些本质特征：

- 索赔是要求给予补偿（赔偿）的一种权利、主张；
- 索赔的依据是法律法规、合同文件及工程建设惯例，但主要是合同文件；
- 索赔是因非自身原因导致的，要求索赔一方没有过错；
- 与原合同相比较，已经发生了额外的经济损失或工期损害；
- 索赔必须有切实有效的证据；
- 索赔是单方行为，双方还没有达成协议。

实质上索赔的性质属于经济补偿行为，而不是惩罚。索赔是一种正当的权利或要求，是合情、合理、合法的行为，它是在正确履行合同的基础上争取合理的偿付，不是无中生有、无理争利。索赔同守约、合作并不矛盾、对立，只要是符合有关规定的、合法的或者符合有关惯例的，就应该理直气壮地、主动地向对方索赔。大部分索赔都可以通过和解或调解等方式获得解决，只有在双方坚持己见而无法达成一致时才会提交仲裁或诉诸法院求得解决，即使诉诸法律程序，也应当被看成是遵法守约的正当行为。索赔的关键在于"索"，你不"索"，对方就没有任何义务主动地来"赔"，同样"索"得乏力、无力，即索赔依据不充分、证据不足、方式方法不当，也是很难成功的。国际工程的实践经验告诉我们，一个不敢、不会索赔的承包人最终是要亏损的。

3. 索赔与违约责任的区别

（1）索赔事件的发生，不一定在合同文件中有约定；而工程合同的违约责任，则必然是合同所约定的。

（2）索赔事件的发生，既可以是一定行为造成的（包括作为和不作为），也可以是不可抗力事件所引起的；而追究违约责任，必须要有合同不能履行或不能完全履行的违约事实的存在，发生不可抗力可以免除追究当事人的违约责任。

（3）索赔事件的发生，可以是合同当事人一方引起，也可以是任何第三人行为引起；而违反合同则是由于当事人一方或双方的过错造成的。

（4）一定要有造成损失的结果才能提出索赔，因此索赔具有补偿性；而合同违约不一定要造成损失结果，因为违约（如违约金）具有惩罚性。

（5）索赔的损失结果与被索赔人的行为不一定存在法律上的因果关系，如因业主（发包人）指定分包人原因造成承包人损失的，承包人可以向业主索赔等；而违反合同的行为与违约事实之间存在因果关系。

9.1.2　索赔的分类

1. 按索赔有关当事人分类

（1）承包人与发包人间的索赔。这类索赔大多是有关工程量计算、变更、工期、质量和价格方面的争议，也有中断或终止合同等其他违约行为的索赔。

（2）总承包人与分包人间的索赔。其内容与第（1）项大致相似，但大多数是分包人向总承包人索要付款或赔偿及总承包人向分包人罚款或扣留支付款等。

以上两种涉及工程项目建设过程中施工条件或施工技术、施工范围等变化引起的索赔，一般发生频率高，索赔费用大，有时也称为施工索赔。

（3）发包人或承包人与供货人、运输人间的索赔。其内容多系商贸方面的争议，如货品质量不符合技术要求、数量短缺、交货拖延、运输损坏等。

（4）发包人或承包人与保险人间的索赔。此类索赔多系被保险人受到灾害、事故或其他损害或损失，按保险单向其投保的保险人索赔。

以上两种在工程项目实施过程中的物资采购、运输、保管、工程保险等方面活动引起的索赔事项，又称商务索赔。

2. 按索赔的依据分类

（1）合同内索赔。合同内索赔是指索赔所涉及的内容可以在合同文件中找到依据，并可根据合同规定明确划分责任。一般情况下，合同内索赔的处理和解决要顺利一些。

（2）合同外索赔。合同外索赔是指索赔所涉及的内容和权利难以在合同文件中找到依据，但可从合同条文引申含义和合同适用法律或政府颁发的有关法规中找到索赔的依据。

（3）道义索赔。道义索赔是指承包人在合同内或合同外都找不到可以索赔的依据，因而没有提出索赔的条件和理由，但承包人认为自己有要求补偿的道义基础，而对其遭受的损失提出具有优惠性质的补偿要求，即道义索赔。道义索赔的主动权在发包人手中，发包人一般在下面4种情况下，可能会同意并接受这种索赔：

- 若另找其他承包人，费用会更大；
- 为了树立自己的形象；
- 出于对承包人的同情和信任；
- 谋求与承包人更理解或更长久的合作。

3. 按索赔目的分类

（1）工期索赔。即由于非承包人自身原因造成拖期的，承包人要求发包人延长工期，推迟原规定的竣工日期，避免违约误期罚款等。

（2）费用索赔。即要求发包人补偿费用损失，调整合同价格，弥补经济损失。

4. 按索赔事件的性质分类

（1）工程延期索赔。因发包人未按合同要求提供施工条件，如未及时交付设计图纸、施工现场、道路等，或因发包人指令工程暂停或不可抗力事件等原因造成工期拖延的，承包人对此提出索赔。

（2）工程变更索赔。由于发包人或工程师指令增加或减少工程量或增加附加工程、修改设计、变更施工顺序等，造成工期延长和费用增加，承包人对此提出索赔。

（3）工程终止索赔。由于发包人违约或发生了不可抗力事件等造成工程非正常终止，承包人因蒙受经济损失而提出索赔。

（4）工程加速索赔。由于发包人或工程师指令承包人加快施工速度，缩短工期，引起承包商人、财、物的额外开支而提出的索赔。

（5）意外风险和不可预见因素索赔。在工程实施过程中，因人力不可抗拒的自然灾害、特殊风险以及一个有经验的承包人通常不能合理预见的不利施工条件或客观障碍，如地下水、地质断层、溶洞、地下障碍物等引起的索赔。

（6）其他索赔。如因货币贬值、汇率变化、物价、工资上涨、政策法令变化等原因引起的索赔。

5. 按索赔处理方式分类

（1）单项索赔。单项索赔就是采取一事一索赔的方式，即在每一件索赔事项发生后，报送索赔通知书，编报索赔报告，要求单项解决支付，不与其他的索赔事项混在一起。单项索赔是针对某一干扰事件提出的，在影响原合同正常运行的干扰事件发生时或发生后，由合同管理人员立即处理，并在合同规定的索赔有效期内向发包人或工程师提交索赔要求和报告。

（2）综合索赔。综合索赔又称一揽子索赔，即对整个工程（或某项工程）中所发生的数起索赔事项，综合在一起进行索赔。一般在工程竣工前和工程移交前，承包人将工程实施过程中因各种原因未能及时解决的单项索赔集中起来进行综合考虑，提出一份综合索赔报告，由合同双方在工程交付前后进行最终谈判，以一揽子方案解决索赔问题。

9.1.3　索赔的原因与依据

1. 建设工程索赔的原因

在建设工程合同实施过程中，可以提起索赔的原因是很多的，主要的有以下几种。

（1）合同风险分担不均。建设工程合同的风险，理应由双方共同承担，但受"买方市场"规律的制约，合同的风险主要落在承包方一方。作为补偿，法律允许他通过索赔来减少风险，有经验的承包商在签订建设工程合同中事先就会设定自己索赔的权利，一旦条件成熟，就可依据合同约定提起索赔。

（2）施工条件变化。建设工程施工是现场露天作业，现场条件的变化对工程施工影响很大。对于工程地质条件，如地下水、地质断层、熔岩孔洞、地下文物遗址等，业主提供的勘察资料往往是不完全准确的，预料之外的情况经常发生。不利的自然条件及一些人为的障碍导致设计变更、工期延长和工程成本大幅度增加时，即可提起索赔。

（3）工程师指令。工程师指令通常表现为工程师指令承包商加速施工、进行某项工作、更换某些材料、采取某种措施或停工等。工程师是受业主委托来进行工程建设监理的，其作用是监督所有工作按合同规定进行，督促承包商和业主完全合理地履行合同、保证合同顺利实施。为了保证合同工程达到既定目标，工程师可以发布各种必要的现场指令。相应的，因这种指令（包括错误指令）而造成的成本增加和（或）工期延误，承包商当然有权进行索赔。

（4）工程变更。建设工程施工过程中，业主或监理工程师为确保工程质量及进度，或由于其他原因，往往会发出更换建筑材料、增加新的工作、加快施工进度或暂停施工等相关指令，造成工程不能按原定设计及计划进行，并使工期延长，费用增加，此时，承包方即可提出索赔要求。

（5）工期拖延。工程施工中，由于天气、水文或地基等原因的影响，使施工无法正常进行，从而导致工期延误、费用增加时，即可提起索赔。

（6）业主违约。当业主未按合同约定提供施工条件及未按时支付工程款，监理工程师未按规定时间提交施工图纸、指令及批复意见等违约行为发生时，承包方即可提起索赔。

（7）合同缺陷。由于合同约定不清，或合同文件中出现错误、矛盾、遗漏的情况时，承包方应按业主或监理工程师的解释执行，但可对因此而增加的费用及工期提出索赔。

（8）其他承包商干扰。其他承包商干扰通常是指其他承包商未能按时、按序进行并完成某项工作，各承包商之间配合协调不好等而给本承包商的工作带来的干扰。大中型土木工程，往往会有若干承包商在现场施工。由于各承包商之间没有合同关系，工程师作为业主委托人，有责任组织协调好各个承包商之间的工作。否则，将会给整个工程和各承包商的工作带来严重影响，引起承包商索赔。比如，某承包商不能按期完成其工作，其他承包商的相应工作也会因此延误。在这种情况下，被迫延迟的承包商就有权向业主提出索赔。在其他方面，如场地使用、现场交通等等，各承包商之间也都有可能发生相互干扰的问题。

（9）国家法令的变更。国家有关法律、政策的变更是当事人无法预见和左右、但又必须执行的。当有关法律和政策的变更如法定休息日增加、进口限制、税率提高等造成承包方损失时，承包方都可提出索赔并理应得到赔偿。

（10）其他第三方面原因。其他第三方面的原因通常表现为因与工程有关的其他第三方的问题而引起的对本工程的不利影响。比如，业主在规定时间内按规定方式向银行寄出了要求向承包商支付款项的付款申请，但由于邮递延误，银行迟迟没有收到该付款申请，因而导致承包商没有在合同规定的期限内收到工程款。在这种情况下，由于最终表现出来的结果是承包商没有在规定的时间内收到款项，所以承包商往往会向业主索赔。对于第三方原因造成的索赔，业主给予补偿之后，应根据其与第三方签订的合同或有关法律规定再向第三方追偿。

（11）其他。其他如不可抗力的发生、因业主原因造成的暂停施工或终止合同等，都可成为索赔的起因。

2. 建设工程索赔的依据

在索赔原因发生时，当事人一方应该有充分的依据，才能通过索赔的方式取得赔偿。在实践中，无论是索赔，还是反索赔，基本上都是围绕着索赔事实是否存在、索赔原因是否成立这一前提进行的。索赔的依据包括如下几个方面。

（1）构成合同的原始文件。构成合同的文件一般包括合同协议书、中标函、投标书、合同条件（专用部分）、合同条件（通用部分）、规范、图纸以及标价的工程量表等。

合同的原始文件是承包商投标报价的基础，承包商在投标书中对合同涉及费用的内容均进行了详细的计算分析，是施工索赔的主要依据。

承包商提出施工索赔时，必须明确说明所依据的具体合同条款。

（2）工程师的指示。工程师在施工过程中会根据具体情况随时发布一些书面或口头指示，承包商必须执行工程师的指示，同时也有权获得执行该指示而发生的额外费用。但应注意，在合同规定的时间内，承包商必须要求工程师以书面形式确认其口头指示。否则，将视为承包商自动放弃索赔权利。工程师的书面指示是索赔的有力证据。

（3）施工现场记录。施工现场记录包括施工日志、施工质量检查验收记录、施工设备记录、现场人员记录、进料记录、施工进度记录等。施工质量检查验收记录要有工程师或工程师授权的相应人员签字。

（4）会议记录。从商签施工合同开始，各方会定期或不定期地召开会议，商讨解决合同实施中的有关问题，工程师在每次会议后，应向各方送发会议纪要。会议纪要的内容涉及很多敏感性问题，各方均需核签。

（5）现场气候记录。在施工过程中，如果遇到恶劣的气候条件，除提供施工现场的气候记录外，承包商还应向业主提供政府气象部门对恶劣气候的证明文件。

（6）工程财务记录。在施工索赔中，承包商的财务记录非常重要，尤其是索赔按实际发生的费用计算时，更是如此。因此，承包商应记录工程进度款支付情况，各种进料单据，各种工程开支收据等。

（7）往来函件。合同实施期间，参与项目各方会有大量往来函件，涉及的内容多、范围广。但最多的还是工程技术问题，这些函件是承包商与业主进行费用结算和向业主提出索赔所依据的基础资料。

（8）市场信息资料。市场信息资料主要收集国际、国内工程市场劳务、施工材料的价格变化资料和外汇汇率变化资料等。

（9）政策法令文件。工程项目所在国或承包商国家的政策法令变化，可能给承包商带来益处，也可能带来损失。应收集这方面的资料，作为索赔的依据。

一般来说，与工程项目建设有关的公司法、海关法、税法、劳动法、环境保护法等法律及建设法规都会直接影响工程承包活动。当任何一方违背这些法律或法规时，或在某一规定日期之后发生的法律或法规变更，均可引起索赔。

9.1.4　工程索赔的作用

随着世界经济全球化和一体化进程的加快及中国加入 WTO 以后，中国引进外资和涉外工程要求按照国际惯例进行工程索赔管理，中国建筑业走向国际建筑市场同样要求按国际惯例进行工程索赔管理。工程索赔的健康开展，对于培育和发展建筑市场，促进建筑业的发展，提高工程建设的效益，将发挥非常重要的作用。工程索赔的作用主要表现在以下方面。

1. 索赔可以保证合同的正确实施

索赔的权利是施工合同法律效力的具体体现，如果没有索赔的权利和有关索赔的法律规定，则施工合同的法律效力会大大减弱，并且难以对业主、承包商双方形成约束，合同的正确实施也难以得到保证。索赔能对违约者起警戒作用，使其能充分考虑到违约的后果，并可以尽力避免违约事件的发生。

2. 索赔是合同和法律赋予合同当事人的权利

索赔是合同和法律赋予正确履行合同者免受意外损失的权利，索赔是当事人保护自己、避免损失、增加利润、提高效益的一种重要手段。事实证明，不精通索赔业务往往要蒙受较大的损失，直至不能进行正常的生产经营，导致破产。

3. 索赔既是落实和调整合同当事人双方权利义务关系的有效手段，也是合同双方风险分担的又一次合理再分配

离开了索赔，合同当事人双方的权利义务关系便难以平衡。索赔促使工程造价更合理，索赔的正常开展，可以把原来打入工程报价中的一些不可预见费用，改为实际发生的损失支付，有助于降低工程报价，使工程造价更为实事求是。

4. 索赔对提高企业和工程项目管理水平起着重要的促进作用

索赔有利于促进双方加强内部管理，严格履行合同，有助于双方提高管理素质，加强合同管理，维护市场正常秩序。

5. 索赔有助于承发包双方更快地熟悉国际惯例

熟练掌握索赔和处理索赔的方法与技巧，有助于对外开放和对外工程承包的开展，有助于建筑企业提高国际竞争力。

9.1.5 索赔事件

索赔事件又称干扰事件，是指那些使实际情况与合同规定不符合，最终引起工期和费用变化的那类事件。不断地追踪、监督索赔事件就是不断地发现索赔机会。在工程实践中，承包人可以提出的索赔事件通常如下。

1. 常见的承包商提出的索赔事件

在施工合同履行过程中，承包商的索赔内容主要包括以下几个方面。

（1）业主没有按合同规定交付设计资料、设计图纸，致使工程延期。在施工合同履行过程中由于上述原因引起索赔的现象经常发生，例如业主延迟交付上述有关资料、图纸，提供的资料有误或合同规定应一次性交付时，业主分批交付等。

（2）业主没按合同规定的日期交付施工场地、行驶的道路，接通水电等，使承包商的施工人员和设备不能进场，工程不能按期开工而延误工期。

（3）不利的自然条件与客观障碍。不利的自然条件和客观障碍是指一般有经验的承包人无法合理预料到的不利的自然条件和客观障碍。"不利的自然条件"中不包括气候条件，而是指投标时经过现场调查及根据发包人所提供的资料都无法预料到的其他不利自然条件，如地下水、地质断层、溶洞、沉陷等。"客观障碍"是指经现场调查无法发现、发包人提供的资料中也未提到的地下（上）人工建筑物及其他客观存在的障碍物，如下水道、公共设施、坑、井、隧道、废弃的旧建筑物、其他水泥砖砌物以及埋在地下的树木等。由于不利的自然条件及客观障碍，常常导致涉及变更、工期延长或成本大幅度增加，承包人可以据此向业主提出索赔要求。

（4）业主或监理工程师发布指令改变原合同规定的施工顺序，打乱施工部署。

（5）工程变更。在合同履行过程中，业主或监理工程师指令增加、减少或删除部分工程，或指令提高工程质量标准、变更施工顺序、提高质量标准等，造成工期延长和费用增加，承包人可对此提出索赔。注意，由于工程变更减少了工作量，也要进行索赔。

（6）附加工程。在施工合同履行过程中，业主指令增加附加工程项目，要求承包商提供合同规定以外的服务项目。

（7）由于设计变更，设计错误，业主或监理工程师错误的指令造成工程修改、报废，返工，窝工等。设计错误、发包人或工程师错误的指令或提供错误的数据等造成工程修改、停工、返工、窝工，发包人或工程师变更原合同规定的施工顺序，打乱了工程施工计划等。由于发包人和工程师原因造成的临时停工或施工中断，特别是根据发包人和工程师不合理指令造成了工效的大幅度降低，从而导致费用支出增加，承包人可提出索赔。

（8）由于非承包商的原因，业主或监理工程师指令终止合同施工。由于发包人不正当地终止工程，承包人有权要求赔偿损失，其数额是承包人在被终止工程上的人工、材料、机械设备的全部支出，以及各项管理费用、保险费、贷款利息、保函费用的支出（减去已结算的工程款），并有权要求赔偿其盈利损失。

（9）由于业主或监理工程师的特殊要求，例如指令承包商进行合同规定以外的检查，试验，造成工程损坏或费用增加，而最终承包商的工程质量符合合同要求的。

（10）业主拖延合同责任范围内的工作，造成工程停工。比如，业主拖延图纸的批准，拖延隐蔽工程验收，拖延对承包商所提问题的答复，造成工程停工。

（11）业主未按合同规定的时间和数量支付工程款。一般合同中都有支付预付款和工程款的时间限制及延期付款计息的利率要求；如果发包人不按时支付，承包人可据此规定向发包人索要拖欠的款项并索赔利息，督促发包人迅速偿付。对于严重拖欠工程款，导致承包人资金周转困难，影响工程进度，甚至引起终止合同的严重后果，承包人则必须严肃地提出索赔，甚至诉讼。

（12）合同缺陷。合同缺陷常常表现为合同文件规定不严谨甚至前后矛盾、合同规定过于笼统、合同中的遗漏或错误。这不仅包括商务条款中的缺陷，也包括技术规范和图纸中的缺陷。在这种情况下，一般工程师有权作出解释，但如果承包人执行工程师的解释后引起成本增加或工期延长，则承包人可以索赔，工程师应给予证明，发包人应给予补偿。一般情况下，发包人作为合同起草人，他要对合同中的缺陷负责，除非其中有非常明显的含糊或其他缺陷，根据法律可以推定承包人有义务在投标前发现并及时向发包人指出。

（13）物价大幅度上涨，造成材料价格，工人工资大幅度上涨。由于物价上涨的因素，带来了人工费、材料费、施工机械费的不断增长，导致工程成本大幅度上升，承包人的利润受到严重影响，也会引起承包人提出索赔要求。

（14）国家法令和计划修改，如提高工资税，提高海关税等。国家政策及法律法规变更，通常是指直接影响到工程造价的某些政策及法律法规的变更，比如限制进口、外汇管制或税收及其他收费标准的提高。就国际工程而言，合同通常都规定：如果在投标截止日期前的第

28 天以后，由于工程所在国家或地方的任何政策和法规、法令或其他法律、规章发生了变更，导致承包人成本增加，对承包人由此增加的开支，发包人应予以补偿；相反，如果导致费用减少，则也应由发包人收益。就国内工程而言，因国务院各有关部门、各级建设行政主管部门或其授权的工程造价管理部门公布的价格调整，比如定额、取费标准、税收、上缴的各种费用等，可以调整合同价款；如未予调整，承包人可以要求索赔。

（15）在保修期间，由于业主方使用不当或其他非承包商施工质量原因造成损坏，业主要求承包商予以修理。

（16）业主在验收前或交付使用前，使用已完或未完工程，造成工程损坏。

（17）不可抗力的发生，对承包商的工期和成本造成了影响。

（18）发包人（业主）应该承担的风险发生。由于业主承担的风险发生而导致承包人的费用损失增大时，承包人可据此提出索赔。许多合同规定，承包人不仅对由此而造成工程、业主或第三人的财产的破坏和损失及人身伤亡不承担责任，而且业主应保护和保障承包人不受上述特殊风险后果的损害，并免于承担由此而引起的与之有关的一切索赔、诉讼及其费用，而且承包人还可以得到由此损害引起的任何永久性工程及其材料的付款与合理的利润，以及一切修复费用、重建费用及上述特殊风险而导致的费用增加。如果由于特殊风险而导致合同终止，承包人除可以获得应付的一切工程款和损失费用外，还可以获得施工机械设备的撤离费用和人员遣返费用等。

案例 1 A 公司承建一栋大型办公楼。承包人计划将基础开挖的松土倒在需要填高修建停车场的地方，但由于开工的头 8 个月当地下了大雨，土质非常潮湿，实际上无法采用这种施工方法，承包人几次口头或书面要求发包人给予延长工期。如果延长工期，就可以等到土质干燥后再使用原计划的以挖补填的方法。但发包人坚持：在承包人提交来自"认可部门"的证明文件证明该气候确实是非常恶劣之前，不批准延期。为了按期完成工程，承包人只得将基础开挖的湿土运走，再运来干土填筑停车场。承包人因此而向发包人提出了额外成本索赔。在承包人第一次提出延期要求的 16 个月以后，发包人同意因大雨和湿土而延长工期，但拒绝承包人的上述额外成本补偿索赔，因为合同中并没有保证以挖补填法一定是可行的。承包人坚持认为自己按发包人的要求进行了加速施工，所以提交仲裁。

仲裁人考察了下列三个方面因素，同意承包人的意见。

（1）承包人遇到了可原谅延误。他没有从承包人所抱怨的天气情况是否已经构成有理的延期因素这一点本身来考虑，而是从发包人最终批准了延期，从而承认了气候条件特别恶劣这一点来推论。

（2）承包人已经及时提出了延长工期的要求。仲裁人认为承包人的口头要求及随后与发包人的会议已满足这一要求，何况之后又提交了书面材料。

（3）承包人在投标时已将自己的施工方案列入投标书中，而发包人没有提出异议，那么实际上已形成合同条件。现在遇到的情况实际上属于不可预料的情况，而承包人已及时通报发包人，因此引起的工期延长和额外费用的增加，发包人应给予赔偿。具体数额可按实际损失，双方协商解决。

案例 2 某独立大桥工程，在施工桥梁的水下地基基础时，承包商使用的钢筋混凝土沉井在挖基下沉时，遇到了原招标钻探资料中未显示的倾斜岩层，使沉井基础一边基脚已抵到岩层上，而另一边仍为粗砂岩土，且不停地抽水，也无法排干沉井的水和泥沙，使沉井严重倾斜，难以纠偏。经承包商上报业主和监理工程师，召集有关专家的专门咨询会议，确定了使用煤矿矿井中的冷冻技术，来对桥梁基础施行冷冻，封住地下水和泥沙，制止沉井继续偏斜，然后对先遇到岩石一侧进行炸挖，直至所有的沉井基角下至岩层为止。该不可预料的地质条件使该沉井工作延期了三个月才完成，且在工期的关键线路上，又因采用非常施工技术，使承包商的施工工程成本大增。因此，承包商提出了索赔要求。

案例 3　国外某路桥工程项目，先修桥，后修筑引道，桥梁工程完工后，测量时发现比预定路线标高低了 1 m。原因是工程师属下的工作人员给指定的一个临时水准点低了 1 m。但是，当时承包商并没有报临时水准点的正式资料经工程师批准，而经工程师书面提供的正式固定基准点都是对的。承包商对此事项提出索赔要求：将桥梁再修高 1 m 的改正费用由业主承担。

工程师批复为：在桥梁工地附近确定临时基准点，应是承包商自己的责任，不应该依赖工程师属下的测量员所给的临时水准点，FIDIC《施工合同条件》4.7 条规定"由工程师用书面形式提供的测量资料是正确的"。因此，承包商必须自费改正测量方面的错误，将桥梁标高提高，不允许索赔。

案例 4　某土木工程项目，施工开挖土方工作时，发现了汉俑等古代文物。监理工程师及时下令暂停工程，又专程派人及时赶到有关文物管理部门鉴定处理，以尽量减少工程延误，妥善保护国家文物。因为文物鉴定处理的期间，造成承包商、人员和机具设备的闲置等，带来了时间和经济上的损失，承包商提出了索赔，监理工程师和业主给予承包商合理的费用补偿和工期延长。

2. 发包人可以提出的索赔事件

根据我国《建设工程施工合同》规定，因承包人原因不能按照协议书约定的竣工日期或工程师同意顺延的工期竣工，或因承包人原因工程质量达不到协议书约定的质量标准，或承包人不履行合同义务或不按合同约定履行义务或发生错误给发包人造成损失时，发包人也应按合同约定的索赔时限要求，向承包人提出索赔。发包人可以提出的索赔事件通常有以下几种。

（1）由于承包商的原因造成的工期延期。在工程项目的施工过程中，由于承包人的原因，使竣工日期拖后，影响到发包人对该工程的使用，给发包人带来经济损失时，发包人有权对承包人进行索赔，即由承包人支付延期竣工违约金。建设工程施工合同中的误期违约金，通常是由发包人在招标文件中确定的。

（2）由于承包商的原因造成的施工质量低劣或使用功能不足。当承包人的施工质量不符合施工技术规程的要求，或在保修期未满以前未完成应该负责修补的工程时，发包人有权向承包人追究责任。如果承包人未在规定的时限内完成修补工作，发包人有权雇用他人来完成工作，发生的费用由承包人负担。

（3）由于承包商的原因给第三方造成了影响。

（4）属于承包商应该承担的风险发生。

（5）承包商未给指定分包商付款。在工程承包人未能提供已向指定分包商付款的合理证明时，发包人可以直接按照工程师的证明书，将承包人未付给指定分包商的所有款项（扣除保留金）付给该分包商，并从应付给承包人的任何款项中如数扣回。

（6）承包人不履行的保险费用。如果承包人未能按合同条款指定的项目投保，并保证保险有效，发包人可以投保并保证保险有效，发包人所支付的必要的保险费可在应付给承包人的款项中扣回。

（7）发包人合理终止合同或承包人不正当地放弃工程。如果发包人合理地终止承包人的承包，或者承包人不合理地放弃工程，则发包人有权从承包人手中收回由新的承包人完成工程所需的工程款与原合同未付部分的差额。

（8）其他。由于工伤事故给发包方人员和第三方人员造成的人身或财产损失的索赔，以及承包人运送建筑材料及施工机械设备时损坏了公路、桥梁或隧洞，交通管理部门提出的索赔等。上述这些事件能否作为索赔事件进行有效的索赔，还要看具体的工程和合同背景、合同条件，不可一概而论。

案例 5 某工程项目的工业厂房于 1998 年 3 月 15 日开工，1998 年 11 月 15 日竣工，验收合格后即投产使用。2001 年 2 月该厂房供热系统的供热管道部分出现漏水，业主进行了停产检修，经检查发现漏水的原因是原施工单位所用管材管壁太薄，与原设计文件要求不符。监理单位进一步查证施工单位报验的材料与其向监理工程师的日志记录也不相符。如果全部更换厂房供热管道需工程费人民币 30 万元，同时造成该厂部分车间停产损失人民币 20 万元。

业主就此事件提出如下索赔要求。

（1）要求施工单位全部返工更换厂房供热管道，并赔偿停产损失的 60%（计人民币 12 万元）。

（2）要求监理公司对全部返工工程免费监理，并对停产损失承担连带赔偿责任，赔偿停产损失的 40%（计人民币 8 万元）。

施工单位对业主的索赔要求答复为如下。

该厂房供热系统已超过国家规定的保修期，不予保修，也不同意返工，更不同意赔偿停产损失。

监理单位对业主的索赔要求答复为如下。

监理工程师已对施工单位报验的管材进行了检查，符合质量标准，已履行了监理职责。施工单位擅自更换管材，由施工单位负责，监理单位不承担任何责任。

问题：依据现行法律和行政法规，请指出业主的要求和施工单位、监理单位的答复中各有哪些错误，为什么？简述施工单位和监理单位各应负哪些责任，为什么？

本问题正确处理的答复如下。

（1）业主要求施工单位全部返工更换厂房供热管道是正确的，但要求"赔偿停产损失的 60%（计人民币 12 万元）"是错误的，应要求施工单位赔偿停产的全部损失（计人民币 20 万元）。业主要求监理公司对停产损失"承担连带赔偿责任"也是错误的，"赔偿停产损失的 40%（计人民币 8 万元）"计算方法也是错误的。

（2）施工单位对业主的索赔要求答复"该厂房供热系统已超过国家规定的保修期，不予保修"是错误的，"也不同意返工，更不同意赔偿停产损失"也是错误的。按国家法律与合同法要求，因施工单位使用不合格材料而造成的工程质量不合格，应承担全部责任并返工，还应赔偿业主全部损失。

（3）监理单位对业主的索赔要求答复是错误的，因为监理工程师对施工单位擅自更换管材没有察觉，虽然由施工单位负责，但是监理单位也应承担其失职的过错责任。

案例 6　竣工时间延误的业主索赔

某建设单位与施工单位按我国《建设工程施工合同（示范文本）》签订了施工承包合同，合同总金额 1 200 万元人民币，合同工期为 1 年。合同约定竣工时间延误每天罚 50 000 元/天，但罚款总额不得超过合同价的 10%。结果工程拖期 1.5 个月，其中监理工程师按照合同规定批准的工期顺延时间 0.5 个月。

工程竣工时，业主向承包商索赔竣工时间延误的费用：

按每天罚款额计算为 50 000×30 = 150(万元)

按合同总额计算的罚款限额为 1 200×10% = 120(万元)

故索赔额为 120 万元

案例 7　与施工缺陷有关的索赔

某建设单位与施工单位按我国《建设工程施工合同（示范文本）》签订了某高层住宅的施工合同。施工过程中，监理工程师在检查中发现已施工完毕的 12 层和 13 层钢筋混凝土楼板出现严重裂缝，于是书面指示施工单位上报处理方案，待批准后进行裂缝处理。2 天后监理工程师发现裂缝处已用水泥砂浆抹上。监理工程师向施工单位发出监理指令，指出此处理方法无法满足质量要求，必须进行补强处理，但是，施工单位拒不执行指示。经与建设单位协商，聘请双方合同中约定的质量检测机构进行鉴定，结论是楼板施工质量缺陷需要补强处理。对于此缺陷带来的鉴定和补强处理费用，建设单位向施工单位提出索赔，从支付给施工单位的进度款中扣回。

案例 8　承包商不遵守工程师指示的业主索赔

某业主与承包商签订了某一学校教学楼的施工承包合同，采用 FIDIC《施工合同条件》作为标准合同文本。在施工过程中检查出用于六楼楼板的一批钢筋是从承包商总部仓库运到现场的旧钢筋，经检验不符合质量标准。工程师书面指示承包商在 7 天内将其运出现场，并重新购入钢筋。可是承包商迟迟不执行指示，到了第 8 天，业主请人将其运回承包商总部仓库，并就此向承包商索赔为此花费的人工费和机械费。由工程师向承包商发出通知，指出按照 FIDIC《施工合同条件》7.6 条的规定，业主有权雇用其他人完成此项工作，从当月应支付给承包商的进度款中扣回此款项，并附上支付单据复印件。

9.2　索赔的处理与解决

9.2.1　索赔的证据

1. 索赔证据

索赔证据是当事人用来支持其索赔成立或和索赔有关的证明文件和资料。索赔证据作为索赔文件的组成部分，在很大程度上关系到索赔的成功与否。证据不全、不足或没有证据，索赔是很难获得成功的。

在工程项目的实施过程中，会产生大量的工程信息和资料，这些信息和资料是开展索赔的重要依据。如果项目资料不完整，索赔就难以顺利进行。因此在施工过程中应始终做好资料积累工作，建立完善的资料记录和科学管理制度，认真系统地积累和管理合同文件、质量、进度及财务收支等方面的资料。对于可能会发生索赔的工程项目，从开始施工时就要有目的地收集证据资料，系统地拍摄现场，妥善保管开支收据，有意识地为索赔积累必要的证据材料。常见的索赔证据主要有以下几项。

（1）各种合同文件，包括工程合同及附件、中标通知书、投标书、标准和技术规范、图纸、工程量清单、工程报价单或预算书、有关技术资料和要求等。

具体的如发包人提供的水文地质、地下管网资料，施工所需的证件、批件、临时用地占地证明手续、坐标控制点资料等。

（2）经工程师批准的承包人施工进度计划、施工方案、施工组织设计和具体的现场实施情况记录。各种施工报表有：

● 驻地工程师填制的工程施工记录表，这种记录能提供关于气候、施工人数、设备使用情况和部分工程局部竣工等情况；

● 施工进度表；

● 施工人员计划表和人工日报表；

● 施工用材料和设备报表。

（3）施工日志及工长工作日志、备忘录等。施工中产生的影响工期或工程资金的所有重大事情均应写入备忘录存档，备忘录应按年、月、日顺序编号，以便查阅。

（4）工程有关施工部位的照片及录像等。保存完整的工程照片和录像能有效地显示工程进度。因而除了标书上规定需要定期拍摄的工程照片和录像外，承包人自己应经常注意拍摄工程照片和录像，注明日期，作为自己查阅的资料。

（5）工程各项往来信件、电话记录、指令、信函、通知、答复等。

有关工程的来往信件内容常常包括某一时期工程进展情况的总结以及与工程有关的当事人，尤其是这些信件的签发日期对计算工程延误时间具有很大的参考价值。因而来往信件应妥善保存，直到合同全部履行完毕，所有索赔均获解决时为止。

（6）工程各项会议纪要、协议及其他各种签约、定期与业主雇员的谈话资料等。

业主雇员对合同和工程实际情况掌握第一手资料，与他们交谈的目的是摸清施工中可能发生的意外情况，会碰到什么难处理的问题，以便做到事前心中有数，一旦发生进度延误，承包人即可说出延误原因，说明延误原因是业主造成的，为索赔埋下伏笔。在施工合同的履行过程中，业主、工程师和承包人定期或不定期的会谈所作出的决定或决议，是施工合同的补充，应作为施工合同的组成部分，但会谈纪要只有经过各方签署后方可作为索赔的依据。业主与承包人、承包人与分包人之间定期或临时召开的现场会议讨论工程情况的会议记录，能被用来追溯项目的执行情况，查阅业主签发工程内容变动通知的背景和签发通知的日期，也能查阅在施工中最早发现某一重大情况的确切时间。另外，这些记录也能反映承包人对有关情况采取的行动。

（7）发包人或工程师发布的各种书面指令书和确认书，以及承包人要求、请求、通知书。

（8）气象报告和资料　如有关天气的温度、风力、雨雪的资料等。

（9）投标前业主提供的参考资料和现场资料。

（10）施工现场记录。工程各项有关设计交底记录、变更图纸、变更施工指令等，工程图纸、图纸变更、交底记录的送达份数及日期记录，工程材料和机械设备的采购、订货、运输、进场、验收、使用等方面的凭据及材料供应清单、合格证书，工程送电、送水、道路开通、封闭的日期及数量记录，工程停电、停水和干扰事件影响的日期及恢复施工的日期等。

（11）工程各项经业主或工程师签认的签证。如承包人要求预付通知、工程量核实确认单。

（12）工程结算资料和有关财务报告。如工程预付款、进度款拨付的数额及日期记录、工程结算书、保修单等。

（13）各种检查验收报告和技术鉴定报告。工程师签字的工程检查和验收报告反映出某一单项工程在某一特定阶段竣工的程度，并记录了该单项工程竣工的时间和验收的日期，应该妥为保管。如质量验收单、隐蔽工程验收单、验收记录、竣工验收资料、竣工图。

（14）各类财务凭证。需要收集和保存的工程基本会计资料包括工卡、人工分配表、注销薪水支票、工人福利协议、经会计师核算的薪水报告单、购料订单收讫发票、收款票据、设备使用单据、注销账应付支票、账目图表、总分类账、财务信件、经会计师核证的财务决算表、工程预算、工程成本报告书、工程内容变更单等。工人或雇请人员的薪水单据应按日期编存归档，薪水单上费用的增减能揭示工程内容增减的情况和开始的时间。承包人应注意保管和分析工程项目的会计核算资料，以便及时发现索赔机会，准确地计算索赔的款额，争取合理的资金回收。

（15）其他。包括分包合同、官方的物价指数、汇率变化表以及国家、省、市有关影响工程造价、工期的文件、规定等。

2. 索赔证据的基本要求

（1）真实性。索赔证据必须是在实施合同过程中确实存在和实际发生的，是施工过程中产生的真实资料，能经得住推敲。

（2）及时性。索赔证据的取得及提出应当及时，这种及时性反映了承包人的态度和管理水平。

（3）全面性。所提供的证据应能说明事件的全部内容。索赔报告中涉及的索赔理由、事件过程、影响、索赔值等都应有相应证据，不能零乱和支离破碎。

（4）关联性。索赔的证据应当与索赔事件有必然联系，并能够互相说明、符合逻辑，不能互相矛盾。

（5）有效性。索赔证据必须具有法律效力。一般要求证据必须是书面文件，有关记录、协议、纪要必须是双方签署的，工程中重大事件、特殊情况的记录、统计必须由工程师签证认可。

9.2.2　索赔的程序

具体工程的索赔的程序，应根据双方签订的施工合同产生。在工程实践中，比较详细的索赔工作程序一般可分为以下主要步骤。

1. 发出索赔意向通知

索赔意向通知是一种维护自身索赔权利的文件。在工程实施过程中，承包人发现索赔或意识到存在潜在的索赔机会后，要做的第一件事，就是要在合同规定的时间内将自己的索赔意向用书面形式及时通知业主或工程师，亦即向业主或工程师就某一个或若干个索赔事件表示索赔愿望、要求或声明保留索赔的权利。索赔意向的提出是索赔工作程序中的第一步，其关键是要抓住索赔机会，及时提出索赔意向。

FIDIC 合同条件及我国建设工程施工合同条件都规定：承包人应在索赔事件发生后的 28 天内，将其索赔意向以正式函件通知工程师。如果承包人没有在合同规定的期限内提出索赔意向或通知，承包人则会丧失在索赔中的主动和有利地位，业主和工程师也有权拒绝承包人的索赔要求，这是索赔成立的有效的、必备的条件之一。因此，在实际工作中，承包人应避免合理的索赔要求由于未能遵守索赔时限的规定而导致无效。在实际的工程承包合同中，对索赔意向提出的时间限制不尽相同，只要双方经过协商达成一致并写入合同条款即可。

2. 索赔资料的准备

从提出索赔意向到提交索赔文件，是属于承包人索赔的内部处理阶段和索赔资料准备阶段。

1）事态调查

事态调查即寻找索赔机会。通过对合同实施的跟踪、分析、诊断，如发现索赔机会，则应进行详细的调查和跟踪，以了解事件经过、前因后果、掌握事件详细情况。

2）损害事件原因分析

损害事件原因分析即分析这些损害事件是由谁引起的，责任应由谁来承担。一般只有非承包商责任的损害事件才有可能提出索赔。在实际工作中，损害事件的责任往往是多方面的，故必须进行责任分解，划分责任范围，按责任大小，承担损失。这里特别容易引起合同双方的争执。

3）索赔根据

索赔根据即索赔理由，主要指合同文件。必须按合同判明这些索赔事件是否违反合同，是否在合同规定的索赔范围之内。只有符合合同规定的索赔要求才有合法性、才能成立。例如，某合同规定，在工程总价 15% 的范围内的工程变更属于承包商承担的风险。则业主指令增加的工程量在此范围内时，承包商不能提出索赔。

4）损失调查

损失调查即为索赔事件的影响分析。它主要表现为工期的延长和费用的增加。如果索赔事件不造成损失，则无索赔可言。损失调查的重点是收集、分析、对比实际和计划的施工进度、工程成本和费用方面的资料，在此基础上计算索赔值。

5）收集证据

索赔事件发生，承包商就应抓紧收集证据，并在索赔事件持续期间一直保持有完整的同期记录。同样，这也是索赔要求有效的前提条件。如果在索赔报告中提不出证明其索赔理由、索赔事件的影响、索赔值的计算等方面的详细资料，索赔要求是不能成立的。在实际工作中，许多索赔要求都因没有或缺少书面证据而得不到合理的解决。因此，承包商必须对这个问题有足够的重视。通常，承包商应按工程师的要求做好并保持同期记录，并接受工程师的审查。

6）起草索赔报告

索赔报告是上述各项工作的结果和总括。它表达了承包商的索赔要求和支持这个要求的详细依据。它决定了承包商索赔的地位，是索赔要求能否获得有利和合理解决的关键。

编写索赔报告的基本要求如下。

（1）符合实际。

索赔事件要真实、证据确凿。索赔的根据和款额应符合实际情况，不能虚构和扩大，更不能无中生有，这是索赔的基本要求。这既关系到索赔的成败，也关系到承包人的信誉。一个符合实际的索赔文件，可使审阅者看后的第一印象是合情合理，不会立即予以拒绝。相反如果索赔要求缺乏根据，不切实际地漫天要价，使对方一看就极为反感，甚至连其中有道理的索赔部分也被置之不理，不利于索赔问题的最终解决。

（2）说服力强。

① 符合实际的索赔要求，本身就具有说服力，但除此之外索赔文件中责任分析应清楚、准确。一般索赔所针对的事件都是由于非承包人责任而引起的，因此，在索赔报告中要善于引用法律和合同中的有关条款，详细、准确地分析并明确指出对方应负的全部责任，并附上有关证据材料，不可在责任分析上模棱两可、含糊不清。对事件叙述要清楚明确，不应包含任何估计或猜测。

② 强调事件的不可预见性和突发性。说明即使一个有经验的承包人对它不可能有预见或有准备，也无法制止，并且承包人为了避免和减轻该事件的影响和损失已尽了最大的努力，采取了能够采取的措施，从而使索赔理由更加充分，更易于对方接受。

③ 论述要有逻辑。明确阐述由于索赔事件的发生和影响，使承包人的工程施工受到严重干扰，并为此增加了支出，拖延了工期。应强调索赔事件、对方责任、工程受到的影响和索赔之间有直接的因果关系。

（3）计算准确。

索赔文件中应完整列入索赔值的详细计算资料，指明计算依据、计算原则、计算方法、计算过程及计算结果的合理性，必要的地方应作详细说明。计算结果要反复校核，做到准确无误，要避免高估冒算。计算上的错误，尤其是扩大索赔款的计算错误，会给对方留下恶劣的印象，他会认为提出的索赔要求太不严肃，其中必有多处弄虚作假，会直接影响索赔的成功。

（4）简明扼要。

索赔文件在内容上应组织合理、条理清楚，各种定义、论述、结论正确，逻辑性强，既能完整地反映索赔要求，又要简明扼要，使对方很快地理解索赔的本质。索赔文件最好采用活页装订，印刷清晰。同时，用语应尽量婉转，避免使用强硬、不客气的语言。

7）索赔报告的递交

（1）索赔报告的递交时间。在承包商察觉（或已察觉）引起索赔的事件或情况后 42 天内，或在承包商可能建议并经过工程师认可的其他期限内，承包商应向工程师递交一份充分详细的索赔报告，包括索赔的依据、要求延长的时间和（或）追加付款的全部详细资料，说明索赔款额和索赔的依据。如果索赔时间的影响持续存在，28 天内还不能算出索赔额和工期延展天数时，承包商应按工程师合理要求的时间间隔（一般为一个月），定期陆续报出每一个时间段内的索赔证据资料和索赔要求。在该项索赔事件的影响结束后的 28 天内，报出最终详细报告，提出索赔论据资料和累计索赔额。

工程师在收到索赔报告或对过去索赔的任何进一步证明资料后 42 天内，或在工程师可能建议并经承包商认可的此类其他期限内，作出回应，表示批准或不批准并附具体意见。工程师还可以要求任何必需的进一步资料，但他仍要在上述期限内对索赔的原则作出回应。

（2）索赔报告的编写。承包商的索赔可分为工期索赔和费用索赔。一般的，对大型、复杂工程的索赔报告应分别编写和报送，对小型工程可合二为一。一个完整的索赔报告应包括如下内容。

① 题目。索赔报告的标题应该能够简要、准确地概括索赔的中心内容，如"关于……事件的索赔"。

② 事件。详细描述事件过程，主要包括事件发生的工程部位、发生的时间、原因和经过、影响的范围以及承包人当时采取的防止事件扩大的措施、事件持续时间、承包人已经向业主或工程师报告的次数及日期、最终结束影响的时间、事件处置过程中的有关主要人员办理的有关事项等。也包括双方信件交往、会谈，并指出对方如何违约、证据的编号等。

③ 理由。是指索赔的依据，主要是法律依据和合同条款的规定。合理引用法律和合同的有关规定，建立事实与损失之间的因果关系，说明索赔的合理、合法性。

④ 结论。指出事件造成的损失或损害及其大小，主要包括要求补偿的金额及工期，这部分只需列举各项明细数字及汇总数据即可。

⑤ 详细计算书（包括损失估价和延期计算两部分）。为了证实索赔金额和工期的真实性，必须指明计算依据及计算资料的合理性，包括损失费用、工期延长的计算基础、计算方法、计算公式及详细的计算过程及计算结果。

⑥ 附件。包括索赔报告中所列举的事实、理由、影响等各种编过号的证明文件和证据、图表。例如，往来函件、施工日志、会议记录、施工现场记录、工程师的指示等。

3. 工程师审核索赔报告

工程师是受业主的委托和聘请，对工程项目的实施进行组织、监督和控制工作。在业主与承包人之间的索赔事件发生、处理和解决过程中，工程师是个核心人物。工程师在接到承包人的索赔文件后，必须以完全独立的身份，站在客观公正的立场上审查索赔要求的正当性，必须对合同条件、协议条款等有详细的了解，以合同为依据来公平处理合同双方的利益纠纷。工程师应该建立自己的索赔档案，密切关注事件的影响和发展，有权检查承包人的有关同期记录材料，随时就记录内容提出他的不同意见或他认为应予以增加的记录项目。

工程师根据业主的委托或授权，对承包人索赔的审核工作主要分为判定索赔事件是否成立和核查承包人的索赔计算是否正确、合理两个方面，并可在业主授权的范围内作出自己独立的判断。

承包人索赔要求的成立必须同时具备如下四个条件。

（1）与合同相比较，事件已经造成了承包人实际的额外费用增加或工期损失。

（2）费用增加或工期损失的原因不是由于承包人自身的责任所造成。

（3）这种经济损失或权利损害不是由承包人应承担的风险所造成。

（4）承包人在合同规定的期限内提交了书面的索赔意向通知和索赔文件。

上述四个条件没有先后主次之分，并且必须同时具备，承包人的索赔才能成立。其后，工程师对索赔文件的审查重点主要有两步。

第一步，重点审查承包人的申请是否有理有据，即承包人的索赔要求是否有合同依据、所受损失确属不应由承包人负责的原因造成、提供的证据是否足以证明索赔要求成立、是否需要提交其他补充材料等。

第二步，工程师应以公正的立场、科学的态度，重点审查并核算索赔值的计算是否正确、合理，分清责任，对不合理的索赔要求或不明确的地方提出反驳和质疑，或要求承包人作出进一步的解释和补充，并拟定自己计算的合理索赔款项和工期延展天数。

4. 工程师与承包人协商补偿额和工程师索赔处理意见

工程师核查后初步确定应予以补偿的额度，往往与承包人索赔报告中要求的额度不一致，甚至差额较大，主要原因大多为对承担事件损害责任的界限划分不一致、索赔证据不充分、索赔计算的依据和方法分歧较大等，因此双方应就索赔的处理进行协商。通过协商达不成共识的，工程师有权单方面作出处理决定，承包人仅有权得到所提供的证据满足工程师认为索赔成立那部分的付款和工期延展。不论工程师通过协商与承包人达成一致，还是他单方面作出的处理决定，批准给予补偿的款额和延展工期的天数如果在授权范围之内，则可将此结果通知承包人，并抄送业主。补偿款将计入下月支付工程进度款的支付证书内，业主应在合同规定的期限内支付，延展的工期加到原合同工期中去。如果批准的额度超过工程师的权限，则应报请请业主批准。

对于持续影响时间超过 28 天以上的工期延误事件，当工期索赔条件成立时，对承包人每隔 28 天报送的阶段索赔临时报告审查后，每次均应作出批准临时延长工期的决定，并于事件影响结束后 28 天内承包人提出最终的索赔报告后，批准延展工期总天数。应当注意的是，最终批准的总延展天数，不应少于以前各阶段已同意延展天数之和。规定承包人在事件影响期间每隔 28 天提出一次阶段报告，可以使工程师能及时根据同期记录批准该阶段应予延展工期的天数，避免事件影响时间太长而不能准确确定索赔值。

工程师经过对索赔文件的认真评审，并与业主、承包人进行了较充分的讨论后，应提出自己的索赔处理决定。通常，工程师的处理决定不是终局性的，对业主和承包人都不具有强制性的约束力。

我国建设工程施工合同条件规定，工程师收到承包人送交的索赔报告和有关资料后应在 28 天内给予答复，或要求承包人进一步补充索赔理由和证据。如果在 28 天内既未予答复也未对承包人作进一步要求，则视为承包人提出的该项索赔要求已经认可。

5. 业主审查索赔处理

当索赔数额超过工程师权限范围时，由业主直接审查索赔报告，并与承包人谈判解决，工程师应参加业主与承包人之间的谈判，工程师也可以作为索赔争议的调解人。业主首先根据事件发生的原因、责任范围、合同条款审核承包人的索赔文件和工程师的处理报告，再依据工程建设的目的、投资控制、竣工投产日期要求以及针对承包人在施工中的缺陷或违反合同规定等的有关情况，决定是否批准工程师的处理决定。例如，承包人某项索赔理由成立，工程师根据相应条款的规定，既同意给予一定的费用补偿，也批准延展相应的工期，但业主权衡了施工的实际情况和外部条件的要求后，可能不同意延展工期，而宁愿给承包人增加费用补偿额，要求其采取赶工措施，按期或提前完工，这样的决定只有业主才有权作出。索赔报告经业主批准后，工程师即可签发有关证书。对于数额比较大的索赔，一般需要业主、承包人和工程师三方反复协商才能作出最终处理决定。

6. 承包人是否接受最终索赔处理，可能仲裁或诉讼

如果承包人同意接受最终的处理决定，索赔事件的处理即告结束。如果承包人不同意，则可根据合同约定，将索赔争议提交仲裁或诉讼，使索赔问题得到最终解决。在仲裁或诉讼过程中，工程师作为工程全过程的参与者和管理者，可以作为见证人提供证据，做答辩。

　　工程项目实施中会发生各种各样、大大小小的索赔、争议等问题，应该强调，合同各方应该争取尽量在最早的时间、最低的层次，尽最大可能以友好协商的方式解决索赔问题，不要轻易提交仲裁或诉讼。因为对工程争议的仲裁或诉讼往往是非常复杂的，要花费大量的人力、物力、财力和精力，对工程建设也会带来不利，有时甚至是严重的影响。

　　具体工程的索赔工作程序，应根据双方签订的施工合同产生。国内某工程项目承包人的索赔工作程序见图 9-1，可供参考。

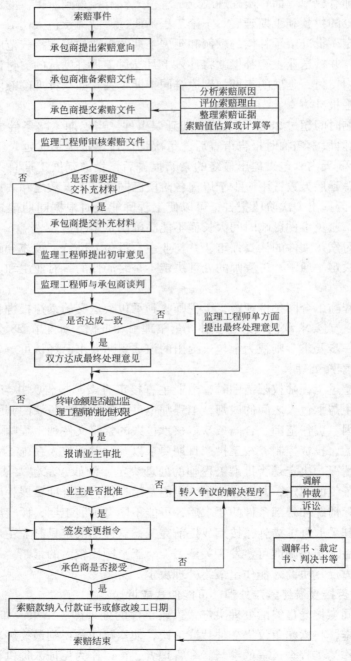

图 9-1　国内某工程项目承包人的索赔工作程序

9.3　工期索赔

1. 工期索赔的概念

工期索赔是指承包人在非自身因素影响下而遭受工期损失时，通过一定的合法程序向业主提出补偿其工期损失的要求。

工程工期是业主和承包人经常发生争议的问题之一，工期索赔在整个索赔中占据了很高的比例，也是承包人索赔的重要内容之一。

2. 工程拖期的原因分析

在施工过程中，由于各种因素的影响，使承包商不能在合同规定的工期内完成工程，造成工程拖期。造成拖期的一般原因有以下几方面。

1）非承包商原因

该原因可归结为三大类，即业主的原因、工程师的原因和不可抗力原因。

（1）业主的原因。

① 业主拖延交付合格的施工现场。在工程项目前期准备阶段，由于业主没有及时完成征地、拆迁、安置等方面的有关前期工作，或未能及时取得有关部门批准的施工执照或准建手续等，造成施工现场交付时间推迟，承包人不能及时进驻现场施工，从而导致工程拖期。

② 业主拖延交付图纸。业主未能按合同规定的时间和数量向承包人提供施工图纸，尤其是目前国内较多的边设计、边施工的项目，从而引起工期索赔。

③ 业主或工程师拖延审批图纸、施工方案、计划等。

④ 业主拖延支付预付款或工程款。

⑤ 业主提供的设计数据或工程数据延误。如有关放线的资料不准确。

⑥ 业主指定的分包商违约或延误。

⑦ 业主未能及时提供合同规定的材料或设备。

⑧ 业主拖延关键线路上工序的验收时间，造成承包人下道工序施工延误。工程师对合格工程要求拆除或剥露部分工程予以检查，造成工程进度被打乱，影响后续工程的开展。

⑨ 业主或工程师发布指令延误，或发布的指令打乱了承包人的施工计划。业主或工程师原因暂停施工导致的延误。业主对工程质量的要求超出原合同的约定。

⑩ 业主设计变更或要求修改图纸，业主要求增加额外工程，导致工程量增加，工程变更或工程量增加引起施工程序的变动。业主的其他变更指令导致工期延长等。

（2）工程师的原因。

① 工程师未在合同规定的时间内颁发图纸和指示。

② 工程师指示进行合同中未规定的检验。

③ 工程师指示暂时停工。

（3）不可抗力和不可控因素的原因。

① 承包商遇到一个有经验的承包商无法合理预见到的障碍或条件。

② 处理现场发掘出的具有地质或考古价值的遗迹或物品。

③ 异常恶劣的气候条件。

④ 不可抗力事件。

⑤ 不利的自然条件或客观障碍引起的延误等。如现场发现化石、古钱币或文物。

⑥ 施工现场中其他承包人的干扰。

⑦ 合同文件中某些内容的错误或互相矛盾。

⑧ 罢工及其他经济风险引起延误，如政府抵制或禁运而造成工程延误。

2）承包商原因

承包商在施工过程中可能由于下列原因造成工程延误。

① 施工组织不当，如出现窝工或停工待料现象。

② 质量不符合合同要求而造成的返工。

③ 资源配置不足，如劳动力不足，机械设备不足或不配套，技术力量薄弱，管理水平低，缺乏流动资金等造成的延误。

④ 开工延误。

⑤ 劳动生产率低。

⑥ 承包人雇佣的分包人或供应商引起的延误等。

3. 工程拖期的分类及处理措施

工程拖期可分为如下三种情况。

（1）由于承包商原因造成的工程拖期　由于承包商造成的工程拖期，称为工程延误，承包商必须向业主支付误期损害赔偿费。工程延误，也称为不可原谅的工程拖期。在这种情况下，承包商无权获得工期延长。

（2）由于非承包商原因造成的工程拖期　由于非承包商原因造成的工程拖期，称为工程延期，承包商有权要求业主给予工期延长。工程延期也称为可原谅的工程拖期。它是由于业主、工程师或其他客观因素造成的，承包商有权获得工期延长，但是否能获得经济补偿要视具体情况而定。因此，可原谅的工程拖期下又分为可原谅并给予补偿的拖期和可原谅但不给予补偿的拖期，前者拖期的责任者是业主或工程师，而后者拖期往往是由于客观因素造成的。

上述两种情况下的工期索赔处理原则见表9-1。

表9-1　工期索赔处理原则

索赔原因	是否可原谅	拖期原因	责任者	处理原则	索赔结果
工程进度拖延	可原谅拖期	（1）修改设计 （2）施工条件变化 （3）业主原因拖期 （4）工程师原因拖期	业主/工程师	可给予工期延长 可补偿经济损失	工期/经济补偿
		（1）异常恶劣气候 （2）工人罢工 （3）天灾	客观原因	可给予工期延长 不给予经济补偿	工期
	不可原谅拖期	（1）工效不高 （2）施工组织不好 （3）设备材料供应不及时	承包商	不延长工期 不补偿经济损失 向业主支付误期损害赔偿费	索赔失败 无权索赔

（3）共同延误下工期索赔的有效期处理　承包商、工程师或业主，或某些客观因素均可造成工程拖期，但在实际施工过程中，工程拖期经常是由上述两种以上的原因共同作用产生的，称为共同延误。

在共同延误情况下，要具体分析哪一种延误是有效的，即承包商可以得到工期延长，或既可延长工期，又可得到经济补偿。在确定拖期索赔的有效期时，可依据下述原则。

① 首先判别造成拖期的哪一种原因是最先发生的，即确定"初始延误"者，它应对工程拖期负责。在初始延误发生作用期间，其他并发的延误者不承担拖期责任。

② 如果初始延误者是业主，则在业主造成的延误期内，承包商既可得到工期延长，也可得到经济补偿。

③ 如果初始延误者是客观因素，则在客观因素发生影响的时间段内，承包商可以得到工期延长，但很难得到经济补偿。

4. 工期索赔的分析与计算方法

1）工期索赔的分析流程

工期索赔的分析流程包括延误原因分析、网络计划（CPM）分析、业主责任分析和索赔结果分析等步骤，具体内容见图 9-2。

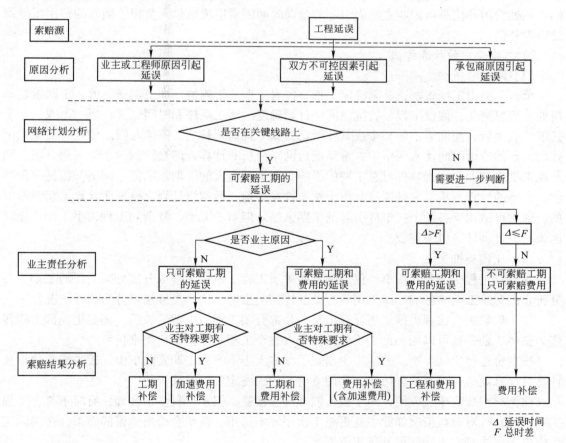

图 9-2　工期索赔的分析流程图

（1）原因分析。分析引起工期延误是哪一方的原因，如果由于承包人自身原因造成的，则不能索赔，反之则可索赔。

（2）网络计划分析。运用网络计划（CPM）方法分析延误事件是否发生在关键线路上，以决定延误是否可索赔。注意：关键线路并不是固定的，随着工程进展，关键线路也在变化，而且是动态变化。关键线路的确定，必须是依据最新批准的工程进度计划。在工程索赔中，一般只限于考虑关键线路上的延误，或者一条非关键线路因延误已变成关键线路。

（3）业主责任分析。结合 CPM 分析结果，进行业主责任分析，主要是为了确定延误是否能索赔费用。若发生在关键线路上的延误是由于业主原因造成的，则这种延误不仅可索赔工期，而且还可索赔因延误而发生的额外费用，否则，只能索赔工期。若由于业主原因造成的延误发生在非关键线路上，则只可能索赔费用。

（4）索赔结果分析。在承包人索赔已经成立的情况下，根据业主是否对工期有特殊要求，分析工期索赔的可能结果。如果由于某种特殊原因，工程竣工日期客观上不能改变，即对索赔工期的延误，业主也可以不给予工期延长。这时，业主的行为已实质上构成隐含指令加速施工。因而，业主应当支付承包人采取加速施工措施而额外增加的费用，即加速费用补偿。此处费用补偿是指因业主原因引起的延误时间因素造成承包人负担了额外的费用而得到的合理补偿。

2）工期索赔的计算方法

（1）网络分析法。

承包人提出工期索赔，必须确定干扰事件对工期的影响值，即工期索赔值。工期索赔分析的一般思路是：假设工程一直按原网络计划确定的施工顺序和时间施工，当一个或一些干扰事件发生后，使网络中的某个或某些活动受到干扰而延长施工持续时间。将这些活动受干扰后的新的持续时间代入网络中，重新进行网络分析和计算，即会得到一个新工期。新工期与原工期之差即为干扰事件对总工期的影响，即为承包人的工期索赔值。网络分析是一种科学、合理的计算方法，它是通过分析干扰事件发生前、后网络计划之差异而计算工期索赔值的，通常可适用于各种干扰事件引起的工期索赔。但对于大型、复杂的工程，手工计算比较困难，需借助计算机来完成。

（2）比例类推法。

在实际工程中，若干扰事件仅影响某些单项工程、单位工程或分部分项工程的工期，要分析它们对总工期的影响，可采用较简单的比例类推法。比例类推法可分为两种情况。

按工程量进行比例类推。当计算出某一分部分项工程的工期延长后，还要把局部工期转变为整体工期，这可以用局部工程的工作量占整个工程工作量的比例来折算。

按造价进行比例类推。若施工中出现了很多大小不等的工期索赔事由，较难准确地单独计算且又麻烦时，可经双方协商，采用造价比较法确定工期补偿天数。

比例类推法简单、方便，易于被人们理解和接受，但不尽科学、合理，有时不符合工程实际情况，且对有些情况如业主变更施工次序等不适用，甚至会得出错误的结果，在实际工作中应予以注意，正确掌握其适用范围。

（3）直接法。

有时干扰事件直接发生在关键线路上或一次性地发生在一个项目上，造成总工期的延误。这时可通过查看施工日志、变更指令等资料，直接将这些资料中记载的延误时间作为工期索赔值。如承包人按工程师的书面工程变更指令，完成变更工程所用的实际工时即为工期索赔值。

（4）工时分析法。

某一工种的分项工程项目延误事件发生后，按实际施工的程序统计出所用的工时总量，然后按延误期间承担该分项工程工种的全部人员投入来计算要延长的工期。

【案例分析】

案例 9　某建筑公司（乙方）于某年 5 月 20 日签订了建筑面积为 4 600 m³ 工业厂房的施工合同。乙方编制的施工方案和进度计划已获监理工程师批准。该工程的基坑开挖土方量 5 000 m³，每天开挖土方量 500 m³，假设开挖土方直接费单价为 5 元/m³，基础混凝土浇筑量为 3 000 m³，每天混凝土浇筑量为 200 m³，假设基础混凝土浇筑直接费单价为 250 元/m³，综合费率为直接费的 20%，该基坑施工方案规定：土方工程采用租赁一台斗容量为 1 m³ 的反铲挖掘机施工（租赁费 400 元/台班，在开挖土方开挖当天进场）。甲乙双方合同约定 6 月 11 日开工，6 月 20 日完工。在实际施工中发生了如下几项事件。

（1）在施工过程中，因租赁的挖掘机出现故障，造成停工 2 天、人员窝工 10 个工日。

（2）因业主延迟 8 天提交施工图纸，造成停工 8 天、人员窝工 200 个工日。

（3）在基坑土方开挖过程中，因遇软土层，接到监理工程师停工 5 天的指令，进行地质复查，配合用工 20 个工日。

（4）接到监理工程师的复工令，同时提出基坑开挖深度加深 2 m 的设计变更通知单，由此增加土方开挖量 1 000 m³。

（5）接到监理工程师的指令，同时提出混凝土基础加深 2m 的设计变更通知单，由此增加基础混凝土浇筑量 800 m³。

问题：

1. 上述哪些事件建筑公司可以向厂方要求索赔？哪些事件不可以向厂方要求索赔？并说明原因。

2. 每项事件工期索赔各是多少天？总计工期索赔多少天？

3. 假设人工费单价为 20 元/工日，窝工损失为 10 元/工日，因增加用工所需的管理费为增加人工费的 30%，则合理的费用索赔总额是多少？

分析

问题 1：

事件 1　不能提出索赔要求，因为租赁的挖掘机大修延迟开工，属承包商的责任；

事件 2　可提出索赔要求，因为延迟提交施工图纸属于业主应承担的责任；

事件 3　可提出索赔要求，因为地质条件变化属于业主应承担的责任；

事件 4　可提出索赔要求，因为这是由设计变更引起的；

事件 5　可提出索赔要求，因为这是由设计变更引起的。

问题 2：

事件 2　可索赔工期 8 天；

事件 3　可索赔工期 5 天；

事件 4　可索赔工期 2 天；

事件 5　可索赔工期 4 天。

小计：可索赔工期 19 天 8+5+2+4＝19（天）

问题 3：

事件 2　人工费：200×10＝2 000（元）；

事件 3　人工费：20×20×(1+30%)＝520（元）；

　　　　机械费：400×5＝2 000（元）；

事件 4　增加费用：1 000× 5×(1+20%)＝6 000（元）；

事件 5　增加费用：800×250×(1+20%)＝240 000（元）；

可索赔费用总额为：25 520 元

$$2\ 000+520+2\ 000+6\ 000+240\ 000＝25\ 520（元）$$

案例 10

某建筑公司（乙方）于某年 5 月 20 日签订了建筑面积为 4 600 m² 工业厂房的施工合同。乙方编制的施工方案和进度计划已获监理工程师批准。该工程的基坑开挖土方量 4 500 m³，假设直接费单价为 5 元/m³，综合费率为直接费的 20%，该基坑施工方案规定：土方工程采用租赁一台斗容量为 1 m³ 的反铲挖掘机施工（租赁费 450 元/台班）。甲乙双方合同约定 6 月 11 日开工，6 月 20 日完工。在实际施工中发生了如下几项事件。

（1）因租赁的挖掘机大修，晚开工 2 天，造成人员窝工 10 个工日。

（2）施工过程中，因遇软土层，接到监理工程师 6 月 15 日停工的指令，进行地质复查，配合用工 15 个工日。

（3）6 月 19 日接到监理工程师于 6 月 20 日复工令，同时提出基坑开挖深度加深 2 m 的设计变更通知单，由此增加土方开挖量 900 m³。

（4）6 月 20 日至 6 月 22 日，因下大雨迫使基坑开挖暂停，造成人员窝工 10 个工日。

（5）6 月 23 日用 30 个工日修复冲坏的永久性道路，6 月 24 日恢复基坑开挖工作，最终基坑于 6 月 30 开挖完毕。

问题：

1. 上述哪些事件建筑公司可以向厂方要求索赔？哪些事件不可以向厂方要求索赔？并说明原因。

2. 每项事件工期索赔各是多少天？总计工期索赔多少天？

3. 假设人工费单价为 20 元/工日，因增加用工所需的管理费为增加人工费的 30%，则合理的费用索赔总额是多少？

4. 建筑公司应向厂方提供的索赔文件有哪些？

分析

问题 1：

事件 1　不能提出索赔要求，因为租赁的挖掘机大修延迟开工，属承包商的责任；

事件 2　可提出索赔要求，因为地质条件变化属于业主应承担的责任；

事件 3　可提出索赔要求，因为这是由设计变更引起的；

事件 4　可提出索赔要求，因为大雨迫使停工，需推迟工期；

事件 5　可提出索赔要求，因为雨后修复冲坏的永久道路，是业主的责任。

问题 2：

事件 2　可索赔工期 5 天（15~19 日）

事件 3　可索赔工期 2 天 900 m³/（4 500 m³×10 天＝2 天）

事件 4　可索赔工期 3 天（20~22 日）

事件 5　可索赔工期 1 天（23 日）

小计：可索赔工期 11 天［5+2+3+1＝11（天）］

问题 3：

事件 2　人工费：15×20×（1+30%）＝390 元

　　　　机械费：450×5＝2 250（元）

事件 3　900×5×（1+20%）＝5 400（元）

事件 4　人工费：30×20×（1+30%）＝780（元）

　　　　机械费：450×1＝450 元　（因为机械闲置 1 天）

可索赔费用总额为 9 270 元

$$390+2\ 250+5\ 400+780+450＝9\ 270（元）$$

问题 4：

建筑公司向业主提供的索赔文件有索赔信、索赔报告、详细计算式、证据。

9.4　费用索赔

9.4.1　费用索赔的含义及特点

1. 费用索赔的含义

费用索赔是指承包人在非自身因素影响下而遭受经济损失时向业主提出补偿其额外费用损失的要求。因此费用索赔应是承包人根据合同条款的有关规定，向业主索取的合同价款以外的费用。索赔费用不应被视为承包人的意外收入，也不应被视为业主的不必要开支。实际上，索赔费用的存在是由于建立合同时还无法确定的某些应由业主承担的风险因素导致的结果。承包人的投标报价中一般不考虑应由业主承担的风险对报价的影响，因此一旦这类风险发生并影响承包人的工程成本时，承包人提出费用索赔是一种正常现象和合情合理的行为。

2. 费用索赔的特点

费用索赔是工程索赔的重要组成部分，是承包人进行索赔的主要目标。与工期索赔相比，费用索赔有以下一些特点。

费用索赔的成功与否及其大小事关承包人的盈亏，也影响业主工程项目的建设成本，因而费用索赔常常是最困难、也是双方分歧最大的索赔。特别是对于发生亏损或接近亏损的承包人和财务状况不佳的业主，情况更是如此。

索赔费用的计算比索赔资格或权利的确认更为复杂。索赔费用的计算不仅要依据合同条款与合同规定的计算原则和方法，而且还可能要依据承包人投标时采用的计算基础和方法，以及承包人的历史资料等。索赔费用的计算没有统一、合同双方共同认可的计算方法，因此索赔费用的确定及认可是费用索赔中一项困难的工作。

在工程实践中，常常是许多干扰事件交织在一起，承包人成本的增加或工期延长的发生时间及其原因也常常相互交织在一起，很难清楚、准确地划分开，尤其是对于一揽子综合索赔。对于像生产率降低损失及工程延误引起的承包人利润和总部管理费损失等费用的确定，很难准确计算出来，双方往往有很大的分歧。

3. 费用索赔的原因

引起费用索赔的原因是由于合同环境发生变化使承包人遭受了额外的经济损失。归纳起来，费用索赔产生的常见原因主要有以下几个方面。

（1）业主违约。

（2）工程变更。

（3）业主拖延支付工程款或预付款。

（4）工程加速。

（5）业主或工程师责任造成的可索赔费用的延误。

（6）非承包人原因的工程中断或终止。

（7）工程量增加（不含业主失误）。

（8）其他。如业主指定分包商违约，合同缺陷，国家政策及法律、法令变更等。

9.4.2　费用索赔的费用构成

1. 可索赔费用的分类

1）按可索赔费用的性质划分

在工程实践中，承包人的费用索赔包括额外工作索赔和损失索赔。额外工作索赔费用包括额外工作实际成本及其相应利润。对于额外工作索赔，业主一般以原合同中的适用价格为基础，或者以双方商定的价格或工程师确定的合理价格为基础给予补偿。实际上，进行合同变更、追加额外工作，可索赔费用的计算相当于一项工作的重新报价。损失索赔包括实际损失索赔和可得利益索赔。实际损失是指承包人多支出的额外成本；可得利益是指如果业主不违反合同，承包人本应取得的、但因业主违约而丧失了的利益。计算额外工作索赔和损失索赔的主要区别是：前者的计算基础是价格，而后者的计算基础是成本。

2）按可索赔费用的构成划分

可索赔费用按项目构成可分为直接费和间接费。其中直接费包括人工费、材料费、机械设备费、分包费，间接费包括现场和公司总部管理费、保险费、利息及保函手续费等项目。可索赔费用计算的基本方法是按上述费用构成项目分别分析、计算，最后汇总求出总的索赔费用。

按照工程惯例，承包人对索赔事项的发生原因负有责任的有关费用；承包人对索赔事项未采取减轻措施，因而扩大的损失费用；承包人进行索赔工作的准备费用；索赔金额在索赔处理期间的利息、仲裁费用、诉讼费用等是不能索赔的，因而不应将这些费用包含在索赔费用中。

2. 常见索赔事件的费用构成

常见索赔事件的费用项目构成示例见表9-2。

表 9-2　常见索赔事件的费用项目构成示例

索赔事件	可能的费用项目	说　明
工程延误	（1）人工费增加	包括工资上涨、现场停工、窝工、生产效率降低，不合理使用劳动力等损失
	（2）材料费增加	因工期延长引起的材料价格上涨
	（3）机械设备费	设备因延期引起的折旧费、保养费、进出场费或租赁费等
	（4）现场管理费增加	包括现场管理人员的工资、津贴等。现场办公设施，现场日常管理支出，交通费等。
	（5）因工期延长的通货膨胀使工程成本增加	
	（6）相应保险费、保函费增加	
	（7）分包商索赔	分包商因延期向承包商提出的费用索赔
	（8）总部管理费分摊	因延期造成公司总部管理费增加
	（9）推迟支付引起的兑换率损失	工程延期引起支付延迟
工程加速	（1）人工费增加	因业主指令工程加速造成增加劳动力投入，不经济地使用劳动力，生产效率降低等
	（2）材料费增加	不经济地使用材料，材料提前交货的费用补偿，材料运输费增加
	（3）机械设备费	增加机械投入，不经济地使用机械
	（4）因加速增加现场管理费	也应扣除因工期缩短减少的现场管理费
	（5）资金成本增加	费用增加和支出提前引起负现金流量所支付的利息
工程中断	（1）人工费增加	如留守人员工资，人员的遣返和重新招雇费，对工人的赔偿等
	（2）机械使用费	设备停置费，额外的进出场费，租赁机械的费用等
	（3）保函、保险费、银行手续费	
	（4）贷款利息	
	（5）总部管理费	
	（6）其他额外费用	如停工、复工所产生的额外费用，工地重新整理等费用
工程量增加	费用构成与合同报价相同	合同规定承包商应承担一定比例（如 5%，10%）的工程量增加风险，超出部分才予以补偿 合同规定工程量增加超出一定比例时（如 15%～20%）可调整单价，否则合同单价不变

　　索赔费用的主要组成部分，同建设工程施工合同价的组成部分相似。由于我国关于施工合同价的构成规定与国际惯例不尽一致，所以在索赔费用的组成内容上也有所差异。按照我国现行规定，建筑安装工程合同价一般包括直接费、间接费、计划利润和税金。而国际上的惯例是将建安工程合同价分为直接费、间接费、利润三部分。

　　从原则上说，凡是承包人有索赔权的工程成本的增加，都可以列入索赔的费用。但是，对于不同原因引起的索赔，可索赔费用的具体内容则有所不同。索赔方应根据索赔事件的性质，分析其具体的费用构成内容。工期延误、工程加速、工程中断和工程量增加等索赔事件可能的费用项目见表9-3。

此外，索赔费用项目的构成会随工程所在地国家或地区的不同而不同，即使在同一国家或地区，随着合同条件具体规定的不同，索赔费用的项目构成也会不同。美国工程索赔专家 J. J. Adrian 在其 *Construction Claims* 一书中总结了索赔类型与索赔费用项目构成的关系表（见表9-3），可供参考。

表9-3 索赔类型与索赔费用项目构成的关系表

序号	索赔费用项目	索赔种类			
		延迟索赔	工程范围变更索赔	加速施工索赔	现场条件变更索赔
1	人工工时增加费	×	√	×	√
2	生产率降低引起人工损失	√	○	√	○
3	人工单价上涨费	√	○	√	○
4	材料用量增加费	×	√	○	√
5	材料单价上涨费	√	√	○	√
6	新增的分包工程量	×	√	×	√
7	新增有分包工程单价上涨费用	√	○	○	√
8	租赁设备费	○	√	√	√
9	自有机械设备使用费	√	√	○	√
10	自有机械台班费率上涨费	○	×	○	○
11	现场管理费（可变）	○	√	○	○
12	现场管理费（固定）	○	×	×	○
13	总部管理费（可变）	√	○	○	○
14	总部管理费（固定）	√	○	×	○
15	融资成本（利息）	√	○	○	○
16	利润	○	√	○	√
17	机会利润损失	○	○	○	○

注：√表示一般情况下应包含；×表示不包含；○表示可含可不含，视具体情况而定。

索赔费用主要包括的项目如下。

1）人工费

人工费主要包括生产工人的工资、津贴、加班费、奖金等。对于索赔费用中的人工费部分来说，主要是指完成合同之外的额外工作所花费的人工费用；由于非承包人责任的工效降低所增加的人工费用；超过法定工作时间的加班费用；法定的人工费增长以及非承包人责任造成的工程延误导致的人员窝工费；相应增加的人身保险和各种社会保险支出等。在以下几种情况下，承包人可以提出人工费的索赔。

因业主增加额外工程，或因业主或工程师原因造成工程延误，导致承包人人工单价的上涨和工作时间的延长。

工程所在国法律、法规、政策等变化而导致承包人人工费用方面的额外增加，如提高当地雇佣工人的工资标准、福利待遇或增加保险费用等。

若由于业主或工程师原因造成的延误或对工程的不合理干扰打乱了承包人的施工计划，致使承包人劳动生产率降低，导致人工工时增加的损失，承包人有权向业主提出生产率降低损失的索赔。

2）材料费

可索赔的材料费主要包括：

- 由于索赔事项导致材料实际用量超过计划用量而增加的材料费；
- 由于客观原因导致材料价格大幅度上涨；
- 由于非承包人责任工程延误导致的材料价格上涨；
- 由于非承包人原因致使材料运杂费、采购与保管费用的上涨；
- 由于非承包人原因致使额外低值易耗品使用等。

在以下两种情况下，承包人可提出材料费的索赔：

- 由于业主或工程师要求追加额外工作、变更工作性质、改变施工方法等，造成承包人的材料耗用量增加，包括使用数量的增加和材料品种或种类的改变；
- 在工程变更或业主延误时，可能会造成承包人材料库存时间延长、材料采购滞后或采用代用材料等，从而引起材料单位成本的增加。

3）机械设备使用费

可索赔的机械设备费主要包括以下几项。

（1）由于完成额外工作增加的机械设备使用费。

（2）非承包人责任致使的工效降低而增加的机械设备闲置、折旧和修理费分摊、租赁费用。

（3）由于业主或工程师原因造成的机械设备停工的窝工费。机械设备台班窝工费的计算，如系租赁设备，一般按实际台班租金加上每台班分摊的机械调进调出费计算；如系承包人自有设备，一般按台班折旧费计算，而不能按全部台班费计算，因台班费中包括了设备使用费。

（4）非承包人原因增加的设备保险费、运费及进口关税等。

4）现场管理费

现场管理费是某单个合同发生的、用于现场管理的总费用，一般包括现场管理人员的费用、办公费、通信费、差旅费、固定资产使用费、工具用具使用费、保险费、工程排污费、供热、水及照明费等。它一般约占工程总成本的 5%～10%。索赔费用中的现场管理费是指承包人完成额外工程、索赔事项工作以及工期延长、延误期间的工地管理费。在确定分析索赔费用时，有时把现场管理费具体又分为可变部分和固定部分。所谓可变部分是指在延期过程中可以调到其他工程部位（或其他工程项目）上去的那部分人员和设施；所谓固定部分是指施工期间不易调动的那部分人员或设施。

5）总部管理费

总部管理费是承包人企业总部发生的、为整个企业的经营运作提供支持和服务所发生的管理费用，一般包括总部管理人员费用、企业经营活动费用、差旅交通费、办公费、通信费、固定资产折旧、修理费、职工教育培训费用、保险费、税金等。它一般约占企业总营业额的 3%～10%。索赔费用中的总部管理费主要指的是工程延误期间所增加的管理费。

6）利息

利息，又称融资成本或资金成本，是企业取得和使用资金所付出的代价。融资成本主要有两种：额外贷款的利息支出和使用自有资金引起的机会损失。只要因业主违约（如业主拖延或拒绝支付各种工程款、预付款或拖延退还扣留的保留金）或其他合法索赔事项直接引起了额外贷款，承包人有权向业主就相关的利息支出提出索赔。利息的索赔通常发生于下列情况。

（1）业主拖延支付预付款、工程进度款或索赔款等，给承包人造成较严重的经济损失，承包人因而提出拖付款的利息索赔。

（2）由于工程变更和工期延误增加投资的利息。

（3）施工过程中业主错误扣款的利息。

7）分包商费用

索赔费用中的分包费用是指分包商的索赔款项，一般也包括人工费、材料费、施工机械设备使用费等。因业主或工程师原因造成分包商的额外损失，分包商首先应向承包人提出索赔要求和索赔报告，然后以承包人的名义向业主提出分包工程增加费及相应管理费用索赔。

8）利润

对于不同性质的索赔，取得利润索赔的成功率是不同的。在以下几种情况下，承包人一般可以提出利润索赔：

- 因设计变更等变更引起的工程量增加；
- 施工条件变化导致的索赔；
- 施工范围变更导致的索赔；
- 合同延期导致机会利润损失；
- 由于业主的原因终止或放弃合同带来预期利润损失等。

9）其他

包括相应保函费、保险费、银行手续费及其他额外费用的增加等。

3. 索赔费用的计算方法

索赔值的计算没有统一、共同认可的标准方法，但计算方法的选择却对最终索赔金额影响很大，估算方法选用不合理容易被对方驳回，这就要求索赔人员具备丰富的工程估价经验和索赔经验。

对于索赔事件的费用计算，一般是先计算与索赔事件有关的直接费，如人工费、材料费、机械费、分包费等，然后计算应分摊在此事件上的管理费、利润等间接费。每一项费用的具体计算方法基本上与工程项目报价计算相似。

1）基本索赔费用的计算方法

（1）人工费。

人工费是可索赔费用中的重要组成部分，其计算方法为：

$$C(L) = CL1 + CL2 + CL3$$

其中，$C(L)$ 为索赔的人工费，$CL1$ 为人工单价上涨引起的增加费用；$CL2$ 为人工工时增加引起的费用；$CL3$ 为劳动生产率降低引起的人工损失费用。

（2）材料费。

材料费在工程造价中占据较大比重，也是重要的可索赔费用。材料费索赔包括材料耗用量增加和材料单位成本上涨两个方面。其计算方法为：

$$C(M) = CM1 + CM2$$

其中，$C(M)$ 为可索赔的材料费；$CM1$ 为材料用量增加费；$CM2$ 为材料单价上涨导致的材料费增加。

（3）施工机械设备费。

施工机械设备费包括承包人在施工过程中使用自有施工机械所发生的机械使用费，使用外单位施工机械的租赁费，以及按照规定支付的施工机械进出场费用等。索赔机械设备费的计算方法为：

$$C(E) = CE1 + CE2 + CE3 + CE4$$

其中，$C(E)$ 为可索赔的机械设备费；$CE1$ 为承包人自有施工机械工作时间额外增加费用，$CE2$ 为自有机械台班费率上涨费，$CE3$ 为外来机械租赁费（包括必要的机械进出场费），$CE4$ 为机械设备闲置损失费用。

（4）分包费。

分包费索赔的计算方法为：

$$C(S) = CS1 + CS2$$

其中，$C(S)$ 为索赔的分包费；$CS1$ 为分包工程增加费用，$CS2$ 为分包工程增加费用的相应管理费（有时可包含相应利润）。

（5）利息。

利息索赔额的计算方法可按复利计算法计算。至于利息的具体利率应是多少，可采用不同标准，主要有以下三种情况：按承包人在正常情况下的当时银行贷款利率；按当时的银行透支利率或按合同双方协议的利率。

（6）利润。

索赔利润的款额计算通常是与原报价单中的利润百分率保持一致。即在索赔款直接费的基础上，乘以原报价单中的利润率，即作为该项索赔款中的利润额。

2）管理费索赔的计算方法

在确定索赔事件的直接费用以后，还应提出应分摊的管理费。由于管理费金额较大，其确认和计算都比较困难和复杂，常常会引起双方争议。管理费属于工程成本的组成部分，包括企业总部管理费和现场管理费。我国现行建筑工程造价构成中，将现场管理费纳入到直接工程费中，企业总部管理费纳入间接费中。一般的费用索赔中都可以包括现场管理费和总部管理费。

（1）现场管理费。

现场管理费的索赔计算方法一般有两种情况。

① 直接成本的现场管理费索赔。对于发生直接成本的索赔事件，其现场管理费索赔额一般可按该索赔事件直接费乘以现场管理费费率，而现场管理费费率等于合同工程的现场管理费总额除以该合同工程直接成本总额。

② 工程延期的现场管理费索赔。如果某项工程延误索赔不涉及直接费的增加，或由于

工期延误时间较长，按直接成本的现场管理费索赔方法计算的金额不足以补偿工期延误所造成的实际现场管理费支出，则可按如下方法计算：用实际（或合同）现场管理费总额除以实际（或合同）工期，得到单位时间现场管理费费率，然后用单位时间现场管理费费率乘以可索赔的延期时间，可得到现场管理费索赔额。

（2）总部管理费。

目前常用的总部管理费的计算方法有：

按照投标书中总部管理费的比例（3%~8%）计算；

按照公司总部统一规定的管理费比率计算；

以工程延期的总天数为基础，计算总部管理费的索赔额。

对于索赔事件来讲，总部管理费金额较大，常常会引起双方的争议，常常采用总部管理费分摊的方法，因此分摊方法的选择甚为重要。主要有以下两种。

① 总直接费分摊法。

总部管理费一般首先在承包人的所有合同工程之间分摊，然后再在每一个合同工程的各个具体项目之间分摊。其分摊系数的确定与现场管理费类似，即可以将总部管理费总额除以承包人企业全部工程的直接成本（或合同价）之和，据此比例即可确定每项直接费索赔中应包括的总部管理费。总直接费分摊法是将工程直接费作为比较基础来分摊总部管理费。它简单易行，说服力强，运用面较宽。其计算公式为：

$$单位直接费的总部管理费率 = \frac{总部管理费总额}{合同期承包商完成的总直接费} \times 100\%$$

$$总部管理费索赔额 = 单位直接费的总部管理费率 \times 争议合同直接费$$

例如：某工程争议合同的实际直接费为 500 万元，在争议合同执行期间，承包人同时完成的其他合同的直接费为 2 500 万元，该阶段承包人总部管理费总额为 300 万元，则：

$$单位直接费的总部管理费 = \frac{300}{500 + 2\ 500} \times 100\% = 10\%$$

$$总部管理费索赔额 = 10\% \times 500 = 50\ 万元$$

总直接费分摊法的局限之处是：如果承包人所承包的各工程的主要费用比例变化太大，误差就会很大。如有的工程材料费、机械费比重大，直接费高，分摊到的管理费就多，反之亦然。此外如果合同发生延期且无替补工程，则延误期内工程直接费较小，分摊的总部管理费和索赔额都较小，承包人会因此而蒙受经济损失。

② 日费率分摊法。

日费率分摊法又称 Eichleay，得名于 Eichleay 公司一桩成功的索赔案例。其基本思路是按合同额分配总部管理费，再用日费率法计算应分摊的总部管理费索赔值。其计算公式为：

$$争议合同应分摊的总部管理费 = \frac{争议合同额}{合同期承包商完成的合同总额} \times 同期总部管理费总额$$

$$日总部管理费率 = \frac{争议合同应分摊的总部管理费}{合同履行天数}$$

$$总部管理费索赔额 = 日总部管理费率 \times 合同延误天数$$

例如：某承包人承包某工程，合同价为 500 万元，合同履行天数为 720 天，该合同实施过程中因业主原因拖延了 80 天。在这 720 天中，承包人承包其他工程的合同总额为 1 500 万元，总部管理费总额为 150 万元。则：

$$争议合同应分推的总部管理费 = \frac{500}{500+1500} \times 150 = 37.5（万/元）$$

$$日总部管理费率 = \frac{37.5}{720} = 520.8（元/天）$$

$$总部管理费索赔额 = 520.8 \times 80 = 41\ 664（元）$$

该方法的优点是简单、实用，易于被人理解，在实际运用中也得到一定程度的认可。存在的主要问题有：一是总部管理费按合同额分摊与按工程成本分摊结果不同，而后者在通常会计核算和实际工作中更容易被人理解；二是"合同履行天数"中包括了"合同延误天数"，降低了日总部管理费率及承包人的总部管理费索赔值。

从上可知，总部管理费的分摊标准是灵活的，分摊方法的选用要能反映实际情况，既要合理，又要有利。

3）综合费用索赔的计算方法

对于有许多单项索赔事件组成的综合费用索赔，可索赔的费用构成往往很多，可能包括直接费用和间接费用，一些基本费用的计算前文已叙述。从总体思路上讲，综合费用索赔主要有以下计算方法。

（1）总费用法。

总费用法的基本思路是将固定总价合同转化为成本加酬金合同，或索赔值按成本加酬金的方法来计算，它是以承包人的额外增加成本为基础，再加上管理费、利息甚至利润的计算方法。

总费用法的计算示例见表 9-4，供参考。

表 9-4 总费用法计算示例

序号	费用项目	金额/元
1	合同实际成本	
	1）直接费	
	（1）人工费	200 000
	（2）材料费	100 100
	（3）设备	20 000
	（4）分包商	900 000
	（5）其他	+100 000
	合计	1 500 000
	2）间接费	+160 00
	3）总成本［1）+2）］	1 660 00
2	合同总收入（合同价+变更令）	−1 440 000
3	成本超支（1−2）	200 00
	加：（1）未补偿的办公费和行政费	166 00
	（按总成本的 10%）	
	（2）利润（总成本的 15%+管理费）	273 00
	（3）利息	+40 000
4	索赔总额	699 900

　　总费用法在工程实践中用得不多，往往不容易被业主、仲裁员或律师等所认可，该方法的应用时应该注意以下几点。

　　① 工程项目实际发生的总费用应计算准确，合同生成的成本应符合普遍接受的会计原则，若需要分配成本，则分摊方法和基础选择要合理。

　　② 承包人的报价合理，符合实际情况，不能是采取低价中标策略后过低的标价。

　　③ 合同总成本超支全系其他当事人行为所致，承包人在合同实施过程中没有任何失误，但这一般在工程实践中是不太可能的。

　　④ 因为实际发生的总费用中可能包括了承包人的原因（如施工组织不善、浪费材料等）而增加了的费用，同时投标报价估算的总费用由于想中标而过低。所以这种方法只有在难以按其他方法计算索赔费用时才使用。

　　⑤ 采用这个方法，往往是由于施工过程上受到严重干扰，造成多个索赔事件混杂在一起，导致难以准确地进行分项记录和收集资料、证据，也不容易分项计算出具体的损失费用，只得采用总费用法进行索赔。

　　⑥ 该方法要求必须出具足够的证据，证明其全部费用的合理性，否则其索赔款额将不容易被接受。

　　（2）修正的总费用法。

　　修正的总费用法是对总费用法的改进，即在总费用计算的原则上，去掉一些不合理的因素，使其更合理。修正的内容如下。

　　① 将计算索赔款的时段局限于受到外界影响的时间，而不是整个施工期。

　　② 只计算受影响时段内的某项工作所受影响的损失，而不是计算该时段内所有施工工作所受的损失。

　　③ 与该项工作无关的费用不列入总费用中。

　　④ 对承包人投标报价费用重新进行核算：按受影响时段内该项工作的实际单价进行核算，乘以实际完成的该项工作的工作量，得出调整后的报价费用。

　　按修正后的总费用计算索赔金额的公式为：

　　　　索赔金额＝某项工作调整后的实际总费用－该项工作的报价费用（含变更款）

　　修正的总费用法与总费用法相比，有了实质性的改进，能够较准确地反映出实际增加的费用。

　　（3）分项法。

　　分项法是在明确责任的前提下，对每个引起损失的干扰事件和各费用项目单独分析计算索赔值，并提供相应的工程记录、收据、发票等证据资料，最终求和。这样可以在较短时间内给以分析、核实，确定索赔费用，顺利解决索赔事宜。该方法虽比总费用法复杂、困难，但比较合理、清晰，能反映实际情况，且可为索赔文件的分析、评价及其最终索赔谈判和解决提供方便，是承包人广泛采用的方法。分项法计算通常分以下三步。

　　① 分析每个或每类索赔事件所影响的费用项目，不得有遗漏。这些费用项目通常应与合同报价中的费用项目一致。

　　② 计算每个费用项目受索赔事件影响后的数值，通过与合同价中的费用值进行比较即可得到该项费用的索赔值。

　　③ 将各费用项目的索赔值汇总，得到总费用索赔值。分项法中索赔费用主要包括该项

工程施工过程中所发生的额外人工费、材料费、施工机械使用费、相应的管理费，以及应得的间接费和利润等。由于分项法所依据的是实际发生的成本记录或单据，所以在施工过程中，对第一手资料的收集整理就显得非常重要。

分项法计算示例见表 9-5。

表 9-5　分项法计算示例

序号	索赔项目	金额/元	序号	索赔项目	金额/元
1	工程延误	256 000	5	利息支出	8 000
2	工程中断	166 000	6	利润 （1+2+3+4）×15%	69 600
3	工程加速	16 000	7	索赔总额	541 600
4	附加工程	26 000			

表 9-6 中每一项费用又有详细的计算方法、计算基础和证据等，如因工程延误引起的费用损失计算参见表 9-5。

工程延误的索赔额计算示例见表 9-6。

表 9-6　工程延误的索赔额计算示例

序号	索赔项目	金额/元	序号	索赔项目	金额/元
1	机械设备停滞费	95 000	4	总部管理分摊	16 000
2	现场管理费	84 000	5	保函手续费、保险费增加	6 600
3	分包商索赔	4 500	6	合计	256 600

9.5　索赔管理

9.5.1　索赔管理的特点和原则

1. 索赔管理的特点

开展索赔工作，必须全面认识索赔，完整理解索赔，端正索赔动机，这样才能正确对待索赔，规范索赔行为，合理地处理索赔事件。因此，发包人、工程师和承包人应对索赔工作的特点有全面地认识和理解。索赔管理的特点有以下几点。

1）索赔工作贯穿于工程项目始终

合同当事人要做好索赔工作，必须从签订合同起，直至履行合同的全过程中，要注意采取预防保护措施，建立健全索赔业务的各项管理制度。

在工程项目的招标、投标和合同签订阶段，作为承包人应仔细研究工程所在国的法律、法规及合同条件，特别是关于合同范围、义务、付款、工程变更、违约及罚款、特殊风险、索赔时限和争议解决等条款，必须在合同中明确规定当事人各方的权利和义务，以便为将来可能的索赔提供合法的依据和基础。

在合同执行阶段，合同当事人应密切注视对方的合同履行情况，不断地寻求索赔机会；同时，自身应严格履行合同义务，防止被对方索赔。

一些缺乏工程承包经验的承包人，由于对索赔工作的重要性认识不够，往往在工程开始时并不重视，等到发现不能获得应当得到的偿付时才匆忙研究合同中的索赔条款，汇集所需要的数据和论证材料，但已经陷入被动局面；有的经过旷日持久的争执、交涉乃至诉诸法律程序，仍难以索回应得的补偿或损失，影响了自身的经济效益。

2）索赔是一门融工程技术和法律于一体的综合学问和艺术

索赔问题涉及的层面相当广泛，既要求索赔人员具备丰富的工程技术知识与实际施工经验，使得索赔问题的提出具有科学性和合理性，符合工程实际情况，又要求索赔人员通晓法律与合同知识，使得提出的索赔具有法律依据和事实证据，并且还要求在索赔文件的准备、编制和谈判等方面具有一定的艺术性，使索赔的最终解决表现出一定程度的伸缩性和灵活性。这就对索赔人员的素质提出了很高的要求，他们的个人品格和才能对索赔成功的影响很大。索赔人员应当是头脑冷静、思维敏捷、处事公正、性格刚毅且有耐心，并具有以上多种才能的综合人才。

3）影响索赔成功的相关因素多

索赔能否获得成功，除了以上所述的条件外，还与企业的项目管理基础工作密切相关，主要有以下4个方面。

（1）合同管理。合同管理与索赔工作密不可分，有的学者认为索赔就是合同管理的一部分。从索赔角度看，合同管理可分为合同分析和合同日常管理两部分。合同分析的主要目的是为索赔提供法律依据。合同日常管理则是收集、整理施工中发生事件的一切记录，包括图纸、订货单、会谈纪要、来往信件、变更指令、气象图表、工程照片等，并加以科学归档和管理，形成一个能清晰描述和反映整个工程全过程的数据库，其目的是为索赔及时提供全面、正确、合法有效的各种证据。

（2）进度管理。工程进度管理不仅可以指导整个施工的进程和次序，而且可以通过计划工期与实际进度的比较、研究和分析，找出影响工期的各种因素，分清各方责任，及时地向对方提出延长工期及相关费用的索赔，并为工期索赔值的计算提供依据和各种基础数据。

（3）成本管理。成本管理的主要内容有编制成本计划、控制和审核成本支出、进行计划成本与实际成本的动态比较分析等，它可以为费用索赔提供各种费用的计算数据和其他信息。

（4）信息管理。索赔文件的提出、准备和编制需要工程施工中的各种信息，这些信息要在索赔时限内高质量地准备好，离开了当事人平时的信息管理是不行的，应该采用计算机进行信息管理。

2. 索赔应遵循以下原则

（1）客观性原则。合同当事人提出的任何索赔要求，首先必须是真实的。合同当事人必须认真、及时、全面地收集有关证据，实事求是地提出索赔要求。

（2）合法性原则。当事人的任何索赔要求，都应当限定在法律和合同许可的范围内。没有法律上或合同上的依据不要盲目索赔，或者当事人所提出的索赔要求至少不为法律所禁止。

（3）合理性原则。索赔要求应合情合理，一方面要采取科学合理的计算方法和计算基础，真实反映索赔事件所造成的实际损失，另一方面也要结合工程的实际情况，兼顾对方的利益，不要滥用索赔，多估冒算，漫天要价。

9.5.2　反索赔

在国际通用的合同条件中，对施工合同双方都赋予合理地向对方索赔的权利，以维护经济利益受损害一方的正当经济利益。反索赔的概念是相对于索赔提出的。依据国际工程承包商施工的惯例，一般把承包商向业主提出的索赔叫做施工索赔或费用与工期索赔；而把业主向承包商提出的索赔要求叫做反索赔。

反索赔与索赔一样，都必须依据合同条款和工程实际发生的情况，有理有据地进行，而绝不是胡乱狡辩和随意地讨价还价或漫天要价。

1. 反索赔的含义及作用

1）反索赔的含义

反索赔（Count Claim），顾名思义就是反驳、反击或防止对方提出的索赔，不让对方索赔成功或全部成功。对于反索赔的含义一般有两种理解：一是认为承包人向业主提出补偿要求即为索赔，而业主向承包人提出补偿要求则认为是反索赔；二是认为索赔是双向的，业主和承包人都可以向对方提出索赔要求，任何一方对对方提出的索赔要求的反驳、反击则认为是反索赔。

2）反索赔的作用

反索赔与索赔具有同等重要的地位，其作用主要表现在以下几个方面。

（1）减少或预防损失的发生。由于合同双方利益不一致，索赔与反索赔又是一对矛盾，如果不能进行有效的、合理的反索赔，就意味着对方索赔获得成功，则必须满足对方的索赔要求，支付赔偿费用或满足对方延长工期、免于承担误期违约责任等要求。因此，有效的反索赔可以预防损失的发生，即使不能全部反击对方的索赔要求，也可能减少对方的索赔值，保护自己正当的经济利益。

（2）一次有效的反索赔不仅会鼓舞工程管理人员的信心和勇气，有利于整个工程的施工和管理，也会影响对方的索赔工作，使对方的索赔工作受到合理的"打击"。相反的，如果不进行有效的反索赔，则是对对方索赔工作的默认，会使对方索赔人员的"胆量"越来越大，被索赔者会在心理上处于劣势，处于被动挨打地位，丧失工作中的主动权。

（3）做好反索赔工作不仅可以全部或部分否定对方的索赔要求，使自己免于损失，而且可以从中重新发现索赔机会，找到向对方索赔的理由，有利于自己摆脱被动局面，变守为攻，能达到更好的反索赔效果，并为自己索赔工作顺利开展提供帮助。

（4）反索赔工作与索赔一样，也要进行合同分析、事态调查、责任分析、审查对方索赔报告等工作，既要有反击对方的合同依据，又要有事实证据，离开了企业平时良好的基础管理工作，反索赔同样也是不能成功的。因此，有效的反索赔有赖于企业科学、严格的基础管理；反之，正确开展反索赔工作，也会促进和提高企业基础管理工作的水平。

2. 反索赔内容

反索赔的工作内容可包括两个方面：一是防止对方提出索赔；二是反击或反驳对方的索赔要求。

1）防止对方提出索赔

要成功地防止对方提出索赔，应采取积极防御的策略。

（1）严格履行合同中规定的各项义务，防止自己违约，并通过加强合同管理，使对方找不到索赔的理由和根据，使自己处于不能被索赔的地位；

（2）如果在工程实施过程中发生了干扰事件，则应立即着手研究和分析合同依据，收集证据，为提出索赔或反击对手的索赔做好两手准备；

（3）体现积极防御策略的常用手段是先发制人，首先向对方提出索赔。

2）反击或反驳对方的索赔要求

如果对方先提出了索赔要求或索赔报告，则自己一方应采取各种措施来反击或反驳对方的索赔要求。常用的措施如下。

（1）抓住对方的失误，直接向对方提出索赔，以对抗或平衡对方的索赔要求，达到最终解决索赔时互作让步或互不支付的目的。

（2）反击或反驳对方的索赔报告。针对对方的索赔报告，进行仔细、认真的研究和分析，找出理由和证据，证明对方索赔要求或索赔报告不符合实际情况和合同规定、没有合同依据或事实证据、索赔值计算不合理或不准确等问题，反击对方不合理的索赔要求或索赔要求中的不合理部分，推卸或减轻自己的赔偿责任，使自己不受或少受损失。

反击或反驳索赔报告，即根据双方签订的合同及事实证据，找出对方索赔报告中的漏洞和薄弱环节，以全部或部分否定对方的索赔要求。一般来说，对于任何一份索赔报告，总会存在这样或那样的问题，因为索赔方总是从自己的利益和观点出发，所提出的索赔报告或多或少会存在诸如索赔理由不足、引用对自己有利的合同条款、推卸责任或转移风险、扩大事实根据甚至无中生有、索赔证据不足或没有证据及索赔值计算不合理、漫天要价等问题。如果对这样的索赔要求予以认可，则自己会受到经济损失，也有失公正、公平、合理原则。因此，对对方提出的索赔报告必须进行全面、系统的研究、分析、评价，找出问题，反驳其中不合理的部分，为索赔及反索赔的合理解决提供依据。

对对方索赔报告的反驳或反击，一般可从以下几个方面进行。

① 索赔意向或报告的时限性。审查对方在干扰事件发生后，是否在合同规定的索赔时限内提出了索赔意向或报告，如果对方未能及时提出书面的索赔意向和报告，则将失去索赔的机会和权利，对方提出的索赔则不能成立。

② 索赔事件的真实性。索赔事件必须是真实可靠的，符合工程实际状况，不真实、不肯定或仅是猜测甚至无中生有的事件是不能提出索赔的，索赔当然也就不能成立。

③ 干扰事件原因、责任分析。如果干扰事件确实存在，则要通过对事件的调查，分析事件产生的原因和责任归属。如果事件责任是由于索赔者自己疏忽大意、管理不善、决策失误或因其自身应承担的风险等造成，则应由索赔者自己承担损失，索赔不能成立；如果合同双方都有责任，则应按各自的责任大小分担损失。只有确定属于自己一方的责任时，对方的索赔才能成立。在工程承包合同中，业主和承包人都承担着风险，甚至承包人的风险更大些。如凡属于承包人合同风险的内容，如一般性干旱或多雨、一定范围内的物价上涨等，业主一般不会接受这些索赔要求。根据国际惯例，凡是遇到偶然事故影响工程施工时，承包人有责任采取力所能及的一切措施，防止事态扩大，尽力挽回损失。如确有事实证明承包人在当时未采取任何措施，业主可拒绝承包人要求的损失补偿。

④ 索赔理由分析。索赔理由分析就是分析对方的索赔要求是否与合同条款或有关法规一致，所受损失是否属于不应由对方负责的原因所造成。反索赔与索赔一样，要能找到对自

已有利的法律条文或合同条款，才能推卸自己的合同责任，或找到对对方不利的法律条文或合同条款，使对方不能推卸或不能全部推卸其自身的合同责任，这样可从根本上否定对方的索赔要求。

⑤ 索赔证据分析。索赔证据分析就是分析对方所提供的证据是否真实、有效、合法，是否能证明索赔要求成立。证据不足、不全、不当，没有法律证明效力或没有证据，索赔是不能成立的。

⑥ 索赔值审核。如果经过上述的各种分析、评价，仍不能从根本上否定对方的索赔要求，须对索赔报告中的索赔值进行认真细致的审核，审核的重点是索赔值的计算方法是否合情合理，各种取费是否合理、适度，有无重复计算，计算结果是否准确等。值得注意的是，索赔值的计算方法多种多样且无统一的标准，选用一种对自己有利的计算方法，可能会使自己获利不少。因此，审核者不能沿着对方索赔计算的思路去验证其计算是否正确无误，而是应该设法寻找一种既合理又对自己有利的计算方法，去反驳对方的索赔计算，剔除其中的不合理部分，减少损失。

案例 11　某承包人通过投标获得一项工业厂房的施工合同，他是按招标文件中介绍的地质情况以及标书中的挖方余土可用作道路基础垫层用料而计算的标价。工程开工后，发现挖出土方潮湿易碎，不符合路基垫层要求，承包人怕被指责施工质量低劣而造成返工，不得不将余土外运，并另外运进路基填方土料。为此，承包人提出了费用索赔。

但工程师经过审核认为：投标报价时，承包人承认考察过现场，并已了解现场情况，包括地表以下条件、水文条件等，认为换土纯属承包人自己的事，拒绝补偿任何费用。承包人则认为这是业主提供的地质资料不实所造成。工程师则认为：地质资料是正确的，钻探是在干季进行，而施工时却处于雨季期，承包人应当自己预计到这一情况和风险，仍坚持拒绝索赔，认为事件责任不在业主，此项索赔不能成立。

3. 反索赔的种类和具体内容

依据工程合同的惯例和实践，常见的业主反索赔种类和具体内容主要如下所述。

1）工程质量缺陷反索赔

对于工程承包合同，都严格规定了工程质量标准，有严格细致的技术规范和要求。因为工程质量的好坏直接与业主的利益和工程的效益紧密相关。业主只承担直接负责设计所造成的质量问题，监理工程师虽然对承包商的设计、施工方法、施工工艺工序以及对材料进行过批准、监督、检查，只负间接责任，但并不能因而免除或减轻承包商对工程质量应负的责任。在工程施工过程中，承包商所使用的材料或设备不符合合同规定或工程质量不符合施工技术规范和验收规范的要求，或出现缺陷而未在缺陷责任期满之前完成修复工作，业主均有权追究承包商的责任，并提出由承包商所造成的工程质量缺陷所带来的经济损失的反索赔。

常见的工程质量缺陷表现如下。

（1）由承包商负责设计的部分永久工程和细部构造，虽然经过监理工程师的复核和审查批准，仍出现了质量缺陷或事故。

（2）承包商的临时工程或模板支架设计安排不当，造成了施工后的永久工程的缺陷。

（3）承包商使用的工程材料和机械设备等不符合合同规定和质量要求，从而使工程质量产生缺陷。

（4）承包商施工的分项分部工程，由于施工工艺或方法问题，造成严重开裂、下挠、倾斜等缺陷。

（5）承包商没有完成按照合同条件规定的工作或隐含的工作，如对工程的保护和照管、安全及环境保护等。

对于工程质量所出现的缺陷，若承包商没按监理工程师的要求进行修补或返工，监理工程师可以拒绝签发月工程进度付款证书，业主可以暂停支付工程款。在缺陷责任期内，若承包商不修复由其造成的工程缺陷，业主和监理工程师有权雇用其他承包商来修理缺陷，所需款项可从保留金中支出（并扣回承包商的款项）。另外，业主向承包商提出工程质量缺陷的反索赔要求时，往往不仅仅包括工程缺陷所产生的直接经济损失，也包括该缺陷带来的间接经济损失。比如，承包商修建的桥梁工程，在交工验收时发现栏杆和照明灯具不符合合同中的规定，业主不仅提出修复和更换的直接费用损失要求，还提出由于更换栏杆和灯具而造成桥梁的推迟开通运营而造成的过桥费收入的损失的补偿要求。

2）拖延工期反索赔

依据土木工程施工承包合同和 FIDIC 合同条件规定，承包商必须在合同规定的时间内完成工程的施工任务。如果由承包商的原因造成不可原谅的完工日期拖延，则影响到业主对该工程的使用和运营生产计划，从而给业主带来了经济损失。按 FIDIC 合同条件第 46 条和第 47 条规定，业主有权向承包商索取"延期损失赔偿金"。此项业主的索赔，并不是业主对承包商的违约罚款，而只是业主要求承包商补偿延期完工给业主造成的经济损失。承包商则应按签订合同时双方约定的赔偿金额以及拖延时间长短向业主支付这种赔偿金，而不再需要去寻找和提供实际损失的证据去详细计算。对于大中型土木工程项目，延长工程的竣工期限是经常发生的事，一旦发生施工进度计划被打乱，施工的实施进度落后于计划进度，就应该分析原因，划清工程进度滞后的责任。若由于客观原因，如山洪暴发、地震或工人罢工等，则为可原谅的延期，监理工程师和业主应给予承包商正当的延长工期，而不给予经济补偿；若由于业主原因延误工期，如征地拆迁延误、供电不足等，承包商可向业主索赔延长工期和补偿费用；若查明是由于承包商原因拖延工期，如开工迟缓、开工不足、人员组织搭配不善等，业主和监理工程师有权警告承包商加快工程进度或提出索赔要求。有关对承包商拖期损失赔偿金的具体计算和规定数额，一般在各具体的工程合同中都有规定，每延期完工一天，应赔偿一定款额的损失赔偿费。比如广东省的公路桥梁项目合同，一般都规定承包商延期完工一天，要向业主支付 5 000～10 000 元不等的延期违约损失补偿金。在有些情况下，延期损失补偿金若按该工程项目合同价的一定比例计算，若在整个工程完工之前，监理工程师已经对一部分工程颁发了移交证书，则对整个工程所计算的延误补偿金数量应给予适当的减少。

3）经济担保的反索赔

经济担保是国际工程承包活动中的不可缺少部分，担保人要承诺在其委托人不适当履约的情况下代替委托人来承担赔偿责任或原合同所规定的权利与义务。在工程项目承包施工活动中，常见的经济担保有预付款担保和履约担保等，下面分别予以阐述。

（1）预付款担保反索赔　预付款是指在合同规定开工前或工程价款支付之前，由业主预付给承包商的款项。预付款通常包括调遣预付款、设备预付款和材料预付款。预付款实质上是业主向承包商发放的无息贷款。对预付款的偿还，施工合同中都规定承包商必须对预付款提供等额的经济担保。若承包商不能按期归还预付款，业主就可以从相应的担保款额中取得补偿，这实际上是业主向承包商的索赔。另外，由于承包商的过失给业主的材料设备或人员造成了伤亡，业主也有权要求承包商给予补偿；若由于承包商严重违约，给业主造成重大的经济损失，用预付款担保亦不足以补偿业主的损失时，业主还可行使留置权，留置承包商在工程现场的材料、设备、施工机械及临时工程等财产以作补偿。这些措施是为了保护业主的利益，同时也是对承包商如期履约的一个督促。

（2）履约担保反索赔　履约担保是承包商和担保方为了业主的利益不受损害而作的一种承诺，担保承包商按施工合同所规定的条件进行工程施工。履约担保有银行担保和担保公司担保的方法，以银行担保较常见。担保金额一般为合同价的 10%~20%。担保期限为工程竣工期或缺陷责任期满。

当承包商违约或不能履行施工合同时，持有履约担保文件的业主，可以很方便地在承包商的担保人的银行中取得经济补偿。一般业主在向担保人索要金额之前及时通知承包商，给予承包商改正错误的机会，并为促使履行合同及正常进展工程着想，而不是乱用履约担保金的权利，去威胁承包商，这对于工程的开展是有害的。

4）保留金的反索赔

保留金的作用是对履约担保的补充形式。一般的工程合同中都规定有保留金的数额，为合同价的 5% 左右，FIDIC 合同条件第 60 条也有相应规定。保留金是从应支付给承包商的月工程进度款中扣下一笔合同价百分比的基金，由业主保留下来，以便在承包商一旦违约时直接补偿业主的损失。所以说保留金也是业主向承包商索赔的手段之一。保留金一般应在整个工程或规定的单项工程完工时退还保留金款额的 50%，最后在缺陷责任期满后再退还剩余的 50%。

5）业主其他损失的反索赔

依据合同规定，除了上述业主的反索赔外，当业主在受到其他由于承包商原因造成的经济损失时，业主仍可提出反索赔要求。比如：由于承包商的原因，在运输施工设备或大型预制构件时损坏了旧有的道路或桥梁；承包商的工程保险失效，给业主造成损失等。总之，业主的反索赔面也较广泛，业主要运用反索赔的权利保护自身利益并促使工程三大目标的实现，承包商应注意做好自己的工作，以尽量减少和避免业主反索赔。

4. 业主的反索赔方法

业主向承包商索赔的合同条款，比承包商向业主索赔的合同条款少得多。原因是业主在工程承包合同中处于主动地位，工程款支付多少，是否支付，只要由监理工程师认证承包商违约，业主就可直接从应付给承包商的工程进度款中扣除，可通知承包商，亦可不通知承包商。因此，承包商一方面要踏踏实实干好工程，防止失误和违约造成业主的反索赔；另一方面，要对业主可以运用的合同条件中的索赔条款予以了解。下面分别予以介绍。

（1）承包商未按合同要求办理任何保险或办理保险失效，业主可以直接去办理相关的保险并保持其有效，然后从应付给承包商的款项中扣回。

例如，某工程项目，依据合同规定，承包商办理了工程保险和第三方责任险，共支付了两百万元的保险金额。因所选择的保险公司不当，在工程还在进展过程中，该保险公司因资不抵债而破产。之后，业主又到另外的保险公司去办理了保险，交付了保险金，这笔保险金则要从承包商那里扣回。

（2）承包商应采取一切合理的措施，防止承包商或分包商在运输工程材料、设备或临时工程设施的过程中损害已有的道路或桥梁。除非合同另有规定，为了便利承包商的设备或临时工程的运输，承包商应自费加固旧有道路或桥梁。若在运输过程中对旧有道路或桥梁造成不必要的损害或损伤，承包商应负责赔偿，并不因此伤害业主的利益。有些情况发生后，也可由监理工程师和业主与承包商三方协商讨论，确属承包商的失误造成，可由业主先出旧有道路与桥梁的损失赔款，然后再从应付或将付给承包商的款项中扣除。

（3）当承包商没按合同规定时间、地点准备好供检查和检验的工程材料或设备，或检查检验不合格时，监理工程师有权拒收这些材料或设备。如果需要重复检查或检验时，所需的费用应由承包商支付。若承包商拒付，业主可从应付或将付给承包商的款项中扣除，监理工程师应书面通知承包商。

（4）如果承包商一方不遵守监理工程师的指示，将不合格的工程材料或设备从工程现场运走，以及将不合格的工程返工，业主有权雇用其他人执行该项指示并向其支付有关费用。然后由监理工程师通知承包商，确定由此造成的或伴随产生的全部费用，由业主从承包商处扣回。

（5）由于承包商原因造成工程进度太慢，在监理工程师发出警告后，承包商可以采取措施加快工程进度。由于承包商原因而采取加速施工的措施，导致业主付出任何额外的监理费用等，业主可以从承包商处扣款以得到补偿，有关款额可由监理工程师通知承包商。

（6）由于承包商原因未能在合同规定的全部工程竣工期限完成整个工程，则承包商应向业主支付投标书附件中写明的金额作为拖期违约损害赔偿金，此项金额可从工程结算款中由业主扣回，并不需要通知承包商。

（7）承包商未在合理的时间内执行监理工程师的指示，在缺陷责任期内及时修补工程缺陷的话，业主有权雇用其他人从事该修补工作并给予报酬。若经过监理工程师认为该项工作按合同规定应由承包商自费进行，则业主雇用他人产生的费用可由业主向承包商索赔，或由业主从其应支付或将要支付给承包商的款项中扣除，监理工程师应书面通知承包商，并将副本留给业主。

（8）承包商在未能证明有正当的理由扣留或拒付给指定分包商的工程款项时，业主有权据监理工程师的证明，直接向该指定的分包商支付指定分包合同中已规定的而承包商未曾向该指定分包商支付的费用，并以冲账方式从业主应付或将付给承包商的任何款项中将此款扣回。

（9）当承包商严重违约时，经过业主和监理工程师的一再警告而不能继续进展工程时，业主有权终止对承包商的雇佣，进驻工程现场并尽快查清施工、竣工及修补任何缺陷的费用，进行清算。若承包商应得款额还不足以偿还业主已支付给他的款额，则应视为承包商欠业主的应付债务。业主有权进行索赔，讨要款项。

（10）在施工期或缺陷责任期内，若发生与工程相关的紧急维修或抢救工作时，承包商无能力或不愿意立即进行此类工作时，业主有权雇用其他人员去从事该项工作并付出有关费用。如果监理工程师认为该项工作本应由承包商自费进行，其他人员去从事该项工作并由业主付出有关费用，可由业主将该抢救或维修工程的费用向承包商索赔，或从应付或将付给承包商的款项中扣回。

（11）当发生特殊风险而导致合同终止时，在业主按监理工程师的认证，向承包商支付了应支付的任何费用外，亦有权要求承包商偿还任何有关承包商的设备、材料和工程设备的预付款未结算余额，以及其他承包商应偿还业主的金额，并由监理工程师向承包商发出通知。

5. 业主防止和减少索赔的措施

在国际间的建设工程施工承包合同中，发生索赔与反索赔的事情是很正常的。但由于索赔与反索赔事件容易引发合同争端，给工程项目进展带来了不必要的麻烦与困难。由此可知，在合同履行中，业主、监理工程师和承包商三方都应采取积极措施，尽量预防和减少索赔事件的发生。下面从业主的角度，阐述业主方处理和预防索赔的责任，以及应采取的预防索赔措施。

业主是工程承包合同的主导方，关键问题的决策要由业主掌握。监理工程师受业主的信任和委托，代表业主管理工程。因此，若业主和监理工程师都积极主动地采取预防措施，防止和避免一些不必要事件发生，将会大大减少索赔争端。依据工程承包合同实际情况和 FIDIC 合同条件，业主和监理工程师能采取的措施如下。

1）业主和监理工程师预防索赔的措施

（1）由于意外风险和不可预见的地下条件发生的索赔事件，业主和监理工程师要加强工程的风险意识，及早了解自然界和社会的风险来源的可能性，尽早采取措施，防患于未然。对于 FIDIC 合同条款所指工程遇到不可预见的不良地质或人为阻碍情况最好是在设计及招标阶段，尽可能将地质情况及地下障碍的资料收集齐，工程进展中还可及时补充地质调查研究情况。及早采取措施，搞好地下管线拆迁工作，以免延误工程。勘察设计工作本身要做细，资料要齐全，尽量避免因设计出错而影响工程施工。

（2）由于工程变更引起索赔，若监理工程师本身不是设计者，应尽量避免设计变更。作为业主若提出变更，尽可能使监理方发出变更指令时，向承包商说明支付方式，取得协商一致意见，并在申报月进度工程款时予以支付，避免工程变更的价格调整款变成索赔款。

（3）不要随意下达工程停工令干扰施工。有的业主随意要求增减工程或改变作业顺序，或不及时提供工程材料及必要的施工条件，从而引起工程进度延误。业主应该采取措施，保证和加强良好施工环境与条件的创造，尽量避免工程延期而引起索赔。

（4）避免由于业主违约引起的索赔。监理工程师要及时地为业主做好参谋，及时提醒业主，搞好征地拆迁，让设计单位按合同规定准时交图，及时支付工程进度款，以免给承包商造成工程流动资金不足的困难。若长期大量拖付工程款，势必迫使承包商投入新的流动资金，或向银行贷款，引起工程成本增加，从而导致承包商的费用索赔。

（5）严格控制工程范围。因为工程范围的变化，可能会引起工程投资失控，也会引起设计图纸、技术规范、施工工期等一系列的变化，都会引发索赔事件发生。为了避免索赔事件发生，就要求监理工程师的工作认真、细致和准确，基本上做到按投标文件施工；同时也要求业主不要轻易发出改变施工的指令，以免形成"可推定的工程变更"，导致承包商的索赔。

（6）应迅速及时处理好合同争端。在工程进展过程中，若出现业主和承包商双方的合同争端，业主首先要心平气和地与监理工程师一起，和承包商协商解决争端。争端的及时处理和解决，会有助于工程的顺利进展，也避免了许多不必要的索赔事件发生。

（7）避免由于监理工程师失误和其他原因出现的索赔，如果发生监理工程师的指令错误而使工程受阻或损失，会非常严重地影响监理工程师的威信。因此，监理工程师必须严守职业道德，加强自身业务能力，严格把关，谨慎处事，兢兢业业，踏踏实实，切不可粗心大意，使业主的利益受到影响，并在预防和避免索赔事件发生方面起积极作用。

　　2）业主和监理工程师减少索赔的措施

　　在大型的土木工程施工过程中，如公路工程或独立大桥、隧道工程、水利工程等，不发生一例索赔事件是不可能的。一旦发生了索赔事件，业主和监理工程师则应公正对待并处理索赔事件，并尽可能减少索赔所发生的款额。下面依据 FIDIC 合同条件进行讨论分析。

　　（1）根据 FIDIC 第 17.3 条的索赔的处理。根据国际土木工程建设经验，因此条提出的索赔，由未知情况及地下障碍提出的索赔数额并不大，其中机械闲置而引起的费用索赔占一大部分。因此，当未知情况及障碍突然发生时，驻地工程师最好的方法是鼓励承包商计划干其他工作，以便在必须停一部分工作时，仍有其他工作可做，另外要毫不拖延地与承包商就解决问题和有关的费用达成协议，如果办不到的话，应该发出工程变更命令，并确定付款数额。

　　（2）据 FIDIC 第 13 条，工程变更引起索赔。承包商对监理工程师提出的就变更或增加工作所定的费用数额觉得少了，便提出索赔要求。这种索赔要求往往是对费用多少发生争执，使索赔几乎不可避免。这时，监理工程师在定价格时，要从多方面予以慎重考虑，不应偏高或偏低，并应与业主和承包商反复协商再决定。

　　从减少工程变更的原因来看，可能主要在于标书和合同文件的不健全，进而导致一些工程变更及索赔。

　　（3）因工程延期而引起的索赔。据 FIDIC 合同文件中一些条款均可提出工期索赔，对此监理工程师及驻地监理工程师要特别注意。

　　因合同文件出错一项，经验表明：不论合同文件是否由专业的人员拟定，几乎所有的文件都会出错，此种文件出错的有关支出额较大，应早日更正；若导致了承包商的额外支出费用，在经监理工程师证明合理后，业主应支付承包商索赔款项。

　　（4）因图纸迟交或测量资料不准引起索赔会影响工程师和监理组织的声誉和威信。一般来讲，这类索赔应尽可能避免，必要时监理工程师可请设计人员前往工地。监理工程师要使用合格负责的测量员。资料交付与承包商后，要有记录并保证准确性。

　　（5）有关样品与试验，工程揭露与开孔等引起的索赔，若监理工程师下令承包商做合同中未列明的事项时，这种索赔要求不能完全避免。但一般情况，若承包商的工作情况都令人满意，则应使这种命令保持较少的次数。

　　（6）工程的中断或由于业主的延误而引起费用的索赔，这种索赔往往数额很大，监理工程师和驻地监理程师应慎重处理。如果中断工程由业主引起的原因可以预见，监理工程师当用计划调整来加以避免。若这种原因不可预知又发生了，监理工程师便应采取以下适当措施以减少因业主延误而引起的支出：

- 尽可能缩短阻延的时间；
- 设法尽快把闲置的机具和人员转到其他工作上去；
- 若有可能，工程师还可立即发出变更令。

　　综上所述，若要避免或减少索赔，监理工程师应尽早开始对监理工作进行准备，最好在合同谈判前就能着手准备。并应尽可能使自己熟悉有关工地及环境，工程进度计划，合同文件及附件，承包商的情况及招标投标等所有事务。业主也可在许多方面发挥积极和主导作用，尽量避免和减少索赔。

案例分析

一、基本案情

某建筑公司（乙方）于某年 5 月 28 日签订了建筑面积为 6 100 m² 工业厂房的施工合同。乙方编制的施工方案和进度计划已获监理工程师批准。该工程的基坑开挖土方量 4 500 m³，假设单价为 10 元/m³，该基坑施工方案规定：土方工程采用租赁一台斗容量为 1 m³ 的反铲挖掘机施工（租赁费 500 元/台班）。甲乙双方合同约定 7 月 11 日开工，7 月 20 日完工。在实际施工中发生了如下几项事件，并且在规定的时间内提出了索赔要求：

事件 1　因租赁的挖掘机延期到施工现场，晚开工 4 天，造成人员窝工 20 个工日。

事件 2　施工过程中，因遇到了不良地质土层，接到监理工程师 7 月 15 日停工的指令，进行地质复查，配合用工 30 个工日。

事件 3　7 月 19 日接到监理工程师于 7 月 20 日复工令，同时提出基坑开挖深度加深 3 m 的设计变更通知单，由此增加土方开挖量 900 m³。

事件 4　7 月 20 日至 7 月 22 日，因下了百年不遇的特大暴雨迫使基坑开挖暂停，造成人员窝工 20 个工日。

事件 5　7 月 23 日用 40 个工日修复冲坏的供电主干线，致使基坑开挖暂停，7 月 24 日恢复基坑开挖工作，最终基坑于 7 月 30 日开挖完毕。

问题：

1. 上述哪些事件建筑公司可以向甲方要求索赔？哪些事件不可以向甲方要求索赔？并说明原因。

2. 每项事件工期索赔各是多少天？总计工期索赔多少天？

3. 假设人工费单价为 20 元/工日，则合理的费用索赔总额是多少？

4. 简答编写索赔文件有哪些基本要求？　（均不考虑管理费）

二、案例评析

问题 1：

事件 1　不能提出索赔要求，因为租赁的挖掘机大修延迟开工，属承包商的责任；

事件 2　可提出索赔要求，因为地质条件变化属于业主应承担的责任；

事件 3　可提出索赔要求，因为这是由设计变更引起的；

事件 4　可提出索赔要求，因为百年不遇的特大暴迫使停工，需推迟工期；

事件 5　可提出索赔要求，因为修复冲坏的供电主干线，是业主的责任。

问题 2：

事件 2　可索赔工期 5 天（15—19 日）；

事件 3　可索赔工期 2 天 900 m³/(4 500 m³÷10)＝2 天；

事件 4　可索赔工期 3 天（20—22 日）；

事件 5　可索赔工期 1 天（23 日）；

小计：可索赔工期 11 天 [5+2+3+1=11（天）]

问题 3：

事件 2　人工费：30×20＝600（元）

机械闲置费：500×5＝2 500(元)　　(15—19 日因为机械闲置)

事件 3　900×10＝9 000(元)

事件 4　人工费：40×20＝800(元)

　　　　机械闲置费：500×1＝500 元　　(因为机械闲置 1 天)

问题 4：

可索赔费用总额为：9 270 元

$$600+2\ 500+9\ 000+800+500=13\ 400$$

问题 5：

编写索赔文件有以下基本要求：符合实际；说服力强；计算准确；简明扼要。

本章小结

本章主要介绍索赔的基本概念、工程索赔的作用、索赔的处理与解决、工期索赔、费用索赔、索赔管理等相关内容。

本章重点是索赔的处理与解决、工期索赔和费用索赔。

本章难点是索赔的处理与解决。

思考题

1. 什么是工程索赔？索赔有哪些特征？索赔管理有哪些特点？
2. 索赔的分类有哪些？
3. 索赔的原因与依据有哪些？
4. 开展索赔工作有哪些作用？
5. 在施工合同履行过程中，承包商可以提出的索赔事件有哪些？
6. 索赔的证据包括哪些内容？索赔证据有哪些基本要求？
7. 可索赔费用的组成有哪些？不允许索赔的费用有哪些？
8. 造成工程延期的非承包商原因有哪些？
9. 索赔管理的特点有哪些？
10. 什么是反索赔？它的作用是什么？
11. 监理工程师如何预防和减少索赔事件的发生？

第 10 章　工程合同的争议处理与实务

✏ **本章导读**

本章介绍了工程合同争议产生的主要原因，工程建设过程中常见的几种合同争议，以及工程合同争议的四种解决方式：和解、调解、仲裁和诉讼，10.1 节介绍工程合同争议的产生原因，10.2 节介绍工程合同的常见争议，10.3 节介绍工程合同争议的解决方式。其中，工程合同的常见争议在结合相关工程合同案例的基础上，通过综合运用本门课程的相关理论与知识，进行了全面深入的分析与讲解。

10.1　工程合同争议的产生原因

在工程合同订立及履行过程中，合同双方发生纠纷屡见不鲜。导致合同双方当事人发生纠纷的原因很多，但综合起来，主要有以下几个方面。

1. 建设工程涉及的工作内容广泛而复杂

建设工程活动涉及勘察、设计、咨询、物资供应、施工安装、竣工验收、缺陷维护等全过程，有的工程项目还涉及设备采购、设备安装及调试、试车投产、人员培训、运营管理等工作内容。所有这些工作的责任和权利都要在合同中明确规定，并得到各方严格履行而不发生任何异议，显然是很困难的。

2. 建设工程合同一般履行时间很长

在合同履行过程中，建设工程外部环境及发包人意愿很可能发生变化，这会导致工程变更和合同当事人履约困难，从而引起工程合同的争议与纠纷。

3. 合同各方的利益期望值相悖

需要指出的是，在工程项目招投标与合同签订期间，发包人和承包人的期望值并不一致，发包人希望尽可能将合同价格压低并得到严格执行，而承包人为了获得夺标机会，虽然在价格上做出了让步，但寄希望于在执行合同过程中通过其他途径获得额外补偿。这种在项目初期的期望值的差异，为以后工程合同的全面履行埋下了隐患。

10.2　工程合同的常见争议

工程合同争议，是指工程合同当事人对合同条款的理解产生异议或因当事人违反合同约定，不履行合同中应承担的义务等原因而产生的纠纷。工程合同纠纷主要是由于目前建筑市场不规范、建设法律法规不完善、市场主体行为不规范、合同意识和诚信意识薄弱等原因导致的，但常见的争议有以下几个方面。

10.2.1　工程价款支付主体争议

建设单位无端拖欠工程款，几乎是所有施工企业难以忘怀的锥心之痛。往往出现工程的发包人并非工程真正的建设单位，不具备工程价款的支付能力，在此情况下，承包人应理顺关系，寻找真正的工程权利人，以保证合法权利不受侵害。

案例 1　1992 年 12 月 26 日，上海某建设发展公司（下称 A 公司）受上海某商厦筹建处（下称筹建处）委托，并征得市建委施工处、市施工招标办的同意，与某建筑公司签订了《某商厦工程施工承包合同》。施工内容包括该商厦的土建、装饰、水电及室外等工程，同时，合同就工程开竣工时间、工程造价及调整、预付款、工程量的核定确认和工程验收、决算等均作了具体约定。

合同签订后，建筑公司即按约组织施工，于 1996 年 12 月 28 日竣工，并在 1997 年 4 月 3 日通过上海市建设工程质量监督总站的工程质量验收。1997 年 11 月，建筑公司与筹建处就工程总造价进行决算，确认该工程总决算价为人民币 50702440 元；之后，经过工程结算和建筑公司不懈地催讨，至 1999 年 2 月 9 日止，A 公司尚欠建筑公司工程款人民币 950 万元。

经查，该商厦的实际业主为某上市公司（下称 B 公司），且已于 1995 年 12 月 14 日取得上海市外销商品房预售许可证。1999 年 7 月，建筑公司即以 A 公司为施工合同的发包人，B 公司为该商厦的所有人为由，将两公司作为共同被告向人民法院提起诉讼，要求二公司承担连带清偿责任。

庭审中，A、B 公司对于 950 万元的工程欠款均无任何异议。但 A 公司辩称：A 公司为代理筹建处发包，并于 1993 年 12 月致函建筑公司，施工合同委托方的名称已改为筹建处；之后，建筑公司一直与筹建处发生联系，事实上已承认了施工合同发包人的主体变更。同时 A 公司证实，筹建处为某局发文建立，并非独立经济实体，且筹建处资金来源于 B 公司。所以，A 公司不应承担支付 950 万元工程款项的义务。

B 公司辩称：B 公司与建筑公司无法律关系。施工合同的发包人为 A 公司；工程结算为建筑公司与筹建处间进行，与 B 公司不存在任何法律上的联系；筹建处有"筹建许可证"，系独立经济实体，应当独立承担民事责任。虽然 B 公司取得了预售许可，但 B 公司的股东已发生变化，故现在的公司对以前公司股东的工程欠款不应承担民事责任。庭审上，B 公司向法庭出示了一份"筹建许可证"，以证明筹建处依法登记至今未撤销。

建筑公司认为，A 公司虽接受委托，与建筑公司签订了施工合同，但征得了市建委施工处、市施工招标办的同意，该施工合同应当有效。而它作为施工合同的发包人，理应承担民事责任。而经查实，筹建处未经上海市工商行政管理局注册登记，它不具备主体资格，所以无法取代 A 公司在施工合同中的甲方地位。对于 B 公司，虽非施工合同的发包人，但他实际上已取得了该物业，是该商厦的所有权人，为真正的发包人，依法有承担支付工程款项的责任。

一审法院对原、被告出具的施工合同、筹建许可证、预售许可证及相关函件等证据进行了质证，认为，A 公司实质上为建设方的代理人，合同约定的权利义务应由被代理人承担，并判由 B 公司承担支付所有工程欠款的责任。

10.2.2　工程价款结算争议

尽管施工合同中已列出了工程量，约定了合同价款，但实际施工中会有很多变化。对于这些变化，承包人通常在其每月的工程进度款报表中列出，但工程师常因不同意见而拒绝或拖延支付。在整个施工过程中，发包人在按进度支付工程款时往往会根据工程师的意见，扣除那些他们未予确认的工程量或存在质量问题的已完工程的应付款项。日积月累，这种未付款项累积起来有时会形成一笔很大的金额，使双方之间的争议会越来越大。

案例 2　某房地产开发有限公司（下称房地产公司）与某建筑集团有限公司（下称建筑公司）于 2001 年 9 月签订了一份《施工协议》，双方约定由建筑公司完成房地产公司开发建设的某小区 C#楼工程 3 个单元的具体施工工作，并对承包内容、承包范围、工期、质量以及结算方式等相关内容进行了明确约定。协议签订后建筑公司如期施工，但没有完成约定的全部工程量。工程竣工后由于双方对工程款如何结算达不成一致意见，房地产公司没有按期给付建筑公司工程款，导致建筑公司以拖欠工程款为由将房地产公司诉到了法院。

房地产公司诉如下。

（1）其当时与建筑公司签订《施工协议》时，由于是要在冬季施工，施工队伍不好找，迫于形势其才与对方签订了包干价高于建筑公司依其相应资质等级计取价费的《施工协议》。

（2）双方约定包干价的同时也约定了包干价包含的各子项内容，由于建筑公司未完成全部包干内容，故不应以约定的包干价来计算其已完成工作量的工程价款，而应以建筑公司实际完成的工程量结合其相应的资质等级来核定其应收取的工程价款。

（3）因建筑公司未按协议约定完成工程承包的内容，并且由于其没有按照协议约定按时完成自己承包的工程量，直接导致了整个工程的工期延误，给房地产公司造成了很大损失，对此损失建筑公司应予赔偿。

建筑公司辩称：《施工协议》约定的内容是双方真实意思的表示，并且该协议是合法有效的，故应以协议约定的包干价标准来计算工程款，在此基础上只是对自己未完成部分的包干内容不再计价而已。

此案双方争执的焦点问题在建筑公司没有按《施工协议》完成包干工程量的情况下，双方最终应以什么标准来结算工程款？法院经过全面审查后认为，双方在协议中虽然约定了包干价，但同时也约定了包干价所包含的各项子内容，由于建筑公司没有按约定完成全部包干内容，故应以建筑公司完成的实际工作量来计价；同时，法院委托有关工程造价机构对建筑公司实际完成的工程量结合其相应的资质等级核定涉诉工程的实际造价。由于鉴证造价远远低于建筑公司的诉讼标的额，此案最终由建筑公司撤诉而结案。

10.2.3　工程款拖欠争议

案例 3　某建筑工程公司（下称 A 公司）于 1995 年 7 月 14 日与本市某房地产开发公司（下称 B 公司）签订了《建设工程施工合同》。双方约定：A 公司承建位于该市自流井区尚义灏花园的某栋住宅楼工程（下称 C 工程）；工程价款按 90 定额结算，总工期为 195 天。C

工程于 1996 年 3 月 15 日开工至 1997 年 4 月 25 日竣工并经验收，于同年 4 月 29 日被评定为优良工程。1998 年 6 月 22 日，A 公司和 B 公司共同对该工程进行了竣工结算，确定工程总造价为 1 366 149.84 元。从合同签订到工程竣工验收期间，B 公司先后向 A 公司支付工程款 734 379 元，供应建筑材料折价款 474 930.84 元，共计支付工程款 1 209 309.84 元，尚欠工程款 156 840 元。在协商偿还欠款不成的情况下，A 公司根据所签合同中的相关仲裁条款，向该市仲裁委员会提起仲裁，要求 B 公司支付所欠工程款 156 840 元及利息若干。B 公司辩称：所欠工程款属实，但不同意支付利息；住宅楼存在渗漏等质量问题。庭审中，A 公司对 B 公司所提出的住宅楼渗漏问题进行了适当处理。仲裁庭审理认为，A 公司与 B 公司所签订的《建设工程施工合同》合法有效，应受法律保护；依照《中华人民共和国合同法》相关规定，B 公司应当给付所欠工程款，并支付愈期付款的利息。最后，仲裁庭做出如下裁决：B 公司给付 A 公司工程款 156 840 元，并补偿愈期付款的利息 19 532.55 元；限 B 公司一个月内付清全部欠款，仲裁费用由 B 公司负担。

本案系建设工程施工合同纠纷，案情清楚，仲裁员依据最高人民法院《关于适用〈中华人民共和国合同法〉若干问题的解释（一）》，限制了 B 公司在合同履行中的抗辩权的滥用是准确、必要的。如果 B 公司再继续无理拖欠工程款，则应适用《中华人民共和国合同法》第二百八十六条"发包人未按约定支付价款的，承包人可催告发包人在合理期限内支付价款。发包人逾期不支付的，除按建设工程性质不宜折价拍卖的以外，承包人可与发包人协议将该工程折价，也可申请法院将该工程依法拍卖。建设工程价款就该工程折价或拍卖的价款优先受偿。"这样工程款拖欠者将得不偿失。相应的，如果承包人不尽工程质量担保义务，则也应适用第二百八十一条、第二百八十二条"因施工人的原因致使建设工程质量不符合约定的，发包人有权要求施工人在合理期限内无偿修理或返工、改建。经修理或返工、改建后，造成逾期交付的，施工人应承担违约责任。因承包人的原因致工程在合理期限内造成人身和财产损害的，承包人应承担损害赔偿的责任。"这就是权利义务的对等。

10.2.4 工程工期拖延争议

工期延误往往是由于错综复杂的原因造成的，要分清各方的责任往往十分困难。在合同条件中发包人一般要求承包人承担工程的逾期竣工违约责任，而承包人则经常因为诸多发包人及不可抗力的原因提出顺延工期的要求，而且承包人还就工期的延长要求发包人承担停窝工的损失。

案例 4 某大型公共道路桥梁工程，跨越平原区河流。桥梁所在河段水深经常在 5 m 以上，河床淤泥层较深。工程采用 FIDIC 标准合同条件，中标合同价为 7 825 万美元，工期 24 个月。工程建设开始后，在桥墩基础开挖过程中，发现地质情况复杂，淤泥深度比文件资料中所述数据大得很多，岩基高程较设计图纸高程降低 3.5 m。咨询工程师多次修改施工图纸，而且推迟交付图纸。因此，在工程将近完工时，承包商提出索赔，要求延长工期 6.5 个月，补偿附加开支约 3 645 万美元。

业主与咨询工程师对该工程进行了分析，原来据业主自行计算，工程造价为 8 350 万美元，工期 24 个月，承包商为了中标，将造价报为 7 825 万美元，报价偏低（8 350−7 825）＝525 万美元，工期仍为 24 个月。根据实际情况来看，该工程实际所需工期为 28 个月，造价约为 9874 万美元。本来 9 874－8 350＝1 524（万美元）为承包商可以索赔的上限，但在投标中承包商少报了 525 万美元，可视为承包商自愿放弃。因此，1 524－525＝999（万美元）为目前承包商可以索赔的上限，工期补偿为 28－24＝4（个月）。承包商工期超过合同工期 6.5 个月，其中 2.5 个月应当由业主反索赔，根据原合同，承包商每逾期一天的"误期损害赔偿金"为 9.5 万美元。

经业主与承包商反复洽商，最后达成索赔与反索赔协议：

- 业主批准给承包商支付索赔款 999 万美元，批准延长工期 4 个月；
- 承包商向业主支付误期损害赔偿款 9.5×76＝722（万美元）；
- 索赔款与反索赔款两相抵偿后，业主一次向承包商支付索赔款 277 万美元。

10.2.5　工程质量争议

质量方面的争议包括工程中所用材料不符合合同约定的技术标准要求，提供的设备性能和规格不符，或者不能生产出合同规定的合格产品，或者是通过性能试验不能达到规定的产量要求，施工和安装有严重缺陷等。这类质量争议在施工过程中主要表现为：工程师或发包人要求拆除和移走不合格材料，或者返工重做，或者修理后予以降价处置。对于设备质量问题，则常见于在调试和性能试验后，发包人不同意验收移交，要求更换设备或部件，甚至退货并赔偿经济损失。而承包人则认为缺陷是可以改正的，或者业已改正；对生产设备质量则认为是性能测试方法错误，或者制造产品所投入的原料不合格或者是操作方面的问题等。

案例 5　上海某装潢设计公司与日本客户盐某于 2005 年 10 月签订了装修合同，由装潢公司对盐某购买别墅房进行室内装修，总价款 36 万元，承包方式为：包工包料。工期：2005 年 10 月 10 日至 2006 年 1 月 15 日共计 75 天；合同签订后开工前 3 天内支付 40%装修款，施工过程中水、电、管线隐蔽工程通过验收支付 35%装修款，工期过半油漆工进场前支付 20%装修款，工程竣工验收支付余款。盐某于合同签订后施工前支付了 40%的工程款 144000 元。2005 年 11 月初隐蔽工程通过验收，盐某支付了 35%的工程款 126 000 元。之后盐某以资金紧张为由一直拖欠后续款项。施工过程中盐某有项目增加，故工程到 2006 年 2 月 2 日结束，但盐某拒绝验收，并以装修存在质量问题为由拒绝支付余款 9 万及项目增加项目款 16 万元，共计 25 万元。同年 3 月盐某入住别墅。装潢公司多次催讨无果后诉讼至法院，盐某收到诉状后提起反诉，认为装修存在质量问题。

在法院庭审过程中，双方就争议的焦点进行了辩论，同时诉讼中盐某申请工程质量鉴定。法院经审理认为，装潢公司履行了双方签订的装修合同，对于施工过程中增加的项目，盐某应当确认其相关费用，并合理延长工期。对于装修工程中存在的质量问题，由于盐某没有依据合同及时验收，故应当允许装潢公司在质量保修内及时修复。法院判决支持装修公司价款支付请求，同时要求进行工程整改，并驳回业主质量赔偿要求。

10.2.6　工程质量保修金争议

保修期内的缺陷修复问题及保修金的支付问题往往是发包人和承包人争议的焦点，特别是发包人要求承包人修复工程缺陷而承包人拖延修复，或发包人未经通知承包人就自行委托第三人对工程缺陷进行修复。在上述第二种情况下，发包人要在预留的保修金中扣除相应的修复费用，而承包人则主张产生缺陷的原因不在承包人或发包人未履行通知义务且其修复费用未经其确认而不予同意。

案例 6　2000 年 6 月 18 日、2001 年 3 月 23 日、2001 年 5 月 31 日，徐州万裕房地产开发有限公司（下称万裕公司）与泰州市建设工程有限公司（下称泰州工程公司）签订了三份施工合同，约定由泰州工程公司负责万裕公司万裕风情园办公楼、门面房、一期商店 1 号楼、2 号楼及 B、C 型公寓的建筑施工及水电安装，合同对房屋建筑工程质量保修问题进行了约定。合同签订后，泰州工程公司进行了施工并已交付使用。其中，万裕风情园商业店面（南楼）于 2001 年 4 月 17 日竣工验收；万裕风情园商业店面（北楼）于 2001 年 4 月 27 日竣工验收，万裕风情园商业店面 C 楼（花店），于 2001 年 10 月 11 日竣工验收；万裕风情园办公楼于 2002 年 4 月 26 日竣工验收；酒店公寓 10 号—B 型于 2002 年 6 月 19 日竣工验收；酒店公寓 12 号—B 型于 2002 年 6 月 19 日竣工验收；酒店公寓 14 号—B 型于 2002 年 6 月 19 日竣工验收；酒店公寓 16 号—B 型于 2002 年 6 月 19 日竣工验收；酒店公寓 18 号—B 型于 2002 年 6 月 19 日竣工验收；酒店公寓 20 号—B 型于 2002 年 6 月 19 日竣工验收；酒店公寓 22 号—C 型于 2002 年 6 月 19 日竣工验收。

上述工程竣工验收时的等级均为优良，工程总造价为 16 106 713.33 元，按照双方合同约定预留的保修金为 483 201 元，其中屋面防水工程、有防水要求的卫生间、房间和外墙面防渗漏的保修期未满。2005 年 1 月 5 日泰州工程公司起诉到法院，要求万裕公司返还到期质保金 443 201 元。

以上事实，有双方当事人的当庭陈述，泰州工程公司提交的建设工程施工合同三份、徐州天华会计师事务所的审核报告三份、企业法人营业执照、单位工程竣工验收证明书 11 份、屋面应扣保修金的计算清单，万裕公司提交的修缮工程预算书、保修通知、照片等证据予以证实。

法院经审理认为，首先，本案涉及的所有工程经徐州市质量监督部门会同有关单位进行了综合验收，结论为优良工程。双方当事人对于按照合同约定预留的保修金数额无异议，但对于泰州工程公司要求返还到期保修金的诉讼请求，万裕公司以房屋存在质量问题予以抗辩，但其只向法院提交了部分照片，万裕公司主张工程在使用过程中存在的质量问题，不能推翻质检部门对工程质量等级的认定。根据本案查明的事实，泰州工程公司施工的工程已竣工验收并交付使用，即使工程在使用过程中出现质量问题，也应当依照建筑工程保修的有关规定进行处理。因此，万裕公司关于房屋存在质量问题，保修金不应返还的主张，证据不足，法院不予采信。

其次，万裕公司提出房屋存在质量瑕疵需要维修及未到保修期部分的维修问题。双方可以按照合同约定由泰州工程公司履行保修义务，如果泰州工程公司未履行保修义务，万裕公司可以自行维修并提供其实际支付维修金的票据，在预留的保修金中予以扣除。万裕公司虽提交了修缮工程预算书，但未提交实际发生维修费用的票据，因此，其主张已自行维修的证据不足，导致法院无法从预留的保修金中扣除该费用。

再次，关于应该返还保修金的数额。双方合同约定预留的保修金为 483 201 元，其中屋面防水工程、有防水要求的卫生间、房间和外墙面防渗漏的保修期未满，因双方合同只约定按照施工合同价的 3% 预留保修金，未对具体需要保修的部位分别约定保修金数额。对于泰州工程公司主张的未到期保修金数额，万裕公司虽然对该数字有争议，但未提供具体的计算依据及数字。在此种情况下，法院根据泰州工程公司提供的计算清单及诉讼请求，在扣除未到期的保修金后，判决万裕公司返还泰州工程公司到期质保金 443 201 元。万裕公司主张地基基础工程和主体结构部份未到保修期，保修金最快应在五年后返还，因此该部分费用现在不应返还。我国《建筑法》及《房屋建筑工程质量保修办法》均规定，我国实行房屋建筑工程质量保修制度。其中，地基基础工程和主体结构工程的保修期限，为设计文件规定的该工程的合理使用年限。该规定是法律强制性规定，要求承包人必须确保地基基础工程和主体结构质量在建筑物合理使用寿命内不能出现问题，这是承包人依照法律规定必须履行的工程质量保证义务，否则就必须承担民事责任。如果万裕公司认为泰州工程公司施工的地基基础工程和主体结构存在质量问题，可以在建筑物设计使用年限内要求泰州工程公司按照上述法律规定履行保修义务，但不能因此拒绝返还该部分保修金，其主张应于五年后返还，亦无法律依据，法院不予采纳。

10.2.7 合同中止及终止争议

合同中止造成的争议有：承包人造成的损失得不到足够的补偿，发包人对承包人提出的费用补偿计算有异议；承包人因设计错误或应付工程款被拖欠而提出中止合同时，发包人不承认承包人提出的中止理由，也不同意承包人的补偿要求等。

合同终止一般都会给某一方或者双方造成严重的损害；除不可抗力外，任何终止合同的争议往往是难以调和的矛盾造成的。如何合理处置合同终止后双方的权利和义务，往往是这类争议的焦点。合同终止可能有以下几种情况。

（1）属于承包人责任引起的终止合同。例如，发包人认为并证明承包人不履约，承包人严重拖延工程进度并证明已无能力履行合同等。发包人可能宣布终止合同，或将承包人逐出现场，并要求承包人赔偿工程终止造成的损失；而承包人则维护自己的权益，要求取得其已完工程的付款，补偿其已运到现场的材料、设备和各种设施的费用，还要求发包人赔偿其各项经济损失，并退还被扣留的银行保函等。

（2）属于发包人责任引起的终止合同。例如，发包人不履约、严重拖延应付工程款并被证明已无力支付欠款，发包人破产或无力清偿债务，发包人严重干扰或阻碍承包人的工作等等。在这种情况下，承包人可能宣布终止合同，并要求发包人赔偿其因合同终止而遭受的损失。

（3）由于不可抗力而使任何一方不得不终止合同。尽管一方可以引用不可抗力宣布终止合同，但如果另一方对此有不同看法，或者合同中没有明确规定这类终止合同的后果处理办法，双方应通过协商处理，若达不成一致则按争议处理方式申请仲裁或诉讼。

（4）由于一方的自身需要而非对方的过失，要求终止合同。这种情况基本上发生在工程开始的初期，而且要求终止合同的一方通常会认识到并且会同意给予对方适当补偿，但是仍然可能在补偿范围和金额方面发生争议。例如，在发包人因自身原因要求终止合同时，可能会承诺给承包人补偿的范围只限于其实际损失，而承包人可能要求还应补偿其失去承包其他工程机会而遭受的损失和预期利润。

案例 7 某市建筑工程公司与 A 娱乐公司签订了一份建筑歌舞厅的建设工程承包合同。

合同约定：由建筑公司包工包料建一座 3 层高、建筑面积为 1 405 m² 的歌舞厅，工程造价为 230 万元，工期为一年。当第一层建设至一半时，A 娱乐公司不能按期支付工程进度款，建筑公司被迫停工。在停工期间，A 娱乐公司被 B 公司收购。B 公司根据市场行情，决定将正在建设的歌舞厅改建成保龄球城，不仅重新进行设计，而且与某国家级建筑公司重新签订了建设工程承包合同，同时欲解除原建设工程承包合同。在协议解除原建设工程承包合同时，双方因工程欠款及停工停建等损失问题未能达成一致意见。至此，市建筑公司已停工 8 个月。为追回工程欠款，要求 B 公司赔偿损失，市建筑公司起诉到法院，法院判决 B 公司赔偿损失。

因为 B 公司收购了 A 公司，所以 B 公司应承接 A 公司原订合同的权利与义务，并承担 A 公司因拖欠工程款而导致的在建工程停工损失。B 公司变更原设计导致工程停建，依法应当承担给市建筑公司造成的损失。《合同法》第二百八十四条规定，"因发包人的原因致使工程中途停建、缓建的，发包人应当采取措施弥补或者减少损失，赔偿承包人因此造成的停工、窝工、倒运、机械设备调迁、材料和构件积压等损失和实际费用"。因此，B 公司首先应当采取措施弥补或减少建筑公司的损失，将积压的材料和构件按实际价值买回；其次，按已完工的工程量结算工程价款；第三，赔偿市建筑公司的停工损失，如支付停工期间的工人工资等；第四，赔偿因中途停建而发生的实际费用，如机械设备调迁的费用等；第五，支付合同约定的一方单方提前解除合同的违约金。

10.2.8　诉讼时效争议

案例 8　2006 年 1 月至 7 月，某房地产公司向某阀门公司先后采购数批阀门，供货完成后出具结算书一份，确认货款总额为 98.68 万元，约定当年 10 月底前付款。同年 11 月 7 日，房地产公司向阀门公司支付了部分款项，剩余 53.18 万元未付。2010 年 9 月，阀门公司以拖欠货款 53.18 万元未付为由，将房地产公司告上法庭，请求法院判令房地产公司给付欠款 53.18 万元及利息。

庭审中，房地产公司主张阀门公司诉称的买卖关系发生在 2006 年，业已超过诉讼时效，依法丧失胜诉权，请求法庭驳回阀门公司的诉讼请求。2011 年 2 月 25 日，法院做出一审判决，以阀门公司起诉时已超过诉讼时效，其提交的证人证言不能证明发生过诉讼时效中断的情形，阀门公司未在法定期限内依法行使诉权而丧失胜诉权为由，驳回了阀门公司的诉讼请求。

诉讼时效是指民事权利受到侵害的权利人在法定的时效期间内不行使权利，当时效期间届满时，人民法院对权利人的权利不再进行保护的制度。在法律规定的诉讼时效期间内，权利人提出请求的，人民法院就强制义务人履行所承担的义务。诉讼时效适用于请求权，如果超过一定期间不行使权力，就会导致丧失"胜诉权"。而在法定的诉讼时效期间届满之后，权利人行使请求权的，人民法院就不再予以保护。当事人超过诉讼时效后起诉的，人民法院受理后查明无中止、中断、延长事由的，判决驳回其诉讼请求。

《民法通则》第一百三十五条规定，向人民法院请求保护民事权利的诉讼时效期间为两年，法律另有规定的除外。一般民事债权（比如工程款、材料款、设备租赁款）的诉讼时效即为两年。这个两年的时效，对绝大多数企业的应收款都至关重要，上述案例的阀门公司，就是因为起诉时超过两年的诉讼时效而被判决驳回起诉。

按照法律规定，诉讼时效从请求成立之日起计算；诉讼时效可因提起诉讼、当事人一方提出要求或者同意履行义务而中断，即可以因为起诉、请求或认诺行为导致时效中断，使已经经过的时效期间归零，诉讼时效期间重新起算。"电话催讨"或"当面催讨"不容易形成法律上的证据，达不到诉讼时效中断的后果。

工程实践证明：工程合同的争议呈现逐步上升并愈演愈烈趋势，这是建筑市场不规范，各种主客观原因综合形成，不以人的意志为转移。因此，合同双方都应该高度重视、密切关注并研究解决争议的对策，从而促使合同争议尽快合理地解决。

10.3　工程合同争议的解决方式

《合同法》第一百二十八条规定：当事人可以通过和解或者调解解决合同争议。《仲裁法》第 49 条规定：仲裁庭在作出裁决前，可以先行调解。《民事诉讼法》第 85 条对调解也有规定：人民法院审理民事案件，根据当事人自愿的原则，在事实清楚的基础上，分清是非，进行调解。从上面这些法律的规定，可以看出，合同纠纷是可以通过和解或调解解决的。

当事人不愿和解、调解或者和解、调解不成的，可以根据仲裁协议向仲裁机构申请仲裁，或当没有订立仲裁协议或者仲裁协议无效时，可以向人民法院起诉。当事人应当履行发生法律效力的判决、仲裁裁决、调解书；拒不履行的，对方可以请求人民法院强制执行。

在我国，合同争议解决的方式主要有和解、调解、仲裁和诉讼四种。

10.3.1　和解

1. 和解的概念

和解是指在合同当事人发生争议后，合同当事人在自愿互谅基础上，依照法律、法规的规定和合同的约定，就已经发生的争议进行谈判并达成协议，自行解决争议的一种方式。和解是一种解决合同争议的最常见、最简便、最有效、最经济的方式。所以，发生合同争议后，应当提倡双方当事人进行广泛的、深入的协商，争取通过和解解决争议。

2. 通过和解解决争议的注意要点

（1）坚持原则。在工程合同争议的协商过程中，双方当事人要杜绝损害国家利益、社会公共利益及自身利益的行为，尤其是对解决合同争议中的行贿受贿行为，要进行揭发、检举，积极追究违约方的违约责任。

（2）分清责任。当事人双方要以充分的证据材料和相应的合同条款作为处理争议的法定依据，实事求是地分析争议产生的原因，不能一味地推卸责任，否则，不利于争议的解决。

（3）公平合理、平等互利。合同中双方的权利和义务是对等的，处理纠纷同样要坚持权利和义务的平衡。对于履行了合同义务的部分，应当坚持获得偿付的权利；对于自己履行义务中的缺陷，应当主动予以改善，切忌采取"蛮不讲理"的态度；当双方理解不一致时，应耐心解释，必要时借助国际惯例予以说明，使对方容易接受和采纳。

（4）做好谈判解决纠纷的各项准备。首先，要准备谈判解决纠纷所需的各项证明材料。

承包人应当提交有说服力的索赔清单，并附有其合同依据和计算依据，包括施工记录、往来函件、文件图纸以及工程师的书面指示等。其次，要准备有妥协余地的预备方案。任何谈判协商过程都是相互妥协的过程，即使每一项具体主张都是有根有据和合法合理的，也需要在适当的时候作出一定让步，以换取对方的妥协解决。尽管让步可能使经济利益局部受到损害，但比较采取其他解决纠纷方式的费时、费事和费钱，也许还是有利的。

（5）进行多层次协商。先进行低层次谈判，再逐步扩展到高层次协商。凡是能在工程现场商定的问题，尽可能就地协商解决。不能在工程现场解决的问题，可以与业主代表或有关部门讨论解决。最后才是双方高层次的正式协商与谈判，以解决重大问题的纠纷。这种多层次的协商与谈判，可以促使对方低层人员说服其上层人员，并使高层次谈判有一定的回旋余地。

（6）注意把握和解的技巧。首先要诚实信用，以理相待，不使用过激的或模棱两可的语言，处处表现出宽容和善意。其次在协商时，一定要抓主要矛盾，争取解决合同争议的主要问题。另外，在某些情况下还要注意"得理让人"，对非原则问题，可以做一些必要的让步，以使对方当事人感到诚意，便于问题的解决。

（7）利用中间人进行说服工作。通过中间人斡旋，往往可以避免谈判桌上的过早摊牌，各方还可通过他们传递妥协退让意图，寻求对方妥协让步的可能性。

（8）及时解决。如果谈判达成谅解，应及时将谈判结果写成书面文件，并经双方正式签署，以便合同纠纷能够顺利解决。如果双方当事人在协商过程中出现僵局，争议迟迟得不到解决时，就不应该继续坚持和解解决的办法，在此情况下，应当及时采取其他方法解决合同争议。

10.3.2 调解

1. 调解的概念

调解是指在合同当事人发生争议后，在第三人的参加与主持下，通过查明事实、分清是非和说服劝导等方式，使争议双方互谅互让，自愿达成解决方案，从而公平、合理地解决纠纷的一种方式。调解方式具有方法灵活，程序简便，节省时间和费用，缓和争议双方矛盾的特点。

调解的基础是双方自愿，因而调解能否成功必须依赖于双方的善意和同意。当争议涉及重大经济利益或双方严重分歧时，这种方式的效果非常有限。

2. 调解方式的种类

调解是通过第三者进行的，这里的"第三者"可以是仲裁机构及法院，也可以是仲裁机构及法院以外的其他组织和个人。因参与调解的第三者不同，调解的性质也就不同。就一般而言，调解主要有下列几种。

1）仲裁机构调解

仲裁机构调解是指争议双方将争议事项提交仲裁机构后，由仲裁机构依法进行的调解。仲裁机构在接受争议当事人的仲裁申请后，仲裁庭可以先行调解；如果双方达成调解协议，仲裁庭即制作调解书并结束仲裁程序；如果达不成调解协议，仲裁庭应当及时做出裁决。《仲裁法》规定：调解达成协议的，仲裁庭应当制作调解书或者根据协议的结果制作裁决书。

2）法院调解

法院调解又称司法调解，是指在合同争议的诉讼过程中，在法院的主持和协调下，双方当事人进行平等协商，自愿达成协议，并经法院认可从而终结诉讼程序的活动。调解书经双方当事人签收后，即发生法律效力，当事人不得反悔，必须自觉履行。调解未达成协议或者调解书签收前当事人一方或双方反悔的，调解即告终结，法院应当及时判决。调解书发生法律效力后，如果一方不履行时，另一方当事人可以向人民法院申请强制执行。

3）专门机构调解

工程合同发生争议后，根据双方当事人的申请，在有关专门机构的主持下，双方自愿达成协议，解决合同争议。专门机构一般是一方或双方当事人的业务主管部门，或者是国家或地方的调解服务机构。该机构根据争议当事人的意愿，按照该机构的调解规则或当事人商定的调解规则，居间公正地进行调解。

4）其他民间组织和个人调解

除了仲裁机构、法院或者专门机构调解外，其他任何组织和个人都可以对合同争议进行调解。这种调解可以制作书面的调解协议，也可以是双方当事人口头达成的调解协议。无论是书面的还是口头的调解协议，均没有法律约束力，靠当事人自觉履行，以双方当事人的信誉、道德良心，以及调解人的人格力量、威望等来保证履行。

律师和专业人士具有一定的专业知识和法律水平，熟悉政策与规范，有利于说服当事人，有可能使合同双方的争议在更加合乎法律和情理的情况下解决。

10.3.3　仲裁

1. 仲裁的概念及特点

仲裁是指由合同双方当事人自愿达成仲裁协议、选定仲裁机构，由仲裁机构对合同争议依法作出裁决的解决合同争议的方法。在我国境内履行的工程合同，双方当事人申请仲裁的，适用 1995 年 9 月 1 日起施行的《中华人民共和国仲裁法》。仲裁具有如下特点。

（1）仲裁的方式灵活。仲裁的灵活性表现在合同争议双方有许多选择的自由，只要是双方事先达成协议的，基本上都能得到仲裁庭的尊重，这包括双方当事人可以事先约定提交仲裁的争议范围，以此决定仲裁庭的管辖和裁决范围；双方可以事先选择适用的法律、仲裁机构、仲裁规则和仲裁地点及仲裁程序所使用的语文等；双方可以自己选择仲裁员，许多仲裁机构备有仲裁员名单，他们都是有关方面的专家、学者，有利于争议案件得到准确、公正的处理。

（2）仲裁的保密程度高。仲裁程序一般都是保密的，仲裁程序从开始到终结的全过程中，双方当事人和仲裁员及仲裁机构的案件管理人员都负有保密的责任。除非双方当事人一致同意，仲裁案件的审理并不公开进行，不允许旁听或者采访，这非常适合于涉及商业秘密或者当事人不愿意因处理争议而影响日后商业信誉和活动的案件。

（3）仲裁的效率高，费用低。仲裁裁决是终局的，它不像法院判决那样往往要进行二审，甚至再审，从而有利于争议的快速解决，节省时间和减少费用。

2. 仲裁的原则

（1）独立公正原则。仲裁机构一般多为民间性质，它只能根据双方当事人的仲裁协议或仲裁条款受理案件。《仲裁法》第十四条规定，仲裁委员会独立于行政机关，与行政机关没有隶属关系，仲裁委员会之间也没有隶属关系。各个仲裁机构应该严格地依照法律和事实独立地对合同争议进行仲裁，作出公正的裁决，保护当事人的合法利益。

（2）意思自治原则。仲裁必须是完全自愿的，这种自愿原则体现在许多方面，例如，是否选择仲裁的方式解决争议，选择哪一个仲裁机构进行仲裁，仲裁是否公开进行，在仲裁的过程中是否要求调解、是否进行和解、是否撤回仲裁申请，等等，都是由当事人自愿决定的，并且应该得到仲裁机构的尊重。任何仲裁机构或临时仲裁庭对案件的管辖权完全来自双方当事人的授权。如果双方当事人同意选择仲裁的方式解决争议，必须用书面的形式将这一意愿表达出来，即应在争议发生前或后达成仲裁协议。没有书面的仲裁协议，仲裁机构就无权受理对该争议的解决。

（3）或裁或审原则。《仲裁法》第五条规定："当事人达成仲裁协议，一方向人民法院起诉的，人民法院不予受理，但仲裁协议无效的除外。"《民事诉讼法》第111条第（2）款规定："依照法律规定，双方当事人对合同纠纷自愿达成书面仲裁协议向仲裁机构申请仲裁、不得向人民法院起诉的，告知原告向仲裁机构申请仲裁。"这两部法律均明确了合同争议实行或裁或审制度。因为仲裁和诉讼都是解决合同争议的方法，既然合同争议当事人双方自愿选择了仲裁方法解决合同争议，仲裁委员会和法院都要尊重合同争议当事人的意愿。一方面仲裁委员会在审查当事人申请仲裁符合仲裁条件时，就应予受理。另一方面法院则依法告知因双方有效的仲裁协议，应当向仲裁机构申请仲裁，法院不受理起诉。

（4）一裁终局原则。《仲裁法》第九条规定："仲裁实行一裁终局制的制度。"一裁终局是指裁决作出之后，当事人就同一争议再申请仲裁或者向法院起诉的，仲裁委员会或者法院不应受理。但是当事人对仲裁委员会作出的裁决不服时，并提出足够的证明、证据，可以向法院申请撤销裁决，裁决被法院依法裁定撤销或者不予执行的，当事人可以就已裁决的争议重新达成仲裁协议申请仲裁或向法院起诉。如果撤销裁决的申请被法院裁定驳回，仲裁委员会作出的裁决仍然要执行。

（5）先行调解原则。先行调解就是仲裁机构先于裁决之前，根据争议的情况或双方当事人自愿而进行说服教育和劝导工作，以便双方当事人自愿达成调解协议，解决合同争议。

3. 仲裁协议

仲裁协议是指合同当事人自愿将争议提交仲裁机构解决的书面协议。它是当事人申请仲裁及仲裁机构受理仲裁申请的依据，也是强制执行仲裁裁决的前提条件。仲裁协议通常表现为合同中的仲裁条款、专门仲裁协议以及其他形式的仲裁协议。

仲裁协议或条款应当包括以下内容。

1）仲裁范围

即提交仲裁的事项范围。例如规定"由合同引起的有关的一切纠纷都通过仲裁解决"。如果各方不愿意将某些纠纷事项提交仲裁程序解决，那么，应当列出不属仲裁范围的问题清单。

2）仲裁机构

在国际商事仲裁中有两种做法，一是提交常设仲裁机构仲裁，另一是组成临时仲裁庭仲裁。常设仲裁机构有正式颁布的仲裁程序规则，有专门履行各种职能的下属组织，可以办理有关的仲裁的一切行政事务，包括立案、提供有资格的仲裁员名册、协助组庭、分发文件和证据材料、安排开庭会议室、速记和翻译、递送裁决书及其他秘书性质工作。

3）仲裁地点

仲裁地点和仲裁机构的选择是相联系的，选择合适的仲裁地点不仅要注意往来方便、费用高低，还要特别注意该地的仲裁程序和某些强制性法律规定。

4）仲裁裁决的效力

协议应当明确仲裁裁决是终局的，对纠纷各方均有约束力。

5）仲裁程序规则

仲裁协议中应当说明，是随仲裁地点和仲裁机构而采用其仲裁程序规则，还是指定采用某国际组织的仲裁程序规则。应当注意，某些国家的仲裁机构只允许采用其本机构的仲裁程序规则，而另有些仲裁机构则允许纠纷双方指定采用其他成文的仲裁规则。

4. 仲裁程序

1）仲裁申请

只有当事人在合同内订立仲裁条款或以其他书面形式在争议发生前或者争议发生后达成了请求仲裁的协议，仲裁委员会才会受理仲裁申请。仲裁协议应当包括请求仲裁的意思表示、仲裁事项和选定的仲裁委员会。仲裁协议对仲裁事项约定不明确的，当事人可以补充协议；达不成补充协议的，仲裁协议无效。

当事人申请仲裁必须符合下列条件：有仲裁协议；有具体的仲裁请求和事实、理由；属于仲裁委员会的受理范围。在申请仲裁时，应当向仲裁委员会提交仲裁协议、仲裁申请书及副本。

仲裁申请书应当载明下列事项：

- 当事人的姓名、性别、年龄、职业、工作单位和住所、法人或其他组织的名称、住所和法定代表人或者主要负责人的姓名、职务；
- 仲裁请求和所根据的事实、理由；
- 证据和证据来源、证人姓名和住所。

2）仲裁受理

受理是指仲裁委员会依法接受对争议的审理。仲裁委员会在收到仲裁申请书之日起 5 日内，认为符合受理条件的，应当受理，并通知当事人；认为不符合受理条件的，应当书面通知当事人不予受理，并说明理由。

仲裁委员会在受理仲裁申请后，应当在仲裁规则规定的期限内将仲裁规则和仲裁员名册送达申请人，并将仲裁申请书的副本和仲裁规则、仲裁员名册送达被申请人。被申请人收到仲裁申请书副本后，应当在仲裁规则规定的期限内向仲裁委员会提交答辩书。仲裁委员会收到答辩书后，应当在仲裁规则规定的期限内将答辩书副本送达申请人。被申请人未提交答辩书的，不影响仲裁程序的进行。

3）组成仲裁庭

仲裁委员会受理仲裁申请后，应当组成仲裁庭进行仲裁活动。仲裁庭不是一种常设的机构，其组成的原则是一案一组庭。仲裁庭有两种组成方式：

仲裁庭由三名仲裁员组成，即合议制的仲裁庭。采用这种方式，应当由当事人双方各自选择或者各自委托仲裁委员会主任指定一位仲裁员。第三名仲裁员即首席仲裁员由当事人共同选定或者共同委托仲裁委员会主任选定。

仲裁庭由一名仲裁员组成，即独任制的仲裁庭。这名仲裁员由当事人共同选定或者共同委托仲裁委员会主任指定。

在具体的仲裁活动中，采取上述两种方法中的哪一种，由当事人在仲裁协议中协商决定。当事人没有在仲裁规则规定的期限内约定仲裁庭的组成方式或者选定仲裁员的，由仲裁委员会主任指定。仲裁庭组成后，仲裁委员会应当将仲裁庭的组成情况书面通知当事人。组成仲裁庭的仲裁员，符合《仲裁法》规定需要回避的应当回避，当事人也有权提出回避申请。

4）开庭和裁决

开庭是指仲裁庭按照法定的程序，对案件进行有步骤有计划的审理。《仲裁法》第39条规定："仲裁应当开庭进行"，也就是当事人共同到庭，经调查和辩论后进行裁决。同时，该条还规定："当事人协议不开庭的，仲裁庭可以根据仲裁申请书、答辩书以及其他材料作出裁决"。

在仲裁过程中，原则上应由当事人承担对其主张的举证责任。证据应当在开庭时出示，当事人可以质证。当事人在仲裁过程中有权进行辩论。辩论终结时，首席仲裁员或者独任仲裁员应当征询当事人的最后意见。仲裁庭在作出裁决前，可以先行调解，当事人自愿调解的，仲裁庭应当调解；当事人不愿调解或调解不成的，仲裁庭应当进行裁决。调解达成协议的，仲裁庭应当制作调解书，调解书应当写明仲裁请求和当事人协议的结果。调解书由仲裁员签名，加盖仲裁委员会印章，送达双方当事人。

仲裁裁决是指仲裁机构经过当事人之间争议的审理，依据争议的事实和法律，对当事人双方的争议作出的具有法律约束力的判定。仲裁裁决应当按照多数仲裁员的意见作出，少数仲裁员的不同意见可以记入笔录；仲裁庭不能形成多数意见时裁决按照首席仲裁员的意见作出。裁决应当制作裁决书，裁决书应当写明仲裁请求、争议事实、裁决结果、仲裁费用的负担和裁决日期。裁决书由仲裁员签名加盖仲裁委员会印章，仲裁书自作出之日起发生法律效力。

5）执行

调解书和仲裁裁决书均为具有法律效力的仲裁文书，一经送达当事人即发生法律效力，当事人应主动履行。一方当事人不自动履行时，另一方当事人可以向有管辖权的人民法院申请执行。

6）法院对仲裁的协助

（1）财产保全。财产保全是指为了保证仲裁裁决能够得到实际执行，以免利害关系人的合法利益受到难以弥补的损失，在法定条件下所采取的限制另一方当事人、利害关系人处分财物的保障措施。财产保全措施包括查封、扣押、冻结以及法律规定的其他方法。

（2）证据保全。证据保全是指在证据可能毁损、灭失或者以后难以取得的情况下，为保存其证明作用而采取一定的措施加以确定和保护的制度。证据保全是保证当事人承担举证责任的补救方法，在一定意义上也是当事人取得证据一种手段。证据保全的目的就是保障仲裁的顺利进行，确保仲裁庭作出正确裁决。

（3）强制执行仲裁裁决。仲裁裁决具有强制执行力，对双方当事人都有约束力，当事人应该自觉履行。我国《仲裁法》规定，一方当事人不履行仲裁裁决的，另一方当事人可以依照民事诉讼法的有关规定向人民法院申请执行，受申请的人民法院应当执行。这时，法院将只审查仲裁协议的有效性、仲裁协议是否承认仲裁裁决是终局的以及仲裁程序的合法性等，而不审查实体问题。

7）法院对仲裁的监督

为了提高仲裁员的责任心，保证仲裁裁决的合法性、公正性，保护各方当事人的合法权益，我国《仲裁法》规定了法院对仲裁活动予以司法监督的制度。司法监督的实现方式主要是允许当事人向法院申请撤销仲裁裁决和不予执行仲裁裁决。

（1）撤销仲裁裁决。当事人提出证据证明裁决有下列情形之一的，可以在自收到仲裁裁决书之日起 6 个月内向仲裁委员会所在地的中级人民法院申请撤销仲裁裁决：没有仲裁协议的；裁决的事项不属于仲裁协议的范围或者仲裁委员会无权仲裁的；仲裁庭的组成或者仲裁的程序违反法定程序的；裁决所根据的证据是伪造的；对方当事人隐瞒了足以影响公正裁决证据的；仲裁员在仲裁该案时有索贿受贿、徇私舞弊、枉法裁决行为的。此外，法院认定仲裁裁决违背社会公共利益的应当裁定撤销。法院应当在受理撤销裁决申请之日起两个月内作出撤销裁决或者驳回申请的裁定，法院裁定撤销裁决的，应当裁定终止执行；撤销裁决的申请被裁定驳回的，法院应当裁定恢复执行。

（2）不予执行仲裁裁决。在仲裁裁决执行过程中，如果被申请人提出证据证明裁决有下列情形之一的，经法院组成合议庭审查核实，裁定不予执行该仲裁裁决：当事人在合同中没有订有仲裁条款或者事后没有达成书面仲裁协议的；裁决的事项不属于仲裁协议的范围或者仲裁机构无权仲裁的；仲裁庭的组成或者仲裁的程序违反法定程序的；认定事实和主要证据不足的；适用法律有错误的；仲裁员在仲裁该案时有贪污受贿、徇私舞弊、枉法裁决行为的。

10. 3. 4　诉讼

1. 民事诉讼的概念与主要原则

1）诉讼的概念

诉讼，俗称"打官司"，是指人民法院在案件当事人和其他诉讼参与人的参加下，依照法定程序和方式，处理案件，解决纠纷的活动。诉讼参与人包括原告、被告、诉讼代理人、第三人、证人、鉴定人、勘验人等。

诉讼包括民事诉讼、刑事诉讼和行政诉讼。工程合同争议引起的诉讼主要是民事诉讼，依据《中华人民共和国民事诉讼法》进行审理。

2）民事诉讼的主要原则

（1）人民法院依法独立行使审判权的原则。

（2）人民法院审理案件必须以事实为依据，以法律为准绳的原则。

（3）人民法院审理案件实行两审终审、公开审判、合议制度、回避制度的原则。

（4）人民检察院对诉讼实行法律监督的原则。

（5）诉讼应当遵循地域管辖、级别管辖和专属管辖的原则。

（6）当事人在诉讼中法律地位平等的原则。

（7）当事人可以使用本民族语言文字进行诉讼的原则。

（8）当事人自愿合法地接受调解的原则。

（9）当事人进行辩论的原则。

（10）当事人依法处分自己的民事权利和诉讼权利的原则。

2. 民事诉讼的主要程序

1）普通程序

普通程序是指人民法院审理第一审民事案件通常适用的程序。普通程序是第一审程序中最基本的程序，是整个民事审判程序的基础。

（1）起诉与受理。

起诉是指合同争议当事人请求法院通过审判保护自己合法权益的行为。起诉必须符合下列条件：原告是与案件有直接利害关系的公民、法人和其他组织；有明确的被告；有具体的诉讼请求和事实、理由；请求的事由属于法院的收案范围和受诉法院管辖；原、被告之间没有约定合同仲裁条款或达成仲裁协议。起诉应在诉讼时效内进行。起诉原则上是用书面形式，即原告向人民法院提交起诉状。

起诉状是原告表示诉讼请求和事实根据的一种诉讼文书。起诉状中应记明以下事项：当事人的基本情况；诉讼请求和所根据的事实与理由；证据和证据来源、证人姓名和住处。此外，起诉状还应说明受诉法院的名称、起诉的时间，最后由起诉人签名或盖章。

受理是指法院对符合法律条件的起诉决定立案审理的诉讼行为。法院接到起诉状后，经审查，认为符合起诉条件的，应当在7日内立案，并通知当事人；认为不符合起诉条件的，应当在接到起诉状之日起6日内裁定不予受理；原告对裁定不服的，可以提起上诉。

（2）审理前的准备。

法院应当在立案之日起5日内将起诉状副本送达被告；被告在收到之日起15日内提出答辩状。法院在收到被告答辩状之日起5日内将答辩状副本送达原告，被告不提出答辩状的，不影响审判程序的进行。如被告对管辖权有异议的，也应当在提交答辩状期间提出，逾期未提出的，视为被告接受受诉法院管辖。

法院受理案件后应当组成合议庭，合议庭至少由三名审判员或至少由一名审判员和两名陪审员组成，不包括书记员。合议庭组成后，应当在3日内将合议庭组成人员告知当事人。

告知当事人的诉讼权利和义务，当事人享有委托诉讼代理人、申请回避、收集提出证据、进行辩论、请求调解、提起上诉和申请执行的权利。当事人应当承担的诉讼义务有：当事人必须依法行使诉讼权利，遵守诉讼程序，履行发生法律效力的判决裁定和调解协议。

当事人可以查阅本案的有关资料，并可以复制本案的有关资料和法律文书；双方当事人可以自行和解；原告可以放弃或变更诉讼请求，被告可以承认或反驳诉讼请求，有权提起反诉等。

人民法院受案后，应由承办人员认真审阅诉讼材料，进一步了解案情。同时受诉人民法院既可以派人直接调查收集证据，也可以委托外地人民法院调查，两者具有同等的效力。当然，进行调查研究，收集证据工作，应以直接调查为原则，委托调查为补充。

人民法院受案后，如发现起诉人或应诉人不合格，应将不合格的当事人更换成合格的当事人。在审理前的准备阶段，人民法院如发现必须共同进行诉讼的当事人没有参加诉讼，应通知其参加诉讼，当事人也可以向人民法院申请追加。

（3）开庭审理。

开庭审理是指在法院审判人员的主持下，在当事人和其他诉讼参与人的参加下，法院依照法定程序对案件进行口头审理的诉讼活动，开庭审理是案件审理的中心环节。审理合同争议案件，除涉及国家秘密或当事人的商业秘密外，均应公开开庭审理。

宣布开庭，法院应在 3 日前将通知送达当事人及有关人员。对公开审理的案件 3 日前应贴出公告。开庭前，由书记员查明当事人和其他诉讼参与人是否到达法庭及其合法身份，同时宣布法庭纪律。开庭审理时，由审判长或独任审判员宣布开始，同时核对当事人并告知当事人诉讼权利和义务。

法庭调查。这是开庭审理的核心阶段，主要任务是审查、核对各种证据，以查清案情认定事实。其顺序是：当事人陈述，先由原告陈述，再由被告陈述；证人作证，法庭应告知证人的权利义务，对未到庭的证人应宣读其书面证言；出示书证、物证和视听资料；宣读鉴定结论；宣读勘验笔录。当事人在法庭上可以提供新证据，可以要求重新调查、鉴定或勘验，是否准许，由法院决定。

法庭辩论。法庭辩论是由当事人陈述自己的意见，通过双方的言词辩论，使法院进一步查明事实，分清是非。其顺序是：原告及其诉讼代理人发言；被告及其诉讼代理人答辩；第三人及其诉讼代理人发言或者答辩；互相辩论。法庭辩论终结，由审判长按照原告、被告、第三人的先后顺序征询各方最后意见。

评议审判。法庭辩论结束后，由合议庭成员退庭评议，按照少数服从多数原则作出判决。评议中的不同意见，必须如实记入笔录。评议除对工程合同争议案件作出处理决定外，还应对物证的处理、诉讼费用的负担作出决定。判决当庭宣告的，在合议庭成员评议结束重新入庭就座后，由审判长宣判，并在 10 日内向当事人发送判决书。定期宣判的，审判长可当庭告知双方当事人定期宣判的时间和地点，也可以另行通知。定期宣判后，立即发给判决书。宣判时应当告知当事人上诉权利、上诉期限和上诉法院。

法院的生效判决在法律上具有多方面的效力，主要体现在：

- 判决对人的支配力：判决具有确认某一主体应当为一定行为或不应当为一定行为的效力；
- 判决对事的确定力：判决一经生效，当事人不得以同一事实和理由提起诉讼，对实体权利义务也不得争执，随意改变；
- 判决的执行力：判决具有作为执行根据、从而进行强制执行的效力。

（4）法院调解。

经过法庭调查和法庭辩论后，在查清案件事实的基础上，当事人愿意调解的，可以当庭进行调解，当事人不愿调解或调解不成的，法院应当及时裁决。当事人也可以在诉讼开始后至裁决作出之前，随时向法院申请调解，法院认为可以调解时也可以随时调解。当事人自愿达成调解协议后，法院应当要求双方当事人在调解协议上签字，并根据情况决定是否制作调解书。对不需要制作调解书的协议，应当记入笔录，由争议双方当事人、审判人员、书记员签名或盖章后，即具有法律效力。多数情况下，法院应当制作调解书，调解书应当写明诉讼请求、案件的事实和调解结果。调解书应由审判人员、书记员签名，加盖法院印章，送达双方当事人。

根据民事诉讼法的有关规定，第一审普通程序审理的案件应从立案之日起 6 个月内审结。有特殊情况需要延长的，由本院院长批准，可以延长6个月。还需要延长的，报请上级法院批准。

（5）简易程序。

基层法院和它的派出法庭收到起诉状经审查立案后，认为事实清楚、权利义务关系明确，争议不大的简单合同争议案件，可以适用简易程序进行审理。在简易程序中可以口头起诉、口头答辩。原被告双方同时到庭的，可以当即进行审理，当即调解。可以用简便方式传唤另一当事人到庭；简易程序中由审判员一人独任审判，不用组成合议庭，在开庭通知、法庭调查、法庭辩论上不受普通程序有关规定的限制。适用简易程序审理的合同争议案件，应当在立案之日起3个月内审结。

2）第二审程序

第二审程序又叫终审程序，是指民事诉讼当事人不服地方各级人民法院未生效的第一审裁判，在法定期限内向上级人民法院提起上诉，上一级人民法院对案件进行审理所适用的程序。

上诉期限为，不服判决的为15日，不服裁定的为10日。逾期不上诉的，原判决、裁定即发生法律效力。

第二审法院应当组成合议庭开庭审理，但合议庭认为不需要开庭审理的，也可以直接进行判决、裁定。第二审法院对上诉或者抗诉的案件，经审理后依不同情况分别处理。

（1）原判决认定事实清楚、适用法律正确的，判决驳回上诉，维持原判。

（2）原判决适用法律错误的，依法改判。

（3）原判决认定事实错误，或者原判决认定事实不清、证据不足，裁定撤销原判决，发回原审法院重审，或者查清事实后改判。

（4）原判决违反法定程序，可能影响案件正确判决的，裁定撤销原判决，发回原审法院重审。当事人对重审案件的判决、裁定，可以上诉。

第二审法院作出的判决、裁定是终审判决、裁定，当事人没有上诉权。二审法院对判决、裁定的上诉案件，应当分别在案件立案之日起3个月内和1个月内审结。第二审法院可以对上诉案件进行调解。调解达成协议的，应当制作调解书，调解书送达后，原审法院的判决即视为撤销。调解不成的，依法判决。

3）审判监督程序

审判监督程序即再审程序是指由有审判监督权的法定机关和人员提起，或由当事人申请，由人民法院对发生法律效力的判决、裁定、调解书再次审理的程序。具体有以下三种情况。

（1）各级法院院长对本院已经发生法律效力的判决、裁定，发现确有错误，认为需要提起再审的，应当提交审判委员会讨论决定。决定再审，即作出裁定撤销原判，另组成合议庭再审。

（2）最高法院对地方各级法院已经发生法律效力的判决、裁定，发现确有错误，有权提审或指令下级法院再审。

（3）上级法院对下级法院已经发生法律效力的判决、裁定，发现确有错误，有权提审或指令下级法院再审。

按照审判监督程序决定再审的案件，应作出中止执行原判决、原裁定的裁定，通知执行人员中止执行。

当事人申请不一定引起审判监督程序，只有在同时符合下列条件的前提下，才由人民法院依法决定再审。

① 只有当事人才有提出申请的权利。如果当事人为无诉讼行为能力的人，可由其法定代理人代为申请。

② 只能向作出生效判决、裁定、调解书的人民法院或它的上一级人民法院申请。

③ 当事人的申请，应在判决、裁定、调解书发生法律效力之日起两年内提出。

④ 有新的证据，足以推翻原判决、裁定的；或原判决、裁定认定事实的主要证据不足的；或原判决、裁定适用法律确有错误的；或人民法院违反法定程序，可能影响案件正确判决、裁定的；或审判人员在审理该案件时有贪污受贿、徇私舞弊、枉法裁判行为的。

当事人的申请应以书面形式提出，指明判决、裁定、调解书中的错误，并提供申请理由和证据事实。人民法院经对当事人的申请审查后，认为不符合申请条件的，驳回申请；确认符合申请条件的，由院长提交审判委员会决定是否再审；确认需要补正或补充判决的，由原审人民法院依法进行补正判决或补充判决。

人民检察院抗诉是指人民检察院对人民法院发生法律效力的判决、裁定，发现有提起抗诉的法定情形，提请人民法院对案件重新审理。最高人民检察院对各级人民法院，上级人民检察院对下级人民法院已经发生法律效力的判决、裁定，发现有下列情形之一的，应当按照审判监督程序提出抗诉：

- 原判决、裁定认定事实的主要证据不足的；
- 原判决、裁定适用法律确有错误的；
- 人民法院违反法定程序，可能影响案件正确判决、裁定的；
- 审判人员在审理该案件时有贪污受贿、徇私舞弊、枉法裁判行为的。

法院审理再审案件，应当另行组成合议庭，如果发生法律效力的判决、裁定是由第一审法院作出的，再审按第一审普通程序进行，所作出的判决、裁定当事人可以上诉；如果发生法律效力的判决、裁定是由第二审法院作出的，或者上级法院按照审判监督程序提审的，按第二审程序进行，所作出的判决、裁定，即为生效的判决、裁定，当事人没有上诉权。

4）执行程序

执行是法院依照法律规定的程序，运用国家强制力，强制当事人履行已生效的判决和其他法律文书所规定的义务的行为，又称强制执行。对于已经发生法律效力的判决、裁定、调解书、支付令、仲裁裁决书、公证债权文书等，当事人应当自动履行。一方当事人拒绝履行的，另一方当事人有权向法院申请执行，也可以由审判人员移送执行人员执行。申请执行的期限，双方或一方当事人是公民的为一年，双方是法人或其他组织的为六个月，从法律文书规定履行期限的最后一日起计算。

执行中，双方当事人自行和解达成协议的，执行员应当将协议内容记入笔录，由双方当事人签名或盖章。一方当事人不履行和解协议的，经对方当事人申请恢复对原生效法律文书的执行，执行中被执行人向法院提供担保并经申请执行人同意的，法院可以决定暂缓执行及暂缓执行的期限。被执行人逾期仍不履行的，法院有权执行被执行人的担保财产或者担保人的财产。

依照《民事诉讼法》规定，强制执行措施有：法院有权扣留、提取被执行人应当履行义务部分的收入；有权向银行等金融机构查询被执行人的存款情况，冻结、划拨被执行人的存款，但不得超出被执行人应履行义务的范围；查封、扣押、冻结、拍卖、变卖被执行人应当履行义务部分的财产；对被执行人隐匿的财产进行搜查；执行特定行为等。

执行根据是当事人申请执行，人民法院移交执行以及人民法院采取强制执行措施的依据。执行根据是执行程序发生的基础，没有执行根据，当事人不能向人民法院申请执行，人民法院也不得采取强制措施。执行根据主要包括以下几项。

（1）人民法院作出的民事判决书和调解书。

（2）人民法院作出的先予执行的裁定、执行回转的裁定以及承认并协助执行外国判决、裁定或外国仲裁裁决的裁定。

（3）人民法院作出的要求债务人履行债务的支付命令。

（4）人民法院作出的具有财产内容的刑事判决、裁定书。

（5）仲裁机构作出的裁决和调解书。

（6）公证机构作出的依法赋予强制执行效力的公证债权文书。

（7）我国行政机关作出的法律明确规定由人民法院执行的行政决定。

本章小结

通过本章的学习，主要了解了工程合同争议产生的主要原因，熟悉了工程建设过程中常见的几种合同争议，掌握了工程合同争议的四种解决方式：和解、调解、仲裁和诉讼。其中，对于工程合同的常见争议的理解，应当紧密结合相关工程合同案例的分析与讲解。在工程合同争议的解决方式中，应当重点掌握仲裁和诉讼两种争议解决方式，特别是仲裁和诉讼的概念、原则及程序。

思考题

1. 工程合同争议有哪几种常见类型？
2. 和解的概念是什么？通过和解解决争议需要注意什么？
3. 调解的概念是什么？调解解决争议有哪几种方式？
4. 仲裁的概念、特点、原则和程序是什么？
5. 民事诉讼的概念是什么？有哪些主要原则？
6. 民事诉讼的程序有哪些？它们的含义分别是什么？

附录 A 中华人民共和国招标投标法实施条例

中华人民共和国国务院第 613 号令

《中华人民共和国招标投标法实施条例》已经 2011 年 11 月 30 日国务院第 183 次常务会议通过，现予公布，自 2012 年 2 月 1 日起施行。

第一章 总 则

第一条 为了规范招标投标活动，根据《中华人民共和国招标投标法》（以下简称招标投标法），制定本条例。

第二条 招标投标法第三条所称工程建设项目，是指工程以及与工程建设有关的货物、服务。

前款所称工程，是指建设工程，包括建筑物和构筑物的新建、改建、扩建及其相关的装修、拆除、修缮等；所称与工程建设有关的货物，是指构成工程不可分割的组成部分，且为实现工程基本功能所必需的设备、材料等；所称与工程建设有关的服务，是指为完成工程所需的勘察、设计、监理等服务。

第三条 依法必须进行招标的工程建设项目的具体范围和规模标准，由国务院发展改革部门会同国务院有关部门制订，报国务院批准后公布施行。

第四条 国务院发展改革部门指导和协调全国招标投标工作，对国家重大建设项目的工程招标投标活动实施监督检查。国务院工业和信息化、住房城乡建设、交通运输、铁道、水利、商务等部门，按照规定的职责分工对有关招标投标活动实施监督。

县级以上地方人民政府发展改革部门指导和协调本行政区域的招标投标工作。县级以上地方人民政府有关部门按照规定的职责分工，对招标投标活动实施监督，依法查处招标投标活动中的违法行为。县级以上地方人民政府对其所属部门有关招标投标活动的监督职责分工另有规定的，从其规定。

财政部门依法对实行招标投标的政府采购工程建设项目的预算执行情况和政府采购政策执行情况实施监督。

监察机关依法对与招标投标活动有关的监察对象实施监察。

第五条 设区的市级以上地方人民政府可以根据实际需要，建立统一规范的招标投标交易场所，为招标投标活动提供服务。招标投标交易场所不得与行政监督部门存在隶属关系，不得以盈利为目的。

国家鼓励利用信息网络进行电子招标投标。

第六条 禁止国家工作人员以任何方式非法干涉招标投标活动。

第二章 招 标

第七条 按照国家有关规定需要履行项目审批、核准手续的依法必须进行招标的项目，其招标范围、招标方式、招标组织形式应当报项目审批、核准部门审批、核准。项目审批、核准部门应当及时将审批、核准确定的招标范围、招标方式、招标组织形式通报有关行政监督部门。

第八条　国有资金占控股或者主导地位的依法必须进行招标的项目，应当公开招标；但有下列情形之一的，可以邀请招标：

（一）技术复杂、有特殊要求或者受自然环境限制，只有少量潜在投标人可供选择；

（二）采用公开招标方式的费用占项目合同金额的比例过大。

有前款第二项所列情形，属于本条例第七条规定的项目，由项目审批、核准部门在审批、核准项目时作出认定；其他项目由招标人申请有关行政监督部门作出认定。

第九条　除招标投标法第六十六条规定的可以不进行招标的特殊情况外，有下列情形之一的，可以不进行招标：

（一）需要采用不可替代的专利或者专有技术；

（二）采购人依法能够自行建设、生产或者提供；

（三）已通过招标方式选定的特许经营项目投资人依法能够自行建设、生产或者提供；

（四）需要向原中标人采购工程、货物或者服务，否则将影响施工或者功能配套要求；

（五）国家规定的其他特殊情形。

招标人为适用前款规定弄虚作假的，属于招标投标法第四条规定的规避招标。

第十条　招标投标法第十二条第二款规定的招标人具有编制招标文件和组织评标能力，是指招标人具有与招标项目规模和复杂程度相适应的技术、经济等方面的专业人员。

第十一条　招标代理机构的资格依照法律和国务院的规定由有关部门认定。

国务院住房城乡建设、商务、发展改革、工业和信息化等部门，按照规定的职责分工对招标代理机构依法实施监督管理。

第十二条　招标代理机构应当拥有一定数量的取得招标职业资格的专业人员。取得招标职业资格的具体办法由国务院人力资源社会保障部门会同国务院发展改革部门制定。

第十三条　招标代理机构在其资格许可和招标人委托的范围内开展招标代理业务，任何单位和个人不得非法干涉。

招标代理机构代理招标业务，应当遵守招标投标法和本条例关于招标人的规定。招标代理机构不得在所代理的招标项目中投标或者代理投标，也不得为所代理的招标项目的投标人提供咨询。

招标代理机构不得涂改、出租、出借、转让资格证书。

第十四条　招标人应当与被委托的招标代理机构签订书面委托合同，合同约定的收费标准应当符合国家有关规定。

第十五条　公开招标的项目，应当依照招标投标法和本条例的规定发布招标公告、编制招标文件。

招标人采用资格预审办法对潜在投标人进行资格审查的，应当发布资格预审公告、编制资格预审文件。

依法必须进行招标的项目的资格预审公告和招标公告，应当在国务院发展改革部门依法指定的媒介发布。在不同媒介发布的同一招标项目的资格预审公告或者招标公告的内容应当一致。指定媒介发布依法必须进行招标的项目的境内资格预审公告、招标公告，不得收取费用。

编制依法必须进行招标的项目的资格预审文件和招标文件，应当使用国务院发展改革部门会同有关行政监督部门制定的标准文本。

第十六条 招标人应当按照资格预审公告、招标公告或者投标邀请书规定的时间、地点发售资格预审文件或者招标文件。资格预审文件或者招标文件的发售期不得少于 5 日。

招标人发售资格预审文件、招标文件收取的费用应当限于补偿印刷、邮寄的成本支出，不得以盈利为目的。

第十七条 招标人应当合理确定提交资格预审申请文件的时间。依法必须进行招标的项目提交资格预审申请文件的时间，自资格预审文件停止发售之日起不得少于 5 日。

第十八条 资格预审应当按照资格预审文件载明的标准和方法进行。

国有资金占控股或者主导地位的依法必须进行招标的项目，招标人应当组建资格审查委员会审查资格预审申请文件。资格审查委员会及其成员应当遵守招标投标法和本条例有关评标委员会及其成员的规定。

第十九条 资格预审结束后，招标人应当及时向资格预审申请人发出资格预审结果通知书。未通过资格预审的申请人不具有投标资格。

通过资格预审的申请人少于 3 个的，应当重新招标。

第二十条 招标人采用资格后审办法对投标人进行资格审查的，应当在开标后由评标委员会按照招标文件规定的标准和方法对投标人的资格进行审查。

第二十一条 招标人可以对已发出的资格预审文件或者招标文件进行必要的澄清或者修改。澄清或者修改的内容可能影响资格预审申请文件或者投标文件编制的，招标人应当在提交资格预审申请文件截止时间至少 3 日前，或者投标截止时间至少 15 日前，以书面形式通知所有获取资格预审文件或者招标文件的潜在投标人；不足 3 日或者 15 日的，招标人应当顺延提交资格预审申请文件或者投标文件的截止时间。

第二十二条 潜在投标人或者其他利害关系人对资格预审文件有异议的，应当在提交资格预审申请文件截止时间 2 日前提出；对招标文件有异议的，应当在投标截止时间 10 日前提出。招标人应当自收到异议之日起 3 日内作出答复；作出答复前，应当暂停招标投标活动。

第二十三条 招标人编制的资格预审文件、招标文件的内容违反法律、行政法规的强制性规定，违反公开、公平、公正和诚实信用原则，影响资格预审结果或者潜在投标人投标的，依法必须进行招标的项目的招标人应当在修改资格预审文件或者招标文件后重新招标。

第二十四条 招标人对招标项目划分标段的，应当遵守招标投标法的有关规定，不得利用划分标段限制或者排斥潜在投标人。依法必须进行招标的项目的招标人不得利用划分标段规避招标。

第二十五条 招标人应当在招标文件中载明投标有效期。投标有效期从提交投标文件的截止之日起算。

第二十六条 招标人在招标文件中要求投标人提交投标保证金的，投标保证金不得超过招标项目估算价的 2%。投标保证金有效期应当与投标有效期一致。

依法必须进行招标的项目的境内投标单位，以现金或者支票形式提交的投标保证金应当从其基本账户转出。

招标人不得挪用投标保证金。

第二十七条 招标人可以自行决定是否编制标底。一个招标项目只能有一个标底。标底必须保密。

接受委托编制标底的中介机构不得参加受托编制标底项目的投标，也不得为该项目的投标人编制投标文件或者提供咨询。

招标人设有最高投标限价的，应当在招标文件中明确最高投标限价或者最高投标限价的计算方法。招标人不得规定最低投标限价。

第二十八条 招标人不得组织单个或者部分潜在投标人踏勘项目现场。

第二十九条 招标人可以依法对工程以及与工程建设有关的货物、服务全部或者部分实行总承包招标。以暂估价形式包括在总承包范围内的工程、货物、服务属于依法必须进行招标的项目范围且达到国家规定规模标准的，应当依法进行招标。

前款所称暂估价，是指总承包招标时不能确定价格而由招标人在招标文件中暂时估定的工程、货物、服务的金额。

第三十条 对技术复杂或者无法精确拟定技术规格的项目，招标人可以分两阶段进行招标。

第一阶段，投标人按照招标公告或者投标邀请书的要求提交不带报价的技术建议，招标人根据投标人提交的技术建议确定技术标准和要求，编制招标文件。

第二阶段，招标人向在第一阶段提交技术建议的投标人提供招标文件，投标人按照招标文件的要求提交包括最终技术方案和投标报价的投标文件。

招标人要求投标人提交投标保证金的，应当在第二阶段提出。

第三十一条 招标人终止招标的，应当及时发布公告，或者以书面形式通知被邀请的或者已经获取资格预审文件、招标文件的潜在投标人。已经发售资格预审文件、招标文件或者已经收取投标保证金的，招标人应当及时退还所收取的资格预审文件、招标文件的费用，以及所收取的投标保证金及银行同期存款利息。

第三十二条 招标人不得以不合理的条件限制、排斥潜在投标人或者投标人。

招标人有下列行为之一的，属于以不合理条件限制、排斥潜在投标人或者投标人：

（一）就同一招标项目向潜在投标人或者投标人提供有差别的项目信息；

（二）设定的资格、技术、商务条件与招标项目的具体特点和实际需要不相适应或者与合同履行无关；

（三）依法必须进行招标的项目以特定行政区域或者特定行业的业绩、奖项作为加分条件或者中标条件；

（四）对潜在投标人或者投标人采取不同的资格审查或者评标标准；

（五）限定或者指定特定的专利、商标、品牌、原产地或者供应商；

（六）依法必须进行招标的项目非法限定潜在投标人或者投标人的所有制形式或者组织形式；

（七）以其他不合理条件限制、排斥潜在投标人或者投标人。

第三章　投　　标

第三十三条 投标人参加依法必须进行招标的项目的投标，不受地区或者部门的限制，任何单位和个人不得非法干涉。

第三十四条 与招标人存在利害关系可能影响招标公正性的法人、其他组织或者个人，不得参加投标。

单位负责人为同一人或者存在控股、管理关系的不同单位，不得参加同一标段投标或者未划分标段的同一招标项目投标。

违反前两款规定的，相关投标均无效。

第三十五条 投标人撤回已提交的投标文件，应当在投标截止时间前书面通知招标人。招标人已收取投标保证金的，应当自收到投标人书面撤回通知之日起 5 日内退还。

投标截止后投标人撤销投标文件的，招标人可以不退还投标保证金。

第三十六条 未通过资格预审的申请人提交的投标文件，以及逾期送达或者不按照招标文件要求密封的投标文件，招标人应当拒收。

招标人应当如实记载投标文件的送达时间和密封情况，并存档备查。

第三十七条 招标人应当在资格预审公告、招标公告或者投标邀请书中载明是否接受联合体投标。

招标人接受联合体投标并进行资格预审的，联合体应当在提交资格预审申请文件前组成。资格预审后联合体增减、更换成员的，其投标无效。

联合体各方在同一招标项目中以自己名义单独投标或者参加其他联合体投标的，相关投标均无效。

第三十八条 投标人发生合并、分立、破产等重大变化的，应当及时书面告知招标人。投标人不再具备资格预审文件、招标文件规定的资格条件或者其投标影响招标公正性的，其投标无效。

第三十九条 禁止投标人相互串通投标。

有下列情形之一的，属于投标人相互串通投标：

（一）投标人之间协商投标报价等投标文件的实质性内容；

（二）投标人之间约定中标人；

（三）投标人之间约定部分投标人放弃投标或者中标；

（四）属于同一集团、协会、商会等组织成员的投标人按照该组织要求协同投标；

（五）投标人之间为谋取中标或者排斥特定投标人而采取的其他联合行动。

第四十条 有下列情形之一的，视为投标人相互串通投标：

（一）不同投标人的投标文件由同一单位或者个人编制；

（二）不同投标人委托同一单位或者个人办理投标事宜；

（三）不同投标人的投标文件载明的项目管理成员为同一人；

（四）不同投标人的投标文件异常一致或者投标报价呈规律性差异；

（五）不同投标人的投标文件相互混装；

（六）不同投标人的投标保证金从同一单位或者个人的账户转出。

第四十一条 禁止招标人与投标人串通投标。

有下列情形之一的，属于招标人与投标人串通投标：

（一）招标人在开标前开启投标文件并将有关信息泄露给其他投标人；

（二）招标人直接或者间接向投标人泄露标底、评标委员会成员等信息；

（三）招标人明示或者暗示投标人压低或者抬高投标报价；

（四）招标人授意投标人撤换、修改投标文件；

（五）招标人明示或者暗示投标人为特定投标人中标提供方便；

（六）招标人与投标人为谋求特定投标人中标而采取的其他串通行为。

第四十二条 使用通过受让或者租借等方式获取的资格、资质证书投标的，属于招标投标法第三十三条规定的以他人名义投标。

投标人有下列情形之一的，属于招标投标法第三十三条规定的以其他方式弄虚作假的行为：

（一）使用伪造、变造的许可证件；

（二）提供虚假的财务状况或者业绩；

（三）提供虚假的项目负责人或者主要技术人员简历、劳动关系证明；

（四）提供虚假的信用状况；

（五）其他弄虚作假的行为。

第四十三条 提交资格预审申请文件的申请人应当遵守招标投标法和本条例有关投标人的规定。

第四章 开标、评标和中标

第四十四条 招标人应当按照招标文件规定的时间、地点开标。

投标人少于3个的，不得开标；招标人应当重新招标。

投标人对开标有异议的，应当在开标现场提出，招标人应当当场作出答复，并制作记录。

第四十五条 国家实行统一的评标专家专业分类标准和管理办法。具体标准和办法由国务院发展改革部门会同国务院有关部门制定。

省级人民政府和国务院有关部门应当组建综合评标专家库。

第四十六条 除招标投标法第三十七条第三款规定的特殊招标项目外，依法必须进行招标的项目，其评标委员会的专家成员应当从评标专家库内相关专业的专家名单中以随机抽取方式确定。任何单位和个人不得以明示、暗示等任何方式指定或者变相指定参加评标委员会的专家成员。

依法必须进行招标的项目的招标人非因招标投标法和本条例规定的事由，不得更换依法确定的评标委员会成员。更换评标委员会的专家成员应当依照前款规定进行。

评标委员会成员与投标人有利害关系的，应当主动回避。

有关行政监督部门应当按照规定的职责分工，对评标委员会成员的确定方式、评标专家的抽取和评标活动进行监督。行政监督部门的工作人员不得担任本部门负责监督项目的评标委员会成员。

第四十七条 招标投标法第三十七条第三款所称特殊招标项目，是指技术复杂、专业性强或者国家有特殊要求，采取随机抽取方式确定的专家难以保证胜任评标工作的项目。

第四十八条 招标人应当向评标委员会提供评标所必需的信息，但不得明示或者暗示其倾向或者排斥特定投标人。

招标人应当根据项目规模和技术复杂程度等因素合理确定评标时间。超过三分之一的评标委员会成员认为评标时间不够的，招标人应当适当延长。

评标过程中，评标委员会成员有回避事由、擅离职守或者因健康等原因不能继续评标的，应当及时更换。被更换的评标委员会成员作出的评审结论无效，由更换后的评标委员会成员重新进行评审。

第四十九条　评标委员会成员应当依照招标投标法和本条例的规定，按照招标文件规定的评标标准和方法，客观、公正地对投标文件提出评审意见。招标文件没有规定的评标标准和方法不得作为评标的依据。

评标委员会成员不得私下接触投标人，不得收受投标人给予的财物或者其他好处，不得向招标人征询确定中标人的意向，不得接受任何单位或者个人明示或者暗示提出的倾向或者排斥特定投标人的要求，不得有其他不客观、不公正履行职务的行为。

第五十条　招标项目设有标底的，招标人应当在开标时公布。标底只能作为评标的参考，不得以投标报价是否接近标底作为中标条件，也不得以投标报价超过标底上下浮动范围作为否决投标的条件。

第五十一条　有下列情形之一的，评标委员会应当否决其投标：

（一）投标文件未经投标单位盖章和单位负责人签字；

（二）投标联合体没有提交共同投标协议；

（三）投标人不符合国家或者招标文件规定的资格条件；

（四）同一投标人提交两个以上不同的投标文件或者投标报价，但招标文件要求提交备选投标的除外；

（五）投标报价低于成本或者高于招标文件设定的最高投标限价；

（六）投标文件没有对招标文件的实质性要求和条件作出响应；

（七）投标人有串通投标、弄虚作假、行贿等违法行为。

第五十二条　投标文件中有含义不明确的内容、明显文字或者计算错误，评标委员会认为需要投标人作出必要澄清、说明的，应当书面通知该投标人。投标人的澄清、说明应当采用书面形式，并不得超出投标文件的范围或者改变投标文件的实质性内容。

评标委员会不得暗示或者诱导投标人作出澄清、说明，不得接受投标人主动提出的澄清、说明。

第五十三条　评标完成后，评标委员会应当向招标人提交书面评标报告和中标候选人名单。中标候选人应当不超过 3 个，并标明排序。

评标报告应当由评标委员会全体成员签字。对评标结果有不同意见的评标委员会成员应当以书面形式说明其不同意见和理由，评标报告应当注明该不同意见。评标委员会成员拒绝在评标报告上签字又不书面说明其不同意见和理由的，视为同意评标结果。

第五十四条　依法必须进行招标的项目，招标人应当自收到评标报告之日起 3 日内公示中标候选人，公示期不得少于 3 日。

投标人或者其他利害关系人对依法必须进行招标的项目的评标结果有异议的，应当在中标候选人公示期间提出。招标人应当自收到异议之日起 3 日内作出答复；作出答复前，应当暂停招标投标活动。

第五十五条　国有资金占控股或者主导地位的依法必须进行招标的项目，招标人应当确定排名第一的中标候选人为中标人。排名第一的中标候选人放弃中标、因不可抗力不能履行合同、不按照招标文件要求提交履约保证金，或者被查实存在影响中标结果的违法行为等情形，不符合中标条件的，招标人可以按照评标委员会提出的中标候选人名单排序依次确定其他中标候选人为中标人，也可以重新招标。

第五十六条　中标候选人的经营、财务状况发生较大变化或者存在违法行为，招标人认为可能影响其履约能力的，应当在发出中标通知书前由原评标委员会按照招标文件规定的标准和方法审查确认。

第五十七条　招标人和中标人应当依照招标投标法和本条例的规定签订书面合同，合同的标的、价款、质量、履行期限等主要条款应当与招标文件和中标人的投标文件的内容一致。招标人和中标人不得再行订立背离合同实质性内容的其他协议。

招标人最迟应当在书面合同签订后 5 日内向中标人和未中标的投标人退还投标保证金及银行同期存款利息。

第五十八条　招标文件要求中标人提交履约保证金的，中标人应当按照招标文件的要求提交。履约保证金不得超过中标合同金额的 10%。

第五十九条　中标人应当按照合同约定履行义务，完成中标项目。中标人不得向他人转让中标项目，也不得将中标项目肢解后分别向他人转让。

中标人按照合同约定或者经招标人同意，可以将中标项目的部分非主体、非关键性工作分包给他人完成。接受分包的人应当具备相应的资格条件，并不得再次分包。

中标人应当就分包项目向招标人负责，接受分包的人就分包项目承担连带责任。

第五章　投诉与处理

第六十条　投标人或者其他利害关系人认为招标投标活动不符合法律、行政法规规定的，可以自知道或者应当知道之日起 10 日内向有关行政监督部门投诉。投诉应当有明确的请求和必要的证明材料。

就本条例第二十二条、第四十四条、第五十四条规定事项投诉的，应当先向招标人提出异议，异议答复期间不计算在前款规定的期限内。

第六十一条　投诉人就同一事项向两个以上有权受理的行政监督部门投诉的，由最先收到投诉的行政监督部门负责处理。

行政监督部门应当自收到投诉之日起 3 个工作日内决定是否受理投诉，并自受理投诉之日起 30 个工作日内作出书面处理决定；需要检验、检测、鉴定、专家评审的，所需时间不计算在内。

投诉人捏造事实、伪造材料或者以非法手段取得证明材料进行投诉的，行政监督部门应当予以驳回。

第六十二条　行政监督部门处理投诉，有权查阅、复制有关文件、资料，调查有关情况，相关单位和人员应当予以配合。必要时，行政监督部门可以责令暂停招标投标活动。

行政监督部门的工作人员对监督检查过程中知悉的国家秘密、商业秘密，应当依法予以保密。

第六章　法 律 责 任

第六十三条　招标人有下列限制或者排斥潜在投标人行为之一的，由有关行政监督部门依照招标投标法第五十一条的规定处罚：

（一）依法应当公开招标的项目不按照规定在指定媒介发布资格预审公告或者招标公告；

（二）在不同媒介发布的同一招标项目的资格预审公告或者招标公告的内容不一致，影响潜在投标人申请资格预审或者投标。

依法必须进行招标的项目的招标人不按照规定发布资格预审公告或者招标公告，构成规避招标的，依照招标投标法第四十九条的规定处罚。

第六十四条　招标人有下列情形之一的，由有关行政监督部门责令改正，可以处 10 万元以下的罚款：

（一）依法应当公开招标而采用邀请招标；

（二）招标文件、资格预审文件的发售、澄清、修改的时限，或者确定的提交资格预审申请文件、投标文件的时限不符合招标投标法和本条例规定；

（三）接受未通过资格预审的单位或者个人参加投标；

（四）接受应当拒收的投标文件。

招标人有前款第一项、第三项、第四项所列行为之一的，对单位直接负责的主管人员和其他直接责任人员依法给予处分。

第六十五条　招标代理机构在所代理的招标项目中投标、代理投标或者向该项目投标人提供咨询的，接受委托编制标底的中介机构参加受托编制标底项目的投标或者为该项目的投标人编制投标文件、提供咨询的，依照招标投标法第五十条的规定追究法律责任。

第六十六条　招标人超过本条例规定的比例收取投标保证金、履约保证金或者不按照规定退还投标保证金及银行同期存款利息的，由有关行政监督部门责令改正，可以处 5 万元以下的罚款；给他人造成损失的，依法承担赔偿责任。

第六十七条　投标人相互串通投标或者与招标人串通投标的，投标人向招标人或者评标委员会成员行贿谋取中标的，中标无效；构成犯罪的，依法追究刑事责任；尚不构成犯罪的，依照招标投标法第五十三条的规定处罚。投标人未中标的，对单位的罚款金额按照招标项目合同金额依照招标投标法规定的比例计算。

投标人有下列行为之一的，属于招标投标法第五十三条规定的情节严重行为，由有关行政监督部门取消其 1 年至 2 年内参加依法必须进行招标的项目的投标资格：

（一）以行贿谋取中标；

（二）3 年内 2 次以上串通投标；

（三）串通投标行为损害招标人、其他投标人或者国家、集体、公民的合法利益，造成直接经济损失 30 万元以上；

（四）其他串通投标情节严重的行为。

投标人自本条第二款规定的处罚执行期限届满之日起 3 年内又有该款所列违法行为之一的，或者串通投标、以行贿谋取中标情节特别严重的，由工商行政管理机关吊销营业执照。

法律、行政法规对串通投标报价行为的处罚另有规定的，从其规定。

第六十八条　投标人以他人名义投标或者以其他方式弄虚作假骗取中标的，中标无效；构成犯罪的，依法追究刑事责任；尚不构成犯罪的，依照招标投标法第五十四条的规定处罚。依法必须进行招标的项目的投标人未中标的，对单位的罚款金额按照招标项目合同金额依照招标投标法规定的比例计算。

投标人有下列行为之一的，属于招标投标法第五十四条规定的情节严重行为，由有关行政监督部门取消其 1 年至 3 年内参加依法必须进行招标的项目的投标资格：

（一）伪造、变造资格、资质证书或者其他许可证件骗取中标；

（二）3 年内 2 次以上使用他人名义投标；

（三）弄虚作假骗取中标给招标人造成直接经济损失 30 万元以上；

（四）其他弄虚作假骗取中标情节严重的行为。

投标人自本条第二款规定的处罚执行期限届满之日起 3 年内又有该款所列违法行为之一的，或者弄虚作假骗取中标情节特别严重的，由工商行政管理机关吊销营业执照。

第六十九条 出让或者出租资格、资质证书供他人投标的，依照法律、行政法规的规定给予行政处罚；构成犯罪的，依法追究刑事责任。

第七十条 依法必须进行招标的项目的招标人不按照规定组建评标委员会，或者确定、更换评标委员会成员违反招标投标法和本条例规定的，由有关行政监督部门责令改正，可以处 10 万元以下的罚款，对单位直接负责的主管人员和其他直接责任人员依法给予处分；违法确定或者更换的评标委员会成员作出的评审结论无效，依法重新进行评审。

国家工作人员以任何方式非法干涉选取评标委员会成员的，依照本条例第八十一条的规定追究法律责任。

第七十一条 评标委员会成员有下列行为之一的，由有关行政监督部门责令改正；情节严重的，禁止其在一定期限内参加依法必须进行招标的项目的评标；情节特别严重的，取消其担任评标委员会成员的资格：

（一）应当回避而不回避；

（二）擅离职守；

（三）不按照招标文件规定的评标标准和方法评标；

（四）私下接触投标人；

（五）向招标人征询确定中标人的意向或者接受任何单位或者个人明示或者暗示提出的倾向或者排斥特定投标人的要求；

（六）对依法应当否决的投标不提出否决意见；

（七）暗示或者诱导投标人作出澄清、说明或者接受投标人主动提出的澄清、说明；

（八）其他不客观、不公正履行职务的行为。

第七十二条 评标委员会成员收受投标人的财物或者其他好处的，没收收受的财物，处 3000 元以上 5 万元以下的罚款，取消担任评标委员会成员的资格，不得再参加依法必须进行招标的项目的评标；构成犯罪的，依法追究刑事责任。

第七十三条 依法必须进行招标的项目的招标人有下列情形之一的，由有关行政监督部门责令改正，可以处中标项目金额 10‰以下的罚款；给他人造成损失的，依法承担赔偿责任；对单位直接负责的主管人员和其他直接责任人员依法给予处分：

（一）无正当理由不发出中标通知书；

（二）不按照规定确定中标人；

（三）中标通知书发出后无正当理由改变中标结果；

（四）无正当理由不与中标人订立合同；

（五）在订立合同时向中标人提出附加条件。

第七十四条 中标人无正当理由不与招标人订立合同，在签订合同时向招标人提出附加条件，或者不按照招标文件要求提交履约保证金的，取消其中标资格，投标保证金不予退还。对依法必须进行招标的项目的中标人，由有关行政监督部门责令改正，可以处中标项目金额 10‰以下的罚款。

第七十五条　招标人和中标人不按照招标文件和中标人的投标文件订立合同，合同的主要条款与招标文件、中标人的投标文件的内容不一致，或者招标人、中标人订立背离合同实质性内容的协议的，由有关行政监督部门责令改正，可以处中标项目金额 5‰以上 10‰以下的罚款。

第七十六条　中标人将中标项目转让给他人的，将中标项目肢解后分别转让给他人的，违反招标投标法和本条例规定将中标项目的部分主体、关键性工作分包给他人的，或者分包人再次分包的，转让、分包无效，处转让、分包项目金额 5‰以上 10‰以下的罚款；有违法所得的，并处没收违法所得；可以责令停业整顿；情节严重的，由工商行政管理机关吊销营业执照。

第七十七条　投标人或者其他利害关系人捏造事实、伪造材料或者以非法手段取得证明材料进行投诉，给他人造成损失的，依法承担赔偿责任。

招标人不按照规定对异议作出答复，继续进行招标投标活动的，由有关行政监督部门责令改正，拒不改正或者不能改正并影响中标结果的，依照本条例第八十二条的规定处理。

第七十八条　取得招标职业资格的专业人员违反国家有关规定办理招标业务的，责令改正，给予警告；情节严重的，暂停一定期限内从事招标业务；情节特别严重的，取消招标职业资格。

第七十九条　国家建立招标投标信用制度。有关行政监督部门应当依法公告对招标人、招标代理机构、投标人、评标委员会成员等当事人违法行为的行政处理决定。

第八十条　项目审批、核准部门不依法审批、核准项目招标范围、招标方式、招标组织形式的，对单位直接负责的主管人员和其他直接责任人员依法给予处分。

有关行政监督部门不依法履行职责，对违反招标投标法和本条例规定的行为不依法查处，或者不按照规定处理投诉、不依法公告对招标投标当事人违法行为的行政处理决定的，对直接负责的主管人员和其他直接责任人员依法给予处分。

项目审批、核准部门和有关行政监督部门的工作人员徇私舞弊、滥用职权、玩忽职守，构成犯罪的，依法追究刑事责任。

第八十一条　国家工作人员利用职务便利，以直接或者间接、明示或者暗示等任何方式非法干涉招标投标活动，有下列情形之一的，依法给予记过或者记大过处分；情节严重的，依法给予降级或者撤职处分；情节特别严重的，依法给予开除处分；构成犯罪的，依法追究刑事责任：

（一）要求对依法必须进行招标的项目不招标，或者要求对依法应当公开招标的项目不公开招标；

（二）要求评标委员会成员或者招标人以其指定的投标人作为中标候选人或者中标人，或者以其他方式非法干涉评标活动，影响中标结果；

（三）以其他方式非法干涉招标投标活动。

第八十二条　依法必须进行招标的项目的招标投标活动违反招标投标法和本条例的规定，对中标结果造成实质性影响，且不能采取补救措施予以纠正的，招标、投标、中标无效，应当依法重新招标或者评标。

第七章 附 则

第八十三条 招标投标协会按照依法制定的章程开展活动，加强行业自律和服务。

第八十四条 政府采购的法律、行政法规对政府采购货物、服务的招标投标另有规定的，从其规定。

第八十五条 本条例自 2012 年 2 月 1 日起施行。

参 考 文 献

［1］ 刘伊生. 建设工程招投标与合同管理. 北京：北京交通大学出版社，2002.

［2］ 李启明. 土木工程合同管理. 2 版. 南京：东南大学出版社，2010.

［3］ 雷俊卿，杨平. 土木工程合同管理与索赔. 武汉：武汉理工大学出版社，2003.

［4］ 佘立中. 建设工程合同管理. 广州：华南理工大学出版社，2004.

［5］ 全国监理工程师培训教材编写委员会. 工程建设合同管理. 北京：知识产权出版社，2002.

［6］ 刘黎虹. 工程招投标与合同管理. 北京：机械工业出版社，2008.

［7］ 王秀燕，李锦华. 工程招投标与合同管理. 北京：机械工业出版社，2009.

［8］ 黄文杰. 建设工程合同管理. 北京：高等教育出版社，2004.

［9］ 张志勇. 工程招投标与合同管理. 北京：高等教育出版社，2009.

［10］ 全国招标师职业水平考试辅导教材指导委员会. 招标采购法律法规与政策. 北京：中国计划出版社，2012.

［11］ 全国招标师职业水平考试辅导教材指导委员会. 招标采购专业实务. 北京：中国计划出版社，2012.

［12］ 何佰洲. 中华人民共和国招标投标法实施条例. 北京：中国建筑工业出版社，2012.

［13］ 何佰洲. 工程合同法律制度. 北京：中国建筑工业出版社，2003.